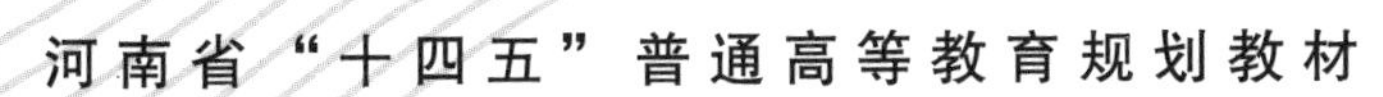

河南省“十四五”普通高等教育规划教材

计算机导论（修订版）

陈卫军 主编

黄永灿 甄倩倩 副主编

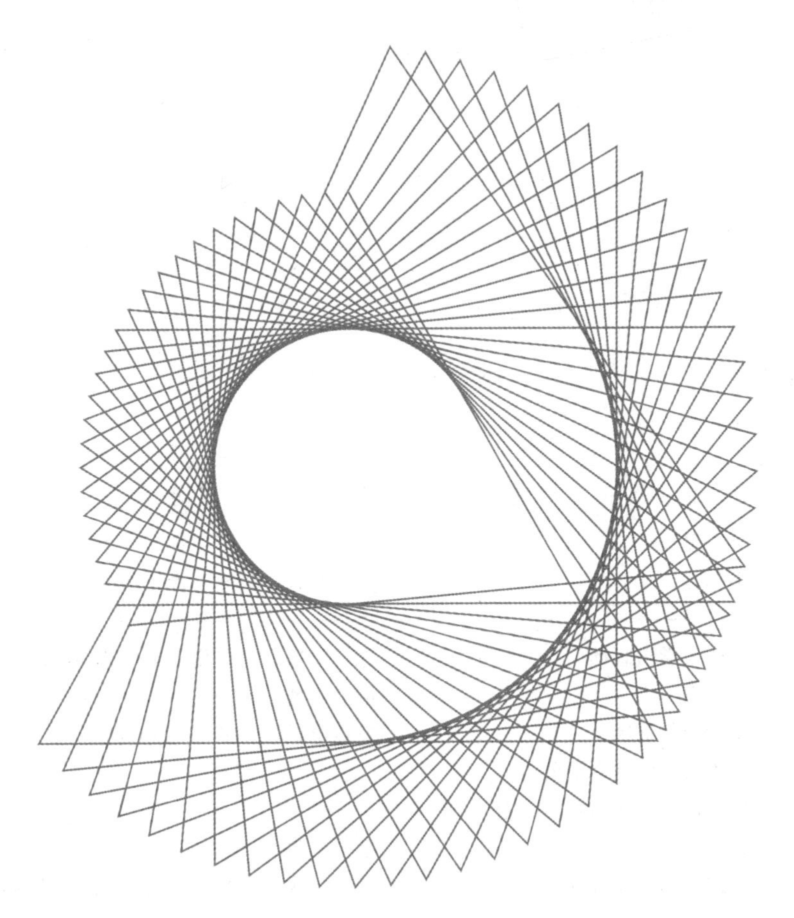

郑州大学出版社

图书在版编目(CIP)数据

计算机导论/陈卫军主编. — 郑州：郑州大学出版社,2022.8(2023.6 重印)
ISBN 978-7-5645-8981-3

Ⅰ. ①计… Ⅱ. ①陈… Ⅲ. ①电子计算机-高等学校-教材 Ⅳ. ①TP3

中国版本图书馆 CIP 数据核字(2022)第 141977 号

计算机导论
JISUANJI DAOLUN

策划编辑	吴　波	封面设计	王　微
责任编辑	吴　昊	版式设计	凌　青
责任校对	王莲霞	责任监制	凌　青　李瑞卿

出版发行	郑州大学出版社	地　　址	郑州市大学路 40 号(450052)
出 版 人	孙保营	网　　址	http://www.zzup.cn
经　　销	全国新华书店	发行电话	0371-66966070
印　　刷	河南大美印刷有限公司		
开　　本	787 mm×1 092 mm　1/16		
印　　张	19.25	字　　数	447千字
版　　次	2022 年 8 月第 1 版	印　　次	2023 年 6 月第 2 次印刷

书　　号	ISBN 978-7-5645-8981-3	定　　价	49.00 元

编者名单

主　　编　陈卫军

副 主 编　黄永灿　甄倩倩

参编人员　吕菲亚　石聪明　王九玲

前　言

计算机导论是一门计算机相关专业的专业基础课,是计算机科学与技术主要知识体系的高度概括,该课程可以为学生构建一个初步的计算机学科知识体系框架,激发学生学习兴趣,为进一步深入学习专业知识,提高综合素质和能力奠定良好基础。

本书作为河南省“十四五”规划教材,是在《计算机导论》(2018 年出版)的基础上修订完成的。本书根据《教育部关于实施卓越工程师教育培养计划的若干意见》(教高〔2011〕1 号),继续秉持 OBE(Outcome Based Education,成果导向教育)教育理念和模式,结合高等院校计算机专业学生的培养目标和计算机软、硬件技术的最新发展进行了编写。

全书分为上、下两篇,上篇 6 章,下篇 6 章,共 12 章。上篇介绍计算机基本理论,内容包括计算机基础知识、计算机系统与网络、程序设计与算法、数据结构与数据库、软件工程、计算机前沿技术。下篇介绍计算机基本操作技能,内容包括 Windows10 操作系统应用、常用工具软件应用、Word 2019 文字处理应用、Excel 2019 电子表格应用、PowerPoint 2019 演示文稿应用、多媒体技术与应用。

本书充分考虑了当前计算机的最新发展和学生应用计算机水平的现状及需求,融合了计算机等级考试所需的相关知识,对理论与应用、深度与广度方面的内容做了合理安排。通过本书的学习,可以使学生具备学习计算机后续专业课程所需的基本知识,并对计算机学科的知识体系有比较明确的认识,培养学生自主学习能力。

本书由陈卫军任主编,负责全书的策划、编审与定稿工作。第 1 章、第 2 章由黄永灿编写,第 3 章、第 4 章由甄倩倩编写,第 5 章、第 6 章由吕菲亚编写,第 7 章由王九玲、石聪明编写,第 8 章、第 9 章由王九玲编写,第 10 章、第 11 章、第 12 章由石聪明编写。

本书在编写过程中,参阅了国内外许多专家、同行的研究成果,郑州大学出版社的领导和编辑付出了大量心血,作者所在单位(安阳师范学院)的领导给予了积极支持,在此一并致谢。同时,还要感谢魏心怡、吴文晗、杨嘉欣、尹梦歌等同学在本书素材整理、图片绘制、文字修改等方面所做的工作。

由于时间仓促以及水平有限,书中疏漏之处敬请广大读者批评指正!联系电话:0372-3300063。

编　者

2022 年 7 月

目　录

上篇　计算机基本理论

下篇 计算机基本操作

上篇　计算机基本理论

1 计算机基础知识

计算机是一种能够自动、高速、精确地存储和加工信息的电子设备。它是20世纪人类最伟大的发明之一,它的出现和发展使人类文明向前迈进了一大步。计算机对人类的生产活动和社会活动产生了极其重要的影响,并以强大的生命力飞速发展。计算机已经成为现代人类社会活动中不可或缺的工具。它的应用领域已从最初的军事科研应用扩展到社会的各个领域,形成了规模巨大的计算机产业,带动了全球范围的技术进步,并由此引发了深刻的社会变革。计算机已遍及学校、医院、企事业单位,进入寻常百姓家,成为信息社会中必不可少的工具。计算机是人类进入信息时代的重要标志之一。

1.1 计算机的发展与应用

计算机的发展与应用

1.1.1 计算机的产生

自从人类文明形成,人类就不断地追求先进的计算工具。早在古代,人们就为了计数和计算的需要发明了算筹和算盘,如图1-1、1-2所示。

纵式

横式

1 2 3 4 5 6 7 8 9

图1-1 算筹

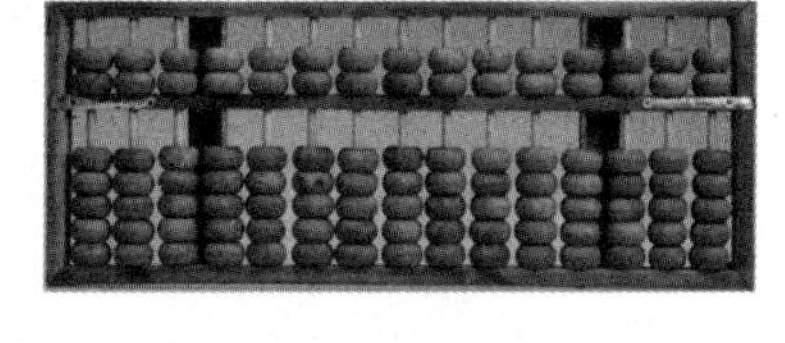

图1-2 算盘

17世纪20年代,英国人威廉·奥特瑞德发明了计算尺,如图1-3所示。它由三个互相锁定的有刻度的长条和一个滑动窗口(称为游标)组成,使用它可以进行加法、减法、乘法、除法、求根和幂、对数和指数、三角函数等数学运算。

1642年,法国数学家布莱瑟·帕斯卡发明了齿轮式机械计算机,如图1-4所示。它能做加减法运算,解决了自动进位,向人类揭示了用机械装置可以代替人的大脑进行思考和记忆,标志着人类向自动计算工具迈进了一步。

19世纪初,英国人查尔斯·巴贝奇提出了制造自动化计算机的设想,引进了程序控制的概念,设计了机械式差分机和分析机,如图1-5所示。巴贝奇分析机虽然未能制造

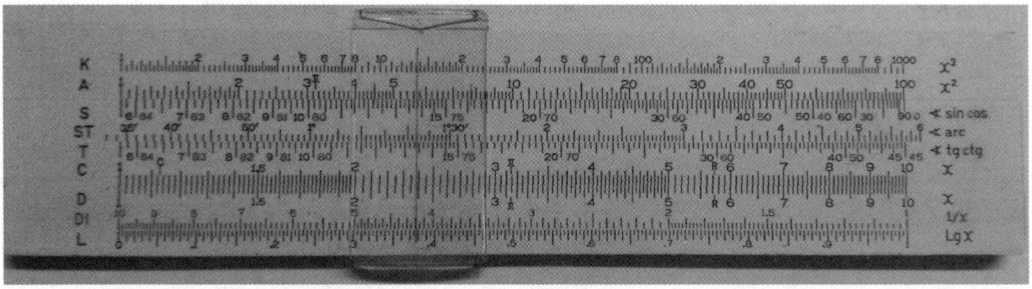

图 1-3 计算尺

出来，但其设计的理论和现代电子计算机的理论类似，为现代计算机设计思想的发展奠定了基础。机械式差分机和分析机在程序控制、系统结构、输入、输出和存储等方面也为现代计算机的产生奠定了技术基础。

图 1-4 齿轮式机械计算机

图 1-5 巴贝奇分析机

1854 年，英国逻辑学家、数学家乔治·布尔设计了一套符号，表示逻辑理论中的基本概念，并规定了运算法则，把形式逻辑归结成一种代数运算，从而建立了逻辑代数。应用逻辑代数可以从理论上解决两种电状态的电子管作为计算机的逻辑器件问题，为现代计算机采用二进制奠定了理论基础。

1937 年，英国数学家图灵发表了《论可计算数及其在判定问题上的应用》，给出了现代电子计算机的数学模型，从理论上论证了通用计算机产生的可能性。

20 世纪 40 年代，随着火箭、导弹等现代武器装备的发展，需要解决一些十分复杂的数学问题，原有的计算工具已无法满足需要。同时，电子学和自动控制技术等领域所取得的技术成就，也为研制电子数字计算机（以下简称计算机）提供了物质及技术基础。

1942 年，宾夕法尼亚大学的莫克利在莫尔电气工程学院任教期间，被委派负责弹道的计算工作。他提出了研制新型计算机的建议，并于 1943 年 6 月开始实施。历经两年多的时间，耗资 40 万美元，美国宾夕法尼亚大学于 1946 年成功地研制出世界上第一台现代电子数字计算机，名为 ENIAC（Electronic Numerical Integrator and Computer，电子数字积分计算机），如图 1-6 所示。

图 1-6 ENIAC 计算机

ENIAC 共用了 18800 个电子管,1500 个继电器,70000 多只电阻和其他各种电子元件,占地 170 m^2,重达 30 t,每秒运算 5000 次。用它计算弹道只要 3 s,比机械计算机快 1000 倍,比人工计算快 20 万倍。也就是说炮弹打出去还没有落地,弹道就可计算出来。ENIAC 尽管还存在许多缺点,还没有真正使用程序控制,但是,它的研制成功是计算机发展史上的里程碑,标志着计算机时代的真正到来。

1945 年,美籍匈牙利数学家约翰·冯·诺依曼提出在计算机中"存储程序"的概念,并与宾夕法尼亚大学莫尔学院合作,于 1952 年设计完成了名为 EDVAC(Electronic Discrete Variable Automatic Computer)的电子计算机,奠定了现代计算机的结构基础。

1.1.2 计算机的发展与未来

计算机发展到今天,无论从数量还是从质量上都有了很大的飞跃。计算机从以前的单纯数字计算发展到了现在的信息处理,发生了质的变化。下面介绍一下计算机的发展以及计算机未来的发展趋势。

1.1.2.1 计算机的发展

从第一台计算机诞生到现在,它的发展经历了四代。

1.电子管计算机(1946 年至 1958 年)

电子管计算机的主要特点:逻辑元件采用电子管;主存储器采用延迟线,辅助存储器采用纸带、卡片、磁鼓等;软件主要使用机器语言和汇编语言;应用以科学计算为主。第一代计算机运算速度很慢,每秒钟只有几千次到几万次,其体积大、耗电多、价格昂贵且可靠性低。第一代的电子管计算机奠定了计算机发展的技术基础。

2.晶体管计算机(1958 年至 1964 年)

晶体管计算机的主要特点:逻辑元件采用晶体管;主存储器采用磁芯,辅助存储器已开始使用磁盘;软件开始使用操作系统及高级程序设计语言;除用于科学计算外,已用于数据处理及工业生产的自动控制方面。第二代计算机的运算速度为 100 万次每秒,内存容量扩大到几十万字节。新的职业(如程序员、分析员和计算机系统专家)与整个软件产业由此诞生。

3.集成电路计算机(1964 年至 1970 年)

集成电路计算机的主要特点:逻辑元件采用小规模集成电路;主存储器仍以磁芯存储器为主;机种系列化;外部设备不断增多并同通信设备结合起来;软件逐渐完善,操作系统、多种高级程序设计语言都有新的发展;其应用领域日益扩大。第三代计算机的运算速度已达到 1000 万次每秒,它的体积小,功能增加,可靠性进一步提高。这一时期的发展还包括使用了操作系统,使得计算机在中心程序的控制协调下可以同时运行许多不同的程序。

4.大规模集成电路计算机(1970 年至今)

大规模集成电路计算机的主要特点:计算机的逻辑元件和主存储器都采用了大规模集成电路甚至超大规模集成电路;微型计算机蓬勃发展,它的体积更小、耗电量更少、可靠性更高,其价格大幅度下降;其应用范围已扩大到国民经济各个部门和社会生活等领域,并进入以计算机网络为特征的时代。无论从硬件还是软件来看,第四代计算机比第三代计算机有很大的进步,它的运算速度已达到数万亿次每秒,而其价格每年以 30%的幅度下降。

1.1.2.2 计算机的未来

20 世纪 80 年代,人们提出了第五代计算机的概念,是由超大规模集成电路和其他新型物理元件组成的,是可以把信息采集、存储、处理、通信同人工智能结合在一起的智能计算机系统。这种计算机能面向知识处理,具有形式化推理、联想、学习和解释的能力,并能直接处理声音、文字、图像等信息。已经投入研究的有超导计算机、光子计算机、量子计算机、生物计算机、纳米计算机、神经网络计算机、智能计算机等。未来的计算机将是微电子技术、光学技术、超导技术和电子仿生技术等与新型材料相结合的产物。

1.光子计算机

光子计算机是用光子代替半导体芯片中的电子,以光互连来代替导线制成数字计算机。与电相比,光具有无法比拟的各种优点:光子计算机是“光”导计算机,光在光介质中以许多个波长不同或波长相同而振动方向不同的光波传输,不存在寄生电阻、电容、电感和电子相互作用问题,因此光子计算机的信息在传输中畸变或失真小,可在同一条狭窄的通道中传输数量大得难以置信的数据。

2.量子计算机

量子计算机是一类遵循量子力学规律进行高速数学和逻辑运算、存储及处理的量子物理设备,当某个设备由量子元件组装,处理和计算的是量子信息,运行的是量子算法时,它就是量子计算机。

3.神经网络计算机

人脑总体运行速度相当于 1000 万亿次每秒的电脑功能,可把生物大脑神经网络看作一个大规模并行处理的、紧密耦合的、能自行重组的计算网络。从大脑工作的模型中抽取计算机设计模型,用许多处理机模仿人脑的神经元结构,将信息存储在神经元之间的联络网中,并采用大量的并行分布式网络,就构成了神经网络计算机。

4.化学、生物计算机

在运行机制上,化学计算机以化学制品中的微观碳分子作为信息载体,来实现信息的传输与存储。DNA 分子在酶的作用下可以从某基因代码通过生物化学反应转变为另一种基因代码,转变前的基因代码可以作为输入数据,转变后的基因代码可以作为运算结果,利用这一过程可以制成新型的生物计算机。生物计算机最大的优点是生物芯片的蛋白质具有生物活性,能够跟人体的组织结合在一起,特别是可以和人的大脑和神经系统有机地连接,使人机接口自然吻合,免除了烦琐的人机对话,这样,生物计算机就可以听人指挥,成为人脑的外延或扩充部分,还能够从人体的细胞中吸收营养来补充能量,不需要任何外界的能源。由于生物计算机的蛋白质分子具有自我组合的能力,从而使生物计算机具有自调节能力、自修复能力和自再生能力,更易于模拟人类大脑的功能。如今科学家已研制出了许多生物计算机的主要部件——生物芯片。

1.1.3 计算机的特点

计算机是一种能够自动、高速、精确地存储和加工信息的电子设备,它通过预先编好的程序来自动存取和处理数据。与其他工具和人类自身相比,计算机具有下列特点。

1.运算速度快

由于计算机采用了高速的电子器件和线路,并利用先进的计算技术,使得计算机可以有很高的运算速度。运算速度通常用每秒钟执行定点加法的次数或平均每秒钟执行指令的条数来衡量,常用单位是 MIPS(Million Instructions Per Second),即百万条指令每秒。2016 年,我国国家并行计算机工程技术研究中心研制的神威 · 太湖之光超级计算机(图 1-7)最高运算速度达到 12.5 亿亿次每秒,持续运算速度可以稳定在 9.3 亿亿次每秒。

图 1-7 神威 · 太湖之光

2.计算精度高

在科学的研究和工程设计中,对计算结果的精确度有很高的要求。一般的计算工具只能达到几位有效数字,而计算机对数据处理的结果可达到十几位、几十位有效数字,根据需要甚至可达到任意的精度。由于计算机采用二进制表示数据,因此其精确度主要取决于计算机的字长,字长越长,有效位数越多,精确度也越高。

3.具有强大的记忆存储能力

计算机的记忆存储能力是由计算机的存储器完成的。存储器能够将输入的原始数据,计算的中间结果及程序保存起来,提供给计算机系统在需要的时候反复调用。随着计算机技术的发展,计算机的存储量已达到 GB 甚至 TB 级的容量,并仍在提高。记忆存储能力也是计算机区别于传统计算工具的重要特征。

4.具有逻辑判断能力

计算机的运算器除了能够进行算术运算,还能够对数据信息进行比较、判断等逻辑运算。这种逻辑判断能力是计算机处理逻辑推理问题的前提,也是计算机能实现信息处理高度智能化的重要因素。

5.能实现自动控制

计算机的工作原理是“存储程序控制”,就是将程序和数据通过输入设备输入并保存在存储器中,计算机执行程序时按照程序中指令的逻辑顺序自动地、连续地把指令依次取出来并执行,执行程序的过程无须人为干预,完全由计算机自动控制执行。

1.1.4 计算机的分类

计算机的种类很多,可以按其不同的标志进行分类。从原理上讲计算机可以分为两大类:电子模拟计算机(electronic analogue computer)和电子数字计算机(electronic digital computer)。按照计算机的用途可将其划分为专用计算机(special purpose computer)和通用计算机(general purpose computer)。

专用计算机具有单纯、使用面窄甚至专机专用的特点,它是为了解决一些专门的问题而设计制造的。因此,它可以增强某些特定的功能,而忽略一些次要功能,使得专用计算机能够高速度、高效率地解决某些特定的问题。模拟计算机通常都是专用计算机。在军事控制系统中,广泛地使用了专用计算机。

通用计算机具有功能多、配置全、用途广、通用性强等特点,我们通常所说的及本书所介绍的就是通用计算机。在通用计算机中,人们又按照计算机的运算速度、字长、存储容量、软件配置等多方面的综合性能指标将计算机分为巨型机、大型机、小型机、工作站、微型机等几类。

1.巨型机

研制巨型机是现代科学技术,尤其是国防尖端技术发展的需要。核武器、反导弹武器、空间技术、大范围天气预报、石油勘探等都要求计算机有很高的速度和很大的容量,一般大型通用机远远不能满足要求。很多国家竞相投入巨资开发速度更快、性能更强的超级计算机。巨型机的研制水平、生产能力及其应用程度已成为衡量一个国家经济实力和科技水平的重要标志。这种计算机使研究人员可以研究以前无法研究的问题,例如研究更先进的国防尖端技术、估算 100 年以后的天气、更详尽地分析地震数据以及帮助科学家计算毒素对人体的作用等。

在实践中,有些科学技术课题需要并行计算。20 世纪 80 年代中期以来,超并行计算机的发展十分迅速,这种超并行巨型计算机通常是指由 100 台以上的处理器所组成的计算机网络系统，它是用成百上千甚至上万台处理器同时解算一个课题，以达到高速运算的目的。这类大规模并行处理的计算机将是巨型计算机的重要发展方向。

2.大型机

“大型机”是对一类计算机的习惯称呼，本身并无十分准确的技术定义。其特点表现在通用性强、具有很强的综合处理能力、性能覆盖面广等，主要应用在公司、银行、政府部门、社会机构和制造厂家等，通常人们称大型机为“企业级”计算机。

在信息化社会里，随着信息资源的剧增，带来了信息通信、控制和管理等一系列问题，而这正是大型机的特长。未来将赋予大型机更多的使命，它将覆盖“企业”所有的应用领域，如大型事务处理、企业内部的信息管理与安全保护、大型科学与工程计算等。

大型机研制周期长，设计技术与制造技术非常复杂，耗资巨大，需要相当数量的设计师协同工作。大型机在体系结构、软件、外设等方面又有极强的继承性，因此，只有少数公司能够从事大型机的研制、生产和销售工作。

3.小型机

小型机机器规模小、结构简单、研制周期短，便于及时采用先进工艺。这类机器由于可靠性高，对运行环境要求低，易于操作且便于维护，用户使用机器不必经过长期的专门训练。因此小型机对广大用户具有吸引力，加速了计算机的推广普及。

小型机应用范围广泛，如用在工业自动控制、大型分析仪器、测量仪表、医疗设备中的数据采集、分析计算等，也用作大型、巨型计算机系统的辅助机，并广泛运用于企业管理以及大学和研究所的科学计算等。

近年来，随着基础技术的进步，小型机的发展引人注目，特别是在体系结构上采用精简指令集技术，即计算机硬件只实现最常用的指令集，复杂指令用软件实现，从而使其具有更高的性能价格比。

4.工作站

工作站是一种高档的微机系统。它具有较高的运算速度，既具有大、小型机的多任务、多用户能力，又兼具微型机的操作便利和良好的人机界面。它可连接多种输入、输出设备，其最突出的特点是图形性能优越，具有很强的图形交互处理能力，因此在工程领域、特别是在计算机辅助设计领域得到了广泛运用。通常认为工作站是专为工程师设计的机型。由于工作站出现较晚，一般都带有网络接口，采用开放式系统结构，即将机器的软、硬件接口公开，并尽量遵守国际工业界流行标准，以鼓励其他厂商、用户围绕工作站开发软、硬件产品。目前，多媒体等各种新技术已普遍集成到工作站中，使其更具特色。它的应用领域也已从最初的计算机辅助设计扩展到商业、金融、办公领域。

5.微型机

微型计算机，又称 PC(Personal Computer)机，指个人计算机。PC 机主要有台式机和便携式两种，广泛用在办公室和家庭当中。便携式便于在流动性的工作中使用，小巧轻便，功能齐全。

当前，PC 机已渗透到各行各业和千家万户。它既可以用于日常信息处理，又可用于科学研究，并协助人脑思考问题。人们随身持一部“便携机”，便可通过网络随时随地与世界上任何一个地方实现信息交流与通信。原来保存在桌面和书柜里的部分信息系统将存入随身携带的电脑中。人走到哪里,以个人计算机(特别是便携机)为核心的移动通信系统就跟到哪里,人类向着信息化的自由王国又迈进了一大步。

1.1.5 计算机的应用

计算机最初是为适应科学计算的要求,提高计算的精度与速度而设计的。但近几十年的发展表明,计算机的应用远远超出了科学计算的范围,在文字处理、信息收集与加工、数据库管理、自动控制等各方面显示了惊人的能力。

1.1.5.1 科学计算

科学计算是指利用计算机来完成科学研究和工程技术中提出的数学问题的计算。在现代科学技术工作中,科学计算问题是大量的和复杂的。利用计算机的高速计算、大存储容量和连续运算的能力,可以实现人工无法解决的各种科学计算问题。

例如,建筑设计中为了确定构件尺寸,通过弹性力学导出一系列复杂方程,长期以来由于计算方法跟不上而一直无法求解。而计算机不但能求解这类方程,并且引起了弹性力学理论上的一次突破,出现了有限单元法。

1.1.5.2 数据处理

数据处理是指对各种数据进行收集、存储、整理、分类、统计、加工、利用、传播等一系列活动的统称。据统计,80%以上的计算机主要用于数据处理,这类工作量大面宽,决定了计算机应用的主导方向。

数据处理从简单到复杂,经历了电子数据处理、管理信息系统、决策支持系统三个发展阶段。电子数据处理(Electronic Data Processing,简称 EDP),以文件系统为手段,实现一个部门内的单项管理。管理信息系统(Management Information System,简称 MIS),以数据库技术为工具,实现一个部门的全面管理,以提高工作效率。决策支持系统(Decision Support System,简称 DSS),以数据库、模型库和方法库为基础,帮助管理决策者提高决策水平,改善运营策略的正确性与有效性。

目前,数据处理已广泛地应用于办公自动化、企事业计算机辅助管理与决策、情报检索、图书管理、电影电视动画设计、会计电算化等各行各业。

1.1.5.3 过程控制

过程控制是利用计算机及时采集检测数据,按最优值迅速地对控制对象进行自动调节或自动控制。采用计算机进行过程控制,不仅可以大大提高控制的自动化水平,而且可以提高控制的及时性和准确性,从而改善劳动条件、提高产品质量及合格率。因此,计算机过程控制已在机械、冶金、石油、化工、纺织、水电、航天等部门得到广泛的应用。

例如,在汽车工业方面,利用计算机控制机床、控制整个装配流水线,不仅可以实现精度要求高、形状复杂的零件加工自动化,而且可以使整个车间或工厂实现自动化。

1.1.5.4 计算机辅助设计、辅助制造、辅助测试和辅助教学

(1)计算机辅助设计(Computer Aided Design,简称 CAD)是利用计算机系统辅助设计人员进行工程或产品设计,以实现最佳设计效果的一种技术。它已广泛地应用于飞机、汽车、机械、电子、建筑和轻工等领域。例如,在电子计算机的设计过程中,利用 CAD 技

术进行体系结构模拟、逻辑模拟、插件划分、自动布线等,从而大大提高了设计工作的自动化程度。又如,在建筑设计过程中,可以利用 CAD 技术进行力学计算、结构计算、绘制建筑图纸等,这样不但提高了设计速度,而且可以大大提高设计质量。

(2)计算机辅助制造(Computer Aided Manufacturing,简称 CAM)是利用计算机系统进行生产设备的管理、控制和操作的过程。例如,在产品的制造过程中,用计算机控制机器的运行,处理生产过程中所需的数据,控制和处理材料的流动以及对产品进行检测等。使用 CAM 技术可以提高产品质量,降低成本,缩短生产周期,提高生产率和改善劳动条件。将 CAD 和 CAM 技术集成,实现设计生产自动化,这种技术被称为计算机集成制造系统(Computer Integrated Manufacturing System,简称 CIMS),它的实现将真正做到无人化车间(或工厂)。

(3)计算机辅助测试(Computer Aided Test,简称 CAT)是指利用计算机来帮助测试。在今天,使用计算机辅助测试,测试的构成与传统测试的构成是一样的,但整个过程得到相当大的简化和改进。计算机能够按要求随机构成试卷,无论是题型的搭配、分值的分配,还是时间的确定,都是十分精确的。

(4)计算机辅助教学(Computer Aided Instruction,简称 CAI)是利用计算机系统使用课件来进行教学。课件可以用著作工具或高级语言来开发制作,它能引导学生循序渐进地学习,使学生轻松自如地从课件中学到所需要的知识。CAI 的主要特色是交互教育、个别指导和因人施教。

1.1.5.5 网络应用

网络的出现,让世界变得越来越小,全球网络化不仅改变着商务经济、工业生产、科技发展,还影响着人们的工作、学习、娱乐和生活,它正在改变着整个世界。网络应用涉及生活的方方面面,在此仅举几个例子。

1.网络教育

近几年,大型公开在线课程(Massive Open Online Courses,简称 MOOC)的出现,改变了传统的教学模式。它是一种以短小趣味、互动共享、限时开放为基本特征的新型教学模式,学生可以通过网络学习,不受时间和空间的限制。目前中国的高校在着力发展 MOOC,上海的部分高校还签订了 MOOC 共建共享合作协议,建立学分互认机制,学生不出校门,就能跨校修读外校优质课程,并获得学分。

网络教育的出现,给“翻转课堂”带来了条件,让学生变被动为主动,过去的“讲课”已经可以通过授课视频由学生在家里完成,而过去的“家庭作业”却被拿到课堂上完成,学生在课堂上有更多自主时间与教师参与关键学习活动,同时也提高了学生思考问题、分析问题、解决问题的能力。

2.电子商务

电子商务可以认为是消费者、销售者和结算部门之间利用 Internet 完成商品采购和支付的过程,是传统商业活动的电子化、网络化。这种商品销售方式简单、可靠,并且从根本上改变了传统的销售方式。它不需要传统的店铺,直接用电子商铺来取代,这就节省了大量的资金,不管是大企业、小企业甚至是个人都可以经营自己的电子商铺。这种经营模式可以节省中间环节,实现商品的全球交换。目前世界各国都在发展电子商务,中国的电子商务不仅在城市陆续开展,而且在农村也缓缓展开。

3.交通运输

交通运输业是现代化的大动脉,铁路、航空、公路和水路都在使用计算机进行监控、管理和服务。以前,人们购买车票或机票时,必须去火车站、机场或指定的售票点。随着互联网的普及,目前人们通过网上订票系统足不出户就可以买到火车票、飞机票、汽车票等。

1.1.5.6 虚拟现实

虚拟现实技术是一种可以创建和体验虚拟世界的计算机仿真系统,它利用计算机生成一种模拟环境,是一种多源信息融合的、交互式的三维动态视景和实体行为的系统仿真,使用户沉浸在该环境中。目前,虚拟现实已经在医学、娱乐、军事航天、室内设计、房产开发、工业仿真、演播厅、教育、游戏等方面得到了应用。第 6 章第 5 节将详细介绍虚拟现实技术。

1.1.5.7 人工智能

人工智能是利用计算机模拟人类的智能活动,诸如感知、判断、理解、学习、问题求解和图像识别等。现在人工智能的研究已取得不少成果,有些已开始走向实用阶段。常见的人工智能的应用有语音识别、专家系统、机器人等。

以机器人为例,中信银行、招商银行等都有了自己的机器人大堂经理,用于替代人工银行大堂经理,完成 VIP(贵宾)客户识别、银行业务咨询、银行产品推荐和业务办理引导等功能。公安系统也出现了警用机器人,用机器人制作笔录还能客观记录受害人反应,避免接报案民警的主观判断误差,也可避免一些受害人因报案内容敏感而难以启齿。机器人制作笔录时,还实行全程同步录像录音,有效确保整套接报案流程符合法律程序规定。除此之外,还有安防机器人、餐饮机器人、医疗机器人等。

人工智能已经渗透到每个人的工作和生活中。智能化服务将会快速地接入餐饮、出行、旅游、电影、教育、医疗等生活服务领域,覆盖用户吃、住、行、玩,人工智能在未来可能媲美人类的专职秘书。第 6 章第 3 节将详细介绍人工智能。

1.2 进位计数制与数制转换

进位计数制与数制转换

人们习惯使用十进制进行计数,而现实生活中还有很多的计数制,如用于计算时间的六十进制,用于计算物品数量的十二进制等。这些进制都是为了满足人们的某种需要而产生的。在计算机内部,计算机只能识别二进制数据,这就需要对非二进制数据进行转换,下面我们来讨论相关的问题。

1.2.1 进位计数制

所谓进位计数制,就是用进位的方法进行计数,即逢几进一。比如,十进制就是逢十进一。

1.2.1.1 使用进位计数制计数

(1)十进制:即逢十进一,每一位上都可以使用0、1、2、3、4、5、6、7、8、9十个有序的数字符号。十进制整数自0开始,从小到大计数即为0,1,2,3,4,5,6,7,8,9,10,11,…,19,20,21,…,99,100,…。

(2)八进制:即逢八进一,每一位上都可以使用0、1、2、3、4、5、6、7八个有序的数字符号。八进制整数自0开始,从小到大计数即为0,1,2,3,4,5,6,7,10,11,…,17,20,21,…,77,100,…。

(3)十六进制:即逢十六进一,每一位上都可以使用0、1、2、3、4、5、6、7、8、9、A、B、C、D、E、F十六个有序的数字符号。十六进制整数自0开始,从小到大计数即为0,1,2,3,4,5,6,7,8,9,A,B,C,D,E,F,10,11,…,1F,20,21,…,FF,100,…。

(4)二进制:即逢二进一,每一位上只能使用0和1两个有序的数字符号。二进制整数自0开始,从小到大计数即为0,1,10,11,100,101,110,111,1000,1001,1010,1011,1100,1101,1110,1111,10000,…。

1.2.1.2 进位计数制涉及的基本概念

(1)数码:某种进制可以使用的数字符号。十进制的数码为0、1、2、3、4、5、6、7、8、9,八进制的数码为0、1、2、3、4、5、6、7,十六进制的数码为0、1、2、3、4、5、6、7、8、9、A、B、C、D、E、F,二进制的数码为0、1。

(2)基数:某种进制中有序数字符号的个数。十进制的基数为10,八进制的基数为8,十六进制的基数为16,二进制的基数为2。

(3)位权:在进位计数制中,为了确定数字每个数位上数码的实际值而必须乘上的因子。位权通常简称为权。

【例1-1】 十进制数$(888.88)_{10}$,其各位的权为:10^2 10^1 10^0 10^{-1} 10^{-2}

因此这个数可以写成:$(888.88)_{10}=8\times10^2+8\times10^1+8\times10^0+8\times10^{-1}+8\times10^{-2}$

【例1-2】 十六进制数$(56EA)_{16}$,其各位的权为:16^3 16^2 16^1 16^0

因此这个数可以写成:$(56EA)_{16}=5\times16^3+6\times16^2+14\times16^1+10\times16^0$

【例1-3】 十六进制数$(356.25)_{16}$,其各位的权为:16^2 16^1 16^0 16^{-1} 16^{-2}

因此这个数可以写成:$(356.25)_{16}=3\times16^2+5\times16^1+6\times16^0+2\times16^{-1}+5\times16^{-2}$

【例1-4】 二进制数$(1011.11)_2$,其各位的权为:2^3 2^2 2^1 2^0 2^{-1} 2^{-2}

因此这个数可以写成:$(1011.11)_2=1\times2^3+0\times2^2+1\times2^1+1\times2^0+1\times2^{-1}+1\times2^{-2}$

通常,将例1-1、例1-2、例1-3、例1-4中等式左边那样的表示称为数的并列表示法或位置记数法,而将等式右边称为多项式表示法或按权展开式。此外,需要熟悉二进制整数从低位到高位的位权,依次为2^0,2^1,2^2,2^3,2^4,2^5,2^6,2^7,2^8,…,即1,2,4,8,16,32,64,128,256,…。

1.2.2 数制间的转换

同一个数在不同的进位制中表示的形式是不同的。由于各种进位制都有自己的特点,在实际使用中,同一个数有时需要以这种数制表示,有时则需要用另一种数制表示,这就需要将数在不同数制间进行转换。将一个数从一种进位计数制表示转换成另一种进位计数制表示,就称为数制转换。

1.2.2.1 非十进制数转换为十进制数

非十进制数转换成十进制数的方法是采用按权展开成多项式,然后求和,这种方法也称为多项式替代法。

【例 1-5】 $(1CB.D8)_{16}=1\times16^2+12\times16^1+11\times16^0+13\times16^{-1}+8\times16^{-2}$
$=256+192+11+0.8125+0.03125$
$=(459.84375)_{10}$

【例 1-6】 $(105.74)_8=1\times8^2+0\times8^1+5\times8^0+7\times8^{-1}+4\times8^{-2}$
$=64+0+5+0.875+0.0625$
$=(69.9375)_{10}$

【例 1-7】 $(1001.11)_2=1\times2^3+0\times2^2+0\times2^1+1\times2^0+1\times2^{-1}+1\times2^{-2}$
$=8+1+0.5+0.25$
$=(9.75)_{10}$

这里,需要熟记二进制整数最低四位的位权从高到低依次是 8、4、2、1,以便做到将四位以内的二进制整数快速转换为十进制整数,如下所示。

$(1101)_2=(13)_{10}$ $(1011)_2=(11)_{10}$ $(110)_2=(6)_{10}$ $(100)_2=(4)_{10}$

1.2.2.2 十进制数转换为非十进制数

十进制数转换为非十进制数,要把整数部分和小数部分分别转换,然后再相加。

1.整数部分的转换——基数除法

这种方法是用要转换成的进制的基数不断地去除被转换的十进制数,直至商为 0。然后将所得的各次余数以最后余数为最高数位依次排列,就是转换的结果。

【例 1-8】 把十进制数 215 转换成二进制数,十进制数 58506 转换成十六进制数。

除数	被除数/商	余数	
2	215		
2	107	……1	最低位
2	53	……1	↑
2	26	……1	
2	13	……0	
2	6	……1	
2	3	……0	
2	1	……1	
	0	……1	最高位

除数	被除数/商	余数	
16	58506		最低位
16	3656	……10(即A)	↑
16	228	……8	
16	14	……4	
	0	……14(即E)	最高位

所以:$(215)_{10}=(11010111)_2$ $(58506)_{10}=(E48A)_{16}$

2.小数部分的转换——基数乘法

这种方法是用需要转换成的进制的基数不断地去乘被转换的十进制小数,直至满足所要求的精确度或小数部分等于 0 为止。把每次乘积的整数部分,以最初整数为最高位,依次排列,就是要转换的结果。

【例 1-9】 把十进制数 0.75 转换成二进制数。

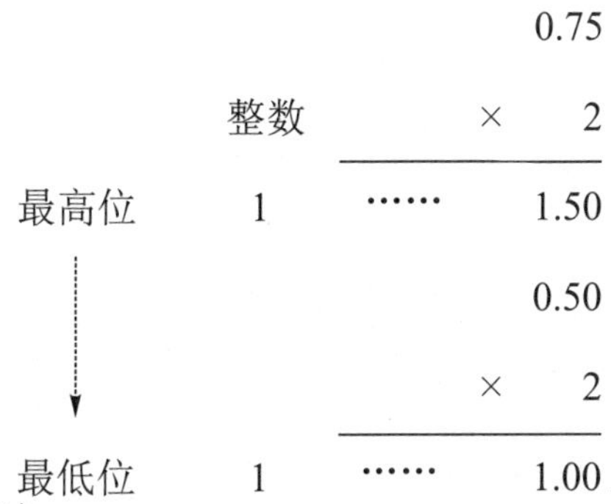

所以:$(0.75)_{10}=(0.11)_2$

对于既有整数部分又有小数部分的十进制数,要将整数部分和小数部分分别转换,中间用小数点连接即可。

这种基数乘除法,同样适用于十进制数转换为其他任何进制数。

此外,对于 16 以内的十进制整数,可以使用二进制的位权 8、4、2、1 相加法将其快速转换为二进制整数,实际上就是四位以内的二进制整数转换为十进制整数的逆运算。

【例 1-10】 把十进制数 15、11、7、6 分别转换成二进制数。

$(15)_{10}=8+4+2+1=(1111)_2$ $(11)_{10}=8+2+1=(1011)_2$

$(7)_{10}=4+2+1=(111)_2$ $(6)_{10}=4+2=(110)_2$

1.2.2.3 二进制数转换为八进制数或十六进制数

由于二进制与八进制、十六进制本身的特点,它们之间的转换十分方便。二进制数基数 $2=2^1$,八进制数基数 $8=2^3$,而十六进制数基数 $16=2^4$,所以每位八进制数可以直接写成三位二进制数的形式,而每位十六进制数同样可以直接写成四位二进制数的形式,反之亦然。

转换方法:从小数点开始,向左向右每 3 位(八进制)或 4 位(十六进制)二进制数分成一组(不足的,整数部分高位补 0,小数部分低位补 0),然后按对应位置写出每组二进制数等值的八进制数或十六进制数及对应的小数点即可。

【例 1-11】 将二进制数$(1101101110.0111)_2$转换为八进制数。

001 101 101 110 . 011 100

1 5 5 6 . 3 4

所以:$(1101101110.0111)_2=(1556.34)_8$

【例 1-12】 将二进制数$(1011100100.101)_2$转换为十六进制数。

0010 1110 0100 . 1010

2 E 4 . A

所以:$(1011100100.101)_2=(2E4.A)_{16}$

1.2.2.4 八进制数或十六进制数转换为二进制数

转换方法:将每位八进制数或十六进制数用 3 位或 4 位二进制数代替即可(小数点

不动)。

【例 1-13】 将八进制数$(245.27)_8$转换为二进制数。

2 4 5 . 2 7

010 100 101 . 010 111

所以:$(245.27)_8 = (10100101.010111)_2$

【例 1-14】 将十六进制数 3AB.4C 转换为二进制数。

3 A B . 4 C

0011 1010 1011 . 0100 1100

所以:$(3AB.4C)_{16} = (1110101011.010011)_2$

各种进制数对照表如表 1-1 所示。

表 1-1 各种进制数对照表

十进制数	八进制数	十六进制数	二进制数
0	0	0	0
1	1	1	1
2	2	2	10
3	3	3	11
4	4	4	100
5	5	5	101
6	6	6	110
7	7	7	111
8	10	8	1000
9	11	9	1001
10	12	A	1010
11	13	B	1011
12	14	C	1100
13	15	D	1101
14	16	E	1110
15	17	F	1111

1.2.3 二进制数的运算

二进制数可以进行算术运算和逻辑运算,下面对这两种运算方法分别进行讨论。

1.2.3.1 算术运算

由于二进制数只有 0 和 1 两个数码,算术运算的规则十分简单。

1.二进制加法

二进制加法的运算规则:

0+0=0　　　　　　　　1+0=1

0+1=1　　　　　　　　1+1=0(有进位)

【例 1-15】 若两个 8 位二进制数 10011010 和 00111010 相加,则加法过程如下:

```
    111 1     …………进位
   10011010   …………被加数
 + 00111010   …………加数
 ----------
   11010100   …………和
```

可见,两个二进制数相加时,每一位都有两个或三个数(相加的两个数以及低位产生的进位)参加运算,得到本位的和以及向高位的进位。

2.二进制减法

二进制减法的运算规则:

0-0=0　　　　　　　　1-1=0

1-0=1　　　　　　　　0-1=1(有借位)

【例 1-16】 若两个 8 位二进制数 11001100 和 00100101 相减,则减法过程如下:

```
    1  111    …………借位
   11001100   …………被减数
 - 00100101   …………减数
 ----------
   10100111   …………差
```

与加法类似,每一位也有三个数(本位的被减数、减数以及低位的借位)参加运算,得到本位的差及所产生的借位。

3.二进制乘法

二进制乘法的运算规则:

0×0=0　　　　　　　　1×0=0

0×1=0　　　　　　　　1×1=1

【例 1-17】 二进制数 1101 与 1010 相乘,相乘过程如下:

```
       1101   …………被乘数
     × 1010   …………乘数
     ------
       0000
      1101
     0000
  + 1101
  ---------
   10000010   …………乘积
```

在乘法运算时,用乘数的每一位去乘被乘数,乘得的中间结果的最低有效位与相应的乘数位对齐。若乘数位为 1,则中间结果即为被乘数;若乘数位为 0,则中间结果为 0。然后把各部分积相加,得到最后乘积。在计算机内进行乘法运算,一般是由“加法”和“移位”两种操作来实现的。

4.二进制除法

除法是乘法的逆运算。与十进制类似,从除数的最高位开始检查,并定出需要超过除数的位数。找到这个位时商记为 1,并用选定的被除数减除数。然后把被除数的下一位移到余数上。若余数不够减,则商记为 0,然后把被除数的再下一位移到余数上;若余数够减除数,则商为 1,余数去减除数,这样反复进行,直至全部被除数的位都下移完为止。

【例 1-18】 二进制数 100011 除以 101,相除过程如下:

```
                  111…………商
除数……101 ) 100011…………被除数
              101
              ---
               111
               101
               ---
                101
                101
                ---
                  0
```

1.2.3.2 逻辑运算

1.逻辑代数和逻辑变量

逻辑代数是一种二值代数。它和普通代数一样,用字母 A、B、C、…、Z 等来代表变量(简称逻辑变量),但它们的取值只有 0 和 1 两种。在逻辑代数中,“数”并不表示数量的大小,只代表所要研究的问题的两种可能性(或两种稳定的物理状态),如电压的高与低,二极管的导通与截止等。

2.基本的逻辑运算

逻辑变量之间的运算称为逻辑运算。它包括三种基本运算:逻辑加法(或运算)、逻辑乘法(与运算)和逻辑否定(非运算)。由这三种基本运算还可导出其他的逻辑运算,如异或运算、同或运算、或非运算等。

下面介绍 4 种逻辑运算:与运算、或运算、非运算和异或运算。

(1)与运算也叫逻辑乘法、逻辑积,它的含义是“并且”,通常用符号 · 、∧ 或 ∩ 表示。与运算的运算规则:

$$0 \cdot 0=0,1 \cdot 0=0,0 \cdot 1=0,1 \cdot 1=1$$

逻辑乘法的运算规则尽管与普通算术乘法运算规则相同,但根本含义则完全不同。它表示只有参加运算的逻辑变量同时取值为 1 时,其逻辑乘积才等于 1。

(2)或运算也叫逻辑加法、逻辑和,它的含义是“或者”,通常用符号+、∨ 或 ∪ 表示。或运算的运算规则:

$$0+0=0,1+0=1,0+1=1,1+1=1$$

逻辑加法运算规则与算术加法不同。在给定的逻辑变量中,只要有一个运算对象为 1,或运算的结果就为 1。

(3)非运算又称逻辑否定,它的含义是“取反”。其表示方法是在逻辑变量上方加一横线或者右上角加上′。非运算的运算规则:

$$\overline{0}=1 \text{ 或 } 0'=1,\overline{1}=0 \text{ 或 } 1'=0$$

(4)异或运算常用⊕符号表示。异或运算的运算规则:

$$0 \oplus 0=0,1 \oplus 0=1,0 \oplus 1=1,1 \oplus 1=0$$

在给定的两个逻辑变量中,只有当两个逻辑变量不同时,异或运算的结果才为1。

这里要特别注意的是,当两个多位的逻辑变量之间进行逻辑运算时,只在对应位之间按上述规则进行运算,不同位之间不发生任何关系,没有算术运算中的进位或借位问题,即逻辑运算是一种位对位的运算,运算对象的位数必须相同。

【例1-19】 对10101111及11000010两个逻辑变量进行与、或、异或及非运算。

与运算

$$\begin{array}{r} 10101111 \\ \wedge\ 11000010 \\ \hline 10000010 \end{array}$$

异或运算

$$\begin{array}{r} 10101111 \\ \oplus\ 11000010 \\ \hline 01101101 \end{array}$$

或运算

$$\begin{array}{r} 10101111 \\ \vee\ 11000010 \\ \hline 11101111 \end{array}$$

非运算

10101111 按位取反等于 01010000

11000010 按位取反等于 00111101

1.2.4 计算机采用二进制的原因

在计算机中采用二进制,主要有以下几个原因:

(1)电路中容易实现,且可靠性高:二进制只有0和1两个状态。

(2)最易实现存储:可通过磁极的取向、表面的凹凸、光照的有无等来记录。

(3)简易性:二进制数的运算法则少,运算简单,使计算机运算器的硬件结构大大简化。

(4)逻辑性:二进制0和1正好和逻辑代数的假(false)和真(true)相对应,有逻辑代数的理论基础。

八进制、十六进制也是计算机中常用的数字表示方法,目的是弥补二进制数书写位数长的不足。

1.3 数据在计算机中的表示

数据在计算机中的表示

计算机要处理的数据除了数值数据以外,还有各类符号、图形、图像和声音等非数值数据。而计算机只能识别二进制,要使计算机能处理这些信息,首先必须将各类信息转换成"0"和"1"表示的代码,这一过程称为编码。

1.3.1 数据单位

计算机中数据的常用单位有位、字节和字,下面分别介绍这三个概念。

1.位

位即数位(bit,简记为b),是计算机中最小的数据单位。计算机中最直接、最基本的操作就是对位的操作。在用二进制表示状态时,每1位的状态可能是0或1,所以1位只能表示两种状态,2位就可表示四种状态(00,01,10,11),位越多能表示的状态(代表的符号)就越多。

2.字节

为了表示计算机中的所有字符(字母、数字及专用符号,大约有128~256个),需要用7~8位二进制数,因此人们选定8位为1个字节(Byte,简记为B),即1个字节由8个二进制数位组成。字节是计算机中用来表示存储空间大小的最基本的容量单位,如计算机的内存容量、硬盘的存储容量等都是以字节为单位表示的。

存储空间容量的单位除用字节表示外,还可以用千字节kB、兆字节MB、吉字节GB、太字节TB、拍字节PB、艾字节EB、泽字节ZB、尧字节YB、珀字节BB、诺字节NB、刀字节DB等表示。它们之间的换算关系如下:

8 b = 1 B　　　　1024 GB = 1 TB = 2^{40}B

1024 B = 1 kB = 2^{10}B　　　　1024 TB = 1 PB = 2^{50}B

1024 kB = 1 MB = 2^{20}B　　　　1024 PB = 1 EB = 2^{60}B

1024 MB = 1 GB = 2^{30}B　　　　1024 EB = 1 ZB = 2^{70}B

3.字

字(Word)由若干字节构成,一般为字节的整数倍,如16位、32位、64位等。它是计算机进行数据处理和运算的单位。字长是计算机性能的重要标志,不同档次的计算机有不同的字长。

1.3.2 整数的计算机表示

在计算机中通常采用固定数目的二进制位数(比如8位、16位、32位或64位)来表示整数,称为机器数。其次,数值有正、负之分,通常把机器数的最高位作为符号位,规定"0"表示正数,"1"表示负数。显然,不同位数的机器数所能表示的整数的范围是不一样的,如果数值超出机器数能表示的范围,就会出现"溢出"错误。

在计算机中,整数可以采用原码、补码、反码(它们都属于机器数)存储和处理,不同的编码有不同的计算规则。

1.3.2.1 原码

原码是整数最简单的一种表示方式。原码表示数据简单直观,其求解过程如下:

(1)若数据不是二进制数据,先将其转换成二进制数据。

(2)若字长为n位,则数值位占$n-1$位。若上一步转换后的数据不足$n-1$位,则在数值位前面补0,形成$n-1$位数值位。

(3)若符号为"+",则在数值位前面加上0;若符号为"-",则在数值位前面加上1。

【例1-20】 求-54的原码。(用8位二进制表示,其中包含1位符号位和7位数值位,后面的例子要求与此相同,不再逐个说明)

(1)二进制数据:110110。

(2)前面补0形成7位数值位:0110110。

(3)符号为"-",则符号位为1,最终结果为10110110,即$[-54]_{原}=10110110$。

【例1-21】 求+69的原码。

(1)二进制数据:1000101。

(2)已足 7 位数值位,不用补位。

(3)符号为“+”,则符号位为 0,最终结果为 01000101,即$[+69]_{原}=01000101$。

【例 1-22】 求整数 0 的原码。

$$[+0]_{原}=00000000$$

$$[-0]_{原}=10000000$$

可见,整数 0 的原码有两种表示形式。8 位原码表示整数的情况如图 1-8(a)所示。

1.3.2.2 补码

原码表示形式简单明了,但用原码计算时会出现很多问题:例如,两个数符号不同,要做加法运算。首先要判定两个数绝对值的大小,然后用绝对值大的减绝对值小的,符号取决于绝对值大的符号。运算方式烦琐、复杂,加法运算最终变成了减法运算。能不能只让计算机做加法运算(即化减为加)呢?若能找到一个与负数等价的整数来代替,就可以将减法变成加法,而补码表示法,正好能满足此需求。

日常生活中,有许多将“减”转化成“加”的例子。例如,将慢了的时钟从 9 点调整为 6 点,有两种方法:第一种,将钟表的时针逆时针拨 3 个格,相当于做了减 3 的运算,即 9-3=6。第二种,将钟表的时针顺时针拨 9 个格,相当于做了加 9 的运算,由于钟表的时针是以 12 为模的,所以当超过 12 时,将 12 舍去,即 9+9=18(mod12)=6。于是,减 3 相当于加 9。同理,减 4 相当于加 8,减 5 相当于加 7。由于计算机的字长是一定的,表示数据的范围也是确定的,所以也属于有模运算。

8 位补码表示整数的情况如图 1-8(b)所示。可以看出:使用补码可以将符号位和数值位统一处理;同时,加法和减法也可以统一处理,化减为加。此外,补码与原码相互转换,其运算过程是相同的,不需要额外的硬件电路。因此,在计算机系统中,整数一律采用补码来表示和存储。

(a)

0	1	1	1	1	1	1	1	+127
0			⋮					⋮
0	0	0	0	0	0	1	0	+2
0	0	0	0	0	0	0	1	+1
0	0	0	0	0	0	0	0	+0
1	0	0	0	0	0	0	0	-0
1	0	0	0	0	0	0	1	-1
1	0	0	0	0	0	1	0	-2
1			⋮					⋮
1	1	1	1	1	1	1	1	-127

(b)

0	1	1	1	1	1	1	1	+127
0			⋮					⋮
0	0	0	0	0	0	1	0	+2
0	0	0	0	0	0	0	1	+1
0	0	0	0	0	0	0	0	0
1	1	1	1	1	1	1	1	-1
1	1	1	1	1	1	1	0	-2
1			⋮					⋮
1	0	0	0	0	0	0	1	-127
1	0	0	0	0	0	0	0	-128

图 1-8 8 位原码和补码表示的整数

补码的计算规则:正整数的补码和它的原码相同,负整数的补码是其原码的数值位逐位取反后加 1。

【例 1-23】 求+25 和-25 的补码。

$[+25]_{原}=00011001$,则$[+25]_{补}=00011001$

$[-25]_{原}=10011001$,则$[-25]_{补}=11100110+1=11100111$

【例 1-24】 求 0 的补码。

$[+0]_{原}=00000000$,则$[+0]_{补}=00000000$

$[-0]_{原}=10000000$,则$[-0]_{补}=11111111+1=00000000$

可见,0 的补码表示是唯一的。

此外,若已知补码,欲求其真值,可将补码转换为原码(补码转换成原码的规则与原码转换成补码的规则相同),再求其真值。

【例 1-25】 已知$[X]_{补}=01010100$,求 X。

$[X]_{补}=01010100$,则$[X]_{原}=01010100$,则 X 为+(64+16+4)= +84。

【例 1-26】 已知$[X]_{补}=10101100$,求 X。

$[X]_{补}=10101100$,则$[X]_{原}=11010011+1=11010100$,则 X 为-(64+16+4)= -84。

1.3.2.3 反码

所谓反码,其实是原码到补码的中间过渡。反码的计算规则:正整数的反码和它的原码相同,负整数的反码是其原码的数值位逐位取反。

【例 1-27】 求+25 和-25 的反码。

$[+25]_{原}=00011001$,则$[+25]_{反}=00011001$。

$[-25]_{原}=10011001$,则$[-25]_{反}=11100110$。

【例 1-28】 求 0 的反码。

$[+0]_{原}=00000000$,则$[+0]_{反}=00000000$。

$[-0]_{原}=10000000$,则$[-0]_{反}=11111111$。

可见,整数 0 的反码也有两种表示形式。

1.3.2.4 原码、反码、补码的比较

用 8 位二进制数码来表示有符号整数时,原码、反码、补码的表示结果如表 1-2 所示。可以看出,8 位二进制原码可以表示的整数的范围为-127~+127,补码可以表示的整数的范围为-128~+127,反码可以表示的整数的范围为-127~+127。

表 1-2 8 位二进制数码对应的真值范围

二进制代码	原码对应的真值	反码对应的真值	补码对应真值
01111111	+127	+127	+127
01111110	+126	+126	+126
01111101	+125	+125	+125
⋮	⋮	⋮	⋮
00000011	+3	+3	+3
00000010	+2	+2	+2

续表 1-2

二进制代码	原码对应的真值	反码对应的真值	补码对应真值
00000001	+1	+1	+1
00000000	+0	+0	±0
11111111	-127	-0	-1
11111110	-126	-1	-2
11111101	-125	-2	-3
⋮	⋮	⋮	⋮
10000011	-3	-124	-125
10000010	-2	-125	-126
10000001	-1	-126	-127
10000000	-0	-127	-128

1.3.3 实数的计算机表示

实数是既有整数又有小数，且小数点位置不固定的数，也称为浮点数。在计算机中，浮点数通常被表示成如下形式：

$$N = M \times 2^{E}$$

其中，M 为尾数（可正可负），E 为阶码（可正可负），尾数的符号称为数符，阶码的符号称为阶符。因此，一个浮点数是由阶符、阶码、数符和尾数四部分组成的。以字长 32 位为例，通常是阶符 1 位、阶码 7 位、数符 1 位、尾数 23 位，具体表示形式如下：

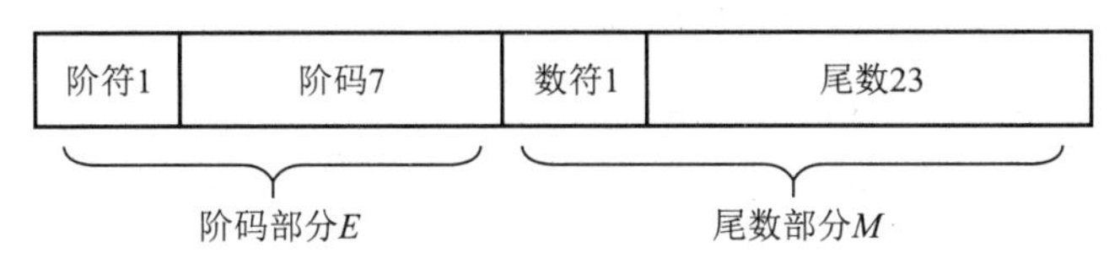

例如，若 N 为十进制数 $(5.6875)_{10}$，即二进制数 $(101.1011)_2$，则 N 可以写成下列不同的格式：

$$\begin{aligned} N &= 101.1011 \\ &= 0.1011011 \times 2^{11} \\ &= 1.011011 \times 2^{10} \\ &= 10.11011 \times 2^{1} \\ &= 1011.011 \times 2^{-1} \\ &= 10110.11 \times 2^{-10} \\ &\vdots \end{aligned}$$

为了提高数据的精度以便于浮点数的比较，在计算机中规定浮点数的尾数用纯小数表示，此外，将尾数最高位为 1 的小数称为规格化数，即 $N = 0.1011011 \times 2^{11}$ 为该数的浮点数规格化形式。在字长 32 位的计算机中，该数可以表示如下：

0	0000011	0	10110110000000000000000

其中,0000011 为阶码(假设采用补码表示),0.10110110000000000000000 为尾数(假设采用补码表示,小数点隐含在数符的后面,在机器中实际上是不存在的),基数 2 则是隐含表示。

不同的计算机,浮点数的表示方式不尽相同,一般阶符和数符各占一位,阶码和尾数的位数、阶符数符的具体位置则取决于具体的机器。

1.3.4 字符编码和汉字编码

1.3.4.1 字符编码

字母和各种字符在计算机中也必须采用一种二进制编码来表示。当前使用最普遍的是 ASCII 码(American Standard Code for Information Interchange,美国标准信息交换码),ASCII 码被国际标准化组织(International Organization for Standardization,简称 ISO)确定为世界通用的国际标准。

常用的西文字符有 128 个,包括 52 个大小写英文字母 A~Z 及 a~z,10 个十进制的数码 0~9,32 个标点符号、运算符、专用符号和 34 个控制符。

7 位 ASCII 码采用 7 位二进制数表示一个字符,可以表示 2^7 即 128 个字符,正好用于表示常用的 128 个西文字符,如表 1-3 所示,其排列次序为 $d_6d_5d_4d_3d_2d_1d_0$,d_6 为高位,d_0 为低位。一个字符在计算机内实际是用 8 位二进制数表示的。正常情况下,最高一位 d_7 为 0,在需要奇偶校验时,这一位可用于存放奇偶校验的值,此时称这一位为校验位。

表 1-3 7 位 ASCII 码

$d_3d_2d_1d_0$	$d_6d_5d_4$							
	000	001	010	011	100	101	110	111
0000	NUL	DLE	SP	0	@	P	`	p
0001	SOH	DC1	!	1	A	Q	a	q
0010	STX	DC2	"	2	B	R	b	r
0011	ETX	DC3	#	3	C	S	c	s
0100	EOT	DC4	$	4	D	T	d	t
0101	END	NAK	%	5	E	U	e	u
0110	ACK	SYN	&	6	F	V	f	v
0111	BEL	ETB	′	7	G	W	g	w
1000	BS	CAN	(	8	H	X	h	x
1001	HT	EM	)	9	I	Y	i	y
1010	LF	SUB	*	:	J	Z	j	z

续表 1-3

$d_3d_2d_1d_0$	$d_6d_5d_4$							
	000	001	010	011	100	101	110	111
1011	VT	ESC	+	;	K	[	k	{
1100	FF	FS	,	<	L	\	l	|
1101	CR	GS	-	=	M	]	m	}
1110	SO	RS	.	>	N	^	n	~
1111	SI	US	/	?	O	_	o	DEL

要确定某个字符的 ASCII 码,在表中可先查到它的位置,然后确定它所在位置的相应列和行,最后根据列确定高位码($d_6d_5d_4$),根据行确定低位码($d_3d_2d_1d_0$),把高位码与低位码合在一起就是该字符的 ASCII 码。一个 ASCII 码可用不同的进制数表示。例如,字母 A 的 ASCII 码 1000001,用十六进制表示为$(41)_{16}$,用十进制表示为$(65)_{10}$,字母 B 用十进制表示就为$(66)_{10}$。英文字母的编码值满足正常的字母排序关系,且大、小写英文字母编码的对应关系为小写比大写大 32。

1.3.4.2 汉字编码

汉字是象形文字,种类繁多,编码要比英语等拼音文字困难得多,而且在一个汉字处理系统中,输入(输入码)、内部处理(机内码)、输出(字形码)对汉字编码的要求不尽相同,需要进行一系列的汉字编码及转换。

1.汉字机内码

根据对汉字的查频统计结果,1980 年我国公布了《信息交换用汉字编码字符集　基本集》(GB/T 2312—1980),简称国标码,如表 1-4 所示。GB/T 2312—1980 将代码表分为 94 个区(表 1-4 中左侧第 2 列的十进制数),对应第一字节;每个区 94 位(表 1-4 中上面第 2 行的十进制数),对应第二字节。其中,01~09 区为符号、数字区,共计 682 个字符;16~55 区为第一级常用汉字区,按汉语拼音字母/笔形顺序排列,共计 3755 个汉字;56~87 区为第二级次常用汉字区,按部首/笔画顺序排列,共计 3008 个汉字;10~15 区、88~94 区是有待进一步标准化的空白区。

表 1-4　GB/T 2312—1980 国标码简表

分区	A1 01	A2 02	A3 03	… …	AA 10	AB 11	… …	AF 15	B0 16	B1 17	… …	F9 89	FA 90	FB 91	FC 92	FD 93	FE 94
A1　01 … A9　09		、	。	…	—	~ ⋮	…	' ⋮	“ ┌	” ┏	…	※	→	←	↑	↓	〓
空区																	

续表 1-4

分区	A1 01	A2 02	A3 03	… …	AA 10	AB 11	… …	AF 15	B0 16	B1 17	… …	F9 89	FA 90	FB 91	FC 92	FD 93	FE 94
B0 16 … D7 55	啊 住	阿 注	埃 祝	…	蔼 转	矮 撰	…	隘 庄	鞍 装	氨 妆	…	谤 座	苞	胞	包	褒	剥
D8 56 … F7 87	亍 鳌	丌 鳍	兀 鳎	…	鬲 鳖	孬 鳙	…	丿 鳢	匕 靼	乇 鞅	…	伫 龉	佞 龌	佧 龊	攸 龋	佚 龌	佝 龠
空区																	

由区号和位号组成的四位十进制数称为区位码,例如“啊”的区位码为 1601D。

国标码是由区位码转换得到的,其转换方法为:先将十进制区码和位码转换为十六进制的区码和位码,再将这个代码的第一个字节和第二个字节分别加上 32(即 20H)。例如“啊”字的国标码为 3021H,该字由十进制区位码到十六进制国标码的转换过程如下:

$$1601D \longrightarrow 1001H \xrightarrow{+2020H} 3021H$$

国标码是汉字信息交换的标准编码,但因其前后字节的最高位为 0,与 ASCII 码发生冲突。例如“啊”字,国标码为 3021H,而西文字符“0”和“!”的 ASCII 码也为 30H 和 21H,现假如内存中有两个字节为 30H 和 21H,这到底是一个汉字,还是两个西文字符“0”和“!”,就出现了二义性。于是,汉字的机内码采用变形国标码,其变换方法为:将国标码的每个字节都加上 128,即将两个字节的最高位由 0 改为 1,其余 7 位不变。例如,“啊”字的国标码为 3021H,则它的机内码为 B0A1H,即表 1-4 中左侧第 1 列的十六进制数与上面第 1 行的十六进制数组成的四位编码。

2.汉字输入码

汉字输入码也叫汉字外码,是用来将汉字输入到计算机中的一组键盘符号。汉字输入方式主要有键盘输入、字形识别输入和语音输入三种,目前使用最多的仍是由键盘输入代码。具体输入的汉字代码,就是某种“输入法”的汉字输入码。输入汉字之前,用户选定一种汉字输入法(即启动了一种汉字输入驱动程序),计算机即可识别相应的输入码。

3.汉字字形码

汉字字形码,指计算机汉字字库中存储的汉字字形的数字化信息,用于汉字的显示或打印输出。不同的汉字字库存放不同形状的汉字字形(即字体),如宋体、楷体、隶书等,分为点阵和矢量两种表示方法。

用点阵表示汉字的字形,即将一个汉字放在一个多行多列的网格中,有笔画通过的网格用二进制位 1 表示,没有笔画通过的网格用二进制位 0 表示,这样就构成汉字的点阵,如图 1-9 所示。一般的汉字系统中汉字字形点阵有 16×16、24×24、48×48 几种,点阵越大对每个汉字的修饰作用就越强,打印质量也就越高。通常用 16×16 点阵来显示汉字,每一行上的 16 个点需用两个字节表示,一个 16×16 点阵的汉字字形码需要 2×16 = 32

个字节表示。汉字字形码以二进制数形式保存在存储器中，构成了汉字字库。

矢量汉字字库存储的是描述汉字字形的轮廓特征，当要输出汉字时，通过计算机的计算由汉字字形描述生成所需大小和形状的汉字点阵。矢量表示方式与分辨率无关，因此可以产生高质量的汉字输出，且放大以后不会影响其输出效果。Windows 中使用的 TrueType 技术就是汉字的矢量表示，如图 1-10 所示。

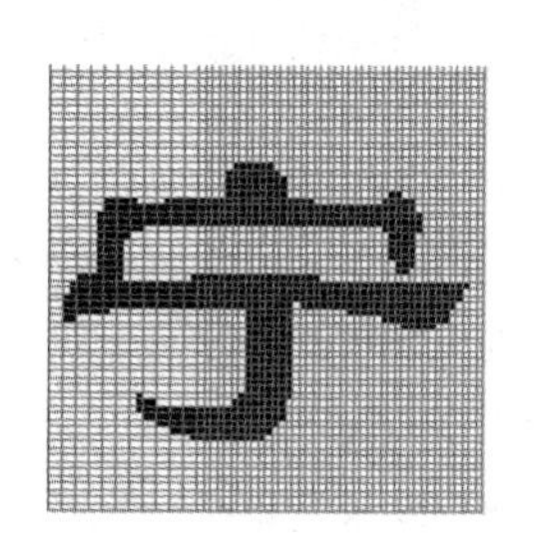

图 1-9 点阵汉字

图 1-10 矢量汉字

1.3.5 图像和声音的数字化

1.3.5.1 图像的数字化

在日常生活中我们所看到的图像都是模拟图像，要在计算机中存储、显示和处理图像，必须将其转换为数字形式，即数字化，需经过采样、量化、压缩编码三个步骤。图像的数字化可以通过数码相机、摄像头、扫描仪等多媒体输入设备完成。

1.采样

采样是对二维空间的模拟图像在水平和垂直方向上等间距地分割成矩形网状结构，每个微小方格称为一个像素，如图 1-11 所示。例如，一幅分辨率为 640×480 像素的图像就是由 640×480 个像素点组成的。

图 1-11 采样

2.量化

量化是将采样的每个像素的颜色信息用若干位二进制来表示，一般有 8 位、16 位、24 位或 32 位等，称为颜色深度。其中，24 位色即为真彩色，可以描述 2^{24}（即 16777216）种颜色。

在计算机中，24 位真彩色采用 RGB 模式，即用红、绿、蓝三个颜色分量组合来产生颜色，每个颜色分量占 8 位二进制，可表示 2^{8}（即 256）个分量值，即 00000000～11111111（即

0~255)。例如,在图 1-12 中对两个像素点进行了量化。

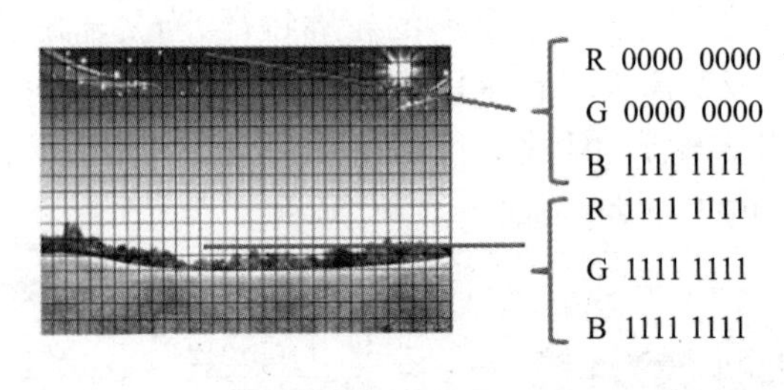

图 1-12 量化

3.压缩编码

由于采样、量化后得到的图像数据量巨大,不利于照片的保存和网络传输,必须采用编码技术来压缩其信息量。例如,在不压缩的情况下,一张 24 位色、4288×2848 像素的照片,大约需要 4288×2848×24 b = 34.94 MB 的存储空间,采用 JPEG(Joint Photographic Experts Group)压缩标准,在不影响效果的情况下可以将其压缩为约 3.2 MB 的 JPG 文件。

1.3.5.2 声音的数字化

自然界的声音是模拟音频,是随时间连续变化的模拟量。音频信号体现为波形,具有振幅、周期、频率三个重要指标。振幅越大,音量越大;频率越高,音调越高。计算机中的音频为数字音频,它是随时间不连续或离散变化的数字量。模拟音频进入计算机时必须进行数字化处理,通常包括采样、量化、压缩编码三个过程。音频的采集和数字化所需的硬件设备主要有话筒、声卡等。

1.采样

采样是指每隔一定的时间间隔 T 对模拟音频信号的振幅取值,如图 1-13 所示,其中 T 称为采样周期,得到的振幅值称为采样值。将每秒钟采样的次数称为采样频率,如 22.05 kHz、44.1 kHz、48 kHz。其中,标准采样频率为 44.1 kHz。

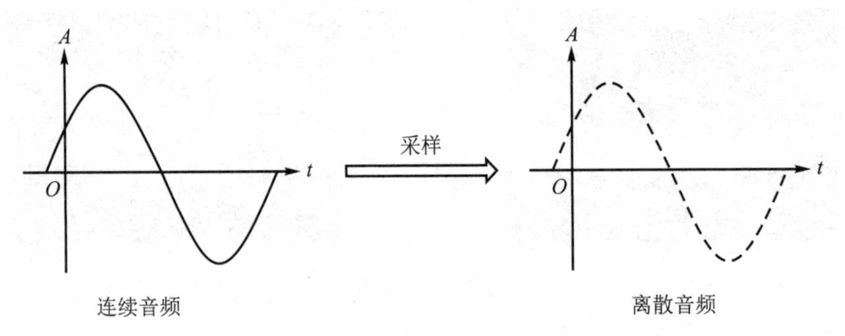

图 1-13 采样

2.量化

量化是将采样得到的每个声音幅度样本用若干位二进制来表示,一般有 8 位、16 位、24 位等,称为量化精度,如图 1-14 所示。16 位量化精度可以描述 2^{16}(即 65 536)种声音信号。

存储采样频率 44.1 kHz、量化精度 16 位的 1 分钟双声道数字音频大约需要 44.1×1000×16×60×2 b=10.1 MB 的存储空间。

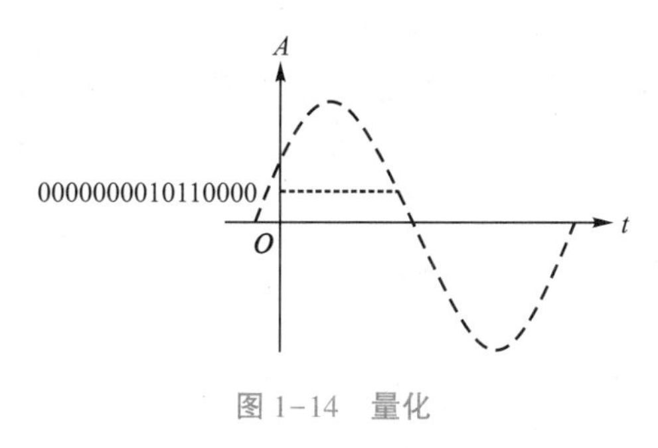

图 1-14　量化

3.压缩编码

由于采样、量化后得到的声音数据量巨大,不利于声音的保存和网络传输,必须采用编码技术来压缩其信息量。例如,采用 MP3(Moving Picture Experts Group Audio Layer Ⅲ,动态影像专家压缩标准音频导层面 3)压缩方法,在不影响效果的情况下可以达到 1∶11 的压缩比。

1.3.6　条形码

条形码是近年来广泛使用的一种物品信息标识技术,其方法是赋予物品一个特别的编号,由该编号可以获知该物品的生产国、制造厂家、商品名称、生产日期、图书分类号、邮件起止地点、类别、日期等许多信息,因而条形码在物流管理、图书管理、商品管理等诸多领域得到了广泛的应用。

1.3.6.1　一维条形码

一维条形码是将宽度不等的多个黑条和空白,按照一定的编码规则排列,用以表达一组信息的图形标识符。条形码信息靠黑条和空白的不同宽度和位置来传递,信息量的大小由条码的宽度和印刷的精度来决定。这种条码技术在一个方向(一般是水平方向)表达信息,而在垂直方向则不表达任何信息,所以称之为一维条形码。

一维条形码的码制种类很多,常用的码制包括:EAN 码、39 码、交叉 25 码、UPC 码、128 码、93 码、ISBN 码及库德巴码等。下面简单介绍 EAN 码以及 ISBN 码,其他码制大家可以查阅相关资料,此处不再进一步说明。

EAN 码(European Article Number,欧洲商品编号)是国际通用的符号体系,是一种长度固定、无含义的条码,所表达的信息全部为数字,是目前国际上使用最广泛的一种商品条形码。EAN 码有标准版(EAN-13)和缩短版(EAN-8)两种。标准版表示 13 位数字,又称为 EAN13 码,缩短版表示 8 位数字,又称 EAN8。两种条码的最后一位为校验位,由前面的 12 位或 7 位数字计算得出。EAN 码由前缀码、厂商识别码、商品项目代码和校验码组成。

ISBN(International Standard Book Number,国际标准书号)是国际通用的图书或独立的出版物(除定期出版的期刊)代码。目前 ISBN 长度为 13 位。13 位 ISBN 码由前缀号 978(预留 979)、组号(标识国家、地理区域、语言及其他社会集团划分的组织,由国际

ISBN 中心设置和分配,我国的组号为一位数字 7)、出版社代码(标识具体的出版社,长度 2 至 6 位数字,我国由中国 ISBN 中心设置和分配)、书序码(标识出版物的出版次序,由出版者管理和分配)以及校验码(采用模数 10 加权算法计算,其功能在于对标准书号的正确与否进行检验)组成,中间用“-”连接。ISBN 码如图 1-15 所示。

图 1-15 ISBN 码示意图

1.3.6.2 二维条形码

二维条形码(简称二维码)是用某种特定的几何图形按一定规律在平面分布的黑白相间的图形记录数据信息的,即二维码是在水平和垂直方向的二维空间存储信息的条形码。二维码的存储信息量远大于一维条形码。由于二维码具有储存量大、保密性高、追踪性高、抗损性强、备援性大、成本便宜等特性,所以目前已应用在铁路、物流、交友等领域中。

与一维条形码一样,二维条形码也有许多不同的编码方法,或称码制。就码制的编码原理而言,通常可分为线性堆叠式二维码和矩阵二维码两种类型。线性堆叠式二维码是由多行短小的一维条形码堆叠而成,如图 1-16 所示;矩阵式是通过黑、白像素在矩阵中的不同分布进行编码,如图 1-17 所示。

图 1-16 线性堆叠式二维码

随着智能移动终端的发展,条形码的应用已经出现在我们生活的方方面面,我们可以通过一维条形码确定图书的信息,可以通过扫描二维码的方式加好友、邮寄物品,甚至可以听微课。最值得说明的是,目前的移动支付功能也是通过扫码的形式实现的,携带一部手机,通过各种扫码,基本能完成自己衣食住行的需求。

图 1-17 矩阵式二维码

1.4 计算机学科概述

学科是一种学术分类,指一定科学领域或一门科学的分支,如自然科学中的化学、物理学,社会科学中的法学、社会学等。

计算机学科是研究计算机的设计与制造和利用计算机进行信息获取、表示、存储、处理、控制等的理论、原则、方法和技术的学科。计算机学科通常分为计算机科学和计算机技术两个方面。计算机科学侧重于研究现象揭示规律,计算机技术则侧重于研制计算机和研究使用计算机进行处理的方法和技术手段。

计算机学科主要分为三个大的研究方向:计算机系统结构、计算机应用、计算机软件与理论,每个方向又有几十个具体的分支。

计算机系统结构:主要研究系统结构、并行体系、嵌入式、信息安全机制等内容。

计算机应用:主要研究人工智能、计算机视觉、多媒体信息处理、数据与知识管理、计算机在信息产业中的应用等内容。

计算机软件与理论:主要研究软件工程与方法、自然语言处理、系统软件、可计算性和计算复杂性、各种高效实用的计算模型、一般难解问题的高效实用算法、面向应用的大尺度难解问题的工程实用算法、工程算法集成和相应软件体系结构、工程算法分析和评价体系等。

本科阶段计算机科学与技术专业的知识体系可以分为公共基础课程、学科基础课程、专业课程三大部分,如表 1-5 所示。

表 1-5 计算机科学与技术专业的知识体系

公共基础课程	学科基础课程	专业课程
马克思主义基本原理	高等数学	计算机导论
毛泽东思想、邓小平理论和“三个代表”重要思想	线性代数	程序设计基础
思想道德修养与法律基础	概率论与数理统计	数据结构
形势与政策	数字电路	数据库原理
中国近现代史纲要	离散数学	面向对象程序设计
大学英语		计算机组成原理
大学体育		计算机操作系统
		计算机网络
		编译原理
		……

习 题

第 1 章
选择题

第 1 章
填空题
参考答案

一、选择题

二、填空题

1.世界上第一台计算机,名为__________。

2.第三代计算机使用的电子元件是__________。

3.计算机是通过预先编好的__________来自动存取和处理数据的。

4.在数数时,如果采用八进制计数,则 77 的下一个数是__________。

5.在数数时,如果采用十六进制计数,则 9F 的下一个数是__________。

6.在数数时,如果采用二进制计数,则 1010 的下一个数是__________。

7.二进制数 101101 转换为十进制数是__________。

8.十进制数 13 转换为二进制数是__________。

9.二进制数 10110101.1011 转换为八进制数是__________。

10.二进制数 110110101.10111 转换为十六进制数是__________。

11.八进制数 647.53 转换为二进制数是__________。

12.十六进制数 9C7B.3D 转换为二进制数是__________。

13.逻辑运算是一种位对位的运算,运算对象的__________必须相同。

14.逻辑与运算 1010^0110 的结果是__________。

15.逻辑异或运算 1010⊕0110 的结果是__________。

16.计算机中最小的数据单位是__________。

17.计算机中存储数据的基本单位是__________。

18.__________个二进制位构成一个字节。

19.1 kB 是__________个字节,1 GB 是__________个 MB。

20.现在的计算机中一般使用__________来表示整数。

21.使用 8 位二进制存储表示整数时,+95 的原码是__________,-95 的原码是__________。

22.使用 8 位二进制存储表示整数时,+95 的补码是__________,-95 的补码是__________。

23.使用 8 位二进制存储表示整数时,+95 的反码是__________,-95 的反码是__________。

24.使用 8 位二进制存储表示整数时,-1 的补码是__________。

25.实数在计算机中表示时,可以分成阶码和__________两部分。

26.大多数小型机和所有微型计算机都采用__________存储和处理西文字符。

27.机内码与国标码的关系是:机内码=国标码+__________H。

28.汉字字形有__________和矢量两种表示方法。

29.要存储一个 48×48 点阵的汉字字模,需要__________字节的存储空间。

三、简答题

1.设想一下计算机的未来。

2.人工智能的应用有哪些?请举例说明。

3.计算机为什么采用二进制进行存储和计算,能否采用其他进制?

4.现实生活中的各种信息是如何在计算机中表示的?

2 计算机系统与网络

用户在使用计算机时,操作的对象包括硬件、软件、网络等。计算机硬件是计算机作为计算工具的物质基础,是软件的载体。计算机软件是用户与硬件之间的接口,是在硬件和网络支持下计算机系统功能的体现和延伸。计算机网络是计算机技术与通信技术相结合的产物,是计算机发展的必然,它把孤立的各个计算机连接起来,实现计算机硬件资源和软件资源的充分共享,推动了人类从工业社会走向信息社会。

2.1 计算机系统概述

计算机系统是一种能够按照事先存储的程序,自动、高速地对数据进行输入、处理、输出和存储的系统。冯·诺依曼型计算机系统由硬件系统和软件系统两大部分组成,如图 2-1 所示。

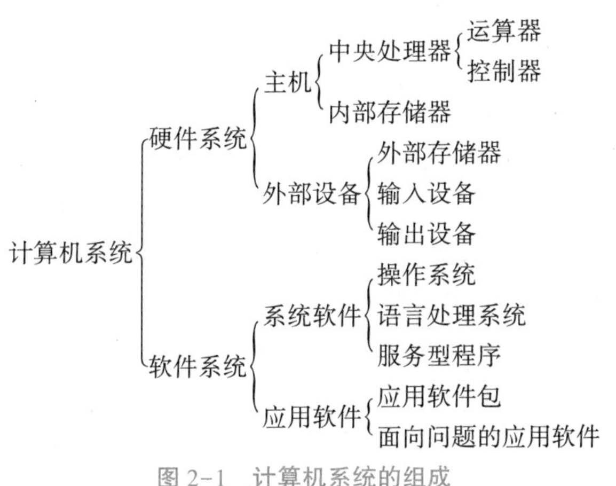

图 2-1 计算机系统的组成

2.1.1 计算机硬件系统

硬件系统是由电子部件和机电装置组成的计算机实体。如用集成电路芯片、印刷线路板、接插件、电子元件和导线等装配成中央处理器、存储器、外部设备等。硬件的功能是接收计算机程序,并在程序控制下完成数据输入、数据处理和输出等任务。

虽然计算机制造技术已经发生了很大的变化，但在基本的硬件结构方面，却一直沿袭着冯·诺伊曼的传统框架，即计算机硬件系统由运算器、控制器、存储器、输入设备、输出设备五大基本部件构成。图2-2列出了一个计算机系统的基本硬件结构。图中，实线代表数据流，虚线代表指令流，计算机各部件之间的联系就是通过这两股信息流动来实现的。原始数据和程序通过输入设备送入存储器，然后进行运算处理。在运算处理过程中，数据从存储器读入运算器进行运算，运算的结果存回存储器，必要时再经输出设备输出；指令（计算机可执行的命令=操作码+操作数）也以数据形式存于存储器中，运算处理时由存储器送入控制器，由控制器控制各部件工作。

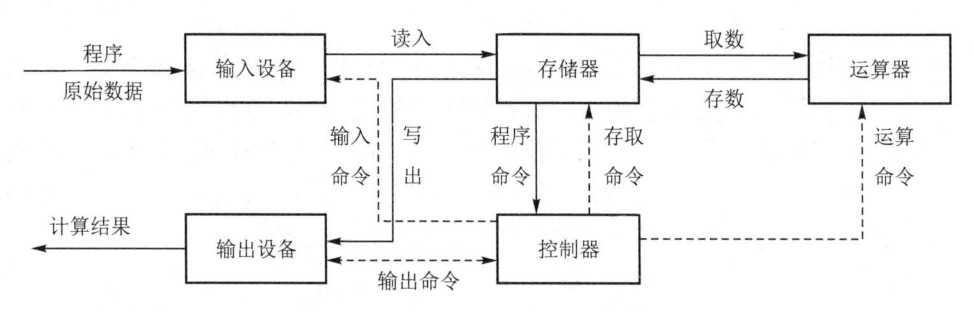

图2-2 计算机系统基本硬件结构

由此可见，输入设备负责把用户的信息（包括程序和数据）输入到计算机中；存储器负责存储程序和数据，并根据控制命令提供这些程序和数据，它包括内存（内部存储器）和外存（外部存储器）；运算器负责对数据进行算术运算和逻辑运算（即对数据进行加工处理）；控制器负责对程序所规定的指令进行分析，控制并协调输入、输出操作或对内存的访问；输出设备负责将计算机中的信息（包括程序和数据）传送到外部媒介，供用户查看或保存。

2.1.2 计算机软件系统

软件系统是为运行、管理和维护计算机而编制的各种程序、数据和文档的总称，目的在于保证硬件的功能得以充分发挥，并为用户提供良好的工作环境。程序是完成某一任务的指令或语句的有序集合，数据是程序处理的对象和处理的结果，文档是描述程序操作及使用的相关资料。

软件按其功能可分为系统软件和应用软件两大类。系统软件面向计算机硬件系统本身，解决普遍性问题；应用软件面向特定问题处理，解决特殊性问题。用户与计算机系统之间的层次关系如图2-3所示。软件也可以看作是在硬件基础上对硬件的完善和扩充。从对计算机影响的意义上来讲，软件和硬件的作用是一样的。只有硬件而没有安装任何软件的计算机称为裸机，裸机在安装了各种软件之后才能为用户所使用。

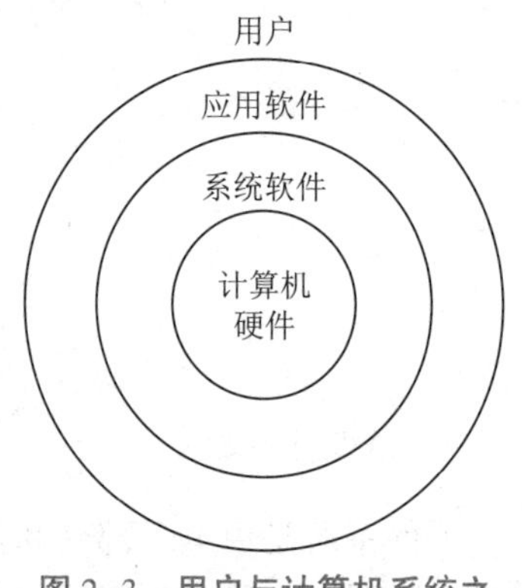

图2-3 用户与计算机系统之间的层次关系

2.1.2.1 系统软件

系统软件是指控制计算机的运行，管理计算机的各种资源，并为应用软件提供支持和服务的一类软件，其功能是方便用户，提高计算机使用效率，扩充系统的功能。系统软件具有两大特点：一是通用性，其算法和功能不依赖特定的用户，无论哪个应用领域都可以使用；二是基础性，其他软件都是在系统软件的支持下开发和运行的。系统软件包括操作系统、语言处理系统、数据库管理系统、诊断程序等。

1.操作系统

操作系统是管理和控制计算机系统的软件、硬件和数据资源的大型程序，是用户和计算机之间的接口，它提供了软件开发和应用的环境。操作系统是最基本的系统软件，它直接运行在裸机之上，是对计算机硬件系统的第一次扩充。

2.语言处理系统

用汇编语言或高级语言编写的程序（称为源程序），计算机并不能直接识别，更不能直接执行，必须把这种程序翻译成计算机可以理解的机器语言程序（即目标程序），然后才可以让计算机执行，而承担这种翻译工作的就是语言处理系统。

语言处理系统一般可以分成三类：汇编程序、编译程序、解释程序。汇编程序是把用汇编语言编写的源程序翻译成机器语言程序。编译程序是把用高级语言编写的源程序翻译成目标语言程序。解释程序是把用交互会话式语言编写的源程序解释成机器语言程序。

3.数据库管理系统

数据库管理系统是操作和管理数据库的系统软件，用于建立、使用和维护数据库资源。数据库管理系统的主要功能包括数据定义，数据组织、存储和管理，数据操纵，数据库的事务管理和运行管理，数据库的建立和维护以及其他功能。常用的数据库管理系统有 Foxpro、MS Access、DB2、Oracle、MySQL、MS SQL Server 等。

4.诊断程序

诊断程序的功能是找到计算机存在的问题（如黑屏、蓝屏、宕机、鸣叫等），判断计算机各部件能否正常工作。诊断程序往往既可检测硬件故障，也可定位软件的错误。例如，微型计算机在开机加电后，一般会先运行 ROM（Read Only Memory，只读存储器）中的一段自检程序，检查计算机系统是否正常。

2.1.2.2 应用软件

应用软件是用户利用计算机硬件和系统软件，为解决各种实际问题而设计的软件。它包括应用软件包和面向问题的应用软件。某些应用软件经过标准化、模块化，逐步形成了解决某些典型问题的应用程序的组合，称为软件包。如 Office 软件包、AutoCAD 绘图软件包等。面向问题的应用软件是指计算机用户利用计算机的软、硬件资源为某一专门的目的而开发的软件。例如，科学计算、工程设计、数据处理、事务管理等方面的程序。

2.2 微型机硬件设备

2.2.1 中央处理器

中央处理器是由计算机的运算器及控制器组成的，也称中央处理单元（Central Processing Unit，即 CPU）。运算器是对数据进行加工处理的部件，它不仅可以实现基本的算术运算，还可以进行基本的逻辑运算，实现逻辑判断的比较及数据传递、移位等操作。控制器负责从存储器中取出指令，确定指令类型并译码，按时间的先后顺序，向其他部件发出控制信号，统一指挥和协调计算机各器件进行工作的部件，它是计算机的"神经中枢"。CPU 是计算机的核心部件，CPU 品质的高低直接决定了计算机的档次。

在微型计算机中，中央处理器集成在一块超大规模集成电路芯片上，由上万个甚至上百万个微型晶体管构成，也称微处理器（Micro Processing Unit，即 MPU），通常如图 2-4 所示。

图 2-4 微处理器

目前 CPU 主要有 Intel 的酷睿系列、AMD 的 Ryzen 系列、中科的龙芯系列等，从单一核心发展到了多核心。现在主流计算机都配置一个或多个 CPU，每个 CPU 中又有多个核，以提高任务处理的效率。

评价 CPU 性能的指标主要有字长、主频、核心数。

1.字长

字长是指计算机内部作为一个整体参与运算、处理和传送的二进制位数。字长越长，运算能力越强，计算精度越高。目前，64 位字长的 CPU 已经非常普及。

2.主频

主频是 CPU 内部的工作频率，即 CPU 的时钟频率，它标识 CPU 的运算速度，一般以 MHz 或 GHz 为单位。主频越高，运算速度越快。1 GHz 就表示一秒内有 10 亿个时钟周期，而微处理器进行的每一项活动都是以时钟周期来度量的。目前 CPU 的主频已经达到 4 GHz 或更高。

3.核心数

运算器实验

由于工艺限制和功耗的原因，CPU 的主频提高到一定程度就很难继续提高，所以 CPU 的运算速度遇到了瓶颈。在一台计算机中，采用多处理器并行处理或者在一个处理器中集成多个核心就可以提高其计算能力。目前 Intel 的酷睿系列有双核心、四核心、六核心、八核心、十核心、十二核心、十六核心、二十四核心等。

2.2.2 存储器

存储器总体上分为内部存储器和外部存储器两大类。计算机的整个存储体系如图 2-5 所示，以满足计算机对存储器的要求——读取速度快、存储容量大、购买价格低、存储时间长。

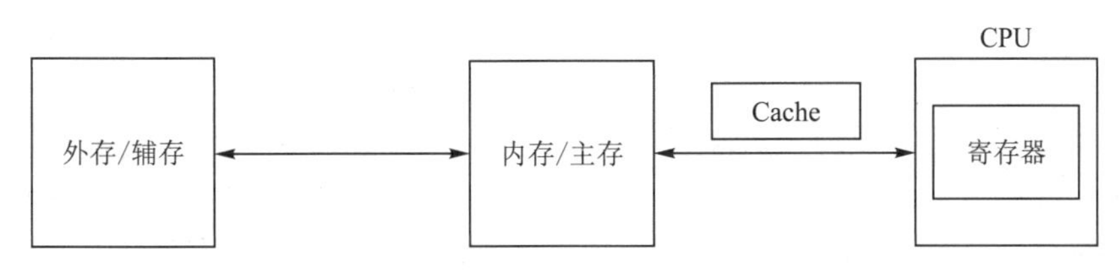

图 2-5 计算机存储体系

2.2.2.1 内存

内存又称为主存,是 CPU 能直接寻址的存储空间,它和 CPU 一起构成了计算机的主机部分。因为计算机中的程序和数据必须先读入内存后,才可以被 CPU 读写和处理。内存可分为 RAM(Random Access Memory,随机访问存储器)和 ROM(Read Only Memory,只读存储器)两种,但通常是指 RAM,在微型计算机中,它的形状如图 2-6 所示,俗称内存条。

1.RAM

RAM 的作用是临时存放正在运行的用户程序和数据及临时(从磁盘)调用的系统程序。其内容可以随时根据需要读出,也可以随时重新写入新的信息。关机或停电时,其中的数据丢失。

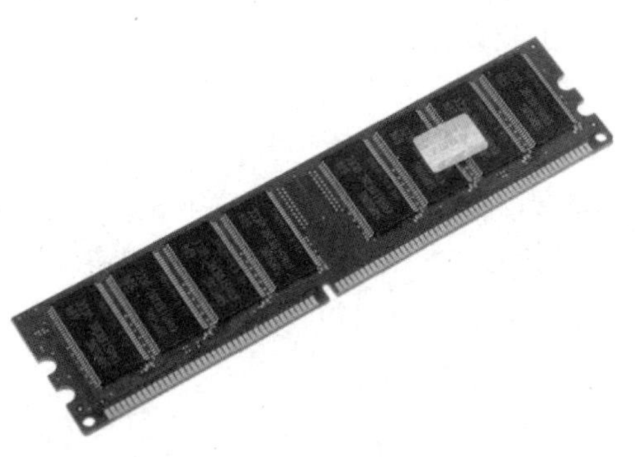

图 2-6 内存条

RAM 中含有很多的存储单元,每个单元可以存放 1 个 8 位的二进制数(即 1 个字节)。每个单元各有一个固定的编号,这个编号称为地址。CPU 在存取 RAM 中的数据时就是按地址进行操作的。

2.ROM

ROM 的作用是存放一些需要长期保留的程序和数据,如系统程序、控制程序等。其内容只能读出而不能写入和修改,其存储的信息是在制作该存储器时就被写入的。计算机断电后,ROM 中的信息不会丢失,即在计算机重新加电后,其中保存的信息依然是断电前的信息,仍可被读出。一般在系统主板上装有 ROM-BIOS,它是固化在 ROM 芯片中的系统引导程序,完成系统加电自检、引导和设置输入/输出接口的任务。

2.2.2.2 高速缓冲存储器

高速缓冲存储器(cache),也称为快存,是介于 CPU 与内存之间的小容量存储器,存取速度比内存快,可以看作为内存的缓冲存储器。即 cache 是为了解决 CPU 和内存之间的速度匹配问题而设置的(CPU 的处理速度太快,内存的存取速度相对太慢)。有了 cache,内存就能高速地向 CPU 提供指令和数据,从而加快程序执行的速度。其实现方法是将当前要执行的程序段和要处理的数据复制到 cache 中;CPU 读写时,首先访问 cache,如果 cache 中有 CPU 所需的信息时,直接从 cache 中读取,如果没有就从内存中读取,并把与该信息相关的内容复制到 cache,为下一次访问做好准备。

从 CPU 来看,在计算机中增加一个快存的目的,就是要在性能上使主存储器的平均读写时间尽可能接近于快存的读写时间,从而提高计算机的整体性能。

目前高速缓存通常分为一级缓存、二级缓存和三级缓存。一级缓存一般都集成在 CPU 内部。在多核处理器时代,一级缓存一般直接制作在处理器核心上,其读取速度最快。二级缓存一般也是集成在 CPU 内部。根据 CPU 型号的不同,有的是和一级缓存一样的片上缓存,有的是多核共享的二级缓存。三级缓存一般放在主板上,也有集成在 CPU 内部的,通常都是共享的。

2.2.2.3 寄存器

寄存器是 CPU 中的高速存储器。寄存器包括通用寄存器、专用寄存器和控制寄存器,可以用来暂存指令、数据和地址。寄存器与 CPU 采用相同的制造工艺,速度可以与 CPU 完全匹配。

寄存器的存储电路是由锁存器或触发器构成的,由于一个锁存器或触发器能存储 1 位二进制数,所以由 N 个锁存器或触发器可以构成 N 位寄存器。

寄存器有串行和并行两种数码存取方式。将 n 位二进制数一次存入寄存器或从寄存器中读出的方式称为并行方式。将 n 位二进制数以每次 1 位,分成 n 次存入寄存器并从寄存器读出,这种方式称为串行方式。并行方式只需一个时钟脉冲就可以完成数据操作,工作速度快,但需要 n 根输入和输出数据线。串行方式要使用几个时钟脉冲完成输入或输出操作,工作速度慢,但只需要一根输入或输出数据线,传输线少,适用于远距离传输。

2.2.2.4 外存

外存又称为辅存,用来长期保存数据、信息。外存的容量一般都比较大,而且大部分可以移动,便于在不同计算机之间进行信息交流。在微型计算机中,常用的外存有硬盘、光盘、移动硬盘和 U 盘等。

1.*硬盘*

硬盘是计算机主要的存储媒介,主要有机械硬盘和固态硬盘两种,如图 2-7 和 2-8 所示。

图 2-7 机械硬盘

图 2-8 固态硬盘

机械硬盘(Hard Disk Drive,HDD)即传统普通硬盘,由多个铝制或者玻璃制的碟片组成,碟片外覆盖有铁磁性材料。机械硬盘的结构如图 2-9 所示,所有的盘片都装在一个旋转轴上，每张盘片之间是平行的，在每个盘片的存储面上有一个磁头，磁头与盘片之间的距离只有 0.1～0.5 μm，甚至可以达到 0.005～0.01 μm，所有的磁头连在一个磁头控制器上，由磁头控制器负责各个磁头的运动。磁头可沿盘片的半径方向运动，加上盘片每分钟几千转的高速旋转，磁头就可以定位在盘片的指定位置上进行数据的读写操作。

在机械硬盘中，一个盘片被划分为若干个同心圆，每一个同心圆称为一个磁道，不同盘片的相同磁道构成一个柱面，每个磁道又被分为若干个扇形区域，称为扇区。一个扇区可以存储 512 字节数据。

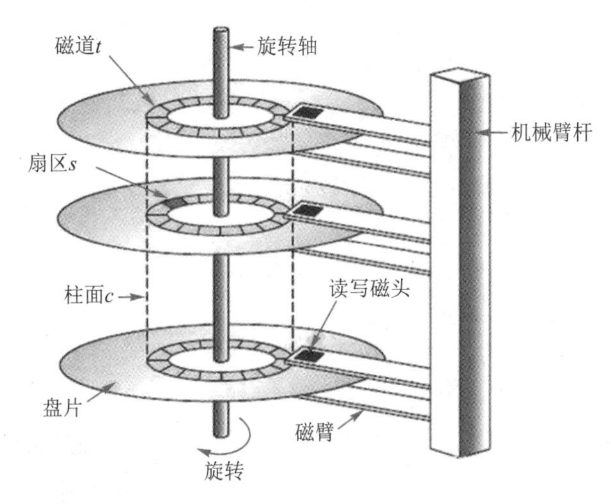

图 2-9　机械硬盘的结构

固态硬盘（Solid State Disk 或 Solid State Drive，SSD）又称固态驱动器，是用固态电子存储芯片阵列制成的硬盘，由控制单元、存储单元（FLASH 芯片或 DRAM 芯片）、缓存芯片组成，广泛应用于军事、车载、工控、视频监控、网络监控、网络终端、电力、医疗、航空、导航设备等诸多领域。大多数固态硬盘采用 FLASH 芯片作为存储介质，具有读写速度快、使用寿命长、可靠性高、低功耗、无噪音、抗震动、体积小、重量轻、工作温度范围大等优点，但固态硬盘的元器件价格昂贵，因此成本比机械硬盘要高。

2.光盘

光盘是利用激光原理来进行读、写的存储介质，是迅速发展的一种辅助存储器。光盘需要通过光驱来进行读写，如图 2-10 所示。

图 2-10　光盘和光驱

光盘具有容量大、成本低、稳定性好、使用寿命长、便于携带等特点，可分为只读光盘、一次写入型光盘和可擦写光盘三种。

只读光盘是生产厂家在制造时根据用户要求将信息写到盘上，用户不能抹除，也不能写入，只能通过光盘驱动器读出盘中信息。只读光盘是以一种凹坑的形式记录信息，光盘表面可以反射出强弱不同的光线，从而使记录的信息被读出。CD-ROM 的存储容量约为 650 MB，DVD-ROM 的存储容量约为 4.7 GB。

一次写入型光盘可以由用户写入信息,但只能写一次,不能抹除和改写。信息的写入通过特制的光盘刻录机进行,它是用激光使记录介质熔融蒸发穿出微孔或使非晶膜结晶化,改变原材料特性来记录信息。

可擦写光盘可由用户自己写入信息,也可对已记录的信息进行抹除和改写,可以反复使用,如 CD-RW、DVD-RAM。它是用激光照射在记录介质上(不穿孔),利用光和热引起介质可逆性变化来进行信息记录的。

蓝光光碟(Blu-ray Disc,BD)是 DVD 之后的下一代光盘格式之一,用以存储高品质的影音文件以及高容量的数据存储。蓝光光碟的命名是由于其采用波长为 405 nm 的蓝紫色激光来进行读写操作(DVD 采用波长为 650 nm 的红色激光进行读写操作,CD 采用波长为 780 nm 的近红外不可见激光进行读写操作)。一个单层的蓝光光碟的容量为 25 GB 或 27 GB,足够录制一个长达 4 h 的高解析影片。

3.移动硬盘和 U 盘

移动硬盘是以硬盘为存储介质,强调便携性的存储产品,如图 2-11 所示。移动硬盘多采用 USB、IEEE 1394 等传输速度较快的接口,可以用较快的速度与系统进行数据传输。移动硬盘具有体积小、容量大、速度快、使用方便、可靠性高的特点。目前,市场上的移动硬盘有几百吉字节到几太字节的容量。

图 2-11 移动硬盘

U 盘,全称 USB 闪存盘(USB flash disk)。它是一种使用 USB 接口的无须物理驱动器的微型高容量移动存储产品,通过 USB 接口与电脑连接实现即插即用。U 盘的优点是小巧便于携带、存储容量大、价格便宜、性能可靠。目前,常见的 U 盘存储容量有32 GB、64 GB、128 GB、256 GB 等,资料储存期限可达 10 年以上。

2.2.3 输入输出设备

输入设备是外界向计算机传送信息的装置。在微型计算机系统中,最常用的输入设备是键盘和鼠标,此外还有光电笔、数字化仪、图像扫描仪、话筒等。也可以用硬盘、光盘和 USB 等存储设备进行输入。

输出设备的作用是将计算机中的数据信息传送到外部媒介,并转化成某种为人们所认识的表示形式。在微型计算机中,最常用的输出设备有显示器和打印机。此外,还有绘图仪等,也可以通过硬盘、光盘和 USB 等存储设备输出。

2.3 计算机网络基础

计算机网络是计算机技术与现代通信技术相结合的产物。目前,计算机网络技术已广泛应用于办公自动化、企业管理与生产过程控制、金融与商业电子化、军事、科研、教育、医疗卫生等各个领域。计算机网络正在改变着人们的工作方式与生活方式,特别是国际互联网(Internet),作为计算机网络技术的具体应用,已经渗透到当今社会生活的方方面面。人们通过 Internet 可以随时了解新闻动态、网上聊天与讨论、发送与接收电子邮件、网上购物与订票、查找网上各类共享资源信息等。目前,Internet 的应用已由社会深入到家庭。本章主要介绍计算机网络基础、局域网、国际互联网和计算机网络安全等。

2.3.1 计算机网络的基本概念

2.3.1.1 计算机网络的定义

计算机网络就是把分布在不同地理位置的、功能独立的多个计算机系统通过通信线路连接起来,在网络操作系统、网络管理软件及网络通信协议的管理和协调下,实现资源共享和信息通信的系统。

2.3.1.2 计算机网络的组成

计算机网络要完成数据处理和数据通信两类工作,从结构上可以分为两部分:负责数据处理的计算机和终端,负责数据通信的通信控制处理机和通信线路;从逻辑功能上计算机网络还可分为两个子网:资源子网和通信子网。

(1) 资源子网。资源子网由主计算机、终端、软件资源和数据资源等组成,其功能是提供访问网络和处理数据的能力。

(2) 通信子网。通信子网由通信控制处理机、通信线路、网络连接设备等组成,负责整个网络的数据传输、转接、处理和变换等通信处理工作。

资源子网是网络的外层,通信子网是网络的内层。通信子网为资源子网提供信息传输服务,资源子网上用户间的通信建立在通信子网的基础上。没有通信子网,网络不能工作,没有资源子网,通信子网的传输也就失去了意义,两者合起来组成统一的资源共享的两层网络。

2.3.1.3 计算机网络的功能

1.资源共享

资源共享是整个网络的核心,用户可以克服地理位置上的差异,共享网络资源。它包括硬件资源的共享、软件资源的共享和数据资源的共享等。

例如,用户可以在网络上共享打印机或使用网络上的共享打印机打印资料,可以从网上下载共享软件,也可以在网上下载/上传数据文件。

2.信息通信

信息通信是计算机网络最基本的功能之一,用来实现计算机与计算机之间信息的传送,使分散在不同地点的生产单位和业务部门可以进行集中控制和管理。

例如,一个公司有许多分公司,每个分公司都使用计算机来管理自己的库存。总公司通过分公司定期送来的报表提供的数据进行决策。如果将各个分公司的计算机与总公司的计算机连成网络,那么总公司就可以通过网络间信息通信的功能,对各分公司的库存进行统一管理和及时调整。

3.提高系统的可靠性与可用性

网络中的一台计算机或一条线路出现故障,可通过其他无故障线路传送信息,在无故障的计算机上进行所需的处理。

网络中的计算机都可通过网络相互成为后备机,一旦某台计算机出现故障,它的任务可由其他计算机代为完成。这样可避免单机情况下,一台计算机的故障引起整个系统瘫痪的现象,从而提高系统的可靠性。

4.均衡负荷与分布式处理

网络中某计算机系统负荷过重时,可以将某些作业传送到网络中其他的计算机系统处理。在具有分布式处理的计算机网络中,可以将任务分散到多台计算机上进行处理,由网络完成对多台计算机的协调工作。

2.3.1.4 网络传输介质

传输介质是网络中连接收发双方的物理通路,是通信中实际传送信息的载体。网络中常用的传输介质分为有线介质和无线介质。有线介质包括双绞线、同轴电缆和光纤等,无线介质包括无线电、微波和红外线等。卫星通信可看成是一种特殊的微波通信系统。

1.有线介质

(1)双绞线。把两根互相绝缘的铜导线按一定规格互相缠绕在一起就构成了双绞线。互相缠绕可以抵御一部分来自外界的电磁波干扰,而且可以降低自身信号对外界的干扰。通常将一对或多对双绞线捆成电缆,在其外面包上一个绝缘套管,如图 2-12 所示。

双绞线用于模拟传输或数字传输。对于模拟传输,当传输距离太长时要加放大器,以将衰减了的信号放大到合适的数值。对于数字传输则要加中继器,以将失真了的数字信号进行整形。

双绞线主要用于点到点的连接,连接时往往需要使用专门的接头——水晶头,如图 2-13 所示。如星形拓扑结构的局域网中,计算机与交换机之间常用双绞线来连接,但其长度一般不能超过 100 m。

双绞线可分为屏蔽双绞线(Shielded Twisted Pair,STP)和非屏蔽双绞线(Unshielded Twisted Pair,UTP)两类。屏蔽双绞线在双绞线与外层绝缘套管之间有一个金属屏蔽层,金属屏蔽层可减少辐射,防止信息被窃听,也可阻止外部电磁干扰的进入,使屏蔽双绞线比同类的非屏蔽双绞线具有更高的传输速率,但屏蔽双绞线价格较贵。非屏蔽双绞线除少了金属屏蔽层外,其余均与屏蔽双绞线相同,它的抗干扰能力较差,但因其价格便宜而且安装方便,被广泛用于局域网中。

图 2-12 双绞线

图 2-13 连接双绞线用的水晶头

(2)同轴电缆。同轴电缆由内导体铜质芯线、绝缘层、网状编织的外导体屏蔽层以及保护塑料外层组成,如图 2-14 所示。这种结构中的金属屏蔽网可防止中心导体向外辐射电磁场,也可用来防止外界电磁场干扰中心导体的信号,因而具有很好的抗干扰特性,被广泛用于较高速率的数据传输。通常按特征阻抗的不同,将同轴电缆分为基带同轴电缆和宽带同轴电缆。

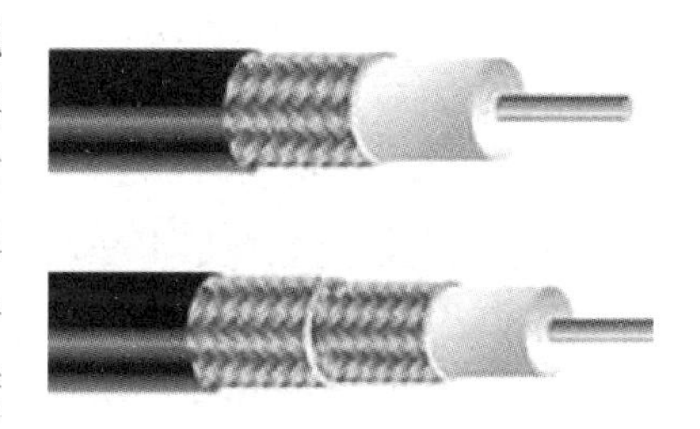

图 2-14 同轴电缆

基带同轴电缆的特征阻抗为 50 Ω,仅用于传输数字信号,并使用曼彻斯特编码方式和基带传输方式,即直接把数字信号送到传输介质上,无须经过调制,故把这种电缆称为基带同轴电缆。基带同轴电缆的优点是安装简单而且价格便宜,但基带数字方波信号在传输过程中容易发生畸变和衰减,所以传输距离不能很长,一般在 1 km 以内,数据传输速率可达 10 Mbps。基带同轴电缆又有粗缆和细缆之分,粗缆抗干扰性能好,传输距离较远,细缆便宜,传输距离较近。局域网中,一般选用 RG-8 和 RG-11 型号的粗缆或 RG-58 型号的细缆。

宽带同轴电缆的特征阻抗为 75 Ω,带宽可达 300~500 MHz,用于传输模拟信号。它是公用天线电视系统 CATV 中的标准传输电缆,目前在有线电视中广为采用。在这种电缆上传送的信号采用了频分多路复用的宽带信号,故 75 Ω同轴电缆又称为宽带同轴电缆。

(3)光纤。光导纤维,简称光纤,是网络传输介质中性能最好、应用较为广泛的一种。以金属导体为核心的传输介质,其所能传输的数字信号或模拟信号,都是电信号,而光纤则用光信号进行通信。由于可见光的频率极高,约为 10^8 MHz 的量级,因此光纤通信系统的传输带宽远大于目前其他各种传输介质的带宽。

光纤通常由极透明的石英玻璃拉成细丝作为纤芯,外面分别有包层、涂覆层等,如图 2-15 所示。包层较纤芯有较低的折射率,当光线从高折射率的介质射向低折射率的介质时,其折射角将大于入射角,因此,如果入射角足够大,就会出现全反射,即光线碰到包层时就会折射回纤芯,这个过程不断重复,光也就沿着光纤向前传输。

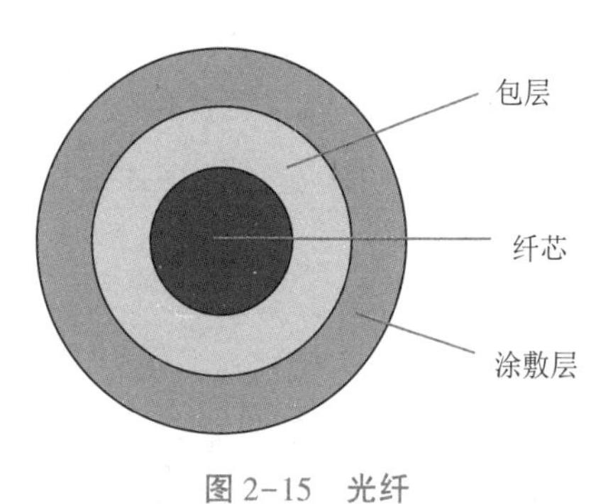

图 2-15 光纤

由于光纤非常细,连包层一起,其直径也不到 0.2 mm,故常将一至数百根光纤,再加上加强芯和填充物等构成一条光缆。

光纤有许多优点:由于光纤的直径可小到 10~100 μm,故体积小,重量轻;光纤的传输频带非常宽,在 1 km 内的频带可达 1 GHz 以上,在 30 km 内的频带仍大于 25 MHz,故通信容量大;光纤传输损耗小,通常在 6~8 km 的距离内不使用中继器就可实现高速率数据传输,基本上没有什么损耗,这一点也正是光纤通信得到飞速发展的关键原因;不受雷电和电磁干扰,这在有大电流脉冲干扰的环境下尤为重要;无串音干扰,保密性好,也不容易被窃听或截取数据;误码率很低,可低于 10^{-10},而双绞线的误码率为 $10^{-5}\sim10^{-6}$,基带同轴电缆为 10^{-7},宽带同轴电缆为 10^{-9}。

2.无线介质

(1)微波通信。微波信道是计算机网络中最早使用的无线信道,也是目前应用最多的无线信道,所用微波的频率范围为 1~20 GHz,既可传输模拟信号又可传输数字信号。由于微波的频率很高,故可同时传输大量信息,又由于微波能穿透电离层而不反射到地面,故只能使微波沿地球表面由源向目标直接发射。微波在空间是直线传播,而地球表面是个曲面,因此其传播距离受到限制,一般只有 50 km 左右,但若采用 100 m 高的天线塔,则距离可增大到 100 km。此外,因为微波被地表吸收而使其传输损耗很大,因此为实现远距离传输,每隔几十公里便需要建立中继站,中继站把前一站送来的信号经过放大后再发送到下一站,故微波通信又称为微波接力通信。

(2)卫星通信。为了增加微波的传输距离,应提高微波收发器或中继站的高度。当将微波中继站放在人造卫星上时,便形成了卫星通信系统,即利用位于 35800 km 高的人造同步地球卫星作为中继器的一种微波通信,通信卫星则是在太空的无人值守的微波中继站。卫星接收从地面发来的信号后,加以放大整形再发回地面,一个同步卫星可以覆盖地球三分之一以上的地表,这样利用三个同步卫星便可覆盖全球的全部通信区域,如图 2-16 所示。卫星通信属于广播式通信,通信距离远,且通信费用与通信距离无关,这是卫星通信的最大特点。

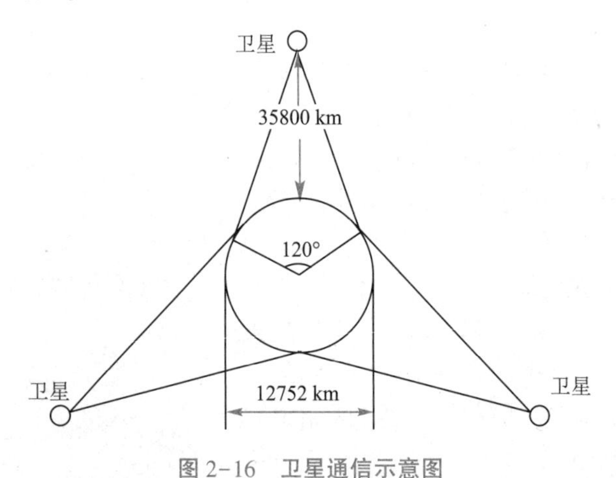

图 2-16 卫星通信示意图

(3)红外线通信。利用红外线来传输信号的通信方式叫红外线通信,常见于电视机等家电中的红外线遥控器,在发送端设有红外线发送器,接收端有红外线接收器。发送器和接收器可任意安装在室内或室外,但需使它们处于视线范围内,即两者彼此都可看到对方,中间不允许有障碍物。红外线通信设备相对便宜,有一定的带宽。红外线通信只能传输数字信号。此外,红外线具有很强的方向性,故对于这类系统很难窃听、插入数据和进行干扰,但雨、雾和障碍物等环境干扰都会妨碍红外线的传播。

2.3.2 计算机网络的发展和前景

计算机网络的发展经历了一个从简单到复杂、从低级到高级的过程,可大致分为 4

个阶段。

2.3.2.1 第 1 阶段:以主机为中心的第一代计算机网络

第一代计算机网络中,主机是网络的控制中心,终端围绕着控制中心分布在各处,而主机的任务是进行批处理。人们利用通信线路、集中器、多路复用器以及公用电话网等设备,将一台主机与多台用户终端相连接,用户通过终端命令以交互的方式使用主机系统,从而将单一计算机系统的各种资源分散到每个用户手中。

第一代计算机网络系统的缺点:如果主机的负荷较重,会导致系统响应时间过长;而且单机系统的可靠性一般较低,一旦主机发生故障,将导致整个网络系统瘫痪。

2.3.2.2 第 2 阶段:以通信子网为中心的第二代计算机网络

从概念上来说第二代计算机网络及以后的计算机网络才算真正的计算机网络。整个网络被分为计算机系统和通信子网,若干计算机系统以通信子网为中心构成一个网络。

第二代计算机网络的典型代表是美国国防部高级研究计划署的计算机分组交换网 ARPAnet,ARPAnet 连接了美国加利福尼亚大学洛杉矶分校、加利福尼亚大学圣塔芭芭拉分校、斯坦福大学和犹他大学 4 个节点的计算机。它的成功,标志着计算机网络的发展进入了一个新纪元,ARPAnet 被认为是 Internet 的前身。这种计算机网络是 20 世纪 70 年代计算机网络的主要形式。

2.3.2.3 第 3 阶段:体系结构标准化的第三代计算机网络

网络体系结构使得一个公司所生产的各种机器和网络设备可以非常容易地互联起来,但由于各个公司的网络体系结构互不相同,不同公司之间的网络不能互连互通。所以,ISO 于 1977 年设立专门机构,并于 1984 年颁布了开放系统互连(Open System Interconnection,简称 OSI)参考模型,OSI 参考模型是一个开放体系结构,它将网络分为 7 层,并规定了每层的功能。在 OSI 参考模型推出后,网络的发展一直走标准化道路,而网络标准化的最大体现就是 Internet 的飞速发展,现在 Internet 已成为世界上最大的国际性计算机互联网。Internet 遵循 TCP/IP(Transmission Control Protocol/Internet Protocol,传输控制协议/网际协议)参考模型,由于 TCP/IP 仍然使用分层模型,因此 Internet 仍属于第三代计算机网络。

2.3.2.4 第 4 阶段:以下一代 Internet 为中心的新一代网络

计算机网络经过第一代、第二代和第三代的发展,表现出巨大的使用价值和良好的应用前景。进入 20 世纪 90 年代以来,微电子技术、大规模集成电路技术、光通信技术和计算机技术不断发展,为网络技术的发展提供了有力的支持;而网络应用正迅速朝着高速化、实时化、智能化、集成化和多媒体化的方向不断深入,新型应用向计算机网络提出了挑战,新一代网络的出现已成必然。曾经独立发展的电信网、闭路电视网和计算机网将迅速融合,使信息孤岛现象逐渐消失。

2.3.3 计算机网络的分类

计算机网络的分类方法多种多样。人们可以根据网络的用途进行分类,可以根据网络使用的技术进行分类,也可以根据网络覆盖的地理范围进行分类。按网络覆盖的地理范围进行分类,能较好地反映不同网络的技术特征,因为覆盖的地理范围不同,它所需要采用的技术也就不同,就形成不同的网络技术特点与网络服务功能。

根据网络覆盖的地理范围,可将计算机网络分为三类:局域网、城域网和广域网。

1.局域网

局域网(Local Area Network,LAN)覆盖范围一般在几公里内,是最常见的计算机网络。由于局域网覆盖范围小,一方面容易管理与配置,另一方面容易构成简洁规整的拓扑结构,加上速度快,延迟小的特点,使之得到广泛的应用,成为了实现有限区域内信息交换与共享的有效途径。局域网的应用有教学科研单位的内部LAN、办公自动化OA网、校园网等。

局域网是小范围的通信网络,与广域网相比,局域网具有以下特点:

(1)局域网覆盖较小的地理范围。局域网通常用于机关、工厂、学校等单位内部联网。

(2)具有较高的传输速率。局域网的传输速率常为Mb/s(兆比特每秒),有的高达100 Mb/s,能很好地支持计算机间的高速通信。

(3)具有较低的误码率。局域网由于传输距离短,因而失真小,误码率低,可靠性较高。

2.城域网

城域网(Metropolitan Area Network,MAN)覆盖范围一般为几公里到几十公里。城域网基本上是局域网的延伸,像是一个大型的局域网,通常使用与局域网相似的技术,但是在传输介质和拓扑结构方面牵涉范围较广。

3.广域网

广域网(Wide Area Network,WAN)覆盖范围一般为几十公里到几千公里,网络本身不具备规则的拓扑结构。由于速度慢,延迟大,入网站点无法参与网络管理,所以,它要包含复杂的互连设备,如交换机、路由器等,由它们负责重要的管理工作,而入网站点只管收发数据。

2.3.4 计算机网络的体系结构

2.3.4.1 网络协议

在计算机网络中,为使各计算机之间或计算机与终端之间能正确地传递信息,必须在有关信息传输顺序、信息格式和信息内容等方面有一组约定或规则,这组约定或规则即网络协议。一个网络协议至少包含3个基本要素:

(1)语义。指构成协议的协议元素含义的解释。

(2)语法。指用于规定将若干个协议元素组合在一起来表达一个更完整的内容时所应遵循的格式。

(3)时序。时序是对事件发生顺序的详细说明,也可称为同步。

由上可见,网络协议实质上是实体间通信时所使用的一种语言。在层次体系结构中,每一层都可能有若干个协议,当同层的两个实体间相互通信时,必须满足这些协议。

2.3.4.2 网络体系结构

计算机网络由多个互连的结点组成。互连功能十分复杂,为了便于实现这种功能,把它划分成有明确定义的多个层次,并规定对等层通信的协议和相邻层之间的服务与接口,这些层、对等层通信的协议及相邻层的接口就称为计算机网络的体系结构。网络功能经过层次划分后,各层保持相对独立,各层功能的实现技术,技术进步对某一层的影响等都不会波及其他层,因此实现时比较灵活,且有利于网络技术的标准化。

2.3.4.3 网络体系结构参考模型

首先提出计算机网络体系结构概念的是IBM公司。1974年,IBM公司提出了系统网络体系结构(Systems Network Architecture,SNA)。之后,各公司相继提出了自己的网络体系结构,而这些网络体系结构构成的网络之间无法互相通信和互操作。为了在更大范围内共享资源和通信,1978年,国际标准化组织ISO提出了开放系统互联参考模型,并陆续推出了有关协议的国际标准,从而确立了OSI网络体系结构。

OSI参考模型共有7层,从下往上分别为物理层、数据链路层、网络层、运输层、会话层、表示层和应用层。各层的功能可以简单概括成表2-1所示的内容。

表2-1 OSI参考模型各层的主要功能

层次	名称	主要功能
7	应用层	处理网络应用
6	表示层	数据表示
5	会话层	互联主机通信
4	运输层	端到端连接
3	网络层	分组传输和路由选择
2	数据链路层	传送以帧为单位的信息
1	物理层	二进制传输

2.3.4.4 Internet 网络体系结构

OSI参考模型较为复杂,使用起来较为困难。在Internet中,网络体系结构以TCP/IP为核心,也叫TCP/IP网络体系结构。其中,IP协议用来给各种不同的通信子网提供一个统一的互联平台,TCP协议则用来为应用程序提供端到端的通信和控制功能,TCP/IP协议也是现代网络通信的工业标准。

TCP/IP体系结构共分4层,即通信子网层、网络层、运输层和应用层。每一层提供特定功能,层与层之间相对独立,与OSI参考模型相比,TCP/IP体系结构没有表示层和会话层,这两层的功能由应用层提供,OSI参考模型的物理层和数据链路层功能由通信子网层完成,如表2-2所示。

表 2-2 OSI 参考模型与 TCP/IP 体系结构的比较

<table>
<tr><th>OSI 参考模型</th><th>TCP/IP 体系结构</th></tr>
<tr><td>应用层</td><td rowspan="3">应用层</td></tr>
<tr><td>表示层</td></tr>
<tr><td>会话层</td></tr>
<tr><td>运输层</td><td>运输层</td></tr>
<tr><td>网络层</td><td>网络层</td></tr>
<tr><td>数据链路层</td><td rowspan="2">通信子网层</td></tr>
<tr><td>物理层</td></tr>
</table>

1.通信子网层

通信子网层是 TCP/IP 体系结构的最低层,它负责通过网络发送和接收 IP 数据报。该层中所使用的协议为各通信子网本身固有的协议,例如以太网的 802.3 协议、令牌环网的 802.5 协议等。

2.网络层

网络层是 TCP/IP 体系结构的第二层,它相当于 OSI 参考模型的网络层的无连接网络服务。网络层负责将源主机的分组发送到目的主机,源主机与目的主机可以在同一个网络上,也可以在不同的网络上。

3.运输层

运输层是 TCP/IP 体系结构的第三层,它负责应用进程之间的端到端通信。运输层的主要目的是在源主机与目的主机的对等实体间建立用于会话的端到端连接。从这一点上看,Internet 网络体系结构的运输层与 OSI 参考模型的运输层功能是相似的。

4.应用层

应用层是 TCP/IP 体系结构的最高层,它包括所有的高层协议,并且不断有新的协议加入。

TCP/IP 是用于计算机通信的一组协议,我们通常称它为 TCP/IP 协议族。TCP/IP 协议包括 TCP、IP、UDP、ICMP、RIP、Telnet、SMTP、ARP、TFTP 等许多协议,这些协议一起称为 TCP/IP 协议。其中一些常用协议英文名称和用途如下:

TCP(Transmission Control Protocol)传输控制协议;

IP(Internet Protocol)网际协议;

UDP(User Datagram Protocol)用户数据报协议;

ICMP(Internet Control Message Protocol)互联网控制报文协议;

SMTP(Simple Mail Transfer Protocol)简单邮件传输协议;

SNMP(Simple Network Manage Protocol)简单网络管理协议;

FTP(File Transfer Protocol)文件传输协议;

ARP(Address Resolution Protocol)地址解析协议。

2.3.5 网络的拓扑

拓扑结构是计算机网络的重要特征。所谓拓扑，由数学上的图论演变而来，是一种研究与大小、形状无关的线和面特性的方法。网络的拓扑结构就是把网络中的计算机看成一个结点，把通信线路看成一根连线，是网络结点的几何或物理布局。网络的拓扑结构主要有总线型、星型、环型和树型，如图 2-17 所示。

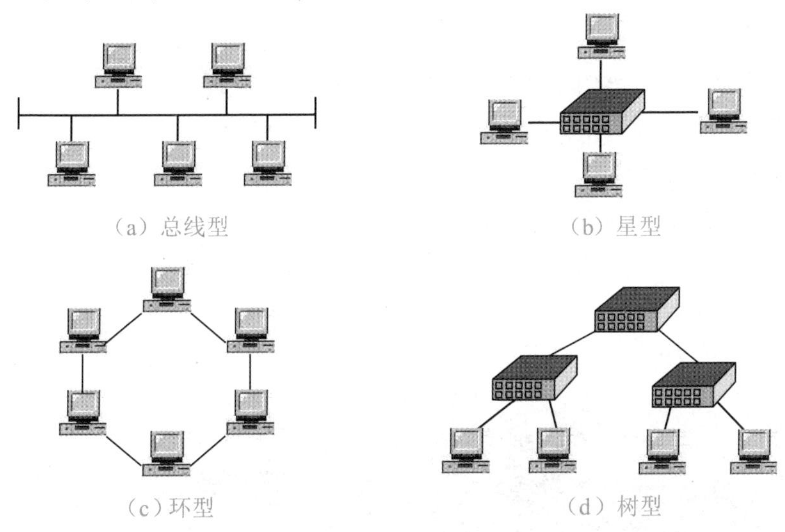

图 2-17 网络拓扑结构

1.总线型

所有结点都连接到一条主干电缆上，这条主干电缆称为总线。总线型结构没有关键性结点，单一的工作站故障并不影响网上其他站点的正常工作。此外，电缆连接简单，易于安装，增加和撤消网络设备灵活方便，成本低。但是，故障诊断困难，尤其是总线故障会引起整个网络瘫痪。

2.星型

星型拓扑结构中，每个结点都由一个单独的通信线路与中心结点连接。中心结点控制着全网的通信，任何两个结点间的通信都要通过中心结点。星型结构安装简单，容易实现，便于管理，但中心结点出现故障会造成全网瘫痪。

3.环型

环型拓扑结构中的结点以环形排列，每一个结点都与它的前一个结点和后一个结点相连，信号沿着一个方向环形传送。当一个结点发送数据后，数据沿着环发送，直到到达目标结点，这时下一个要发送信息的结点再将数据沿着环发送。环形网络使用电缆长度短，成本低，但环中任意一处故障都会造成网络瘫痪。

4.树型

树型拓扑结构可以看成是星型拓扑结构的扩展。在树型拓扑结构中，结点按层次进行连接。

2.4 国际互联网(Internet)

2.4.1 Internet 基础

2.4.1.1 什么是 Internet

Internet 是指通过 TCP/IP 协议将世界各地的网络连接起来,实现资源共享和提供各种应用服务的全球性计算机网络,国内一般称其为因特网或国际互联网。

2.4.1.2 Internet 的逻辑结构

Internet 使用路由器将分布在世界各地数以千计的规模不一的计算机网络互连起来,成为一个超大型国际网,网络之间通信采用 TCP/IP 协议,屏蔽了物理网络连接的细节,使用户感觉使用的是一个单一网络,可以没有区别地访问 Internet 上任何主机。Internet 的逻辑结构如图 2-18 所示。

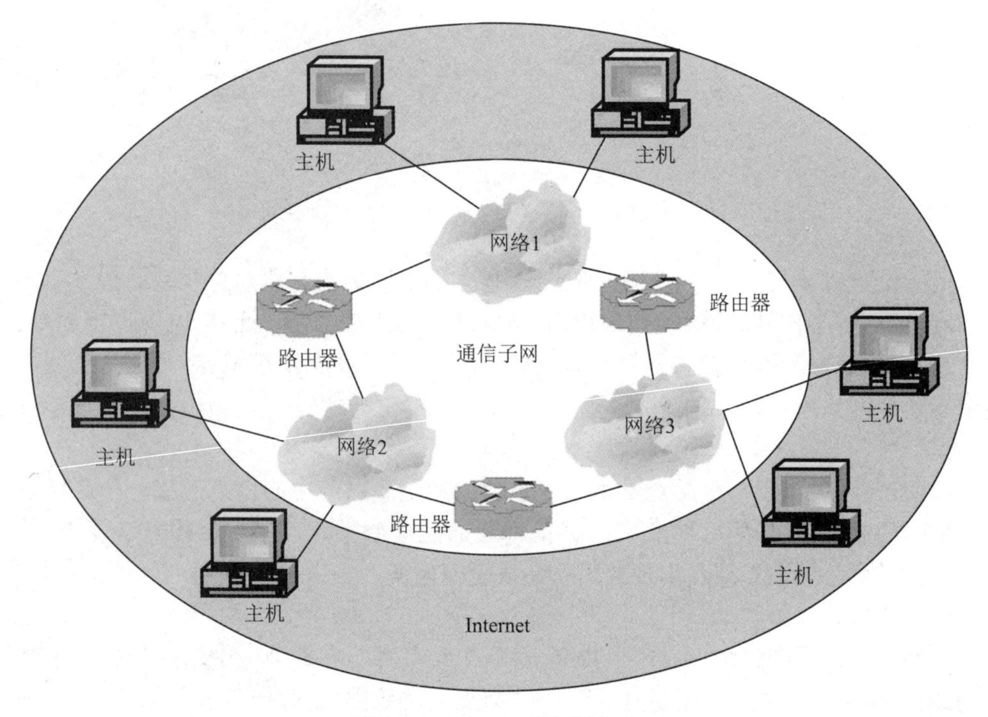

图 2-18 Internet 的逻辑结构

2.4.1.3 Internet 的特点

Internet 有以下几个特点:入网方式灵活多样,采用 C/S(客户机/服务器)结构,信息覆盖面广、容量大、时效长,收费低廉,具有公平性等。

另一方面,资源的分散化管理为 Internet 上信息的查找带来了很大困难,而且 Internet 目前仍存在安全性问题,作为一个"没有法律、没有警察、没有国界和没有总统的全球性网络”,其开放性和自治性使它在安全方面先天不足。此外,计算机病毒也是困扰 Internet 发展的重要因素之一。

2.4.1.4 Internet 发展历程

1.在世界上的发展情况

就全世界而言,Internet 的发展经历了研究实验、实用发展和商业化三个阶段。

1)研究实验阶段(1968—1983 年)

此阶段也是 Internet 的产生阶段。Internet 起源于 1969 由美国国防部建成的 ARPAnet,它最初采用“主机”协议,后改用“网络控制协议(NCP)”。直到 1983 年,ARPAnet上的协议才完全过渡到 TCP/IP。美国加利福尼亚伯克利分校把该协议作为其 BSD UNIX 的一部分,使得该协议流行起来,从而诞生了真正的 Internet。

2)实用发展阶段(1984—1991 年)

此阶段 Internet 以美国国家科学基金网(NSFnet)为主干网。1986 年,美国国家科学基金会(National Science Foundation,NSF)利用 TCP/IP 协议,在 5 个科研教育服务超级电脑中心的基础上建立了 NSFnet 广域网。其目的是共享它拥有的超级计算机,推动科学研究发展。随后,ARPAnet 逐步被 NSFnet 替代。1990 年,ARPAnet 退出了历史舞台,NSFnet 成为 Internet 的骨干网。

3)商业化阶段(1991 年起)

1991 年,美国的三家公司 Genelral Atomics,Performance Systems International,UUNET Technologies 开始分别经营自己的 CERFnet、PSInet 及 Alternet 网络,可以在一定程度上向客户提供 Internet 联网服务和通信服务。他们组成了“商用 Internet 协会”(Commercial Internet Exchange Association,CIEA),该协会宣布用户可以把它们的 Internet 子网用于任何的商业用途。

1995 年 4 月 30 日,NSFnet 正式宣布停止运作,转为研究网络。代替它维护和运营 Internet 骨干网的是经美国政府指定的三家私营企业:Pacific Bell、Ameritech Advanced Data Services and Bellcore 及 Sprint。至此,Internet 骨干网的商业化彻底完成。

2.在我国的发展情况

Internet 引入我国的时间不长,但发展很快,总体分为以下几个阶段:

1)研究试验阶段(1986—1993 年)

1986 年,北京市计算机应用技术研究所实施的国际联网项目——中国学术网(Chinese Academic Network,CANET)启动,其合作伙伴是德国卡尔斯鲁厄大学。

1987 年 9 月,CANET 在北京计算机应用技术研究所内正式建成中国第一个国际互联网电子邮件节点,并于当月 14 日发出了中国第一封电子邮件:“Across the Great Wall,we can reach every corner in the world(越过长城,走向世界)”,揭开了中国人使用互联网的序幕。

1989 年至 1993 年,建成世界银行贷款项目“中关村地区教育与科研示范网络”(The National Computing and Networking Facility of China,NCFC)工程,包括一个主干网和三个院校网——中科院院网(CASNET)、清华大学校园网(TUNET)、北京大学校园网(PU-NET)。

1990 年 11 月 28 日,钱天白教授代表中国正式在 SRI - NIC(Stanford Research

Institute’s Network Information Center)注册登记了中国的顶级域名 CN,并且开通了使用中国顶级域名 CN 的国际电子邮件服务,从此中国的网络有了自己的身份标识。

2)起步阶段(1994—1996 年)

这一阶段主要为教育科研应用。1994 年 1 月,美国国家科学基金会同意了 NCFC 正式接入 Internet 的要求。同年 4 月 20 日,NCFC 工程通过美国 Sprint 公司连入 Internet 的 64K 国际专线开通,实现了与 Internet 的全功能连接,从此我国正式成为有 Internet 的国家。1994 年 5 月,开始在国内建立和运行我国的域名体系。

随后几大公用数据通信网——中国公用分组交换数据网(ChinaPAC)、中国公用数字数据网(ChinaDDN)、中国公用帧中继宽带业务网(ChinaFRN)建成,为我国 Internet 的发展创造了条件。同一时期,我国相继建成四大互联网——中国科学技术网(CSTNET)、中国教育和科研计算机网(CERNET)、中国公用计算机互联网(ChinaNET)、中国金桥信息网(ChinaGBN)。

3)快速增长阶段(1997—2003 年)

1997 年 6 月 3 日,根据国务院信息化工作领导小组办公室的决定,中国科学院在中科院网络信息中心组建了中国互联网络信息中心(CNNIC),同时,国务院信息化工作领导小组办公室宣布成立中国互联网络信息中心工作委员会。在这一阶段我国的 Internet 沿着两个方向迅速发展,一是商业网络迅速发展,二是政府上网工程开始启动。

商业网络方面,我国接入互联网络的计算机从 1998 年的 64 万台直升到 2003 年底的 3089 万台,互联网用户从 1998 年的 80 万急速增长到 2003 年底的 7950 万。此外,到 2003 年 CN 下注册的域名数、网站数分别达到 34 万和 59.6 万,IP 地址数也增长到 59571712个,网络国际出口带宽总量达到 27216 M,连接有美国、加拿大、澳大利亚、英国、德国、法国、日本、韩国等十多个国家和地区。

4)目前发展情况

从进入国际互联网发展至今,我国互联网日新月异,取得了丰硕成果,并在普及应用上进入崭新的多元化应用阶段。主要体现在上网方式多元化、上网途径多元化、实际应用多元化、上网用户所属行业多元化等多方面。

总体来看,从 1994 年正式接入 Internet 到现在,我国互联网络在上网计算机数、上网用户人数、“.CN”下注册的域名数、www 站点数、网络国际出口带宽、IP 地址数等方面皆有不同程度的变化,呈现出快速增长态势。2022 年 6 月,中国互联网络信息中心(CNNIC)发布第 49 次《中国互联网络发展状况统计报告》(以下简称《报告》)。《报告》显示,截至 2021 年 12 月,我国网民规模达 10.32 亿,较 2020 年 12 月增长 4296 万,互联网普及率达 73.0%。在网络基础资源方面,截至 2021 年 12 月,我国域名总数达 3593 万个,IPv6 地址数量达 63052 块/32,同比增长 9.4%;移动通信网络 IPv6 流量占比已经达到 35.15%。在信息通信业方面,截至 2021 年 12 月,累计建成并开通 5G 基站数达 142.5 万个,全年新增 5G 基站数达到 65.4 万个;有全国影响力的工业互联网平台已经超过 150 个,接入设备总量超过 7600 万台套,全国在建“5G+工业互联网”项目超过 2000 个,工业互联网和 5G 在国民经济重点行业的融合创新应用不断加快。

《报告》显示,2021 年我国互联网应用用户规模保持平稳增长。一是即时通信等应用基本实现普及。截至 2021 年 12 月,在网民中,即时通信、网络视频、短视频用户使用率分别为 97.5%、94.5%和 90.5%,用户规模分别达 10.07 亿、9.75 亿和 9.34 亿。二是在线办公、在线医疗等应用保持较快增长。截至 2021 年 12 月,在线办公、在线医疗用户规模分别达 4.69 亿和 2.98 亿,同比分别增长 35.7%和 38.7%,成为用户规模增长最快的两类应用;网上外卖、网约车的用户规模增长率紧随其后,同比分别增长 29.9%和 23.9%,用户规模分别达 5.44 亿和 4.53 亿。

2.4.1.5 下一代 Internet

1996 年 10 月,美国政府发起下一代国际互联网(Next Generation Internet,NGI)计划,其主要研究工作涉及协议、开发、部署高端试验网以及应用演示,由美国国家科学基金会 NSF 与美国通信公司 MCI 合作建立了 NGI 主干网 VBNS(Very High Bandwidth Network Service);1998 年,美国下一代互联网研究的大学联盟 UCAID 成立,启动 Internet2 计划,并于 1999 年底建成传输速率 2.5 Gb/s 的 Internet2 骨干网 Abilene,向 220 个大学、企业、研究机构提供高性能服务,至 2004 年 2 月已升级到 10 Gb/s。

继 NGI 计划结束之后,美国政府立即启动了旨在推动下一代互联网产业化进程的 LSN(Large Scale Network)计划。加拿大政府支持了其全国性光因特网 CA * net3/4 发展计划,目前已经历 4 次大规模升级。由于政府的高度重视和大力支持,目前以美加为主的北美地区代表了全球下一代互联网的最高水平。

同一阶段,在亚洲,日本、韩国和新加坡三国于 1998 年发起并建立了"亚太地区先进网络(Asia-Pacific Advanced Network,APAN)",加入下一代互联网的国际性研究。日本目前在国际 IPv6 的科学研究乃至产业化方面占据国际领先地位。在欧洲,2001 年欧盟启动下一代互联网研究计划,建立了连接 30 多个国家学术网的主干网 GEANT(Gigabit European Academic Network),并以此为基础全面进行下一代互联网各项核心技术的研究和开发。

2002 年,美国 Internet2 联合欧洲、亚洲各国发起"全球高速互联网(Global Terabit Research Network,GTRN)"计划,积极推动全球化的下一代互联网研究和建设。2004 年 1 月 15 日,包括美国 Internet2,欧盟 GEANT 和中国 CERNET 在内的全球最大学术互联网,在比利时首都布鲁塞尔欧盟总部向全世界宣布,同时开通全球 IPv6 下一代互联网服务。

我国已经启动的一系列和下一代互联网研究相关的计划,如国家"863"计划"十五"期间的 IPv6 核心技术开发、IPv6 综合试验环境、高性能宽带信息网(3Tnet)重大专项,IPv6 关键技术及城域示范网和下一代互联网中日 IPv6 合作项目等,已经取得部分成果,为我国下一代互联网建设奠定了一定的基础。特别是在下一代互联网络试验网及其应用方面,2000 年在北京地区已建成中国第一个下一代互联网 NSFCNET(中国高速互联研究试验网络)和中国第一个下一代互联网络交换中心"Dragon TAP",实现了与国际下一代互联网 Internet2 的连接。此外,2004 年 3 月 19 日,中国第一个下一代互联网主干网——CERNET2 试验网正式宣布开通并提供服务。作为目前全球最大的纯 IPv6 国家骨干网,CERNET2 标志着中国下一代互联网研究取得重要进展。

2.4.1.6 Internet 组成

Internet 由硬件和软件两大部分组成,硬件主要包括通信线路、路由器和主机,软件部分主要是指信息资源。

1.通信线路

通信线路是 Internet 的基础设施，它将网络中的路由器、计算机等连接起来，主要分为两类：有线通信线路（如光缆、铜缆等）和无线通信线路（如卫星、无线电等）。

2.路由器

路由器是 Internet 中极为重要的设备，它是网络与网络之间连接的桥梁，负责将数据由一个网络送到另一个网络。

3.主机

计算机是 Internet 中不可或缺的成员，它是信息资源和服务的载体。所有连接在 Internet上的计算机统称为主机，其分为两类，分别是服务器和客户机。

4.信息资源

信息资源是用户最关心的问题，Internet 中存在各种各样类型的资源，例如文本、图像、声音、视频等。

2.4.1.7 用户接入 Internet 的方式

互联网接入是通过特定的信息采集与共享的传输通道，利用公共交换电话网络（Public Switched Telephone Network，PSTN）等传输技术完成用户与 IP 广域网的高带宽、高速度的物理连接。用户可以通过以下方式接入 Internet：

1.拨号接入方式

1）普通 MODEM 拨号接入方式

拨号上网时，MODEM（调制解调器）通过拨打 ISP（Internet 服务提供商）提供的接入电话号实现接入。其缺点包括：①传输速率低，理论速率为 56 kb/s，而实际的连接速率至多为 45～52 kb/s，上传文件只能达到 33.6 kb/s；②对通信线路质量要求很高，任何线路干扰都会使速率马上降到 33.6 kb/s 以下；③无法享受一边上网，一边打电话的乐趣。这种方式现在基本上已经淘汰。

2）ISDN 拨号接入方式

综合业务数字网，能在一根普通的电话线上提供语音、数据、图像等综合业务，它可以供两部终端（例如一台电话、一台传真机）同时使用。ISDN 拨号上网速度很快，它提供两个 64 kb/s 的信道用于通信，用户可同时在一条电话线上打电话和上网，或者以最高为 128 kb/s 的速率上网，当有电话打入或打出时，可以自动释放一个信道，接通电话。

3）ADSL 虚拟拨号接入方式

ADSL（Asymmetrical Digital Subscriber Line，非对称数字用户环路）是一种能够通过普通电话线提供宽带数据业务的技术，它具有下行速率高、频带宽、性能优、安装方便、不需交纳电话费等优点，成为继 ISDN 之后的又一种全新的高效接入方式。ADSL 方案的最大特点是不需要改造信号传输线路，完全可以利用普通铜质电话线作为传输介质，配上专用的 MODEM 即可实现数据高速传输。ADSL 支持上行速率 640 kb/s～1 Mb/s，下行速率 1～8 Mb/s，其有效的传输距离在 3～5 km 范围内。在 ADSL 接入方案中，每个用户都有单独的一条线路与 ADSL 局端相连，它的结构可以看作是星形结构，数据传输带宽是由每一个用户独享的。

2.专线接入方式

1)CM 接入方式

电(线)缆调制解调器(Cable Modem,简称 CM)利用现成的有线电视(CATV)网进行数据传输,已是比较成熟的一种技术。由于有线电视网采用的是模拟传输协议,因此网络需要用一个 MODEM 来协助完成数字数据的转化。CM 与以往的 MODEM 在原理上都是将数据进行调制后在电缆的一个频率范围内传输,接收时进行解调,传输机制与普通 MODEM 相同,不同之处在于它是通过有线电视 CATV 的某个传输频带进行调制解调的。

CM 连接方式可分为两种:对称速率型和非对称速率型。前者的上传速率和下载速率相同,都在 500 kb/s~2 Mb/s 之间;后者的数据上传速率在 500 kb/s~10 Mb/s 之间,数据下载速率为 2~40 Mb/s。采用 CM 上网的缺点:由于 CM 模式采用总线型网络结构,这就意味着网络用户共同分享有限带宽;另外,购买 CM 和初装费也不便宜,这些都阻碍了 CM 接入方式在国内的普及。但是,它的市场潜力是很大的,毕竟中国 CATV 网已成为世界第一大有线电视网。随着有线电视网的发展,通过 CM 利用有线电视网访问 Internet 已成为更多人接受的一种高速接入方式。不过,CM 技术主要是在广电部门原有线电视线路上进行改造时采用,此方案与新兴宽带运营商的社区建设进行成本比较没有意义。

2)DDN 专线接入方式

DDN 是英文 Digital Data Network 的缩写,是随着数据通信业务发展而迅速发展起来的一种新型网络。DDN 的主干网传输媒介有光纤、数字微波、卫星信道等,用户端多使用普通电缆和双绞线。DDN 将数字通信技术、计算机技术、光纤通信技术以及数字交叉连接技术有机地结合在一起,提供了高速度、高质量的通信环境,可以向用户提供点对点、点对多点透明传输的数据专线出租电路,为用户传输数据、图像、声音等信息。DDN 的通信速率可根据用户需要在 N×64 kb/s(N=1~32)之间进行选择,当然速度越快租用费用也越高。用户租用 DDN 业务需要申请开户。DDN 的收费一般可以采用包月制和计流量制,这与一般用户拨号上网的按时计费方式不同。DDN 的租用费较贵,普通个人用户负担不起,因此 DDN 主要面向集团公司等需要综合运用的单位。

3)光纤接入方式

光纤能提供 100~1000 Mb/s 的宽带接入,具有通信容量大、损耗低、不受电磁干扰的优点,能够确保通信畅通无阻。其最主要的是光纤到大楼、光纤到路边、光纤到用户三种形式。光纤到路边主要是为住宅用户提供服务的,光网络单元(Optical Network Unit,ONU)设置在路边,即用户住宅附近,从 ONU 出来的电信号再传送到各个用户,一般用同轴电缆传送视频业务,用双绞线传送电话业务。光纤到大楼的 ONU 设置在大楼内的配线箱处,主要用于综合大楼、远程医疗、远程教育及大型娱乐场所,为大中型企事业单位及商业用户服务,提供高速数据、电子商务、可视图文等宽带业务。光纤到用户是将 ONU 放置在用户住宅内,为家庭用户提供各种综合宽带业务,光纤到用户是光纤接入网的最终目标,但是每一用户都需一对光纤和专用的 ONU,因而成本昂贵,实现起来非常困难。

3.无线接入方式

1)GPRS 接入方式

通用分组无线业务(General Packet Radio Service,GPRS),是一种新的分组数据承载业务，下载资料和通话是可以同时进行的。目前 GPRS 的数据传输速率达到 115 kb/s，是常用 MODEM 理想速率 56 kb/s 的两倍。

2）蓝牙技术与 HomeRF 技术

蓝牙技术是 10 m 左右的短距离无线通信标准，用来设计在便携式计算机、移动电话以及其他的移动设备之间建立起一种小型、经济、短距离的无线链路。

HomeRF 主要为家庭网络设计，采用 IEEE 802.11 标准构建无线局域网，能满足未来家庭宽带通信。

4.局域网接入方式

局域网接入方式一般可以采用 NAT（Network Address Translation，网络地址转换）或代理服务器技术让网络中的用户访问因特网。

在组建局域网时，通常需要用一些网络设备将计算机连接起来。常用的局域网组网设备包括集线器、交换机、路由器等。交换机、路由器是目前使用较广泛的网络设备，用来组建星型拓扑的校园网、企业网，在家用共享上网的组网中不太常用。

在个人和家庭上网时，利用宽带路由器共享宽带上网是目前最方便的方案。只要把每台电脑的网线插到路由器的端口，利用宽带路由器的自动拨号功能，就可以轻松地实现共享上网。

2.4.2 IP 地址和子网掩码

2.4.2.1 IP 地址

连入 Internet 的计算机都应该有自己唯一的标识，以区别出不同的计算机。IP 地址就是按照 IP 协议规定的格式，为每一个正式接入 Internet 的主机所分配的、供全世界唯一标识的通信地址。目前全球广泛应用的 IP 协议是 4.0 版本，记为 IPv4，因而 IP 地址又称为 IPv4 地址。

IPv4 地址总量约为 43 亿，随着网络的迅猛发展，全球数字化和信息化步伐的加快，目前地址资源已分配完毕，然而 IP 地址的需求仍在增长，越来越多的设备、电器、各种机构、个人等加入争夺 IP 地址的行列中。IPv6 的出现解决了现有 IPv4 地址资源匮乏的问题。IPv6 是 IPv4 的替代品，是 IP 协议的 6.0 版本，也是下一代网络的核心协议。它和 IPv4 的最大区别在于，IPv4 地址为 32 位二进制，而 IPv6 地址为 128 位二进制。IPv6 在未来网络的演进中，将对基础设施、设备服务、媒体应用、电子商务等诸多方面产成巨大的产业推动力。IPv6 对我国也具有非常重要的意义，是我国实现跨越式发展的战略机遇，将为我国经济增长带来直接贡献。

2.4.2.2 子网掩码

子网掩码又叫网络掩码，它是一种用来指明一个 IP 地址的哪些位标识的是主机所在的子网，哪些位标识的是主机的位掩码。

子网掩码为 32 位二进制数值，分别对应 IP 地址的 32 位二进制数值。对于 IP 地址中的网络号部分在子网掩码中用“1”表示，对于 IP 地址中的主机号部分在子网掩码中用“0”表示。A、B、C 三类地址对应的默认子网掩码如下：

A 类地址的默认子网掩码:255.0.0.0;

B 类地址的默认子网掩码:255.255.0.0;

C 类地址的默认子网掩码:255.255.255.0。

2.4.3 域名系统

网络上主机通信必须指定双方机器的 IP 地址。IP 地址虽然能够唯一标识网络上的计算机,但它是数字型的,对使用网络的人来说有不便记忆的缺点,因而提出了字符型的名字标识,将二进制的 IP 地址转换成字符型地址,即域名地址,简称域名。

网络中命名资源(如客户机、服务器、路由器等)的管理集合即构成域。从逻辑上,所有域自上而下形成一个森林状结构,每个域都可包含多个主机和多个子域,树叶域通常对应于一台主机,每个域或子域都有其固有的域名。Internet 所采用的这种基于域的层次结构名字管理机制叫作域名系统(Domain Name System ,DNS)。它一方面规定了域名语法以及域名管理特权的分派规则,另一方面,描述了关于域名-地址映射的具体实现。

2.4.3.1 域名规则

域名系统将整个 Internet 视为一个由不同层次的域组成的集合,即域名空间,并设定域名采用层次型命名法,从左到右,从小范围到大范围,表示主机所属的层次关系。不过,域名反映出的这种逻辑结构和其物理结构没有任何关系,也就是说,一台主机的完整域名和物理位置并没有直接的联系。

域名由字母、数字和连字符组成,开头和结尾必须是字母或数字,最长不超过 63 个字符,而且不区分大小写。完整的域名总长度不超过 255 个字符。在实际使用中,每个域名的长度一般小于 8 个字符。通常其格式如下:

主机名.机构名.网络名.顶级域名

例如:www.tsinghua.edu.cn 就是清华大学主机的域名。

顶级域名又称最高域名,分为两类:一类通常由三个字母构成,一般为机构名称,是国际顶级域名;另一类由两个字母组成,一般为国家或地区的地理名称。

(1)机构名称:如 com 为商业机构,edu 为教育机构等,如表 2-3 所示。

表 2-3 国际顶级域名、机构名称

域名	含义	域名	含义
com	商业机构	net	网络组织
edu	教育机构	int	国际机构(主要指北约)
gov	政府部门	org	其他非营利组织
mil	军事机构		

随着 Internet 用户的激增,域名资源越发紧张,为了缓解这种状况,加强域名管理,Internet国际特别委员会在原来基础上增加以下国际通用顶级域名,如表 2-4 所示。

表 2-4 新增的国际顶级域名

域名	含义	域名	含义
firm	公司、企业	aero	用于航天工业
store	商店、销售公司和企业	coop	用于企业组织
web	突出 WWW 活动的单位	museum	用于博物馆
art	突出文化、娱乐活动的单位	biz	用于企业
rec	突出消遣、娱乐活动的单位	name	用于个人
info	提供信息服务的单位	pro	用于专业人士
nom	个人		

(2) 地理名称:如 cn 代表中国,us 代表美国,ru 代表俄罗斯等,如表 2-5 所示。

表 2-5 部分国家代码

国家	中国	瑞典	英国	法国	德国	日本	加拿大	澳大利亚	美国
国家代码	cn	se	uk	fr	de	jp	ca	au	us

2.4.3.2 中国的域名结构

中国的最高域名为 cn。二级域名分为用户类型域名和省、市、自治区域名两类。

(1) 用户类型域名。此类型为国际顶级域名后加“.cn”,如 com.cn 表示工、商、金融等企业,edu.cn 表示教育机构,gov.cn 表示政府机构等。

(2) 省、市、自治区域名。这类域名适用于我国各省、自治区、直辖市,如 bj.cn 代表北京市,sh.cn 代表上海市,hn.cn 代表湖南省等。

2.4.3.3 IP 地址与域名

IP 地址和域名相对应,域名是 IP 地址的字符表示,它与 IP 地址等效。当用户使用 IP 地址时,负责管理的计算机可直接与对应的主机联系,而使用域名时,则先将域名送往域名服务器,通过服务器上的域名/IP 地址对照表翻译成相应的 IP 地址,传回负责管理的计算机后,再通过该 IP 地址与主机联系。Internet 中一台计算机可以有多个用于不同目的的域名,但只能有一个 IP 地址(不含内网 IP 地址)。一台主机从一个地方移到另一个地方,当它属于不同的网络时,其 IP 地址必须更换,但是可以保留原来的域名。

2.5 计算机网络安全

2.5.1 计算机网络互联

网络互联是指将不同的网络连接起来,以构成更大规模的网络系统,实现更大范围内的数据通信和资源共享。

2.5.1.1 网络互联的必要性

OSI 虽然问世多年,在实际运行中依然存在大量非 OSI 的网络,而且各种现有的特定网络并不一定都采用 OSI 七层模型。OSI 所采用的通信子网和现有的多种网络产品,本身就决定了各种类型的通信子网将一直共存下去。网络互联可以改善网络性能。随着商业需求的推动,特别是 Internet 的深入人心,网络互联技术成为实现如 Internet 这样的大规模通信和资源共享的关键技术。

2.5.1.2 网络互联基本原理

网络互联的基本原理是 ISO 七层协议参考模型。

不同目的的网络互联可以在不同的网络层次中实现。由于网络间存在的差异,也就需要用不同的网络互联设备将各个网络连接起来。根据网络互联设备工作的层次及其所支持的协议,可以将网络设备分为中继器、网桥、路由器和网关,如图 2-19 所示。

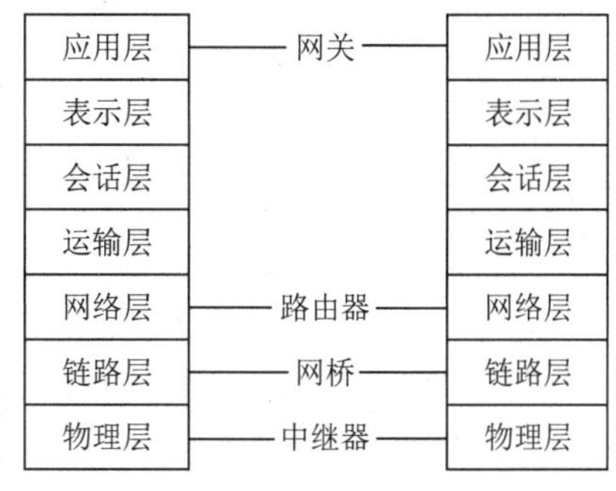

图 2-19 计算机网络互联模型

2.5.1.3 常见的网络互联设备

网络互联可分为 LAN-LAN、LAN-WAN、LAN-WAN-LAN、WAN-WAN 四种类型。在以上四种互联模式中,常常会用到以下四种互联设备。

1. 中继器

中继器工作于网络的物理层,用于互连两个相同类型的网段,例如两个以太网段,它在物理层实现透明的二进制比特复制,补偿信号衰减。即中继器接收从一个网段传来的所有信号,进行放大后发送到下一个网段。

2. 网桥

网桥是用于连接两个或两个以上具有相同通信协议、传输介质及寻址结构的局域网的互联设备,能实现网段间或 LAN 与 LAN 之间互连,互连后成为一个逻辑网络。它也支持 LAN 与 WAN 之间的互联。

3. 路由器

路由器工作在网络层,用于连接多个逻辑上分开的网络。为了给用户提供最佳的通信路径,路由器利用路由表为数据传输选择路径,路由表包含网络地址以及各地址之间距离的清单,路由器利用路由表查找数据包从当前位置到目的地址的正确路径。路由器使用最少时间算法或最优路径算法来调整信息传递的路径,如果某一路径发生故障或堵塞,路由器可选择另一条路径,以保证信息的正常传输。路由器可进行数据格式的转换,成为不同协议之间网络互连的必要设备。

4. 网关

网关用于类型不同且差别较大的网络系统间的互联。主要用于不同体系结构的网络或者局域网与主机系统的连接。在互联设备中,它最为复杂,一般只能进行一对一的转换,或是少数几种特定应用协议的转换。目前,网关已成为网络上每个用户都能访问大型主机的通用工具。

2.5.2 计算机网络安全概述

计算机网络的安全问题很早就出现了,而且随着互联网的不断发展和网络新技术的应用,网络安全问题表现得更为突出。据统计,全球约每 20 s 就发生一次计算机入侵事件,Internet 上的网络防火墙约 1/4 被突破,约 70%以上的网络主管人员报告因机密信息泄露而受到损失。这些问题突出表现在黑客攻击、恶性代码的网上扩散。

2.5.2.1 网络安全含义

网络安全是一个关系到国家安全和主权、社会稳定、民族文化继承和发扬的重要问题,其重要性正随着全球信息化的步伐而变得越来越重要。网络安全是一门涉及计算机科学、网络技术、加密技术、信息安全技术、应用数学、数论和信息论等多学科的综合性学科。

网络安全本质上就是网络信息的安全。从广义上讲,凡是涉及网络信息的保密性、完整性、可用性、真实性和可控性的相关技术和理论都是网络安全的研究领域,而且因各主体所处的角度不同对网络安全有不同的理解。

2.5.2.2 网络安全问题

网络安全包括网络设备安全、网络系统安全、数据库安全等。网络安全问题主要表现在:

(1)操作系统的安全问题。不论采用什么操作系统,在缺省安装条件下都会存在一些安全问题,只有专门针对操作系统的安全性进行严格的安全配置,才能达到一定的安全程度。

(2) 未进行 CGI(Common Gateway Interface,公共网关接口)程序代码审计。如果是通用的 CGI 问题,防范起来还稍微容易一些,但是对于网站或软件供应商专门开发的一些 CGI 程序,很多存在严重的 CGI 问题。

(3) 拒绝服务攻击。随着电子商务的兴起,对网站实时性要求越来越高,拒绝服务攻击(Denial of Service,DoS)或分布式拒绝服务攻击(Distributed Denial of Service,DDoS)对网站威胁越来越大。

(4)安全产品使用不当。每个网站都有一些网络安全设备,但由于安全产品本身问题或使用问题,这些产品并没有起到应有的作用。

(5)缺少严格的网络安全管理制度。网络安全最重要的是在思想上要高度重视,网站或局域网内部的安全需要用完备的安全制度来保障。建立和实施严密的计算机网络安全制度与策略是真正实现网络安全的基础。

2.5.2.3 网络安全策略

面对众多的安全威胁,为了提高网络的安全性,除了加强网络安全意识、做好故障恢复和数据备份外,还应制定合理有效的安全策略,以保证网络和数据的安全。安全策略指在某个安全区域内,用于所有与安全活动相关的一套规则。这些规则由安全区域中所设立的安全权力机构建立,并由安全控制机构来描述、实施或实现。经研究分析,安全策略有三个不同的等级,即安全策略目标、机构安全策略和系统安全策略,它们分别从不同的层面对要保护的特定资源所要达到的目的、采用的操作方法和应用的信息技术进行阐述。

由于安全威胁包括对网络中设备和信息的威胁,因此制定安全策略也围绕这两方面进行。主要策略有:物理安全策略、访问控制策略、防火墙控制策略和加密策略。

2.5.3 数据加密技术

所谓数据加密(data encryption)技术是指将一个信息(或称明文,plaintext)经过加密钥匙(encryption key)及加密函数转换,变成无意义的密文(ciphertext),而接收方则将此密文经过解密函数、解密钥匙(decryption key)还原成明文。加密技术是网络安全技术的基石。

密码技术是通信双方按约定的法则进行信息特殊变换的一种保密技术。根据特定的法则,变明文为密文。从明文变成密文的过程称为加密(encryption);由密文恢复出原明文的过程,称为解密(decryption)。密码在早期仅对文字或数码进行加密、解密,随着通信技术的发展,对语音、图像、数据等都可实施加密、解密变换。密码学是由密码编码学和密码分析学组成的,其中密码编码学主要研究对信息进行编码以实现信息隐蔽,而密码分析学主要研究通过密文获取对应的明文信息。密码学研究密码理论、密码算法、密码协议、密码技术和密码应用等。随着密码学的不断成熟,大量密码产品应用于国计民生中,如 USB Key、PIN Entry Device、RFID 卡、银行卡等。广义上讲,包含密码功能的应用产品也是密码产品,如各种物联网产品,它们的结构与计算机类似,也包括运算、控制、存储、输入、输出等部分。密码芯片是密码产品安全性的关键,它通常是由系统控制模块、密码服务模块、存储器控制模块、功能辅助模块、通信模块等关键部件构成的。

数据加密技术要求只有在指定的用户或网络下,才能解除密码而获得原来的数据,这就需要给数据发送方和接收方以一些特殊的信息用于加解密,这就是所谓的密钥。其密钥的值是从大量的随机数中选取的。密钥按加密算法分为专用密钥和公开密钥两种。

2.5.3.1 专用密钥

专用密钥,又称为对称密钥或单密钥,加密和解密时使用同一个密钥,即同一个算法。如 DES 和 MIT 的 Kerberos 算法。单密钥是最简单的方式,通信双方必须交换彼此的密钥,当需要给对方发信息时,用自己的加密密钥进行加密,而在接收方收到数据后,用对方所给的密钥进行解密。当一个文本要加密传送时,该文本用密钥加密构成密文,密文在信道上传送,收到密文后用同一个密钥将密文解出来,形成普通文本供阅读。在对称密钥中,密钥的管理极为重要,一旦密钥丢失,密文将无密可保。这种方式在与多方通信时因为需要保存很多密钥而变得很复杂,而且密钥本身的安全就是一个问题。

专用密钥由于运算量小、速度快、安全强度高,如今仍被广泛采用。DES 是一种数据分组的加密算法,它将数据分成长度为 64 位的数据块,其中 8 位用作奇偶校验,剩余的 56 位作为密码的长度。第一步将原文进行置换,得到 64 位的杂乱无章的数据组;第二步将其分成均等两段;第三步用加密函数进行变换,并在给定的密钥参数条件下,进行多次迭代而得到加密密文。

2.5.3.2 公开密钥

公开密钥,又称非对称密钥,加密和解密时使用不同的密钥,即不同的算法,虽然两者之间存在一定的关系，但不可能轻易地从一个推导出另一个。有一把公用的加密密钥，有多把解密密钥，如 RSA 算法。

非对称密钥由于两个密钥（加密密钥和解密密钥）各不相同，可以将一个密钥公开，而将另一个密钥保密，同样可以起到加密的作用。

在这种编码过程中，一个密码用来加密消息，而另一个密码用来解密消息。在两个密钥中有一种关系，通常是数学关系。公钥和私钥都是一组十分长的、数字上相关的素数（是另一个大数字的因数）。有一个密钥不足以翻译出消息，因为用一个密钥加密的消息只能用另一个密钥才能解密。每个用户可以得到唯一的一对密钥，一个是公开的，另一个是保密的。公共密钥保存在公共区域，可在用户中传递，甚至可印在报纸上面。而私钥必须存放在安全保密的地方。任何人都可以有你的公钥，但是只有你一个人能有你的私钥。它的工作过程是："你要我听你的吗？除非你用我的公钥加密该消息，我就可以听你的，因为我知道没有别人在偷听。只有我的私钥（其他人没有）才能解密该消息，所以我知道没有人能读到这个消息。我不必担心大家都有我的公钥，因为它不能用来解密该消息。"

公开密钥的加密机制虽提供了良好的保密性，但难以鉴别发送者，即任何得到公开密钥的人都可以生成和发送报文。数字签名机制提供了一种鉴别方法，以解决伪造、抵赖、冒充和篡改等问题。

2.5.3.3 数字签名

数字签名一般采用非对称加密技术（如 RSA），通过对整个明文进行某种变换，得到一个值，作为核实签名。接收者使用发送者的公开密钥对签名进行解密运算，如其结果为明文，则签名有效，证明对方的身份是真实的。当然，签名也可以采用多种方式，例如，将签名附在明文之后。数字签名普遍用于银行、电子贸易等。

数字签名不同于手写签字：数字签名随文本的变化而变化，手写签字反映某个人个性特征，是不变的；数字签名与文本信息是不可分割的，而手写签字是附加在文本之后的，与文本信息是分离的。

密码技术是网络安全最有效的技术之一。一个加密网络，不但可以防止非授权用户的搭线窃听和入网，而且也是对付恶意软件的有效方法之一。

2.5.4 计算机病毒与木马

1983 年 11 月，世界上第一个计算机病毒诞生在实验室中；20 世纪 80 年代末期，出现了第一个在世界上流行的真正病毒——Pakistan Brain（巴基斯坦智囊）病毒；1988 年 11 月，康奈尔大学一个名叫罗伯特·莫里斯的研究生，在互联网上投放了一种计算机程序——蠕虫，这种程序可以进行自我复制，在很短的时间内使互联网上 10% 的主机无法工作，这一事件使人们认识到网络的安全问题。我国也在 1989 年发现了计算机病毒。从开始的简单病毒到变形病毒，到特洛伊木马与有害代码，计算机病毒在不断发展，它的结构越来越复杂。

随着计算机网络的发展，计算机病毒、木马程序的滋扰也更加频繁，危害越来越大。如何保证数据的安全，防止计算机病毒和木马的破坏，成为当今计算机研制人员和应用人员所面临的重大问题。

2.5.4.1 计算机病毒

自从1946年第一台冯·诺依曼型计算机ENIAC出世以来，计算机已被应用到人类社会的各个领域。然而，1988年发生在美国的“蠕虫病毒”事件，给计算机技术的发展罩上了一层阴影。蠕虫病毒是由美国康奈尔大学的研究生莫里斯编写，虽然并无恶意，但在当时，“蠕虫”在Internet上大肆传染，使得数千台联网的计算机停止运行，并造成巨额损失，成为一时的舆论焦点。在国内，最初引起人们注意的病毒是80年代末出现的“黑色星期五”病毒、“米氏”病毒、“小球”病毒等，因当时软件种类不多，用户之间的软件交流较为频繁且反病毒软件并不普及，造成病毒的广泛流行。后来出现的Word宏病毒及Windows 95下的“CIH”病毒，使人们对病毒的认识更深了一步。

1.病毒的定义

从广义上讲，凡能够引起计算机故障，破坏计算机数据的程序统称为计算机病毒。1994年2月18日，我国正式颁布实施了《中华人民共和国计算机信息系统安全保护条例》，在该条例第二十八条中明确指出：“计算机病毒，是指编制或者在计算机程序中插入的破坏计算机功能或者毁坏数据，影响计算机使用，并能自我复制的一组计算机指令或者程序代码。”

2.病毒的特征

1)传染性

正常的计算机程序一般是不会将自身的代码强行连接到其他程序之上的。而病毒却能使自身的代码强行传染到一切符合其传染条件的未受到传染的程序之上。计算机病毒可通过各种可能的渠道，如可移动磁盘、计算机网络去传染其他的计算机。是否具有传染性是判别一个程序是否为计算机病毒的最重要条件。

2)隐蔽性

病毒一般是具有很高编程技巧、短小精悍的程序。通常附在正常程序中，病毒程序与正常程序是不容易区别开来的。一般在没有防护措施的情况下，计算机病毒程序取得系统控制权后，可以在很短的时间里传染大量程序，而且受到传染后，计算机系统通常仍能正常运行，使用户不会感到任何异常。正是由于隐蔽性，计算机病毒得以在用户没有察觉的情况下扩散到上百万台计算机中。大部分病毒的代码之所以设计得非常短小，也是为了更好地隐藏。

3)潜伏性

大部分的病毒感染系统之后一般不会马上发作，它可长期隐藏在系统中，只有在满足其特定条件时才启动其表现(破坏)模块，这样它就可以进行广泛地传播。如“PETER-2”在每年2月27日会提三个问题，答错后会将硬盘加密；著名的“黑色星期五”在逢13号的星期五发作，这些病毒平时会隐藏得很好，只有在发作日才会露出本来面目。

4)破坏性

任何病毒只要侵入系统，都会对系统及应用程序产生程度不同的影响。良性病毒可能只显示些画面或出点音乐、无聊的语句，或者根本没有任何破坏动作，但会占用系统资源。恶性病毒则有明确的目的,或破坏数据、删除文件,或加密磁盘、格式化磁盘,有的对数据造成不可挽回的破坏,这也反映出病毒编制者的险恶用心。

5)可触发性

计算机病毒一般都有一个触发条件,或者在一定条件下激活一个病毒的传染机制使之进行传染,或者在一定条件下激活一个病毒的表现部分或破坏部分。触发条件可能与多种情况联系起来,如某个日期时间、特定文件等。

6)不可预见性

从对病毒的检测方面来看,病毒还有不可预见性。不同种类的病毒,它们的代码千差万别,但有些操作是共有的(如驻内存,改中断),有些人利用病毒的这种共性,制作了声称可查所有病毒的程序,这种程序的确可查出一些新病毒,但由于目前的软件种类极其丰富,且某些正常程序也使用了类似病毒的操作甚至借鉴了某些病毒的技术,使用这种方法对病毒进行检测势必会造成较多的误报情况,而且病毒的编制技术也在不断地提高,病毒对反病毒软件永远是超前的。

3.病毒的分类

计算机病毒可从不同角度来分类,如按破坏程度可分为良性病毒、恶性病毒,按照计算机病毒的传染目标可分为引导型病毒、文件型病毒、混合型病毒、宏病毒等。

4.计算机病毒的防范

计算机病毒具有很大的危害性,如果等到发现病毒时,再采取措施,可能已造成重大损失。做好防范工作非常重要,防范计算机病毒主要采取以下措施:

(1)给计算机安装防病毒卡或防火墙软件;

(2)定期使用最新版本的杀毒软件对计算机进行检查;

(3)对硬盘上的重要文件要经常进行备份保存;

(4)不随便使用没有经过安全检查的软件;

(5)系统盘或其他应用程序盘要加上写保护或做备份;

(6)不要轻易打开电子邮件中来历不明的附件。

2.5.4.2 木马

木马也叫特洛伊木马,其名称取自希腊神话的特洛伊木马计。在古罗马的战争中,古罗马人利用一只巨大的木马,麻痹敌人,赢得了战役的胜利。在当今的网络世界里,也有这样一种被称作木马的程序,它为自己带上伪装的面具,悄悄地潜入用户的系统,进行着不可告人的行动。

木马程序一般由两部分组成,分别是 server(服务)端程序和 client(客户)端程序。其中 server 端程序安装在被控制计算机上,client 端程序安装在控制计算机上,server 端程序和 client 端程序建立起连接就可以实现对远程计算机的控制了。

1.木马入侵的主要途径

目前木马入侵的主要途径还是先通过一定的方法把木马执行文件植入被攻击者的电脑系统里,然后通过一定的提示故意误导被攻击者打开执行文件,比如故意谎称这个木马执行文件,是你朋友送给你贺卡,可能你打开这个文件后,确实有贺卡的画面出现,但这时木马可能已经悄悄在你的后台运行了。一般的木马执行文件非常小,大部分都是几 kB 到几十 kB,如果把木马捆绑到其他正常文件上,你很难发现,所以,有一些网站提供的软件下载往往是捆绑了木马文件的,你执行这些下载的文件,也同时运行了木马。

木马也可以通过 Script、ActiveX、Asp 及 CGI 交互脚本的方式植入,由于微软的浏览器在执行 Script 脚本上存在一些漏洞,攻击者可以利用这些漏洞传播病毒和木马,甚至直接对浏览者电脑进行文件操作等控制。

此外,木马还可以利用系统的一些漏洞进行植入。

2.防范木马的攻击

木马程序是十分有害的,也是十分狡猾的。计算机一旦感染上木马程序,后果不堪设想。可以采取以下措施来防范木马程序的攻击:

(1)运行反木马实时监控程序。此外,也可采用一些专业的最新杀毒软件进行监控。

(2)不要执行任何来历不明的软件。对于从网上下载的软件在安装、使用前一定要用反病毒软件进行检查,最好是使用专门查杀木马程序的软件进行检查,确定没有木马程序再执行、使用。

(3)不要轻易打开不熟悉的邮件。现在,很多木马程序附加在邮件附件中,收邮件者一旦点击附件,它就会立即运行。所以,千万不要轻易打开那些不熟悉的邮件。

(4)不要轻信他人。不要因为是认识的人发来的软件就直接运行,因为我们不能确保发软件的人的电脑上没有木马程序。况且今天的网络,到处充满危机,我们也不能保证这一定是好朋友发给我们的,也许,是别人冒名给我们发的邮件或文件。

(5)不要随便在网上下载一些盗版软件,特别是在不可靠的小 FTP 站点、论坛或 BBS 上,因为这些地方正是新木马发布的首选之地。

(6)将管理器配置成始终显示扩展名。因为一些扩展名为 VBS、SHS、PIF 的文件多为木马程序的特征文件,一经发现要立即删除,千万不要打开。

(7)尽量少用共享文件夹。如果计算机连接在互联网或局域网上,要少用或尽量不用共享文件夹,如果因工作等其他原因必须设置成共享,则最好单独开一个共享文件夹,把所有需共享的文件都放在这个共享文件夹中。

(8)隐藏 IP 地址。这一点非常重要。我们在上网时,最好用一些工具软件隐藏自己计算机的 IP 地址。

3.木马的清除

如果发现有木马程序存在,最有效的方法就是马上将计算机与网络断开,防止黑客通过网络对计算机进行攻击,然后使用可以查杀木马的软件对计算机进行检查。一般的木马可以使用这种方法解决。也可以通过修改系统注册表的方式,清除木马程序,但这要求对注册表相当熟悉,否则可能会导致计算机出现另外的故障,一般的使用者不建议使用这种方法。当然,也可以重新安装操作系统,来达到清除木马的目的。

2.5.5 防火墙技术简介

由于病毒和木马往往是通过网络进行传播的,因此如何保证内部网络的安全是保障计算机正常工作的前提。作为内部网与外部网之间的第一道屏障,防火墙是最先受到人们重视的网络安全产品之一。

防火墙(firewall)的本义原是指古代人们房屋之间修建的那道墙,这道墙可以在火灾发生时防止火势蔓延到别的房屋。而这里所说的防火墙当然不是指物理上的防火墙,而是指隔离在本地网络与外界网络之间的一道防御系统,是这一类防范措施的总称。防火墙技术是最基本的安全技术。典型的防火墙设置如图 2-20 所示。

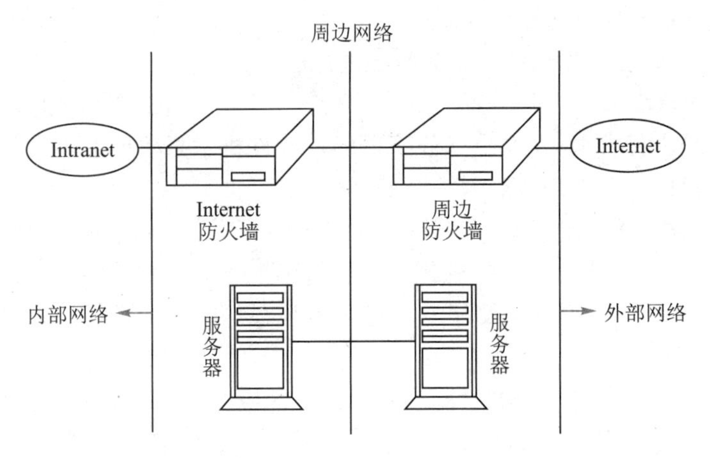

图 2-20 典型的 Internet/Intranet 防火墙配置

习题

第 2 章 选择题

第 2 章 填空题 参考答案

一、选择题

二、填空题

1.计算机系统由硬件系统和________系统两大部分组成。

2.软件是指为运行、管理和维护计算机而编制的各种________、数据和文档的总称。

3.软件按其功能可分为________软件和应用软件两大类。

4.冯·诺依曼结构表明,计算机硬件系统由运算器、________、存储器、输入设备、输出设备五大部件组成。

5.运算器、控制器合称为________。

6.存储器可分为________和外部存储器两大类。

7.CPU 和________合称为主机。

8.计算机中传递信息的公共通路称为________。

9.按总线上传输信息的不同,可将系统总线分为________总线、地址总线、控制总线三大类。

10.计算机网络从逻辑功能上可分为________子网和________子网。

11.按照网络覆盖的地理范围,可将计算机网络分为________、________、________三大类。

12.局域网的拓扑结构主要有__________、__________、__________、__________。

13.Internet 起源于 1969 年美国国防部高级研究计划管理局建立的__________。

14.为了实现网络的互联,国际标准化组织制定的计算机网络层次模型是__________参考模型。

15.目前因特网使用的计算机网络层次模型是__________模型。

16.OSI 参考模型从上到下各层依次为__________、__________、__________、__________、__________、__________、__________。

17.TCP/IP 模型从上到下各层依次为__________、__________、__________、__________。

18.为进行网络中的数据交换而建立的规则、标准或约定称为__________。

19.常见的有线传输介质包括__________、__________、__________。

20.常见的无线传输介质包括__________、__________、__________、__________。

21.IPv4 使用__________bit 二进制地址来标识因特网上的每个主机。

22.IP 地址采用两级分层结构管理时,可分为__________和__________两部分。

23.任何一个连接在因特网上的主机或路由器,都有一个唯一的层次结构的名字,称为__________。

三、简答题

1.简述计算机系统的组成。

2.简述计算机的存储体系。

3.什么是计算机网络?

4.什么是计算机网络体系结构?

5.什么是 IP 地址?

6.什么是计算机病毒?如何防范计算机病毒?

7.什么是木马程序?

3 程序设计与算法

一个程序的编写包括对数据的描述——数据结构，对操作的描述——算法，程序设计的方法和语言工具4个方面，在设计一个程序时，要综合运用这几方面的知识。在这4个方面中，算法是灵魂，数据结构是加工对象，语言是工具，编程需要采用合适的方法。

算法是解决"做什么"和"怎么做"的问题。程序中的操作语句，实际上就是算法的体现。

本章介绍程序设计的基本过程、方法、语言，算法的定义、特性、表示方式、性能分析以及常见的算法。

3.1 程序设计概述

计算机程序(program)是人们为解决某种问题而用计算机可以识别的代码编排的一系列加工步骤。计算机能严格按照这些步骤去做，包括计算机对数据的处理。程序的执行过程实际上是对程序所表示的数据进行处理的过程。一方面，程序设计语言提供了一种表示数据与处理数据的功能；另一方面，编程人员必须按照语言所要求的规范(即语法规则)进行编程。程序设计是指编写程序的过程。

3.1.1 程序设计的基本过程

程序设计是软件构造活动中的重要组成部分，程序设计过程应当包括问题分析、算法设计、编码、运行程序、撰写文档等步骤。

1.问题分析

对于接受的任务要进行认真的分析，研究所给定的条件，分析最终应达到的目标，选择合适的解题方法。

2.算法设计

设计出解题的方法和具体步骤。

3.编码

编码是选择一种程序设计语言来描述算法，对源程序进行编辑、编译和连接等，最终得到计算机可以执行的程序。

源程序是按照一定的程序设计语言规范书写的，人类可读的文本文件，通常由高级语言或汇编语言编写。将人类可读的程序代码文本翻译成为计算机可以执行的二进制指令,这种过程叫作编译。源程序要经过编译、连接或者解释调试,转化成计算机可以执行的机器语言。

4.运行程序

运行可执行程序,得到运行结果。能得到运行结果并不意味着程序正确,要对结果进行分析,看它是否合理。若结果不合理,可通过调试和测试来排除故障。由于一个程序设计错误,1962 年 7 月 22 日,美国携带飞向金星的无人驾驶飞船“水手一号”的火箭在升空 290 s 后就被摧毁了。所以调试和测试是很重要的一个环节。

5.撰写文档

许多程序是提供给别人使用的,如同正式的产品应当提供产品说明书一样,正式提供给用户使用的程序,必须向用户提供程序说明书。程序说明书的内容应包括程序名称、程序功能、运行环境、程序的装入和启动、需要输入的数据,以及使用注意事项等。

说明:程序设计并非像描述那样是个线性的过程,有时,要在不同的步骤之间往复。例如,在编码阶段发现之前的设计不切实际,或者有了更好的解决方案,或者等程序运行后,想改变原来的设计思路。对程序做文档注释是很必要的,方便以后修改。

程序设计的过程中,问题分析和算法设计是很重要的两个步骤,有些初学者会跳过这两个步骤,直接进入编码阶段。刚开始学习时,接触的程序比较简单,完全可以在脑海中构思好,即使出现问题,也比较容易发现。但是,随着编写程序的规模越来越大,那些跳过这两步的人,可能会在后期浪费大量的时间,因为他们写出的程序缺乏条理、不好理解。

3.1.2 程序设计的基本方法

程序设计的本质是对计算进行描述,目前主流的程序设计方法为结构化程序设计和面向对象程序设计。

3.1.2.1 结构化程序设计

1.结构化程序设计的概念

结构化程序设计(structured programming)是一种先进的程序设计技术,该概念是著名的计算机科学家埃德斯加·狄克斯特拉(E.W.Dijkstra)于 1969 年提出的。结构化程序设计强调从程序结构和风格上来研究程序设计,注重程序结构的清晰性,注重程序的可理解性和可修改性。对于编写规模比较大的程序,不可能不犯错误,关键的问题是在编写程序时就应该考虑到,如何较快地找到程序中的错误并较容易地改正错误。经过几年的探索和实践,结构化程序设计方法的应用确实取得了成效,遵循结构化程序设计方法编写出来的程序,不仅结构良好,容易理解和阅读,而且容易发现错误和纠正错误。

到 20 世纪 70 年代末,结构化程序设计方法得到了很大的发展,计算机科学家尼克莱斯·沃斯(Nicklaus Wirth)提出了“算法+数据结构=程序”的程序设计方法,将整个程序划分成若干个可以单独命名和编制的部分——模块,模块化实际上是把一个复杂的大程序的编写分解为若干个相互关联又相对独立的小程序的编写,使程序易于编写、理解和修改。在 20 世纪 80 年代,模块化程序设计方法广泛流行。

好的程序设计方法要有相应的程序设计语言支持,1971 年,尼克莱斯·沃斯研发了第一个结构化程序设计语言 Pascal,后来出现的 C 语言也属于结构化程序设计语言。

2.结构化程序设计思想

结构化程序设计强调程序设计的风格和程序结构的规范化,提倡清晰的结构,其基本思路是将一个复杂问题的求解过程划分为若干阶段,每个阶段要处理的问题都容易被理解和处理。结构化程序设计包括按自顶向下的方法对问题进行分析、模块化设计和结构化编码三个步骤。结构化程序设计适合规模较大的程序设计,它的主要观点是采用自顶向下、逐步求精的程序设计方法,使用三种基本控制结构构造程序,任何程序都可由顺序、分支、循环三种基本控制结构构造。

1)自顶向下分析问题的方法

自顶向下分析问题的方法,就是把大的复杂的问题分解成小问题后再解决。面对一个复杂的问题,首先进行上层(整体)的分析,按组织或功能将问题分解成子问题,如果子问题仍然十分复杂,再做进一步分解,直到处理对象相对简单、容易解决为止。当所有的子问题都得到了解决,整个问题也就解决了。在这个过程中,每一次分解都是对上一层问题进行的细化和逐步求精,最终形成一种类似树形的层次结构,来描述分析的结果。

例如,开发一个学生成绩统计程序,输入某校软件工程专业 2022 级所有学生的计算机导论成绩、程序设计基础成绩以及高等数学成绩,要求输出每个学生这三个科目的平均分和每门课程的平均分,找出平均分最高的学生。

按自顶向下、逐步细化的方法分析上述问题,按功能将其分解为 4 个子问题:输入成绩、数据计算、数据查找(查找最高分)和输出成绩,其中数据计算又分解为学生平均成绩计算和课程平均成绩计算两个子问题,其层次结构如图 3-1 所示。

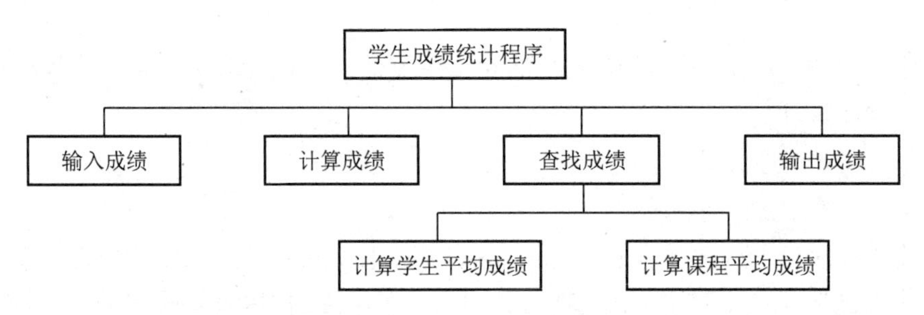

图 3-1 学生成绩统计程序层次结构图

按照自顶向下的方法分析问题,有助于后续的模块化设计与测试,以及系统的集成。

2)模块化设计

经过问题分析,设计好层次结构图,之后就进入模块化设计阶段。模块化设计阶段需要将模块组织成良好的层次系统,顶层模块调用下层模块以实现程序的完整功能,每个下层模块再调用更下层的模块,从而完成程序的一个子功能,最下层的模块完成最具体的工作。在高级语言中一般用函数来实现模块的功能,一个模块对应一个函数。如果某个模块功能比较复杂,可以进一步分解到低一层的模块函数,以体现结构化的程序设计思想。

在学生成绩管理系统程序中,按照图 3-1 的层次结构图,程序可以设计 7 个函数,分别为:主函数 main()、成绩输入 input_stu()、数据计算 calc_stu()、计算学生平均分 aver_stu()、计算课程平均分 aver_cor()、数据查找 find_stu()和输出成绩 output_stu()。主函数 main()依次调用成绩输入 input_stu()、数据计算 calc_stu()、数据查找 find_stu()和输出成绩 output_stu( );数据计算函数 calc_stu( )调用计算学生平均分 aver_stu( )和计算课程平均分 aver_cor( )完成数据计算的功能。

经模块化设计后,对每一个模块都可以独立编码。编程时应选用顺序、选择和循环三种控制结构,对于复杂问题可以通过这三种结构的组合、嵌套实现,以清晰表示程序的逻辑结构。

3.三种基本结构

1)顺序结构

顺序结构的程序设计是最简单的,只要按照解决问题的顺序写出相应的语句就行,它的执行顺序是自上而下,依次执行。

顺序结构可以独立使用构成一个简单的完整程序,常见的输入、计算、输出三部曲的程序就是顺序结构。例如计算圆的面积,其程序的语句顺序就是输入圆的半径 r,计算$S=3.14159\times r\times r$,输出圆的面积 S,如图 3-2 所示。

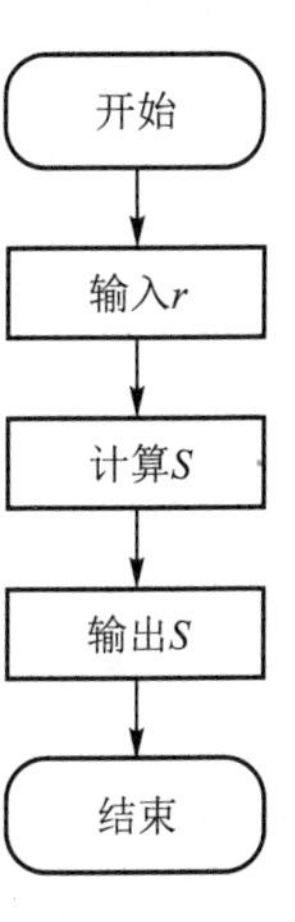

图 3-2 顺序结构

例如 $a = 3, b = 5$,现交换 a 和 b 的值。这个问题就好像交换两个杯子中的水,这当然要用到第三个杯子,假如第三个杯子是 c,那么正确的程序为

$c = a;$

$a = b;$

$b = c;$

执行结果是 $a = 5, b = c = 3$。

如果改变其顺序,写成

$a = b;$

$c = a;$

$b = c;$

则执行结果就变成 $a = b = c = 5$,不能达到预期的目的。

大多数情况下顺序结构都是作为程序的一部分,与其他结构一起构成一个复杂的程序,例如分支结构中的复合语句、循环结构中的循环体等。

流程图的构件说明如表 3-1 所示。

表 3-1 流程图的构件

符号	意义	范例
(圆角矩形)	开始/结束,表示程序的开始或结束	开始
(矩形)	流程,表示执行或处理的一些工作	$i=i+1$
(菱形)	判定,对某一个条件进行判定	$i>10$
→	箭头,表示流程执行的方向	→ ↓

2)分支结构

顺序结构的程序虽然能解决计算、输出等问题,但不能做判断再选择。对于要先做判断再选择的问题就要使用分支结构。分支结构的执行是依据一定的条件选择执行路径,而不是严格按照语句出现的物理顺序。分支结构的程序设计方法的关键在于构造合适的分支条件和分析程序流程,根据不同的程序流程选择适当的分支语句。

例如,计算圆的面积,输入圆的半径 r,r 的取值会有 $r \geqslant 0$ 和 $r<0$ 两种不同的情况,要根据输入的值的不同分情况进行讨论:当 $r \geqslant 0$ 时,计算 $S=3.14159 \times r \times r$,输出圆的面积 S;当 $r<0$ 时,输出提示信息“输入值无效,请重新输入。”。如图 3-3 所示。

3)循环结构

循环结构是由某个条件来控制某些语句是否重复执行。循环结构有三个要素:循环变量、循环体和循环终止条件,循环结构首先要判断条件是否成立,条件成立执行循环体,再次判断条件……直到循环条件不成立,循环语句结束。例如,求 1+2+3+4+5+…+100 的和,可以使用循环语句完成。如图 3-4 所示。

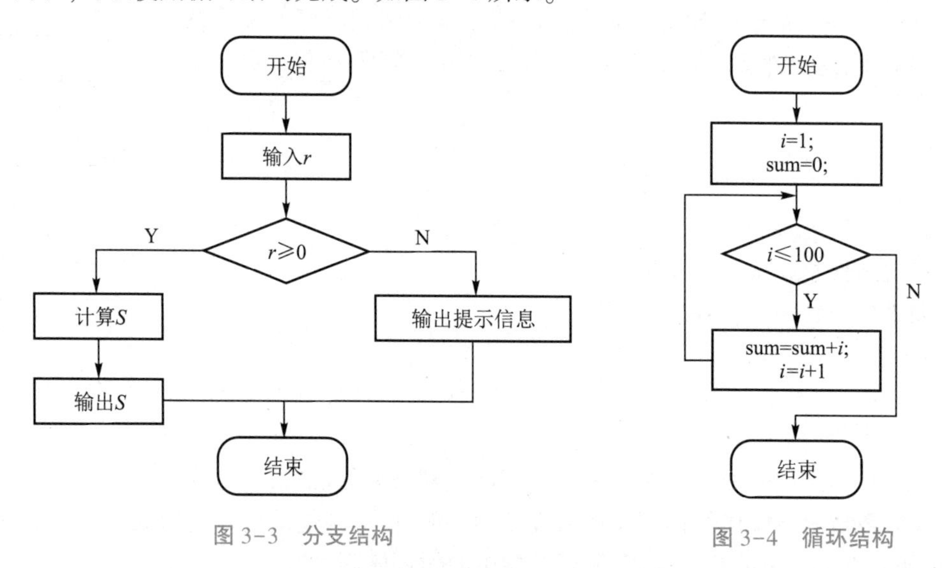

图 3-3 分支结构

图 3-4 循环结构

顺序结构、分支结构和循环结构彼此并不孤立,在循环中可以有分支、顺序结构,分支中也可以有循环、顺序结构。在实际编程过程中常将这三种结构相互结合以实现各种算法,设计出相应的程序。

3.1.2.2 面向对象程序设计

1.面向对象概述

面向对象是一种符合人类思维习惯的编程思想。现实生活中存在各种形态不同的事物,这些事物之间存在着各种各样的联系。在程序中使用对象来映射现实中的事物,使用对象的关系来描述事物之间的联系,这就是面向对象思想。

面向对象是相对面向过程而言的。面向对象和面向过程都是一种思想,面向过程强调的是功能行为,以函数为最小单位,按步调用函数解决问题。面向对象把要解决的问题按照一定规则划分为多个独立的对象,将功能封装进对象,强调具备了功能的对象,以类/对象为最小单位,通过调用对象的方式来解决问题。面向对象是基于面向过程的。面向过程考虑怎么做,面向对象考虑谁来做。例如,要装修房子,面向过程的思维方式是第一步设计装修方案,第二步改水电,第三步贴地板砖,第四步刷墙……;面向对象的思维方式是找装修公司,因为装修公司中有设计师可以完成装修方案的设计,有水电工可以实现改水电,有贴砖师傅可以完成地砖的铺贴等。

面向对象是一种符合人们思考习惯的思想,它可以将复杂的事情简单化,能够将程序员从执行者转换成指挥者。

面向对象的特点主要可以概括为封装性、继承性和多态性。

1)封装性

封装是面向对象的核心思想,将对象的属性和行为封装起来,不需要让外界知道具体实现细节,这就是封装思想。例如,定义了一个学生类,学生类中有年龄这个成员变量,考虑到年龄不能为负数,可以将年龄这个变量设置成私有,用户只能通过调用方法来对年龄设置值,可以在方法中加入对年龄判定的语句,当值不合法时,进行相应的处理,而外界并不知道方法中具体的实现细节。

2)继承性

继承性主要描述的是类与类之间的关系,通过继承,可以在无须重新编写原有类的基础上,对原有类的功能进行扩展。继承性提高了代码复用性,提高了开发效率,为程序的修改、补充提供了便利。例如,定义了雇员类之后可以定义一个程序员类,程序员类具备雇员类所有非私有的成员变量和成员方法,但又有自己的特性。

3)多态性

多态性指的是程序中允许出现重名现象。在一个类中定义的属性和方法被其他类继承后,它们可以具有不同的数据类型或表现为不同的行为,同一个变量和方法在不同类中具有不同的语义。例如,我们定义了两个类:程序员类和项目经理类,都是从雇员类继承的。我们定义名字为 work 的两个方法,一个在程序员类中,一个在项目经理类中。两个方法有相同的名字,但做不同的事情,因为程序员和项目经理的工作是不一样的。

2.类和对象

面向对象提出两个概念,来实现程序中对事物的描述与该事物在现实中的形态保持一致,即类和对象。类是对某一类事物的抽象描述,对象用于表示现实中该类事物的个体。类与对象之间的关系如图 3-5 所示。

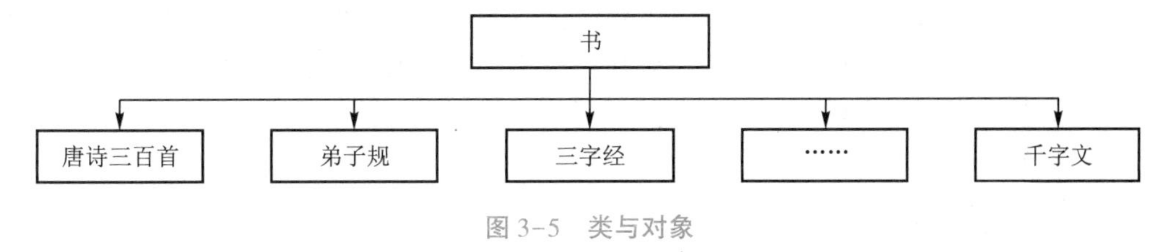

图 3-5 类与对象

在图 3-5 中,可以将"书"看作一个类,将一本本不同的书看作对象,从"书"和"唐诗三百首""弟子规"等之间的关系便可以看出类与对象之间的关系。类用于描述多个对象的共同特征和行为,它是对象的抽象。对象是根据类创建的,一个类可以创建多个对象,它是类的实例,用于描述现实中实实在在的个体。

类中可以定义成员变量和成员方法,其中成员变量用于描述对象的特征,也被称作属性;成员方法用于描述对象的行为,简称为方法。例如,人就是一个类,人的属性:姓名、年龄、身高、体重等;人的行为:吃饭、睡觉等。我们每个人都是人这个类的对象(是实实在在存在的个体),每个人都有自己的名字、年龄、身高、体重,都具备吃饭、睡觉等具体的行为。

3.1.3 程序设计语言

3.1.3.1 程序设计语言的分类

目前世界上公布的程序设计语言已有上千种之多,但是只有很小一部分得到了广泛应用。对于诸多的程序设计语言,通常从两个角度分类,一是从发展角度,二是从语言自身的特点。

从发展角度,程序设计语言可以分为机器语言、汇编语言和高级语言三类。

1.机器语言

机器语言是指一台计算机的全部二进制指令集合,也是计算机能唯一直接识别的语言,其他语言必须经过翻译成 0、1 代码,才能够被计算机理解和执行。机器语言程序需要针对计算机硬件进行编写,因不需要翻译,所以它的执行效率最高。但是,用机器语言编写程序,工作量大且难于编码和调试,而且程序的直观性较差,一般针对具体的机器,可移植性差。对于在某一种机器上编写的机器语言程序,一般难以在其他机器上运行。

例如,某一虚拟计算机,计算累加器 $A=9+12$ 的机器语言程序及注释如表 3-2 所示。

表 3-2 机器语言举例

机器语言程序	注释
10110000 00001001	将 9 存放在 ACC 累加器中
00101100 00001100	将 12 与 ACC 累加器中的 9 相加,结果存放在 ACC 累加器中

2.汇编语言

为了克服机器语言的弊端,又产生了一种新的语言,也就是汇编语言。汇编语言是为了方便人的理解和记忆,提高程序设计的效率而产生的与机器语言完全对应的符号语言,它用数字和英文字符组成的符号串来替代特定指令的二进制编码。例如,用 ADD 表示加法,SUB 表示减法,JMP 表示跳转,MOV 表示数据的传送指令。

例如,某一虚拟计算机,求解 9+12 的汇编语句为

```
MOV AX, 9H
MOV BX, 0CH
ADD AX, BX
```

用符号表示的指令称为汇编指令,汇编指令的集合称为汇编语言。汇编语言程序需要翻译成机器语言才能被计算机识别。汇编语言比机器语言直观,并且比较好理解,效率也较高。但是,它对硬件的依赖性也比较高,可移植性比较差。

3.高级语言

高级语言是参照数学语言而设计的,更接近于自然语言的表达。1954 年,第一个高级程序设计语言 FORTRAN 问世,经过六十多年的发展,目前世界上已有很多种流行的高级程序设计语言。例如,Java、C、C++、Python、C#等。高级语言设计出的程序可读性较好,更容易理解,且编译调试都较容易,高级语言不依赖具体的机器,可移植性比较好。

例如,求解 9+12,并把结果赋值给变量 A,在高级语言 C 语言中可以表示为

$A=9+12$

高级语言被广泛使用,但是它需要翻译成机器语言才能被计算机识别,所以效率没有机器语言和汇编语言高。

3.1.3.2 程序设计语言的组成

程序设计语言是人与计算机之间实现交流的工具,它本身是编写程序的符号和语法的集合。程序设计语言是计算思维形式化的表现,其基本成分包括数据、运算、控制和传输等。

1.数据成分

程序设计语言的数据成分用于描述程序所涉及的数据。数据是程序操作的对象,具有存储类别、类型、名称、作用域和生存期等属性,在使用时要为它分配内存空间。数据名称由用户通过标识符命名,例如,定义一个数据的名称用户名为 userName;类型说明数据占用内存的大小和存放形式,例如,C 语言中整型 int 大小为 4 个字节;存储类别用以说明数据在内存中的位置和生存期;作用域则说明可以使用数据的代码范围;生存期说明数据占用内存的时间特点。从不同的角度可将数据进行不同的划分。

1) 数据类型

在程序设计语言中,一般都事先定义几种基本的数据类型,供程序员直接使用,例如整型、浮点型、字符型等。同时,程序设计语言中还提供了构造复杂类型(数组、结构等)的手段,用以表达客观世界中多种多样的数据。

2) 常量和变量

按照程序运行时数据的值能否改变,可以将数据分为常量和变量。常量值在程序中是不变的,例如,3.14 代表一个浮点型常量,'c'代表一个字符型常量。变量则可以对它做一些相关操作,改变它的值。例如,在 C 语言中可以通过"int i" 来定义一个变量 i,然后就可以对该变量进行某些操作,例如,对 i 进行赋值"i=1",对 i 执行加 1 的操作"i=i+1"。

2.运算成分

运算成分,用以描述程序中所包含的运算;大多数程序设计语言的基本运算可以分为算术运算、关系运算和逻辑运算等,有些语言(如 C、C++、Java)还提供位运算。

3.控制成分

控制成分用以描述程序中所包含的控制,主要包括顺序结构、选择结构和循环结构三种基本控制结构。

4.传输成分

传输成分,用以表达程序中数据的传输,如赋值、数据的输入和输出等。

3.1.3.3 常用的程序设计语言

从客观系统的描述分类,程序设计语言可分为结构化程序设计语言(也叫面向过程

语言）和面向对象语言两大类。

1.结构化程序设计语言

FORTRAN，BASIC，Pascal 和 C 语言都是结构化程序设计语言。其中，C 语言是最常见的结构化程序设计语言。

C 语言作为计算机编程语言，具有功能强、语句表达简练、控制和数据结构丰富灵活、程序时空开销小的特点。它既具有诸如 Pascal、FORTRAN 等通用程序设计语言的特点，又具有汇编语言中的位（bit）、地址、寄存器等概念，拥有其他许多高级语言所没有的底层操作能力，相较于其他编程语言具有较大的优势。C 语言既适合于编写系统软件又可用来编写应用软件，在许多计算机操作系统中都能够得到适用，且效率显著。

C 语言诞生于美国的贝尔实验室，由丹尼斯·里奇（Dennis MacAlistair Ritchie）以肯·汤普森（Kenneth Lane Thompson）设计的 B 语言（取 BCPL 的首字母，BCPL 语言即 basic combined programming language）为基础发展而来。丹尼斯·里奇以 BCPL 的第二个字母作为这种语言的名字，即 C 语言。

在 C 语言的主体设计完成后，丹尼斯·里奇和肯·汤普森用它重写了 UNIX，且随着 UNIX 的发展，C 语言也得到了不断的完善。为了利于 C 语言的全面推广，许多专家、学者和硬件厂商联合组成了 C 语言标准委员会，并在 1989 年制定了第一个完备的 C 标准，简称“C89”，也就是“ANSI C”，截至 2022 年 7 月，最新的 C 语言标准为 2018 年 6 月发布的“C18”。经过多次修改，C 语言渐渐形成了不依赖于具体机器的 C 语言编译软件，成为如今广泛应用的程序设计语言之一。虽然在 C 语言之后，C++、Java 等各式各样的计算机高级语言层出不穷，但不少程序员仍旧认为，C 语言简洁、高效、灵活的特性令其具有独特魅力。现在的程序编写朝着越来越冗长的方向发展，而 C 语言虽然属于相对“低级”的编程语言，但它的简洁之美是无可替代的。2021 年 TIOBE 公布的编程语言排行榜的榜首是 C 语言。

TIOBE 2002-2022 年排行榜

提示：TIOBE 排行榜是根据互联网上有经验的程序员、课程和第三方厂商的数量，并使用搜索引擎（如 Google、Bing、Yahoo!）以及 Wikipedia、Amazon、YouTube 统计出排名数据，每个月更新一次，只是反映某个编程语言的热门程度，并不能说明一门编程语言好不好，或者一门语言所编写的代码数量的多少。

C 语言输出 HelloWorld 代码：

```
#include<stdio.h>
int main( void ) {
   printf( "HelloWorld" ) ;
   return 0;
}
```

2.面向对象程序设计语言

常见的面向对象程序设计语言有 C++、Java、Python 等。

1）C++

20 世纪 70 年代中期，本贾尼·斯特劳斯特卢普（Bjarne Stroustrup）在剑桥大学计算机中心工作。他使用过 Simula 和 ALGOL，接触过 C 语言。他对 Simula 的类体系感受颇深，对 ALGOL 的结构也很有研究，深知运行效率的意义。既要编程简单、正确可靠，又要运行高效、可移植，是本贾尼的初衷。以 C 语言为背景，以 Simula 思想为基础，正好符合他的设想。1979 年，本贾尼到了贝尔实验室，开始从事将 C 语言改良为带类的 C(C with classes) 的工作。1983 年该语言被正式命名为 C++。

C++是 C 语言的继承，它既可以进行 C 语言的过程化程序设计，又可以进行以抽象数据类型为特点的基于对象的程序设计，还可以进行以继承和多态为特点的面向对象的程序设计。

C++语言输出 HelloWorld 代码：

```
#include<iostream>
int main( void ) {
  cout<<"HelloWorld";
  return 0;
}
```

2) Java

1991 年 4 月，由 Sun 公司的詹姆斯・高斯林(James Gosling)博士领导的绿色计划开始启动，此计划的目的是开发一种能够在各种消费性电子产品上运行的程序架构。这个计划就是 Java 语言的前身：Oak。Oak 语言当时在消费品市场上并不成功，但随着 1995 年互联网潮流的兴起，Oak 语言迅速找到了自己的定位。1995 年 5 月 23 日，Oak 语言改名为 Java，并且 Java 语言第一次提出了"Write Once，Run Anywhere"(一次编写到处运行)的口号。

Java 是一门面向对象编程语言，不仅吸收了 C++语言的各种优点，还摒弃了 C++中难以理解的多继承、指针等概念，因此 Java 语言具有功能强大和简单易用两个特征。Java 语言作为面向对象编程语言的代表，极好地实现了面向对象理论，允许程序员以优雅的思维方式进行复杂的编程。

JDK 的使用

Java 语言输出 HelloWorld 代码：

```
class HelloWorld{
  public static void main(String[ ] args ){
    System.out.print("HelloWorld");
    return 0;
  }
}
```

第一个 Java 程序

3) Python

Python 的创始人为荷兰人吉多・范罗苏姆(Guido van Rossum)。Python 语言具有简单、易学、免费、开源、可移植性强、适合科学计算等众多优点。目前 Python 已经成为最受欢迎的程序设计语言之一。2004 年以后，Python 的使用率呈线性增长，2022 年 4 月 TIOBE 排行榜中 Python 已经超越 Java 和 C 语言，排名第一。

Python 语言输出 HelloWorld 代码：

```
print("HelloWorld");
```

3.1.3.4 程序设计语言处理系统

在现代计算机应用中,无论采用什么样的程序设计语言,都离不开它自身的“翻译”——程序设计语言处理系统。因为除了机器语言外,用其他任何程序设计语言编写的程序都不能直接在计算机上执行,所以每一种语言诞生之时,就配有自己的“翻译”。随着程序设计语言的发展,除了纯粹的翻译外,商家通常还提供程序编辑环境、调试功能、运行机制以及逐步积累的函数库,使这种翻译的功能被扩充为程序设计语言处理系统,如图 3-6 所示的 C 语言处理系统,它提供了程序编辑、编译、连接、调试运行等服务,而且功能越来越强大。

语言处理系统的作用是把程序设计语言书写的各种程序翻译成可在计算机上执行的程序。按照不同的源语言、目标语言和翻译处理方法,可以把翻译程序分成若干种类。把汇编语言翻译为机器语言的语言处理系统称为汇编系统,把高级语言翻译为机器可执行程序的语言处理系统称为编译系统。

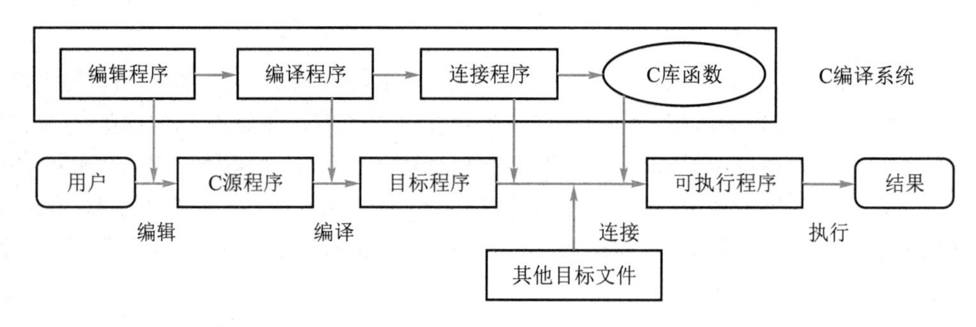

图 3-6 C 语言处理系统

3.2 算法概述

计算机科学家尼克莱斯·沃斯提出了“算法+数据结构=程序”的程序设计方法。数据结构与算法之间存在着本质联系,在某一类型数据结构上,总要涉及其上施加的运算,而只有通过对所定义运算的研究,才能清楚理解数据结构的定义和作用;在涉及运算时,总要联系到该算法处理的对象和结果的数据。在数据结构中,将遇到大量的算法问题,因为算法联系着数据在计算过程中的组织方式,为了描述实现某种操作,常常需要设计算法,因而算法是研究数据结构的重要途径。

3.2.1 算法的定义

广义来说,为解决一个问题而采取的方法和步骤,就称为算法。专业一点的定义,算法(algorithm)是指对解题方案准确而完整的描述,是一系列解决问题的清晰指令,算法代表着用系统的方法描述解决问题的策略机制。也就是说,能够对一定规范的输入,在有限时间内获得所要求的输出。如果一个算法有缺陷,或不适合于某个问题,执行这个算法将不会解决这个问题。

事实上,在日常生活中解决问题经常要用算法,只是通常不用算法这个词罢了。例如,乐谱是乐队指挥和演奏的算法,菜谱是厨师做菜的算法,等等。做任何事情,都有一定的步骤,即解决问题的方法。比如放假回家,首先要提前在 12306 网上购票,然后上车前到自动售票机用身份证取票,接下来登上对应车次的列车,最后到目的地下车;再比如进行一次选课,参加一次活动,完成一门课程的学习等,都是按照一定的规则进行的,只不过大部分时候,人们已经习惯按照规则办事,没有意识到规则的存在而已。

在漫长的岁月中,人们发现了很多算法。例如,欧几里得提出的求两个自然数的最大公约数算法,早期希腊学者埃拉托色尼发现的寻找素数的筛法等都是著名的算法例子。电子计算机的出现,开创了算法研究的新时代。人们可以将算法编写成程序提交给计算机执行,从而迅速获得解题结果。

3.2.2 算法的特性

算法是一个有穷规则的集合,这些规则确定了解决某类问题的一个运算序列。对于该类问题的任何初始输入值,它都能机械地一步一步地执行计算,经过有限步骤后终止计算并输出结果。

一个算法应该具有有穷性、确定性、可行性、0 个或多个输入、1 个或多个输出这五个特征。

3.2.2.1 有穷性

算法的有穷性是指算法必须能在执行有限个步骤之后终止。事实上,"有穷性"往往指"在合理的范围之内",如果让计算机执行一个历时万年才能结束的算法,这虽然是有穷的,但超过了合理的限度,也不会被视为一个有效的算法。例如:

```
void exam1( ) {
  int   n=1;
    while (n%2==1)
        n=n+2;
   printf("%d\n",n);
}
```

这段描述就违背了算法的有穷性,所以不是算法。

3.2.2.2 确定性

算法的每一个步骤必须有确切的含义,不可出现任何二义性。例如:

输出:a+正整数

这句描述是无法执行的,因为没有指定加上哪一个正整数。

3.2.2.3 输入项

这里的输入是指在算法开始之前所需要的初始数据。一个算法有 0 个或多个输入,以刻画运算对象的初始情况,输入的个数取决于特定的问题。有些特殊算法也可以没有输入。例如,求正方形的面积,需要输入正方形的边长;生成一个随机数,可以不需要输入。

3.2.2.4 输出项

一个算法有一个或多个输出,以反映对输入数据加工后的结果。在一个完整的算法中至少会有一个输出,因为没有输出的算法是没有意义的。输出的形式可以是打印输出,也可以是返回一个或多个值等。例如,求解 1 到 10 这 10 个数相加的结果,输出就是这 10 个数的和,也就是 55。

3.2.2.5 可行性

可行性也称之为有效性,算法中执行的任何计算步骤都是可以被分解为基本的可执行的操作步骤,即每个计算步骤都可以在有限时间内完成。例如:

```
void exam2( ) {
    int x,y;
    y=0;
    x=2/y;
    printf("%d,%d\n",x,y);
}
```

这段描述就不满足可行性,因为里面包含了除以零这样的错误,所以也不能称为算法。

说明:严格来说,算法与程序是不同的概念,它们之间是有区别的。算法必须满足有穷性,而程序可以是无穷的,例如,计算机的操作系统只要不断电就可以一直工作;算法比程序抽象,算法更侧重对解决问题方法的描述,而程序侧重使用某种程序设计语言对一个算法的具体实现。

3.2.3 算法的表示

算法可以用任何形式的语言和符号来描述,常用表示方法有五种:使用自然语言描述算法、使用流程图描述算法、使用伪代码描述算法、使用 N-S 流程图描述算法及使用程序设计语言描述算法。以求解 sum$=1+2+3+4+5+\cdots+(n-1)+n$ 为例,分别使用这 5 种不同的表示方法去描述解决问题的过程。

3.2.3.1 自然语言

使用自然语言描述从 1 开始的连续 n 个自然数求和的算法:

(1) 确定一个 n 的值;
(2) 假设等号右边的算式项中的初始值 i 为 1;
(3) 假设 sum 的初始值为 0;
(4) 如果 $i \leqslant n$ 时,执行(5),否则转出执行(8);
(5) 计算 sum 加上 i 的值后,重新赋值给 sum;
(6) 计算 i 加 1,然后将值重新赋值给 i;
(7) 转去执行(4);
(8) 输出 sum 的值,算法结束。

从上面描述的求解过程中,不难发现,使用自然语言描述算法的方法虽然比较容易掌握，但是存在着很大的缺陷。例如，当算法中含有多分支或循环操作时很难表述清楚。另外，使用自然语言描述算法还很容易造成歧义（称之为二义性），譬如有这样一句话——武松打死老虎，我们既可以理解为“武松/打死老虎”，又可以理解为“武松/打/死老虎”。自然语言中的语气和停顿不同，就可能使他人对相同的一句话产生不同的理解。又如“你输他赢”这句话，使用不同的语气说，可以产生三种截然不同的意思，同学们不妨试试看。为了解决自然语言描述算法中存在着可能的二义性，我们提出了第 2 种描述算法的方法——流程图。

3.2.3.2 流程图

流程图是最早出现的用图形表示算法的工具，它具有准确、直观、便于阅读等特点，一直以来被广泛采用。使用流程图描述从 1 开始的连续 n 个自然数求和的算法如图 3-7 所示。

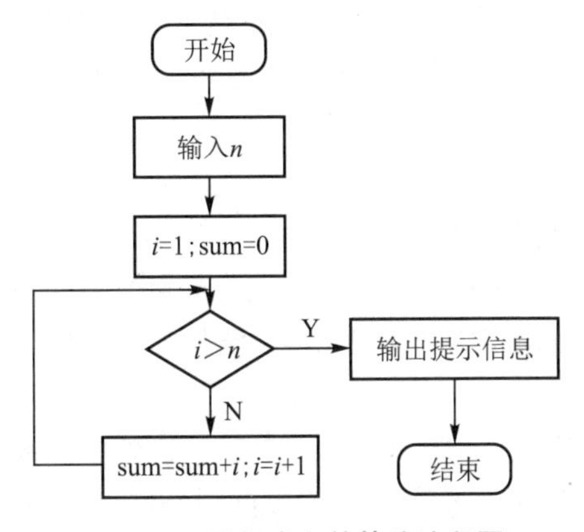

图 3-7 累加求和的算法流程图

从上面的这个算法流程图中，可以比较清晰地看出求解问题的执行过程。

流程图的缺点是在使用标准中没有规定流程线的用法，因为流程线能够转移、指出流程控制方向，即算法中操作步骤的执行次序。在早期的程序设计中，曾经由于滥用流程线的转移而导致了可怕的“软件危机”，震动了整个软件业，并展开了关于“转移”用法的大讨论，从而产生了计算机科学的一个新的分支学科——程序设计方法。

3.2.3.3 伪代码

无论是使用自然语言还是使用流程图描述算法，仅仅是表述了编程者解决问题的一种思路，都无法被计算机直接接受并进行操作。因此又出现了一种非常接近于计算机编程语言的算法描述方法——伪代码。用伪代码来描述算法，被广泛应用，特别是在学习具体的程序设计语言之前，伪代码是一种很好的描述算法的方式。使用伪代码描述对从 1 开始的连续 n 个自然数求和的算法：

（1）算法开始；

（2）输入 n 的值；

（3）i ← 1；

（4）sum ← 0；

（5）do while i<=n

(6) { sum ← sum + i;

(7) i ← i + 1;}

(8) 输出 sum 的值;

(9) 算法结束。

伪代码是一种用来书写程序或描述算法时使用的非正式、透明的表述方法。它并非是一种编程语言,这种方法针对的是一台虚拟的计算机。

伪代码通常采用自然语言、数学公式和符号来描述算法的操作步骤,同时采用计算机高级语言[如 C、Pascal、VB(Visual Basic)、C++、Java 等]的控制结构来描述算法步骤的执行顺序。

3.2.3.4 N-S 流程图

1973 年,美国学者 I.Nassi 和 B.Shneiderman 提出了一种新的流程图形式。在这种流程图中,完全去掉了带箭头的流程线;全部算法写在一个矩形框内,在该框内还可以包含其他的从属于它的框,或者说,由一些基本的框组成一个大的框。这种流程图又称为 N-S 结构化流程图(N 和 S 是两位美国学者的英文姓氏的首字母)。

N-S 流程图用以下的流程图符号。

(1)顺序结构。顺序结构用图 3-8 形式表示,A 和 B 两个框组成一个顺序结构。

(2)选择结构。选择结构用图 3-9 表示,当条件 p 成立时,执行 A 操作;p 不成立时,执行 B 操作。

(3)循环结构。当型循环结构用图 3-10 表示。直到型循环结构用图 3-11 表示。图 3-11 表示当条件 p 成立时,反复执行 A 操作,直到条件 p 不成立为止。图 3-11 表示反复执行 A 操作,直到条件 p 成立为止。

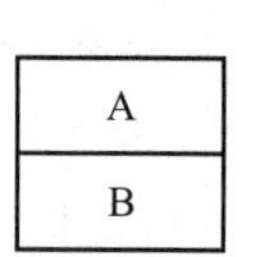

图 3-8 顺序结构 N-S 流程图

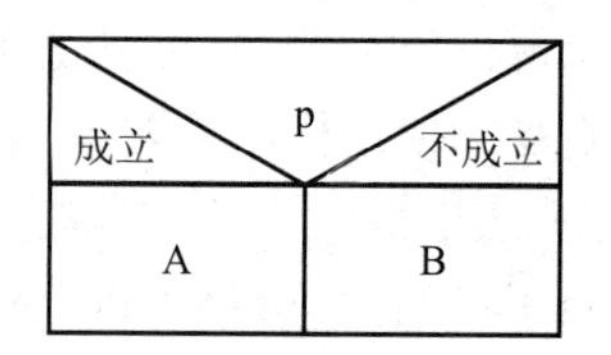

图 3-9 选择结构 N-S 流程图

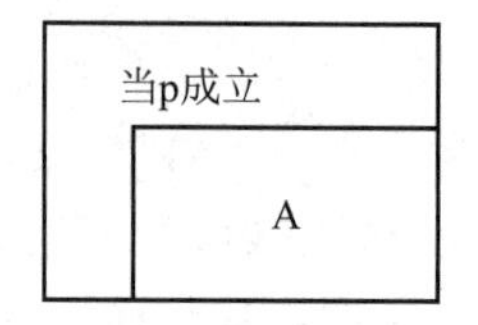

图 3-10 当型循环结构 N-S 流程图

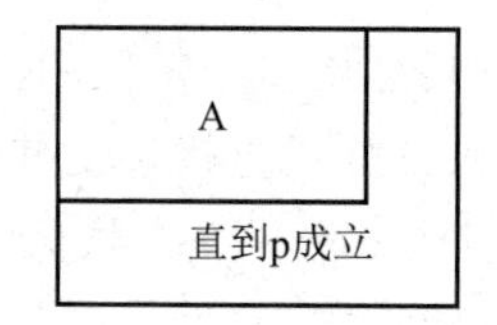

图 3-11 直到型循环结构 N-S 流程图

用以上 3 种 N-S 流程图中的基本框可以组成复杂的 N-S 流程图,以表示算法。

使用 N-S 流程图描述对从 1 开始的连续 n 个自然数求和的算法如图 3-12 所示。

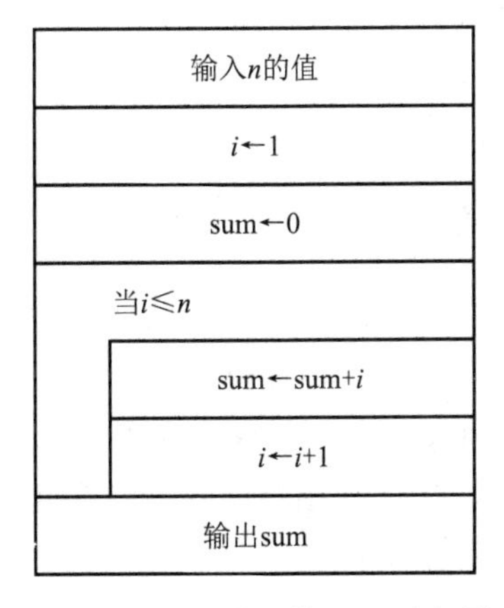

图 3-12 累加求和的 N-S 流程图

3.2.3.5 程序设计语言

算法也可以直接用程序设计语言来描述,C、C++、Java 等语言都可以描述算法,使用 C 语言描述对从 1 开始的连续 n 个自然数求和的算法:

```
int getSum(int n){
  int i=1;
  int sum=0;
  while(i<=n){
    sum=sum+i;
    i++;
  }
  return sum;
}
```

算法最终都要通过程序设计语言描述出来(编程实现),并在计算机上执行。程序设计语言也是算法的最终描述形式。无论用何种方法描述算法,都是为了将其更方便地转化为计算机程序。

3.2.4 算法的分析

对于一个具体的问题,通常有很多不同的解决方法,即存在不同的算法。例如,一瓶花生油连瓶共重 800 克,吃掉一半油,连瓶一起称,还剩 550 克。问瓶里原有油多少克?瓶重多少克?

解法一:根据条件可知,花生油和瓶的质量由 800 克变为 550 克,是因为吃掉了一半的油,半瓶油的质量是 800-550=250(克),一瓶油的质量是 250×2=500(克),瓶的质量是 800-500=300(克)。

解法二:根据条件可知,半瓶油连瓶重 550 克,半瓶油的质量是 800-550=250(克),瓶重是 550-250=300(克),一瓶油的质量是 800-300=500(克)。

解法三:根据“半瓶油连瓶共重 550 克”可以求得一瓶油加两个瓶的质量是 550×2=

1100(克),再从 1100 克重减去一瓶油连瓶的质量 800 克,即可求得瓶重 1100-800=300(克),油重 800-300=500(克)。

当然方法有优劣之分,有的方法只需要进行很少的步骤,有的方法则需要较多的步骤。因此,为了有效地解决问题,不仅需要保证算法的正确性,还要考虑算法的质量,选择合适的算法。

不同的算法可能用不同的时间、空间或效率来完成同样的任务。算法效率是评价算法优劣的重要依据。一个算法的复杂性的高低体现在运行该算法所需要的计算机资源的多少上,所需的资源越多,我们就说该算法的复杂性越高;反之,所需的资源越低,则该算法的复杂性越低。算法的执行效率包括时间效率和空间效率两个方面,分别称为时间复杂度和空间复杂度。

3.2.4.1 空间复杂度

空间复杂度通常是指算法在执行时占用存储单元的长度,这个长度往往与输入数据的规模有关。空间复杂度过高的算法可能导致使用的内存超限,造成程序非正常中断。例如,写程序实现一个函数 printN,使得传入一个正整数为 N 的参数后,能顺序打印从 1 到 N 的全部正整数。

方法一:

```
void printN(int N){
  int i;
  for(i=1; i<=N; i++)
    printf("%d\n", i);
}
```

方法二:

```
void printN(int N){
  if(N>0) {
    printN(N-1);
    printf("%d\n", N);
  }
}
```

方法二的空间复杂度较高,在 N 比较大时,程序会出现非正常中断,得不到相应的输出。

随着计算机硬件技术的发展,算法的空间复杂度被放在了其次的位置,人们更多关注时间复杂度。

3.2.4.2 时间复杂度

时间复杂度描述了算法在计算机上执行时占用计算机时间资源的情况,时间复杂度过高的低效算法可能导致我们在有生之年都等不到运行结果。时间复杂度是一种抽象的描述方式,不是指与算法实现效率有关的算法执行时间,而是指理论上与问题规模、算法输入及算法本身相关的某些操作次数的总和。

事实上，精确地比较程序执行的步数是没有意义的，因为每步执行时间可能不同。比如递归调用的“1 步”，实际上涉及对系统堆栈的很多处理，比循环中的“1 步”计算慢很多。因此，在比较算法优劣时，人们只考虑宏观渐近性质，即当输入规模 n“充分大”时，我们观察不同算法复杂度的“增长趋势”，以判断哪种算法必定效率更高。为此引入复杂度的渐近表示形式。

常见的时间复杂度为：常量阶 O(1)、对数阶 $O(\log_2 n)$、线性阶 $O(n)$、线性对数阶 $O(n\log_2 n)$、平方阶 $O(n^2)$、立方阶 $O(n^3)$、指数阶 $O(2^n)$ 等。

1.常量阶

对于一个算法，若运行时间与输入大小无关，则称其具有常数时间复杂度，记作时间复杂度为 O(1)，称为常量阶。例如：

```
void func( ) {
    int n=100,s=0;
    s=s+n;
    printf("%d",s);
}
```

不管 n 为多少，三条语句的执行频度均为 1，算法的执行时间是一个与问题规模 n 无关的常数，所以算法的时间复杂度为 $T(n) = O(1)$。

2.线性阶

一个算法的时间复杂度为 $O(n)$，则称这个算法具有线性时间复杂度。线性时间复杂度的算法运行时间长短与输入呈线性关系。

例如，对从 1 开始的连续 n 个自然数求和的算法：

```
void func( ) {
    int sum=0;
    for(i=1;i<=n;i++) {
        sum=sum+i;
    }
    printf("%d",sum);
}
```

累加操作 sum=sum+i 执行了 n 次，算法的执行时间与问题规模 n 呈线性关系，所以该算法的时间复杂度为 $T(n)=O(n)$。

3.对数阶

一个算法的时间复杂度为 $O(\log_2 n)$，则称这个算法具有对数阶时间复杂度。对数阶时间复杂度的算法运行时间长短与输入呈对数关系。

```
void func( ) {
    int i = 1;
    do{
        i *= 2;
    }while (i < n);
}
```

假设循环了 x 次后不满足循环条件，则 i 的值为 2^x，$2^x \geqslant n, x \geqslant \log_2 n$。所以 i * = 2 这个基本操作执行频度为 $\log_2 n$，所以时间复杂度为 $O(\log_2 n)$。

4.线性对数阶

一个算法的时间复杂度为 $O(n\log_2 n)$，则称这个算法具有线性对数阶时间复杂度。线性对数阶时间复杂度的算法运行时间长短与输入呈线性对数关系。

```
void func(){
  int count=0;
  for(int i=1;i<=n;i *=2)
    for(int j=1;j<=n;j++)
      count++;
  printf("%d",count);
}
```

count++这个基本操作的执行频度为 $n\log_2 n$，所以时间复杂度为 $O(n\log_2 n)$。

5.平方阶

一个算法的时间复杂度为 $O(n^2)$，则称这个算法具有平方阶时间复杂度。平方阶时间复杂度的算法运行时间长短与输入呈平方关系。

```
void func(){
  int count=0;
  for(int i=1;i<=n;i++)
    for(int j=1;j<=n;j++)
      count++;
  printf("%d",count);
}
```

count++这个基本操作执行频度为 n^2，所以时间复杂度为 $O(n^2)$。

6.立方阶

一个算法的时间复杂度为 $O(n^3)$，则称这个算法具有立方阶时间复杂度。立方阶时间复杂度的算法运行时间长短与输入呈立方关系。

```
void func(){
  int count=0;
  for(int i=1;i<=n;i++)
    for(int j=1;j<=n;j++)
      for(int k=1;k<=n;k++)
        count++;
  printf("%d",count);
}
```

count++这个基本操作执行频度为 n^3，所以时间复杂度为 $O(n^3)$。

这些常见的时间复杂度按数量级递增排列依次为：常量阶 $O(1)$、对数阶 $O(\log_2 n)$、线性阶 $O(n)$、线性对数阶 $O(n\log_2 n)$、平方阶 $O(n^2)$、立方阶 $O(n^3)$、……、k 次方阶

$O(n^k)$、指数阶 $O(2^n)$ 等。

不同数量级的时间复杂度增长率如图 3-13 所示。一般情况下，随着 n 的增大，$T(n)$ 增长较慢的算法为较优的算法。显然，时间复杂度最大的算法为指数阶，指数阶 $O(2^n)$ 的算法效率极低，当 n 值稍大时就无法应用。

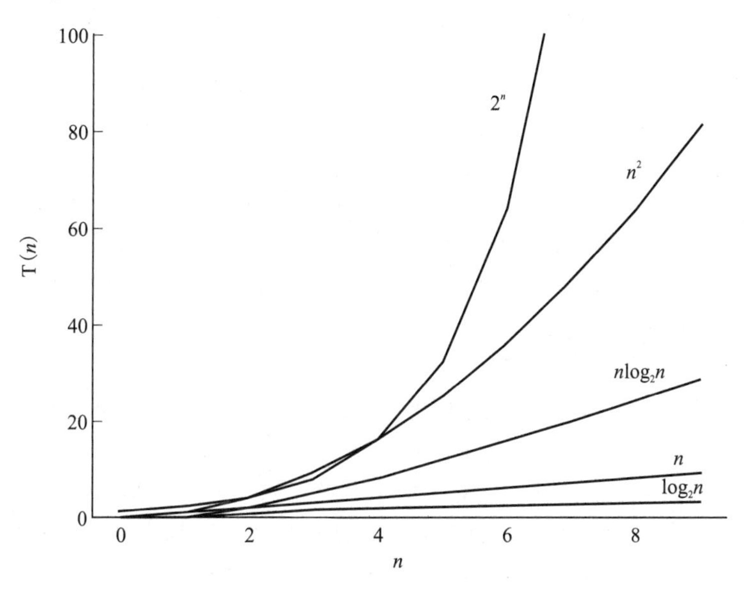

图 3-13 常用函数增长曲线

3.2.5 算法示例

常见的算法设计方法为递归法、迭代法、分治法、穷举法、贪心法等。

3.2.5.1 递归法

递归是一种算法结构，是解决问题的一种思维方式。递归算法就是把问题转化为规模缩小了的同类问题的子问题，对这个子问题用函数（或过程）来描述，然后递归调用该函数（或过程）以获得问题的最终解。递归算法描述简洁而且易于理解，所以用递归算法的计算机程序也清晰易读。递归算法的应用一般有以下三个要求：

（1）每次调用在规模上都有所缩小；

（2）相邻两次递归调用之间有紧密的联系，前一次要为后一次做准备（通常前一次的输出就作为后一次的输入）；

（3）在问题的规模最小时，必须直接给出解答而不再进行递归调用，因而每次递归调用都是有条件的（以规模未达到直接解答的大小为条件）。

下面用递归算法来解决斐波那契数列。

问题描述：著名的意大利数学家列昂纳多·斐波那契于 1202 年提出一个有趣的数学问题，假定一对兔子夫妇每个月能生一雌一雄一对小兔子，每对小兔子在它出生后的第三个月能长成大兔子再生一对小兔子。问一对兔子一年能繁殖几对小兔子？于是得到一个数列：1，1，2，3，5，8，13，21，34，55，89，144，233，…，这就是著名的斐波那契数列。

问题分析：题目中数列的规律很容易归纳，即后面一个数总是前两个数的和。如果按照人的思维习惯来计算,该问题看似很容易,但实际操作起来就会遇到问题。比如,如果希望知道第 50 个数字是多少,那么必须知道第 49 个数字和第 48 个数字是多少,如此一来,将不得不依次计算第 3 个数字、第 5 个数字……第 48 个数字、第 49 个数字,然后才能得到第 50 个数字的值。因此,在数学上,斐波那契数列是以递归的方法来定义的。

数学方法:根据以上分析可见,斐波那契数列以如下递归方式定义:

$$\begin{cases} F_1=1 \\ F_2=1 \\ F_n=F_{n-1}+F_{n-2} \end{cases}$$

在 $n>2$ 时,F_n 总可以由 F_{n-1} 与 F_{n-2} 的和得到,由旧值递推出新值,这是一个典型的递归关系。如果用人工计算方法求该数列的第 n 项,那就是一个重复做加法的过程。数列的第 10 项是 55,第 100 项是 3314859971……如果要计算得到第 1000 项、第 10000 项,相信无论是谁都不愿意自己算了。

要完成斐波那契数列的求解,使用递归算法需要关键的两步。

(1)确定递归公式。确定该问题的递归关系是怎样的,比如在斐波那契数列问题中,其第 3 项及之后的各项求解规则是 $F_n=F_{n-1}+F_{n-2}$。

(2) 确定边界(终止)条件。边界一般来说就是该问题的最初项的条件,比如在斐波那契数列问题中,第 1 项和第 2 项的值不是通过递归公式计算得到的,而是直接给出的,因此 $n=1$ 或 $n=2$ 就是该问题的边界条件。

算法设计:按照上述要求和的方法,递归函数用代码描述为

```
int  fib(int  n){                                  //斐波那契数列
  if((n==1)||(n==2))  return 1;                    //边界条件、无需递归
  if(n≥3)  return  fib(n-1)+fib(n-2);              //通过递归公式求解
  return  0;                                       //预防错误
}
```

斐波那契数列是由一个古老的兔子生兔子问题所引发的,然而其意义却不仅仅是求解通项公式问题。许多问题的求解都蕴涵了斐波那契数列的思想,而这类问题基于计算机的解决方案在程序中被称为“递归”。递归是人类常用的一种描述问题的方式,是以有限的方式描述规模任意大问题的方法,这也是计算思维的重要方法之一。

再比如,要求解 $n!$,递归求解的步骤:

(1)确定递归公式。若想求解 $n!$,则需要求解 $n\times(n-1)!$,若要求 $n-1$ 的阶乘,需要求解 $(n-1)\times(n-2)!$

所以本题递归的公式就是 $n\times(n-1)!$。

(2)确定边界(终止)条件。该问题最初项的条件是 $1!=1$,不是通过递归计算得到的,而是直接给出的。所以 $n=1$ 就是该问题的边界条件。

算法设计:按照上述要求阶乘的方法,递归函数用代码描述为

```
int factorial(int n){
  if(n==1) return 1;                          //边界条件,无须递归
  if(n>1) return n * factorial(n-1);          //通过递归公式求解
```

```
    return 0;                           //预防错误
}
```

3.2.5.2 迭代法

迭代计算过程是一种不断用变量的旧值递推出新值的过程,是用计算机解决问题的一种基本方法。它利用计算机运算速度快、适合做重复性操作的特点,让计算机对一组指令(或一定步骤)重复执行,在每次执行这组指令(或这些步骤)时都从变量的原值推出它的一个新值。

利用迭代算法解决问题,需要考虑以下三个方面的问题。

(1)确定迭代变量。在可以用迭代算法解决的问题中,至少存在一个可直接或间接地不断由旧值递推出新值的变量,这个变量就是迭代变量。

(2)建立迭代关系式。所谓迭代关系式,指如何从变量的前一个值推出下一个值的公式(或关系)。迭代关系式的建立是解决迭代问题的关键,通常可以使用递推或倒推的方法来完成。

(3)对迭代过程进行控制。在什么时候结束迭代过程是编写迭代程序必须考虑的问题,不能让迭代过程无休止地执行下去。迭代过程的控制通常可以分成两种情况:一种是所需的迭代次数是个确定的值,可以计算出来;另一种是所需的迭代次数无法确定。对于前一种情况,可以构建一个固定次数的循环来实现对迭代过程的控制;对于后一种情况,需要进一步分析得出可用于结束迭代过程的条件。

下面利用迭代来解决求最大公约数的问题。

问题描述:公约数亦称为“公因数”。如果一个整数同时是几个整数的约数,称这个整数为它们的公约数;公约数中最大的数称为最大公约数。

问题分析:欧几里得算法(又称辗转相除法)是求解最大公约数的传统方法,其算法的核心基于这样一个原理:如果有两个正整数 a 和 $b(a \geqslant b)$,r 为 a 除以 b 的余数,则有 a 和 b 的公约数与 b 和 r 的最大公约数相等的这一结论(证明从略)。基于这个原理,经过反复迭代执行,直到余数 r 为 0 时结束迭代,此时的除数便是 a 和 b 的最大公约数。

算法设计:以求 136 和 58 的最大公约数为例,其步骤如下:

(1)136/58=2,余 20;

(2)58/20=2,余 18;

(3)20/18=1,余 2;

(4)18/2=9,余 0;

(5) 算法结束,最大公约数为 2。

再比如,利用迭代来求解斐波那契数列问题。

问题分析:通过前面的学习我们知道斐波那契序列后面一个数总是前两个数的和。如果我们知道第 1 个数字和第 2 个数字,就可以求解出第 3 个数字,接下来就可以用第 2 个数字加上第 3 个数字来求解第 4 个数字,如此递推下去就能求解出第 5,6,7,…,n 个数字。

斐波那契数列的迭代算法描述:

```
int fib(int n){
```

```
    int first=1,second=1;                  //初始化前两项的值
    int third,result;
    if(n<=2){
        return 1;                          //如果n=1或者n=2,返回1
    }
    else{
        for(int i=3;i<=n;i++){
            third=first+second;            //辗转相加,依次求出每一项斐波那契数
            result=third;
            first=second;                  //更新前两项的数据
            second=third;                  //更新前1项数据
        }
        return result;                     //返回结果
    }
}
```

3.2.5.3 分治法

分治法,即“分而治之”,就是将一个复杂的问题分解为几个规模较小但是类似于原问题的子问题,子问题又分解为几个更简单的子问题,以此类推。最后再合并这些问题的解来建立原问题的解。算法和程序设计技术的先驱者高德纳(Donald Ervin Knuth)曾用过一个邮局分发信件的例子对“分治法”进行了解释:信件根据不同城市区域被分进不同的袋子里;每个邮递员负责投递一个区域的信件,对应每栋楼,将自己负责的信件分装进更小的袋子;每个大楼管理员再将小袋子里的信件分发给对应的公寓。

接下来用硬币问题来说明分治法。

问题描述:一个袋子里有64个硬币,其中一枚是假币(假币和真币外观一样,只是假币比真币重量轻一点)。如何区分假币?

问题分析:

(1)首先将所有的硬币等分为两份,放在天平的两边;

(2)因为假币分量较轻,因此天平较轻的一侧中一定包含假币;

(3)再将较轻的一侧中硬币等分为两份,重复上述做法;

(4)直到剩下两枚硬币,便可用天平直接找出假币。

分治法的算法有很多,折半查找、快速排序、归并排序等都是采用的分治法策略。

3.2.5.4 穷举法

穷举法也称为枚举法或者蛮力法,它也是编程中经常用到的一种方法。穷举法的基本思路是对问题所有的可能解按某种顺序进行逐一枚举和检验,直到找到解或将全部的可能都测试一遍。

利用穷举法解决问题,算法中主要使用循环语句和选择语句,循环语句用于穷举所有可能的情况,而选择语句判定当前的条件是否为所求的解。其基本格式如下:

```
for(循环变量 n 所有可能的取值){
   if(n 满足指定的条件){
      输出 n;
   }
}
```

例如,输出所有三位数中的水仙花数。

水仙花数是指一个 *n* 位正整数,它的每个位上的数字的 *n* 次幂之和等于它本身。例如 153 就是水仙花数,因为 153 的各位数字的立方和是 $1^3+5^3+3^3=153$。

基本思路:使用循环语句,对所有的三位数进行遍历,如果三个数字的立方和等于这个数本身则输出该数据。

算法描述:

```
void narciss(){
   int a,b,c,n;
   for(int n=100;n<1000;n++){           //三位数的取值范围
      a=n/100;                          //百位数字
      b=(n-a*100)/10;                   //十位数字
      c=n%10;                           //个位数字
      if(n==a*a*a+b*b*b+c*c*c){         //判断是否满足条件
         printf("%d ",n);               //打印水仙花数
      }
   }
}
```

3.2.5.5 贪心法

贪心法的基本思路是在对问题求解时总是做出在当前看来是最好的选择,也就是说贪心法不从整体最优上加以考虑,算法得到的是在某种意义上的局部最优解。计算机科学中有很多算法都属于贪心法。

例如,现有价值分别为 10,5,1 元的纸币若干,请用最少的纸币数量找出 58 元钱。

问题分析:为了用最少的纸币找出 58 元,应该尽量用面值大的纸币,不足的部分再考虑用面值小一点的纸币。具体过程如下:

(1)首先看看应该找多少张 10 元的,用 58/10,结果为 5,余数为 8,所以应该找 5 张 10 元的纸币;

(2)还剩余 8 元,再看看需要找多少张 5 元的,用 8/5,结果为 1,余数为 3,所以应该再找给 1 张 5 元的纸币;

(3)由于还剩余 3 元没有找够,所以还应该找 3 张 1 元的纸币。

算法描述:

若 targe 是目标值;money 中存放纸币的面值,按从大到小排列;num 中存放每种纸币需要的张数;n 是纸币面值的种类。

```
void giveMoney(int target,int money[],int num[],int n){
```

```
    for(int i=0;i<n;i++){
        num[i]=target/money[i];              //求每种纸币需要的张数
        target=target%money[i];              //余下需要找的钱数
    }
}
```

习题

第 3 章 选择题

第 3 章 填空题 参考答案

一、选择题

二、填空题

1.一条指令通常包括____________和操作数两部分。

2.结构化程序设计的基本结构是______结构、选择结构、循环结构。

3.面向对象程序设计语言都具有封装性、____________和多态性三个基本特征。

4.为解决一个问题而采取的方法和步骤称为______。

5.一个成熟的算法，应该具备确定性、____________、0 到多个输入、1 或多个输出、可行性五个特征。

6.算法的复杂度包括时间复杂度和__________ 复杂度。

三、简答题

1.程序设计语言是如何分类的？

2.简述三种程序设计结构的特点。

3.简述类和对象的概念。

4.什么是算法？

5.常用算法的表示方法有哪几种？

4 数据结构与数据库

数据是人类活动的重要资源,无论是科学计算、工业控制或者信息管理都属于数据处理的范畴。目前计算机的各类应用中,用于数据处理的约占80%。也就是说,计算机处理的对象是数据,如何在计算机中组织、存储数据,就成了一个必须要解决的问题。

数据结构是计算机组织、存储数据的方式。通过第3章的学习可知,程序=数据结构+算法,所以一个好的算法必须由精心选择的数据结构支撑,才能获得更高的运行或者存储效率。

数据库技术是目前使用计算机进行数据处理的主要技术,数据库能借助计算机保存和管理大量的数据,快速而有效地为不同的用户和各种应用程序提供需要的数据,以便人们能更方便、更充分地利用这些资源。本章介绍数据库系统的概念以及数据库的设计。

4.1 数据结构概述

4.1.1 什么是数据结构

在介绍什么是数据结构之前,大家先思考一个简单的问题:假如你管理一家书店,你应该如何摆放图书?解决的方案有很多,下面列出3种最简单的。

什么是数据结构

(1)随便放。当你新进一批图书时,随便放,貌似是最省力的一种方式,但如果你要找某一本书的话,无疑是大海捞针。

(2)按书名的拼音字母顺序排放。这种方法在查找时会方便一些,但是新进图书的插入会很麻烦,假如,新进图书是《Android 开发》,A开头的书在最前面,试想一下,你需要移动多少本书,才能将这本书插入到合适的位置呢?

(3)分类别,每个类中按书名的拼音字母顺序排放。与方法2相比,在插入和查找方面效率都会提高。因为类别一旦确定,要处理的工作量就会少很多。

从刚才的例子中,我们发现采用不同的方法来摆放图书,会直接影响到插入、查找等的工作效率。在计算机的世界中,“图书”就是计算机要处理的“数据对象”,插入、查找等操作就是对数据的“操作”,而完成这些操作所用到的就是“算法”。

数据结构是计算机存储、组织数据、处理数据的方式。换言之,将“一大堆杂乱无章”

的数据交给计算机处理是很不明智的，结果是加工处理的效率会非常低，有时甚至根本无法进行。人们开始考虑如何更有效地描述、表示、处理数据的问题，除了不断提高计算机技术外，很重要的一个方面是通过研究、分析数据本身的特点，利用这些特点提高数据表示和处理的效率，这就是数据结构。具体来说，数据结构是由相互之间存在着一种或多种关系的数据元素的集合和该集合中数据元素之间的关系组成。

4.1.2 数据结构的主要研究内容

数据结构主要研究同一类数据元素中，各元素之间的相互关系。数据元素之间的关系主要包含三个组成部分，数据的逻辑结构、数据的存储结构和数据的运算。

4.1.2.1 逻辑结构

数据的逻辑结构独立于计算机，是数据本身所固有的。逻辑结构是对数据元素之间的逻辑关系的描述，它是一个数据元素的集合和定义在此集合上的若干关系的表示。与数据的存储无关，也与数据元素本身的形式、内容、相对位置无关。例如，26 个英文大写字母表（A，B，C，D，E，F，…，X，Y，Z），第一个字母是 A，其次是 B，最后一个是 Z，这种关系就是它们的逻辑关系。那么不管你写到纸上或者输入计算机中的各个字母的位置如何，都和逻辑结构无关。

数据的逻辑结构主要包含线性结构和非线性结构。线性结构包含一般线性结构和受限线性结构，受限线性结构中常见的有栈和队列；非线性结构中一般分为树形结构和图形结构，树形结构中包含一般树和二叉树，图形结构又分为有向图和无向图。

线性结构中的数据元素之间存在一对一的关系。例如，对于某个班级的学生按照学号的大小进行排列，就形成了线性结构。

非线性结构树形结构中的数据元素之间存在一对多的关系。例如，在一个院系的管理体系中，院长管理多位系主任，每位系主任又管理多位教师，从而形成的就是一种树形结构。

非线性结构的图形结构中数据元素之间存在多对多的关系。例如，几个城市之间的道路里程图就形成了一种网状结构，也称为图形结构。

各种基本数据结构的关系图，如图 4-1 所示。

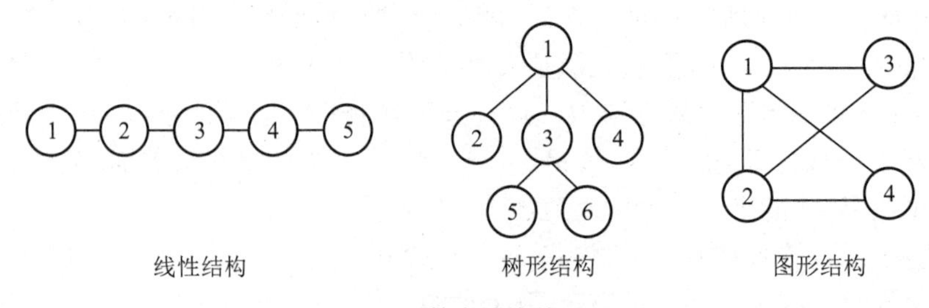

图 4-1 基本结构关系图

4.1.2.2 存储结构

存储结构又称为物理结构，是数据结构在计算机存储器中的表示，必须依赖于计算机。它包括数据元素的表示和关系的表示。数据元素的表示通常采用元素或结点来表示。数据元素之间关系的表示包括两种基本的存储方法:顺序存储结构和链式存储结构。

顺序存储结构:用数据元素在存储器中的相对位置表示数据元素之间的逻辑关系。所有元素存放在一片连续的存储单元中,逻辑上相邻的元素存放到计算机内仍相邻。

链式存储结构:借助于地址(指针)来表示数据元素之间的逻辑关系。所有元素存放在可以不连续的存储单元中,但元素之间的关系可以通过地址(指针)确定,逻辑上相邻的元素存放到计算机内存后不一定是相邻的。

4.1.2.3 运算

运算是指所施加的一组操作总称。完成这些运算所需要的就是算法。算法与数据结构密切相关,数据结构是算法设计的基础,算法的设计取决于所选的逻辑结构,而算法的实现取决于所采用的存储结构。算法总是建立在一定的数据结构基础之上,合理的数据结构可以使算法简单又高效。

常见的运算如下:

(1)插入,在已有的数据结构中插入新的元素或结点。

(2)删除,删除已有数据结构中的某个元素或结点。

(3)查找,在已有的数据结构中查找某个特定的元素。

(4)修改,在已有的数据结构中查找到某个特定的元素并进行修改。

(5)排序,将数据结构中的数据元素或结点按某种特定的规律排序。

数据类型与算法

4.2 数据结构示例

4.2.1 线性表

假如让你构建一个学生信息管理系统,针对学生的信息(学号、姓名、性别、年龄、专业)进行处理(查找、插入、删除、修改),你应该如何设计呢?通过对线性表的学习,相信你会找到答案。

4.2.1.1 线性表的基本定义

线性表是 n 个相同数据类型的数据元素所组成的有限序列。其中 n 是线性表的表长,且 n 为0时,该线性表为空表。表的第一个元素称为表头,表中的最后一个元素称为表尾。例如,名称为L的线性表表示如下:

$$L=(a_0,a_1,a_2,a_3,\cdots,a_{n-1})$$

其中 a_0 是第一个元素,a_{n-1} 为最后一个元素。a_1 在 a_0 后,称为 a_0 的直接后继,a_0 在 a_1 前,称为 a_0 的直接前驱。所以,表L中除了第一个元素外,每个元素都有一个唯一的直接前驱。除最后一个元素外,每个元素都有一个唯一的直接后继。

数据元素可以是整数、字母,甚至可以是更复杂的信息。

例如,描述某院系从 2015 年至 2022 年考研人数的变化情况,数据元素类型为整形,用线性表表示形式为

(37,48,46,50,40,42,49,53)

例如,描述某院系的学生信息如表 4-1 所示,每个学生的情况由学号、姓名、性别、年龄、专业等 5 个数据项构成。

表 4-1 学生信息表

学号	姓名	性别	年龄	专业
224001	白星	男	20	软件工程
224002	李红	女	19	软件工程
224003	王爽	女	18	软件工程
⋮	⋮	⋮	⋮	⋮

通过上述两个例子可见,线性表中的数据元素可以是整形、字符类型、字符数组,甚至可以是一个结构,但同一个线性表中的数据元素类型必须一致。

线性表是一种常见的线性结构,可以在线性表上进行插入、删除以及查找等操作,这些操作的实现依赖于线性表的存储结构。

4.2.1.2 线性表的顺序存储实现

线性表的顺序存储是指用一组地址连续的存储单元依次存储线性表中的数据元素。如图 4-2 所示,假设线性表第一个元素的起始地址为 L_0,每个元素所占存储单元的个数为 m 个,那么线性表中第二个元素的起始地址为 L_0+m,第 i 个数据元素的起始地址为 $L_i=L_0+(i-1)\times m$。

存储地址	存储内容
L_0	元素1
L_0+m	元素2
	⋮
$L_0+(i-1)\times m$	元素i
	⋮
$L_0+(n-1)\times m$	元素n

图 4-2 线性表的顺序存储结构示意图

线性表的顺序存储结构又称为顺序表。顺序表中的任意一个元素都可以随机存取,而在高级程序设计语言中,数组正好具备这一特性,所以通常用数组来描述顺序存储结构。

例如,节气信息表(“春分”“雨水”“惊蛰”“春分”“清明”“谷雨”)存储在如图 4-3 所示的线性表中,假设每个节气信息占 4 个字节,立春节气信息和雨水节气信息在线性表中是相邻的,在线性表中它们的物理地址为连续的 0x0001 和 0x0005(十六进制表示形式),所以顺序表逻辑上相邻的元素在物理位置上也是相邻的。

地址	存储内容	数组下标
0x0001	立春	0
0x0005	雨水	1
0x0009	惊蛰	2
0x000D	春分	3
0x0011	清明	4
0x0015	谷雨	5

图 4-3 节气线性表的顺序存储结构示意图

顺序表常见的操作为按值查找、插入、删除等,按索引查找、插入、删除等。其中按索引查找是最容易实现的,可以通过数组的下标,直接访问所对应的元素。下面重点介绍顺序表的按值查找、插入及删除操作的实现。

1.线性表的按值查找

在图 4-3 的线性表中查找节气"春分",从数组下标 0 中的元素开始比对,若不相等,则和下标 1 中的元素进行比对,以此类推,直到找到下标 3 中所存储的数据"春分",该数据与要查找的数据一致,查找成功。若在该线性表中查找节气"夏至",从下标 0 的元素进行比对,若不相等,则继续查找,直至比对完表中的最后一个元素,若仍不相等,则说明节气"夏至"不在该线性表中,查找失败。

2.线性表的插入

例如,要在图 4-4 中第 4 个元素(数组下标 3)的位置插入"春分",则从线性表的最后一个元素到下标 3 的元素为止,所有的元素依次后移一位,然后将"春分"存放在下标 3 的存储单元中,最后让线性表的长度加 1。

插入"春分"→(下标 3)

数组下标	存储内容
0	立春
1	雨水
2	惊蛰
3	清明
4	谷雨
5	立夏

数组下标	存储内容
0	立春
1	雨水
2	惊蛰
3	春分
4	清明
5	谷雨
6	立夏

图 4-4 顺序表的插入

3.线性表的删除

例如,图 4-5 中要删除第 4 个元素(下标 3 处的元素)"夏至",则从下标 4 的元素开始，直至最后一个元素，每个元素依次往前移动一位，之后让线性表的长度减 1。

删除“夏至”

数组下标	存储内容
0	立春
1	雨水
2	惊蛰
3	夏至
4	春分
5	清明
6	谷雨

数组下标	存储内容
0	立春
1	雨水
2	惊蛰
3	春分
4	清明
5	谷雨
6	

图 4-5 顺序表的删除

顺序表的特点是逻辑上相邻的两个元素，物理上也相邻。顺序表的优点是结构简单、直观，元素随机存取。但是，试想一下，若 10 个同学排成一排，若想在第一个同学和第二个同学之间插入一个新同学，那么从第 10 个同学开始到第 2 个同学结束，每个人都要依次往后移动，最终空出的位置供新同学插入。所以，顺序表的缺点是在进行插入和删除操作时需要移动大量的元素，影响运行的效率，不适合用来存储经常进行插入和删除操作的记录。

4.2.1.3 线性表的链式存储实现

1.定义

线性表除了顺序存储实现外，还有另外一种实现方式，即链式存储实现。线性表的链式存储结构，不要求逻辑上相邻的元素物理上也相邻，它通过“链”的方式建立数据元素之间的逻辑关系，因此在进行插入和删除操作时，不需要移动数据，只需要修改“链”即可。

线性表的链式存储又称为链表，它通过一组任意的存储单元来存放线性表中的数据元素。为了建立起数据元素之间的线性关系，对每个链表结点，不仅存放数据元素自身的信息，还存放下一个数据元素所在的地址。单链表结点的结构如图 4-6 所示，其中 data 是数据元素本身，称为数据域；next 为下一个数据元素的地址，称为指针域。例如，线性表(元素 1，元素 2，元素 3，元素 4)的链式存储结构如图 4-7 所示，h 是线性表的头结点，里面存储的地址是 1345，根据该地址能找到线性表的元素 1，并能够获取元素 2 的地址 1400；在地址 1400 中可以获取到元素 2 以及元素 3 的地址 1536，在 1536 地址单元中获取元素 3 以及元素 4 的地址 1346，在 1346 地址单元中，可以获取元素 4 以及一个空地址，所以元素 4 是该线性表中的最后一个元素。该线性表的逻辑结构如图 4-8 所示。

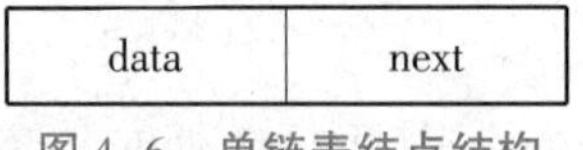

图 4-6 单链表结点结构

存储地址	存储数据	指针
1345	元素 1	1400
1346	元素 4	∧
…	…	…
1400	元素 2	1536
…	…	…
1536	元素 3	1346

图 4-7 线性链表示例

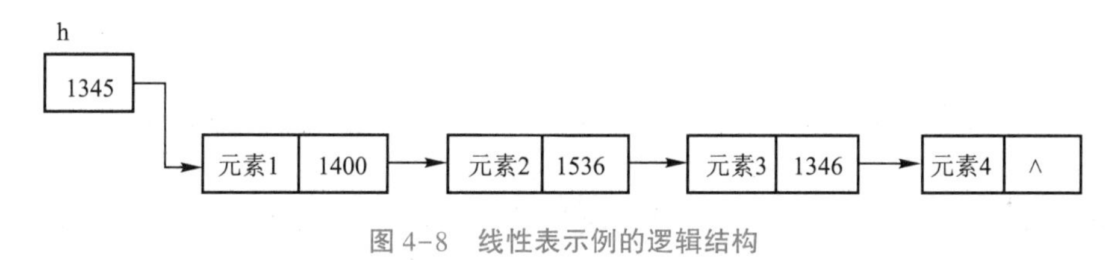

图 4-8 线性表示例的逻辑结构

2.插入

假设要在结点 p 后面插入一个新的结点 s,那么只需要让结点 s 指向原来 p 后面的结点,然后让 p 指向结点 s 即可,不需要动其他的结点。换言之,假如 p 是妈妈,妈妈后面是爸爸,妈妈牵着爸爸,s 是孩子,若想孩子插入到妈妈和爸爸中间,只需要孩子去牵爸爸,然后妈妈牵起孩子即可。链表插入操作的示意图如图 4-9 所示。

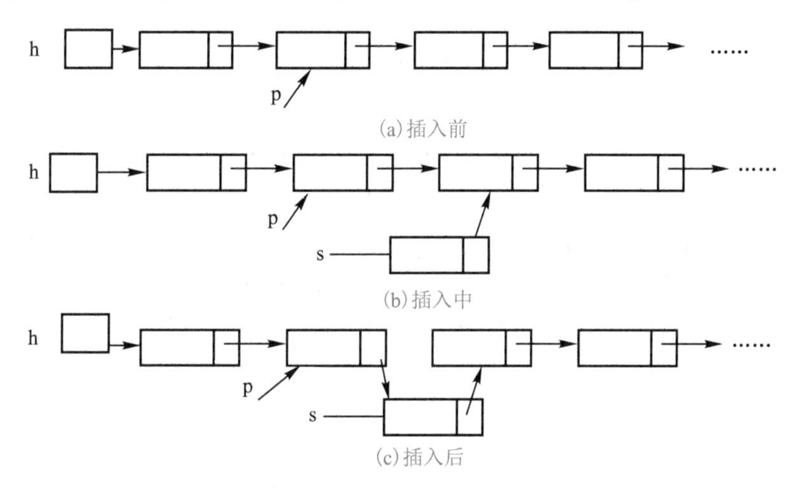

图 4-9 链表插入操作示意图

3.删除

假设要删除结点 p 后面的结点 s,那么只需让结点 p 指向原来 s 后面的结点,然后释放掉结点 s 即可,不需要动其他的结点。换言之,假如 p 是妈妈,s 是孩子,孩子后面是爸爸,他们手牵着手,若这时孩子想去玩,只需要让妈妈去牵爸爸,然后孩子松开手即可。链表删除操作的示意图如图 4-10 所示。

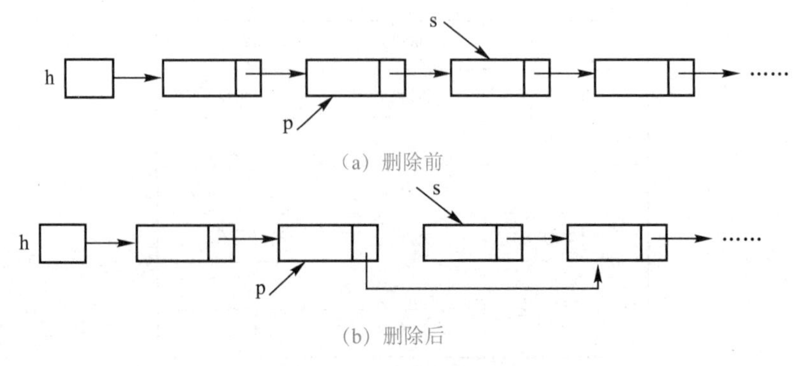

图 4-10 链表删除操作示意图

4.2.2 栈

栈是一种很重要的数据结构,是一种操作受限的线性结构。对于浏览器的前进、后退功能(如图 4-11 所示),大家肯定很熟悉。当我们依次访问页面 a、b、c 后,单击浏览器的后退按钮,就可以查看之前浏览过的页面 b 和页面 a。当后退到页面 a 之后,单击前进按钮就可以重新查看页面 b 和页面 c。假设你是百度浏览器的开发工程师,应该如何实现前进和后退功能呢? 实际上就要用到“栈”这种数据结构。

图 4-11 浏览器的前进和后退功能

4.2.2.1 栈的定义

栈是具有一定操作约束的线性表,插入和删除操作只能在线性表的表尾进行,线性表的表尾端在栈里又称为栈顶,相应地,表头端称为栈底。

假设栈 S=(A,B,C,D),则 D 称为栈顶元素,而 A 称为栈底元素(如图 4-12 所示)。出栈时栈顶元素首先出栈,也就是说栈的特性为后进先出(last in first out)。例如,家里的盘子最先放的,放到最下面,使用时,从上面开始取。

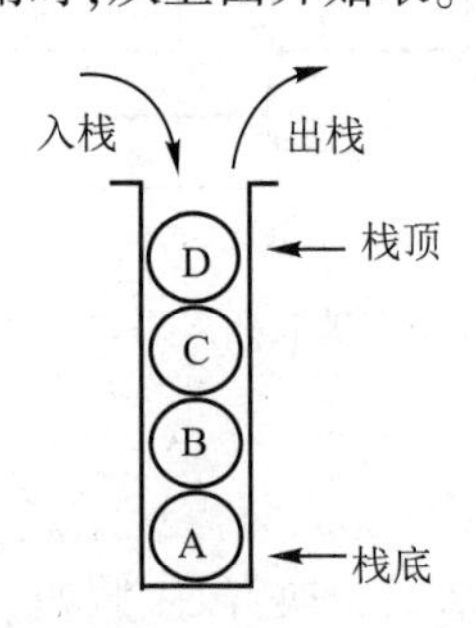

图 4-12 栈的示意图

4.2.2.2 栈的基本操作

栈的基本操作一般有栈的初始化入栈、出栈、栈的判空及判满等。

栈的初始化 InitStack(&S):构建一个空的堆栈 S。

入栈 Push(&S,X):若 S 未满,则让元素 X 加入,成为新的栈顶。入栈示意图如图 4-13 所示。

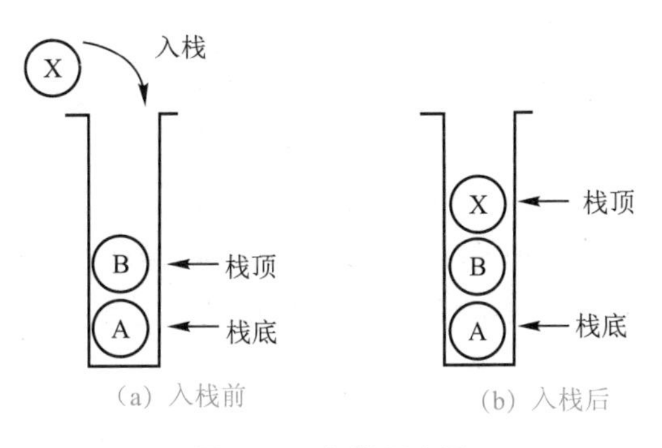

图 4-13 入栈示意图

出栈 X=Pop(&S):若 S 不为空,则删除栈顶元素,并用 X 返回。出栈示意图如图 4-14 所示。

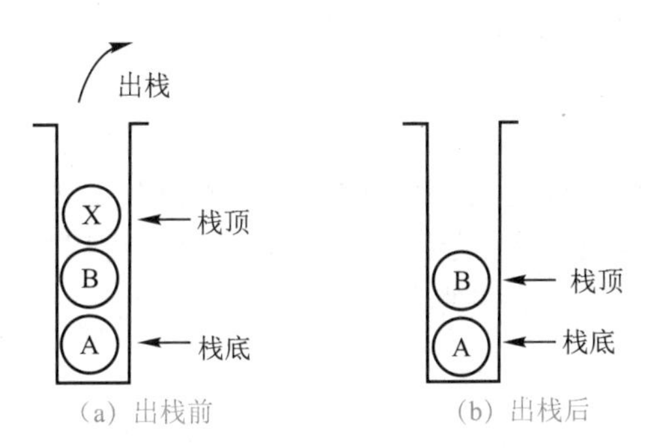

图 4-14 出栈示意图

栈空 StackIsEmpty(S):判定栈中是否有元素,若无元素则返回 true,否则返回 false。

栈满 StackIsFull(S):判定栈是否满,若栈满则返回 true,否则返回 false。

4.2.2.3 栈的应用

1.进制转换

假设现在要编程实现以下要求:将输入的任意十进制数据转换成与其等值的二进制数据。第 1 章已经介绍了十进制数转换成二进制数的过程,用除以 2 取余的方式依次取得转换后的低位到高位的数值,而打印输出时,要求的是从高位到低位的输出序列。所以,可以借助堆栈将除以 2 后取的余数依次入栈,计算结束后再依次出栈,则出栈的序列即为打印的序列。

例如,将十进制数据 30 转换成二进制数据 11110 的运算过程如图 4-15 所示。

将除以 2 所得到的余数 0、1、1、1、1 依次入栈,当运算结束时,将栈中的数据依次出栈,所得到的出栈序列为 11110,11110 正是 30 所对应的二进制数据。

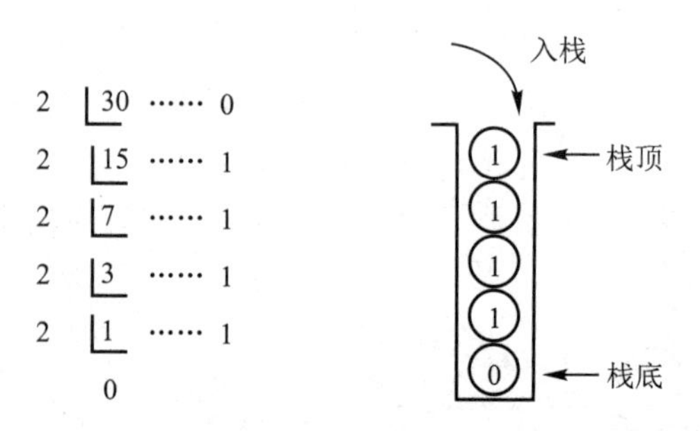

图 4-15 进制转换示意图

2.括号匹配

括号匹配在很多字符串处理的场景中时常被用到,诸如各种集成开发环境中括号不匹配的错误提示,编译器编译时检查应该成对出现的括号是否符合要求等,括号匹配问题可以使用栈这种数据结构来实现。

3.行编辑器

用户在键盘上进行输入时,难免会有与预期不符的输入,其实在计算机内部,有一个虚拟的存储区域,作为一个缓冲区域,专门用于临时存放用户在键盘上的输入。但这些被输入的字符不会立刻显示地输出在屏幕上,在这期间设计了一个扫描判断输入的过程,用于解决在输入中用户反悔性输入的问题。

4.2.3 队列

队列是一种很重要的线性结构,生活中需要用到队列的地方很多,例如,排队取票、银行排号、医院挂号、甚至在超市购物结账时也得排队。可以把队列想象成超市购物结账的人,你从队尾加入队列,结完账的人从队头离开。

4.2.3.1 队列的定义

队列是一种特殊的线性表,是一种操作受限的线性表。队列只允许在表的前端(front)进行删除操作,而在表的后端(rear)进行插入操作。进行插入操作的端称为队尾,进行删除操作的端称为队头(通常指向队列中第一个元素的前一个位置)。队列是按照"先进先出"(first in first out,FIFO)的原则组织数据的,就像排队结账的队伍一样(前提是没有人插队)。队列中没有元素时,称为空队列。队列的示意图如图 4-16 所示。

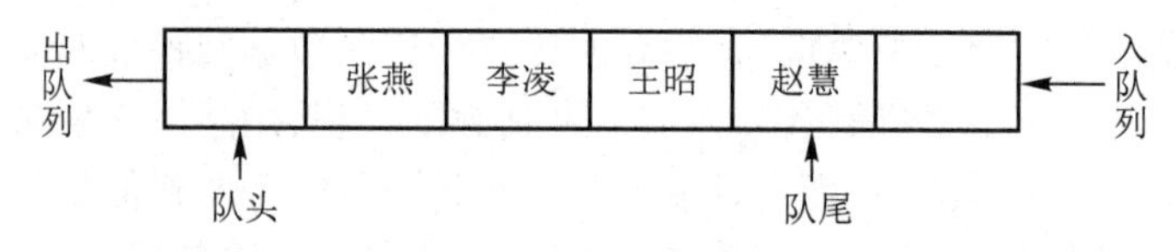

图 4-16 队列示意图

4.2.3.2 队列的基本操作

队列常见的操作有初始化队列、入队列、出队列、队列是否为空、队列是否满的判定等。

初始化队列 InitQueue(&Q):构造一个空的队列 Q。

队列空 QueueIsEmpty(Q):若队列为空返回 true,否则返回 false。

队列满 QueueIsFull(Q):若队列满返回 true,否则返回 false。

入队列 EnterQueue(&Q,X):若队列未满,将元素 X 插入到队列的队尾后,使之成为新的队尾。若 X 是赵慧,如图 4-17(a)队列中有张燕、李凌和王昭,则赵慧入队列后,赵慧成为新的队尾,结果如图 4-17(b)所示。

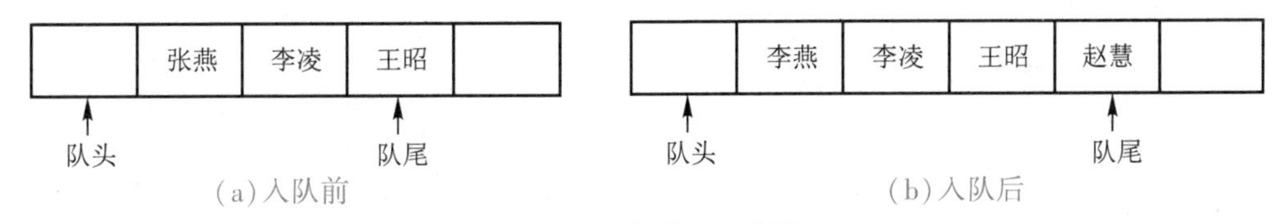

图 4-17　入队列示意图

出队列 X=DeleteQueue(&Q):若队列 Q 不为空,删除队头元素,并用 X 返回。若原队列不为空,如图 4-18(a)所示,更新队头指针的位置,并取队头指针所指向位置的元素张燕,李凌成为队列中的第一个元素,结果如图 4-18(b)所示。

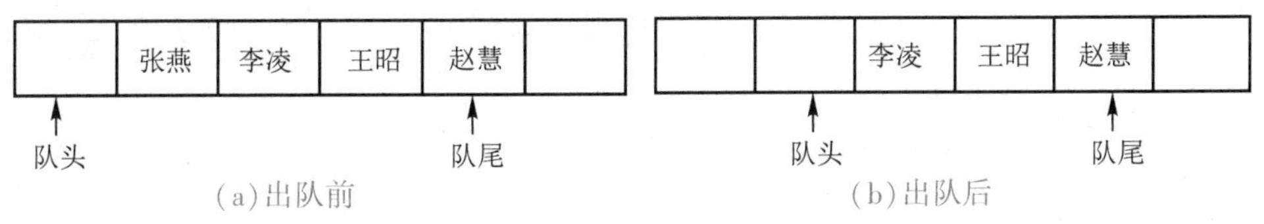

图 4-18　出队列示意图

4.2.3.3　循环队列

若队列采用顺序存储结构(用数组存储),则随着队列的入队和出队操作,队列的队尾指针会不断地向后移动,这样经过若干步的操作之后有可能出现图 4-19 中的现象。队尾指针已经移动到最后,再有元素入队,就会出现溢出,而事实上队列并没有满,这种现象称为“假溢出”。为了解决这个问题,可以让队列首尾相连,形成环形(假想的环形,用取模来实现)。这样,当队尾指针到达数组结尾的时候,如果数组的首元素为空的话,就可以让元素存储进去。

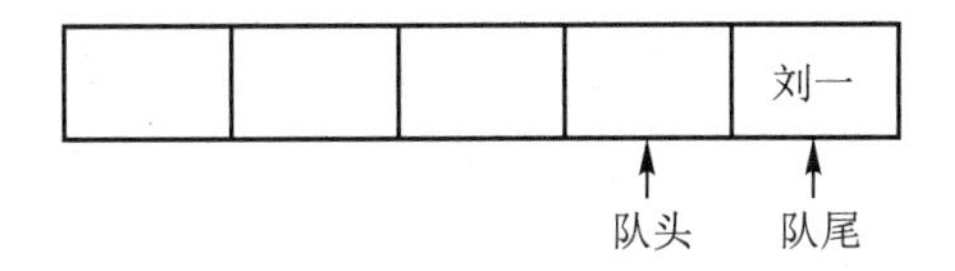

图 4-19　“假溢出”示意图

环形队列又称为循环队列,图 4-20 就是一个循环队列的示意图,图中队头元素是李凌,队尾元素是赵慧,若这时刘一入队,则刘一入到数组下标为 0 的地方,并且成为新的队尾。入队后的示意图如图 4-21 所示。

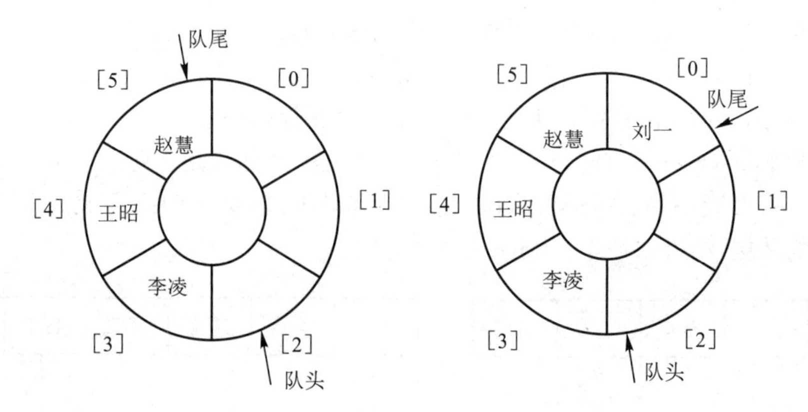

图 4-20 循环队列示意图　　图 4-21 循环队列入队列示意图

4.2.3.4 队列的应用

在实际应用中,队列通常作为一种存放临时数据的容器,如果先存入的元素先处理,则采用队列。在数据结构中二叉树的层序遍历、图的广度优先遍历、拓扑排序中都会用到队列。在生活中所使用的银行排号系统、医院排号系统等也会用到队列;另外队列在多线程阻塞管理中也非常适用,它可以实现线程池等有限资源池的请求排队功能。

4.2.4 树

前面,我们对线性结构有了一定的了解,知道线性结构是一种一对一的关系。但客观世界中,许多事物具有层次关系,例如,人类社会的家谱、社会组织机构、图书馆图书的分类摆放等。这种层次关系,是一种一对多的关系,是树型结构。试想一下,你家的家谱是什么样的?你是家谱中的多少代传人?

4.2.4.1 树的定义

树(tree)是 $n(n\geqslant 0)$ 个结点构成的有限集合。当 $n=0$ 时,称为空树;对于任一棵非空树($n>0$),它具备以下性质:

(1)树中有且仅有一个称为“根(root)”的特殊结点,用 r 表示;

(2)当 $n>1$ 时,除根结点外,其余结点可分为 $m(m>0)$ 个互不相交的有限集 T_1,$T_2,\cdots,T_m$,其中每个集合本身又是一棵树,这些树称为原来树的“子树”。每个子树的根结点都与 r 有一条相连接的边,r 是这些子树根结点的“父结点(parent)”。

通过树的定义的描述发现,很显然,树的定义是递归的。通过定义可知,树有以下三个特点:

(1)子树是不相交的;

(2)除了根结点外,每个结点有且仅有一个父结点;

(3)一棵 n 个结点的树有 $n-1$ 条边。

树是一种非线性结构,是一对多的关系,树适合表示具有层次结构的数据,例如家谱、图书管理系统、学校的组织关系等。树的示例如图 4-22 所示。

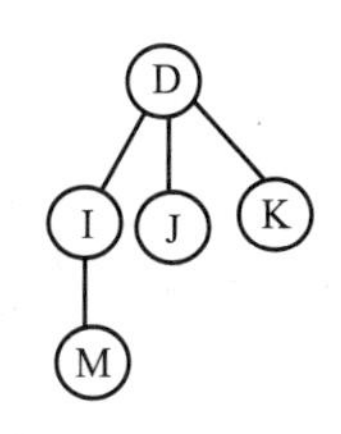

图 4-22 树的示例

4.2.4.2 树的基本术语

(1)结点的度:一个结点的度是其子树(或孩子结点)的个数。例如,图 4-22 中,结点 D 的度为 3,结点 I 的度为 1,结点 J 的度为 0。

(2)树的度:树的各结点的度的最大值。例如,图 4-22 中,结点 D 具有最大的度数,度为 3,所以该树的度为 3。

(3)叶子结点:度为 0 的结点称为叶子结点。例如,图 4-22 中,结点 J、K 及结点 M 的度均为 0,都是叶子结点。

(4)父结点和孩子结点:结点的子树的根称为该结点的孩子结点,相应地,该结点为其孩子结点的父结点。例如,图 4-22 中,结点 M 是结点 I 的孩子结点,结点 I 是结点 M 的父结点。

(5)兄弟结点:具有相同父结点的结点称为兄弟结点。例如,图 4-22 中,结点 I、结点 J 以及结点 K 具有相同的父结点 D,所以结点 I、结点 J 及结点 K 互为兄弟结点。

(6)祖先结点:沿着根出发到该结点所经路径上的所有结点均为该结点的祖先结点。例如,图 4-22 中,结点 D 和结点 I 均为结点 M 的祖先结点。

(7)子孙结点:以某一结点为根的子树中任一结点都称为该结点的子孙。例如,图 4-22 中,结点 I、结点 J、结点 K 及结点 M 均为结点 D 的子孙结点。

(8)层次:从一棵树的根开始,根为第一层,根的孩子结点为第二层,以此类推。例如,图 4-23 中,结点 A 在第一层,结点 B、C、D 在第二层,结点 E、F、G、H 在第三层,结点 I 在第四层。

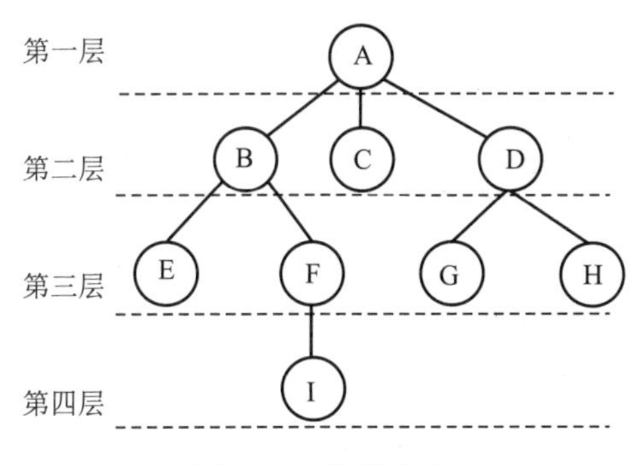

图 4-23 树的层次

(9)树的高度:树中结点的最大层次。例如,图 4-23 中,结点 I 所在层次最大为 4,所以树的高度为 4。

4.2.5 二叉树

我们前面讲了树,但是对于树来说一个结点可以有若干个孩子,所以对树的处理要复杂得多,那么有没有简单的方法解决对树处理的难题呢?事实上是有的,可以将树转换成二叉树。二叉树中任意一个结点最多有两个孩子结点,处理起来要简单得多。

二叉树(binary tree)是树形结构的一个重要类型。实际问题抽象出来的数据结构往往是二叉树的形式,即使是一般的树也能简单地转换成二叉树,二叉树的存储结构及其算法又都较为简单,因此二叉树就显得尤为重要。

4.2.5.1 二叉树的定义

二叉树是 $n(n \geqslant 0)$ 个结点的有限集,它或者是空集($n=0$),或者由一个根结点及两棵互不相交的树分别称作这个根的左子树和右子树的二叉树组成。

二叉树和树不同,它的特点是每个结点最多有两棵子树(二叉树中不存在度大于 2 的结点),并且,二叉树的子树有左右之分,其次序不能颠倒。

例如,图 4-24 中两棵树按一般树的定义它们是同一个树;而对于二叉树来讲,它们是不同的两个树。

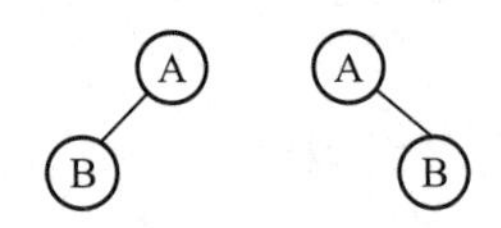

图 4-24 具有两个结点的二叉树的两种形态

二叉树的五种基本形态:

(1)空二叉树,如图 4-25(a)所示;

(2)只有根结点的二叉树,如图 4-25(b)所示;

(3)只有根结点和左子树 T_L 的二叉树,如图 4-25(c)所示;

(4)只有根结点和右子树 T_R 的二叉树,如图 4-25(d)所示;

(5)具有根结点、左子树 T_L 和右子树 T_R 的二叉树,如图 4-25(e)所示。

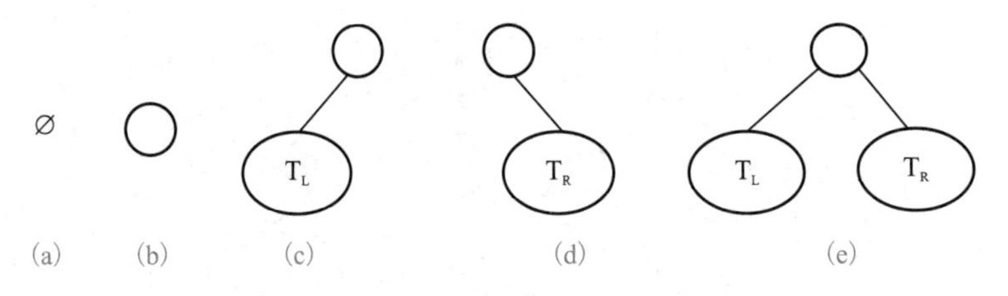

图 4-25 二叉树的 5 种基本形态

4.2.5.2 二叉树的性质

根据二叉树中结点的排布,可将二叉树分为非完全二叉树、完全二叉树和满二叉树。

非完全二叉树是普通的二叉树。

完全二叉树:除最后一层外,每一层上的结点数均达到最大值;在最后一层上只缺少右边的若干结点。图 4-26 就是一棵完全二叉树。

满二叉树:除叶子结点外,树中的每个结点都有两个孩子结点,每一层的结点数都达到最大。图 4-27 就是一棵满二叉树。满二叉树是完全二叉树的特殊情况,可以说满二叉树也是一棵完全二叉树,但不能说完全二叉树是满二叉树。

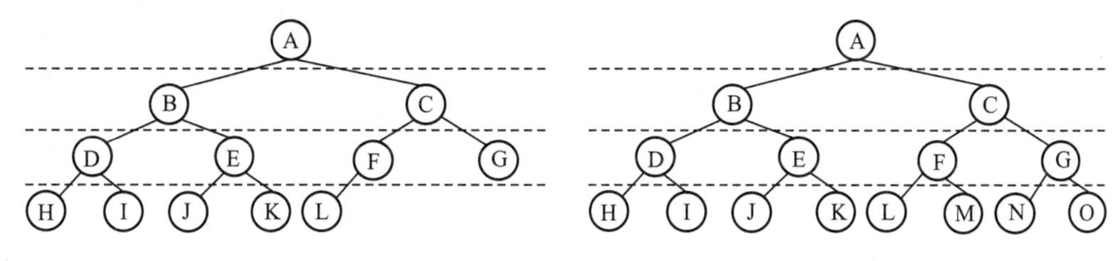

图 4-26　完全二叉树举例　　　　图 4-27　满二叉树举例

对满二叉树中每层的结点数进行归纳总结,很容易得出:满二叉树第 i 层结点的个数为 $2^{i-1}, i \geqslant 1$;高度为 k 的满二叉树的结点总数为 $2^k-1, k \geqslant 1$。那么对于一般的二叉树来说,具有如下性质:

(1)二叉树第 i 层结点的个数小于等于 $2^{i-1}, i \geqslant 1$;

(2)高度为 k 的二叉树的结点总数小于等于 $2^k-1, k \geqslant 1$。

4.2.5.3　二叉树的存储结构

1.顺序存储结构

二叉树的顺序存储结构也是用一组连续的存储单元来存放二叉树中的结点元素。对于完全二叉树来说,分配一段相应大小的空间,对树中的结点自上而下、自左至右依次给结点编号并将数据存放到一个数组的对应单元中。如图 4-28 所示,用数组对一棵完全二叉树进行存储。

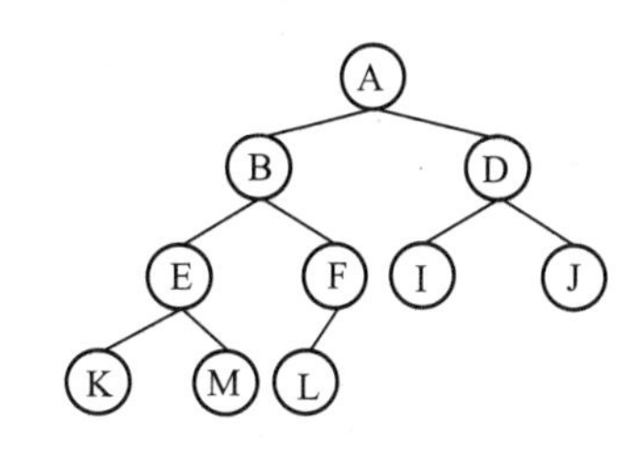

(a)完全二叉树

数据		A	B	D	E	F	I	J	K	M	L
编号	0	1	2	3	4	5	6	7	8	9	10

(b)顺序存储结果

图 4-28　完全二叉树的顺序存储

在顺序存储结构中,下标 0 的位置基本不用,从下标 1 开始存储。这样既存储了树中的结点元素,又存储了结点之间的逻辑关系。完全二叉树的顺序存储除了高效的存储空间利用率外,结点的父子关系计算也十分简单高效。从图 4-28(a)可知,结点 E 的父结点是结点 B,它的左孩子是结点 K,右孩子是结点 M。从图 4-28(b)可知,E 结点存储单元的下标是 4,将其除以 2 得到它的父结点 B 的存储单元的下标,而将其乘以 2 则是它的左孩子 K 的存储单元的下标,当然将其乘以 2 再加 1 则是它的右孩子 M 的存储单元的下标。

虽然完全二叉树的顺序存储具有存储空间利用率高、计算简单的双重优点,但它并不适合于一般的二叉树。图 4-29 是一个二叉树以及它的顺序存储结果。

图 4-29(a)为给定的二叉树。图 4-29(b)给出了自上而下、自左至右的层序存储的对应结点编号,其中灰色结点是为了满足顺序存储要求而增加的"虚"结点,可以在相应的存储单元存放一个特殊的数值,以区别于其他"实结点"。图 4-29(c)是最终的存储结果。可以看出,6 个结点的二叉树,顺序存储需要 14 个存储单元,超过一半的存储空间被浪费。

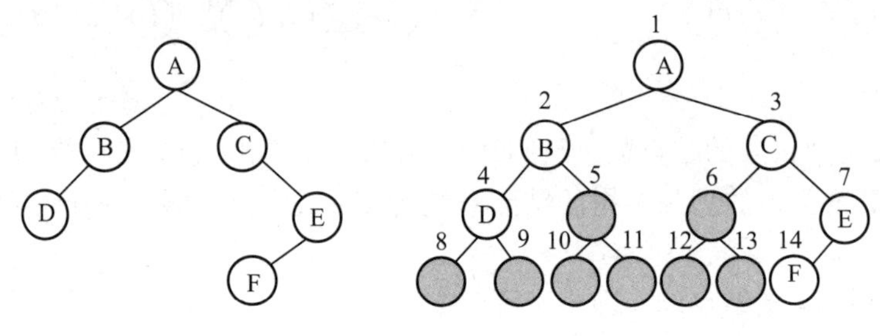

(a)一般二叉树　　(b)对应(a)的完全二叉树

数据		A	B	C	D	∧	∧	E	∧	∧	∧	∧	∧	∧	F
编号	0	1	2	3	4	5	6	7	8	9	10	11	12	13	14

(c)顺序存储结果

图 4-29　一般二叉树的顺序存储

另外,二叉树的顺序存储方式不易实现插入、删除操作。因此,二叉树的顺序存储方式适用于一定的条件,对于不需要修改的完全二叉树,是一种较好的选择。

2.链式存储结构

实际上,二叉树最常用的表示方法是用链表表示,每个结点由数据和左、右孩子指针三个数据成员组成,如图 4-30 所示。

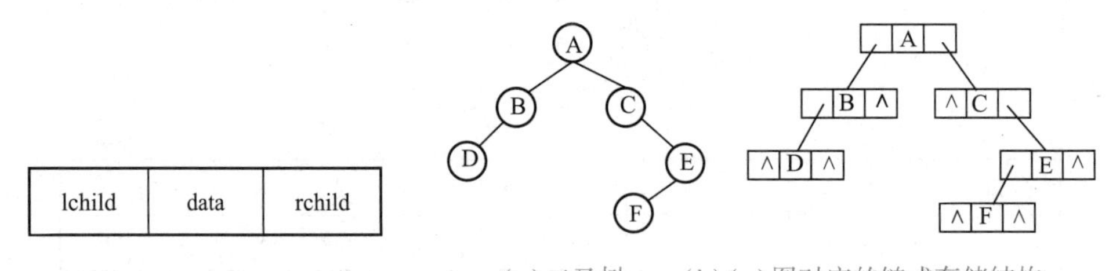

(a)二叉树　(b)(a)图对应的链式存储结构

图 4-30　二叉树链表结点　　图 4-31　二叉树的链式存储结构

4.2.5.4　遍历二叉树

二叉树的遍历是指按照一定的次序访问二叉树中的所有结点,并且每个结点仅被访问一次的过程。它是二叉树最基本的运算,是二叉树中所有其他运算实现的基础。

1.中序遍历

其遍历过程为

中序遍历其左子树；

访问根结点；

中序遍历其右子树。

例如，图 4-31(a)中二叉树的中序遍历序列为 DBACFE。A 是根结点的值，很显然，中序遍历中根结点将树分为两部分，根结点前面的是其左子树的中序遍历序列，根结点后边的是其右子树的中序遍历序列。

2.先序遍历

其遍历过程为

访问根结点；

先序遍历其左子树；

先序遍历其右子树。

例如，图 4-31(a)中二叉树的先序遍历序列为 ABDCEF。显然，在先序遍历中，第一个元素为根所对应结点的值。

3.后序遍历

其遍历过程为

后序遍历其左子树；

后序遍历其右子树；

访问根结点。

例如，图 4-31(a)中二叉树的后序遍历序列为 DBFECA。显然，在后序遍历中，最后一个元素为根所对应结点的值。

4.层序遍历

层序遍历又叫层次遍历，是按树的层次，从第 1 层的根结点开始向下逐层访问每个结点，对某一层中的结点是按从左到右的顺序访问，如图 4-32 所示。

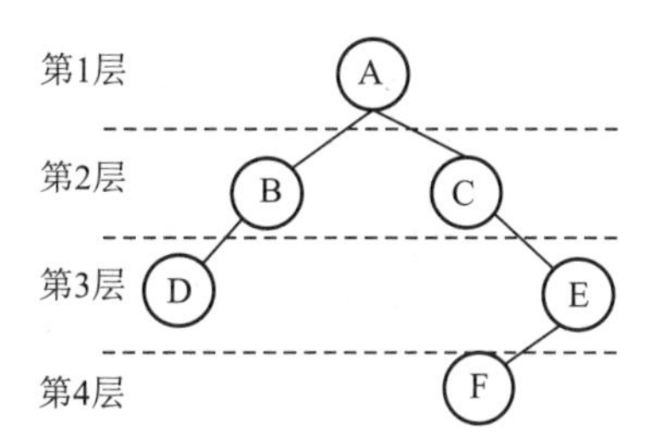

图 4-32 二叉树的层序遍历

图 4-32 二叉树的层序遍历序列为 ABCDEF。显然，在一棵二叉树的层序遍历序列中，第一个元素是二叉树的根结点对应的结点值。

4.2.5.5 树的应用

1.哈夫曼树

大家对压缩文件一定不陌生，同学之间通过互联网相互传文件的时候，经常将文件压缩之后再发送。压缩文件能够减少文件所占用的磁盘空间，并且大大方便了文件的传输。那么压缩而不出错是如何做到的呢？简单来说，就是把我们要压缩的文本重新编码,以减少不必要的空间。尽管现在最新技术在编码上已经很好很强大,但这一切都来自于曾经的技术积累,我们今天就来介绍一下最基本的压缩编码方法——哈夫曼编码(Huffman code)。

1952 年,美国数学家哈夫曼(David Huffman)发明了哈夫曼编码,为了纪念他的成就,于是就把他在编码中用到的特殊的二叉树称之为哈夫曼树,他的编码方法称为哈夫曼编码。

什么叫作哈夫曼树呢?我们先来看一个例子。

编写代码实现将百分制成绩转换为优秀、良好、中等、及格和不及格五个等级。其中 60 分以下为不及格,60~69 分为及格,70~79 分为中等,80~89 分为良好,90~100 分为优秀。下面的代码就实现了这样的转换。

```
if(a<60) b="不及格";
else if(a<70) b="及格";
else if(a<80) b="中等";
else if(a<90) b="良好";
else b="优秀";
```

将这段代码转换成判定树,如图 4-33 所示。图 4-33 粗略看没什么问题,可是通常都认为,一张好的考卷应该服从正态分布,也就是让学生成绩大部分处于中等或良好的范围,优秀和不及格都应该较少才对。而上面的程序,就使得所有的成绩都需要先判断是否及格,再逐级而上得到结果。输入量很大的时候,其实算法的效率是有问题的。

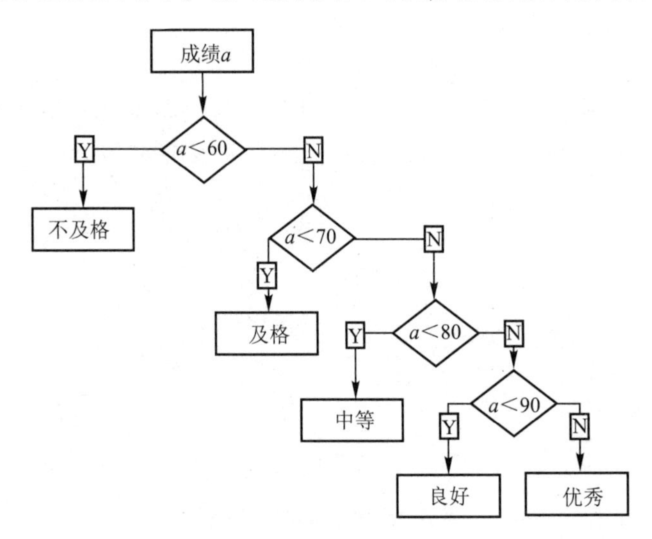

图 4-33 成绩等级判定树

在实际的学习生活中,某一门课学生的成绩在 5 个等级上的分布规律如表 4-2 所示。那么 70 分以上,即大约占总数 75%的成绩都需要经过 3 次以上的判断才可以得到结果,这显然不合理。有没有好一些的办法呢?仔细观察发现,中等成绩(70~79 分之间)比例最高,其次是良好成绩,不及格的所占比例最少。我们把图 4-33 所示的这棵判定树重新进行分配,改成如图 4-34 的做法试试看。

表 4-2 成绩分布表

分数	0~59	60~69	70~79	80~89	90~100
所占比例	5%	20%	35%	30%	10%

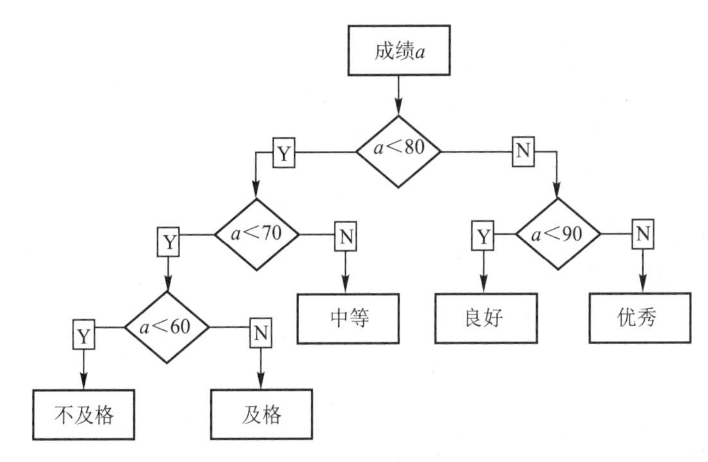

图 4-34 改进后的成绩等级判定树

从图中感觉,应该效率要高一些了,到底高多少呢?这样的二叉树又是如何设计出来的呢?以后通过对数据结构中的哈夫曼树以及哈夫曼编码的学习,相信你会找到答案,在这之前我们先来看下哈夫曼树及哈夫曼编码的概念。

在许多应用中经常将树中的结点赋予一个有某种意义的数值,称此数值为该结点的权。从根结点到该结点之间的路径长度与该结点上权的乘积称为结点的带权路径长度(weighted path length,WPL)。树中所有叶子结点的带权路径长度之和称为该树的带权路径长度,通常记为

$$\mathrm{WPL} = \sum_{k=1}^{n} w_k l_k$$

假设有 n 个权值 $\{w_1, w_2, \cdots, w_n\}$,构造有 n 个叶子的二叉树,每个叶子的权值是 n 个权值之一。这样的二叉树也许可以构造多个,其中必有一个(或几个)是带权路径长度 WPL 最小的。达到 WPL 最小的二叉树就称为最优二叉树或哈夫曼树。

若规定哈夫曼树中的左分支为 0,右分支为 1,则从根结点到每个叶子结点所经过的分支对应的 0 和 1 组成的序列便是该结点对应字符的编码,这样的编码称为哈夫曼编码。

假设有一段文本 abcdabcdabceabcaba,包含 18 个字符。经过统计,发现其中只有 5 个字符是互不相同的,它们分别是:a,b,c,d,e。a 出现了 6 次,b 出现了 5 次,c 出现了 4 次,d 出现了 2 次,e 出现了 1 次。

如果用等长 ASCII 编码:18×8=144 位;

如果用等长 3 位编码:18×3=54 位;

若用哈夫曼编码,首先用权重构建哈夫曼树,构建结果如图 4-35 所示。

该哈夫曼树对应的哈夫曼编码如图 4-36 所示。

哈夫曼编码中出现频率高的字符用的编码短些,出现频率低的字符则编码长些,以

期得到总的编码长度最短。字符 a 的编码为 11,字符 b 的编码为 10,字符 c 的编码为 01,字符 d 的编码为 001,字符 e 的编码为 000,那么这 18 个字符哈夫曼编码的总长度为:$6\times2+5\times2+4\times2+2\times3+1\times3=39$ 位。很明显,哈夫曼编码在这几种编码方式中是最优的。

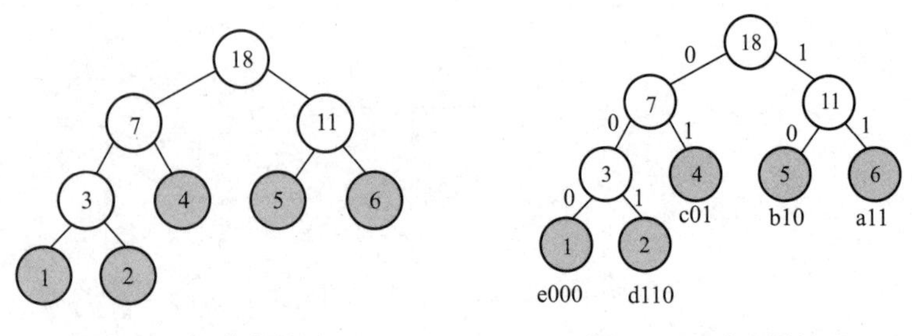

图 4-35 哈夫曼树　　图 4-36 哈夫曼编码

在科学研究方面,哈夫曼编码已经在北斗卫星数据压缩、图像压缩等方面得到应用。

2.树的其他应用

树的应用很广泛,比如在 JDK1.8 中 HashMap 的底层源码中用到了数组+链表+红黑树(自平衡的二叉排序树);磁盘文件中使用 B 树作为数据组织,B 树大大提高了 IO 的操作效率;MySQL 数据库索引结构采用 B+树。

4.2.6 图

在生活中,除了一对一的线性关系,一对多的层次关系(树)外,还有一些是多对多的网状结构(图)。网络在生活中随处可见,交通网络、人际关系网等都将人们的生活高效地连接起来。在认识图之前,我们先看两个问题。

(1)若你是在校大学生,为了弘扬校园文化,想设计一个校园导游咨询系统,为来访客人提供图中任意景点之间的最短路径,你应该如何实现呢?

(2)若你毕业后考了选调生,进入某个乡镇上班。如图 4-37 所示是该乡镇的 10 个村庄,分别为张庄(Z)、李庄(L)、邓庄(D)、吴庄(W)、季庄(J)、马庄(M)、黄庄(H)、方庄(F)、杨庄(Y)、陈庄(C)。图中的数字表示两个村庄之间道路的距离,单位为千米。你上任后的第一件工作就是要给该乡镇公路改造,实施公路村村通的项目,但是资金有限,如何用最少的钱,实现公路村村通的计划呢?

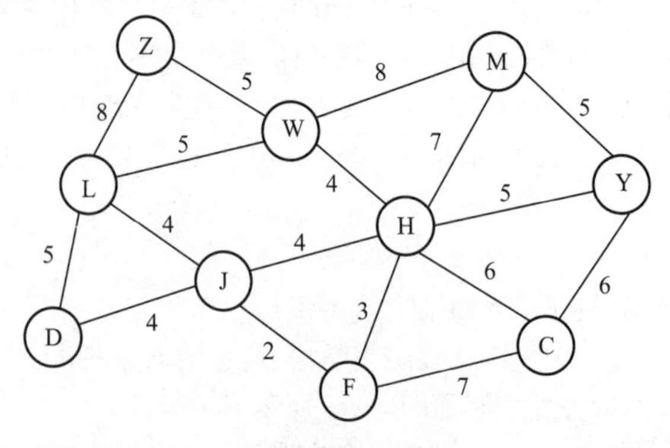

图 4-37 公路村村通项目

问题(1)是图的最短路径问题,问题(2)是图的最小生成树问题。相信学习了数据结构中的图,这些问题就能迎刃而解,在这之前我们先认识下究竟什么是图。

4.2.6.1　图的定义

图是由结点的有穷集合 V 和边的集合 E 组成。其中,为了与树形结构加以区别,在图结构中常常将结点称为顶点,边是顶点的有序偶对,若两个顶点之间存在一条边,就表示这两个顶点具有相邻关系。即图可以表示为 $G=(V,E)$,图中的每条边是一个顶点对(v,w),(v,w)属于边集合 E,且顶点 v、顶点 w 均属于顶点集合 V。例如图 4-38 中,顶点的集合 $V=\{A,B,C,D\}$;边的集合 $E=\{(A,B),(A,C),(A,D),(C,D)\}$。

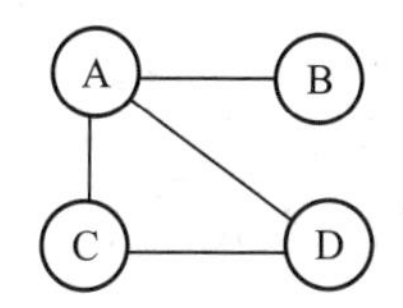

图 4-38　图的示例

4.2.6.2　图的基本术语

1.无向图和有向图

图分为有向图和无向图。例如,图 4-39 的无向图中顶点集合 $V=\{V_1,V_2,V_3,V_4\}$;边的集合 $E=\{(V_1,V_3),(V_1,V_4),(V_2,V_4),(V_3,V_4)\}$;顶点$(V_1,V_3)$和$(V_3,V_1)$,$(V_1,V_4)$和$(V_4,V_1)$,$(V_2,V_4)$和$(V_4,V_2)$,$(V_3,V_4)$和$(V_4,V_3)$,分别表示同一条边。

如图 4-40 所示的有向图中,顶点集合 $V=\{V_1,V_2,V_3,V_4\}$,边的集合 $E=\{<V_1,V_3>,<V_1,V_4>,<V_2,V_4>,<V_3,V_4>\}$。

在无向图中,(V_1,V_3)表示 V_1 和 V_3 之间的一条边。在有向图中,$<V_1,V_3>$表示从 V_1 到 V_3 的一条弧。V_1 为弧尾或始点,V_3 为弧头或终点。

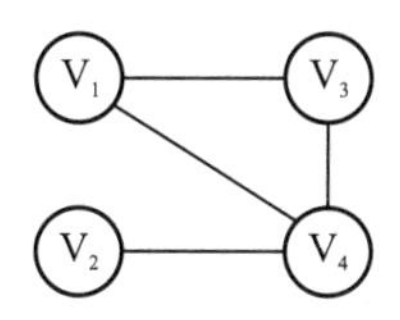

图 4-39　无向图

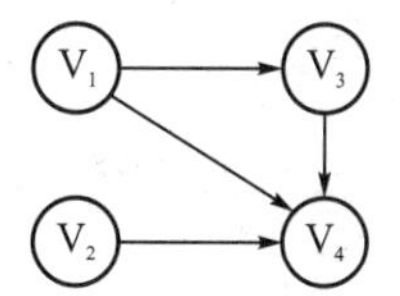

图 4-40　有向图

2.无向完全图和有向完全图

无向完全图:恰好有 $n(n-1)/2$ 条边的无向图称为无向完全图,即每对顶点之间都有一条边。例如,四个顶点的无向完全图如图 4-41 所示。

有向完全图:恰有 $n(n-1)$ 条边的有向图称为有向完全图,即每对顶点之间都有两条边。例如,四个顶点的有向完全图如图 4-42 所示。

3.顶点的度

顶点的度:依附于该顶点的边数或弧数。例如,图 4-41 的无向完全图中每个顶点的度均为 3。

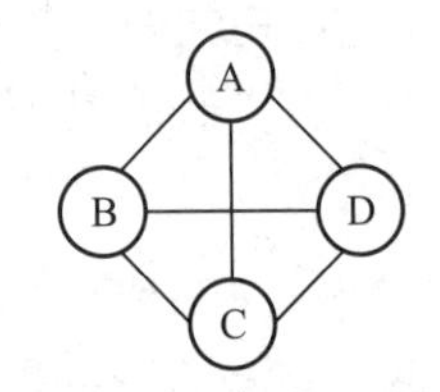

图 4-41 无向完全图

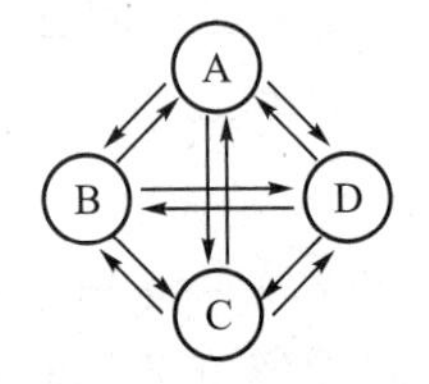

图 4-42 有向完全图

4.入度和出度

出度(仅对有向图):从该顶点出发的边的条数。例如,图 4-40 的有向图中 V_4 的出度为 0。

入度(仅对有向图):汇入到顶点的边的条数。例如,图 4-40 的有向图中 V_4 的入度为 3。

有向图中顶点的度则为该顶点的入度和出度之和。例如,图 4-40 的有向图中 V_4 的度为 3。

5.权

根据需要边上可以附带一些信息,这些信息称为权。例如,图 4-37 中边上所附加的信息表示两个村庄之间的距离。

6.网图

边上带有权的图称为网图。例如,图 4-37 中所有边都有权,所以它是一个网图。

7.邻接点

在一个无向图中,若存在一条边(v,w),则称顶点 v 和顶点 w 互为邻接点。例如,图 4-39 中顶点 V_2 和顶点 V_4 互为邻接点。

在一个有向图中,若存在一条有向边<v,w>,则称 w 是 v 的出边邻接点,v 是 w 的入边邻接点。例如,图 4-40 中顶点 V_2 是顶点 V_4 的入边邻接点,顶点 V_4 是顶点 V_2 的出边邻接点。

4.2.6.3 图的存储

图的存储结构常见的有邻接矩阵和邻接表。

1.邻接矩阵表示法

邻接矩阵法用一个矩阵来表示顶点与顶点之间的关系。对于具有 n 个顶点的图 $G=\{V,E\}$,其邻接矩阵是一个 n 阶方阵,且方阵满足条件:

$$\boldsymbol{A}[i][j]=\begin{cases}1 & \text{若}(v_i,v_j)\text{ 或 }<v_i,v_j>\text{ 是 }E\text{ 中的边}\\0 & \text{其他}\end{cases}$$

若 G 是一个网图,则图 G 的邻接矩阵可定义为

$$\boldsymbol{A}[i][j]=\begin{cases}W_{ij} & \text{若}(v_i,v_j)\text{ 或 }<v_i,v_j>\text{ 是 }E\text{ 中的边}\\0 & \text{若 } i=j\\\infty & \text{其他}\end{cases}$$

其中,W_{ij}是边上的权。

例如,图 4-39 的邻接矩阵对应图 4-44 的数组 $\boldsymbol{A}_1$,图 4-43 的邻接矩阵对应图 4-44 的数组 $\boldsymbol{A}_2$。

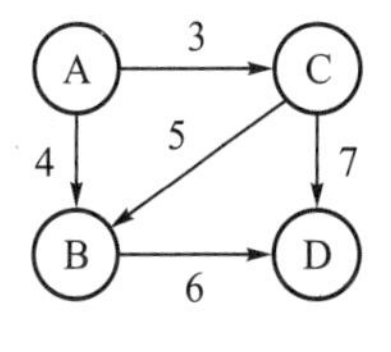

图 4-43 有向网图

$$A_1=\begin{bmatrix}0&1&1&1\\1&0&0&1\\1&0&0&1\\1&1&1&0\end{bmatrix}\qquad A_2=\begin{bmatrix}0&4&3&\infty\\\infty&0&\infty&6\\\infty&5&0&7\\\infty&\infty&\infty&0\end{bmatrix}$$

图 4-44 两个邻接矩阵数组

2.邻接表表示法

图的邻接表是一种顺序与链式存储相结合的存储方法。对于含有 n 个顶点的图 G 中的每个顶点 v_i,将所有邻接于 v_i 的顶点 v_j 链成一个单链表,这个单链表就称为顶点 v_i 的邻接表,再将所有点的邻接表表头放到一个数组中,就构成了图的邻接表。给每个顶点建立一个单链表,将该顶点的邻接点(有向图的出边邻接点)链接到单链表中。例如,图 4-39 的邻接表表示如图 4-45 所示。

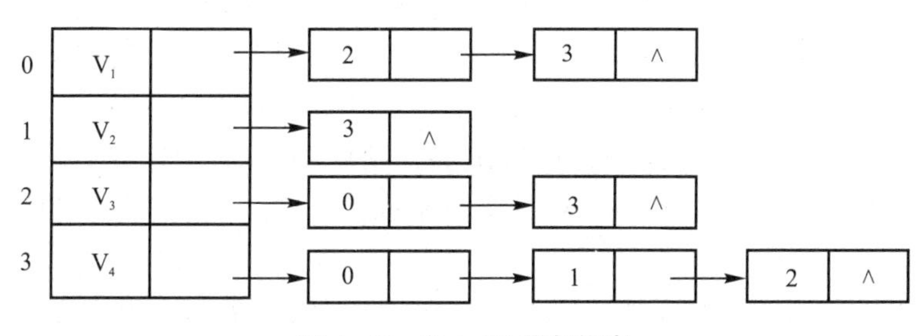

图 4-45 图 4-39 的邻接表

4.2.6.4 图的遍历

图的遍历方式比树形结构的遍历更复杂,图的遍历是指从某一个顶点出发,沿着某条路径对图中所有的顶点进行访问,且只访问一次的过程。遍历图的两种基本方式分别为深度优先搜索遍历和广度优先搜索遍历。

1.深度优先搜索遍历

图的深度优先搜索(Depth First Search,DFS)遍历类似于树的先序遍历,深度优先遍历的基本过程可以描述为

(1)从图中的某一个顶点 v 出发,访问它,并标记为已访问;

(2)选择顶点 v 的一个相邻且没有访问过的邻接点 w,则以 w 作为起点,再对它进行深度优先搜索遍历;

(3)重复执行步骤(2),直到 v 所有邻接的顶点都访问过为止。

显然,深度优先搜索遍历的过程是一个递归的过程。假设同等条件下,字符小者优先,则图 4-46 从顶点 A 开始的深度优先搜索遍历序列为 ABCD。

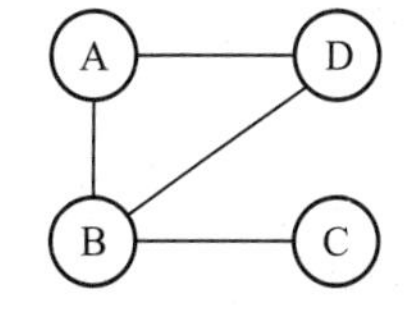

图 4-46 一个无向图

2.广度优先遍历

图的广度优先搜索(Breadth First Search,BFS)遍历类似于树的层序遍历。广度优先遍历的过程是先访问初始顶点 v,接着访问顶点 v 所有未被访问的邻接点 $v_1,v_2,\cdots,v_i$,然后再按照 $v_1,v_2,\cdots,v_i$ 的次序访问每一个顶点所有未被访问过的邻接点,以此类推,直到图中所有和初始顶点 v 有路径相通的顶点都被访问过为止。假设同等条件下,字符小者优先,则图 4-46 的从顶点 A 开始的广度优先搜索遍历序列为 ABDC。

4.2.6.5 图的应用

最小生成树、最短路径、拓扑排序、关键路径问题都属于图的应用。图的应用极为广泛,例如,根据图中所给出的城市之间的距离、车费等交通情况,可以求解任意两个城市间的最短距离或者最少花费等信息以便于进行旅游规划;除此之外图还可以应用于工程中,求解工期的最短时间。另外,根据课程之间的先后关系,可以合理安排每学期开设的课程等。数据结构中会介绍如何将图中的信息存储在计算机中,如何遍历图中的顶点,如何求最小生成树,如何求最短路径,如何求拓扑排序序列,如何求关键路径等。相信通过这些内容的学习,很多生活中的问题,都可以用图中的一些算法来解决。例如:

(1)若要在 n 个城市之间建设通信网络,只需要假设 $n-1$ 条线路即可。如何以最低的经济代价建设这个通信网,是一个网的最小生成树问题。城市天然气管道的规划、区域能源系统都属于最小生成树问题。

(2)百度地图、高德地图等路径的规划、交警巡逻路径规划都会用到最短路径。

(3)建筑工程项目、项目开发进度管理等都会用到关键路径的知识。

图的最小生成树、最短路径、关键路径问题会在数据结构课程中具体学习。

4.2.7 查找

4.2.7.1 线性表的查找

1.顺序查找

顺序查找的基本思路是对于任意一个序列以及一个给定的元素,将给定元素与序列中元素依次比较,直到找出与给定关键字相同的元素,或者将序列中的元素与其都比较完为止。

【例 4-1】 假设有 11 个元素,分别为 204,25,184,33,56,87,132,49,10,289,328。查找元素 33 的过程如下:

(1)首先和第一个元素进行比较,不相等,继续往后比较;

(2)接着和第二个元素进行比较,不相等,继续往后比较;

(3)然后和第三个元素进行比较,不相等,继续往后比较;

(4)再和第四个元素进行比较,相等,查找结束。

2.折半查找

折半查找又称二分查找,折半查找效率较高,但要求数据元素的关键字是有序的(从小到大或从大到小),并且数据元素是连续存放(数组)的。

折半查找的基本思路是每次在要查找的数据集合中取中间元素关键字 Kmid 与要查

找的关键字 Key 进行比较。若 Kmid>Key,将在 Kmid 的左半部分继续查找;若 Kmid<Key,则在 Kmid 的右半部分继续查找;若 Kmid=Key,查找成功。由此可见,每步的查找范围比上一次的缩小一半。

【例 4-2】 假设有 11 个数据元素,它们的关键字从小到大存放,分别为 10,25,33,49,56,87,132,184,204,289,328。二分查找关键字为 33 的数据元素的过程如下:

(1)要查找数据集合的左边界 left 为 1,右边界 right 为 11,中间元素的下标 mid=(1+11)/2=6。关键字 33 比中间元素 87 小,所以去中间元素的左边继续查找。此时,需要更新右边界的位置,右边界 right=mid-1=5。

10	25	33	49	56	87	132	184	204	289	328
1	2	3	4	5	6	7	8	9	10	11
↑					↑					↑
left					mid					right

(2)要查找数据元素的左边界 left=1,右边界 right=5,中间元素的下标 mid=(1+5)/2=3。关键字 33 和下标为 3 的中间元素相等,表明查找成功。

10	25	33	49	56	87	132	184	204	289	328
1	2	3	4	5	6	7	8	9	10	11
↑		↑		↑						
left		mid		right						

4.2.7.2 哈希查找

对于我们经常使用的 Word 办公软件,大家有没有留意过它的拼写检查功能?一旦我们在 Word 中输入一个错误的英文单词,它就会用标红的方式提示“拼写错误”,这个功能是如何实现的呢?英语字典中的英文单词大约有 20 万个左右,我们用哈希表来存储整个英文词典中的单词。当用户输入某一个英文单词时,我们用用户输入的单词在哈希表中查找。如果找到,则说明拼写正确,反之,则说明拼写可能有误,标红给予提示。散列表可以轻松实现快速判断 Word 文档中是否存在拼写错误的功能,也能轻松实现 QQ、微博等软件的快速登录功能。

哈希表是根据设定的哈希函数 H(key)和所选中的处理冲突的方法建立的查找表。其基本思想是:以记录的关键字为自变量,根据哈希函数,计算出对应的哈希地址,若该地址有数据,则用解决冲突的方法继续探测,直到找到一个合适的地址,并在此存储该记录的内容。

当对记录进行查找时,再根据给定的关键字,用同一个哈希函数计算出给定关键字对应的存储地址,随后进行访问。所以哈希表既是一种存储形式,又是一种查找方法,通常将这种查找方法称为哈希查找或者散列表查找。

常见的哈希函数的构造方法有:数字分析法、平方取中法、除留余数法等。

常见的解决冲突的方法有:开放定址法、链地址法等。

例如,对于如下 9 个关键字:{Zhao, Qian, Sun, Li, Wu, Chen, Han, Ye, Dai}

假设哈希函数 h(key)=(Ord(关键字首字母)-Ord('A')+1)/2,则9个姓氏映射到图4-47的哈希表中。

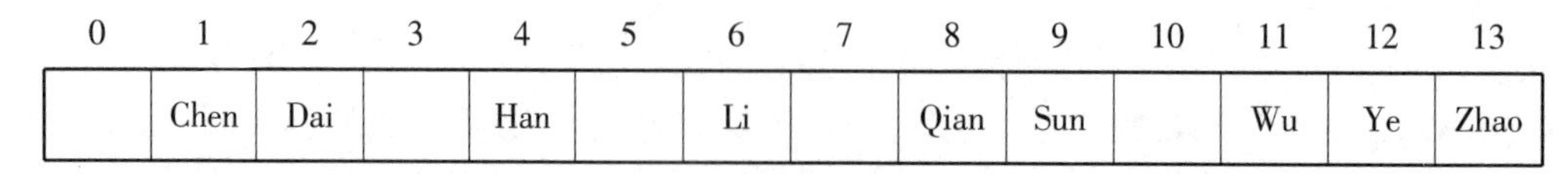

0	1	2	3	4	5	6	7	8	9	10	11	12	13
	Chen	Dai		Han		Li		Qian	Sun		Wu	Ye	Zhao

图4-47 哈希表举例

若此时再插入一个"Du",采用哈希函数计算的地址为2,此时2已经有数据了,则用解决冲突的函数计算一个新的地址,假设哈希函数采用的开放定址法中最简单的线性探测法。开放定址法探测公式为:$H_i=(h(key)+d_i)\%m$,其中,d_i 为增量序列,i 为探测次数,m 为表长。线性探测法地址增量序列 $d_i=\{1,2,3,\cdots,i,\cdots,m-1\}$,线性探测法探测的新的地址为3,地址3没有数据,则将Du存储在地址3处。

若要查找"Zhao",则按相同的哈希函数,计算的地址为13,正好是要找的数据,一次就能够查找成功。若要查找Du,则按哈希函数,计算得到地址为2,但地址2不是我们要查找的姓氏Du,则按解决冲突的方法计算出一个新的地址3,地址3是要查找的形式Du,查找2次,查找成功。

所以,哈希表作为一种常见的数据结构,支持快速地查找。

4.2.8 排序

排序在实际生活中非常常见,特别是在事务处理中。一般认为,日常的数据处理中有1/4的时间应用在排序上。据不完全统计,到目前为止的排序算法有上千种。下面以成绩排名问题为例来设计一个排序算法。

问题描述:一个班级有30名同学,每个同学有一个考试成绩,如何将这30名同学的成绩由高到低进行排序?

算法设计1:用选择排序解决问题。

(1)首先在30名同学中找到最高的分数,使其排在第1位;

(2)然后在剩下的同学中再找到最高的分数,使其排在第2位;

(3)以此类推,直至所有的同学都已经排完。

算法设计2:用插入排序解决问题。

(1)首先将第1位同学的分数放在一个队列中;

(2)然后将第2位同学的分数与队列中第1位同学的分数进行比较,如果分数比其高,则放在前面,如果分数比其低,则放在后面;

(3)然后将第3位同学的分数与队列中的两位同学的分数进行比较,找到一个插入后仍保持有序的位置,将第3位同学的分数插入到该位置;

(4)以此类推,直至将30位同学的分数都插入到相应位置。

算法设计3:用冒泡排序解决问题。

(1)比较相邻的元素。如果第一个同学的成绩比第二个同学的成绩高,就交换位置。

(2)对每一对相邻元素做同样的工作,第一次比较结束,最高分排在最后一个。

(3)针对所有的元素重复以上的步骤,除了最后一个。

(4)持续每次对越来越少的元素重复上面的步骤,直到没有任何一对数字需要比较。

大家还可以搜索一下其他经典的排序算法,比较一下这些排序算法的特点。

4.3 数据库系统概述

4.3.1 程序与数据

程序是为了让计算机完成特定的任务而设计的指令序列或语句序列。一般认为机器语言程序或汇编语言程序由指令序列构成,高级语言程序由语句序列构成,比如C程序、Java程序。

数据是描述事物的符号记录,是信息在计算机中的表示。比如描述一个人的身高可以使用数据175 cm,描述一个人的体重可以使用数据65 kg,描述某个同学的基本情况可以使用数据(××师范学院,软件学院,1801001,李明,男,20001205,河南省安阳市)。数据有多种表现形式,可以是数字,也可以是文字、图形、图像、声音、视频等,它们都可以经过数字化后存入计算机。

数据是程序处理的对象和处理的结果。比如写了一个“加法程序”,可以实现任意两个数相加,如果输入10和20,那么输出的结果30,这里的10、20、30就是数据。

软件是指为运行、管理和维护计算机而编制的各种程序、数据和文档的总称,目的在于保证硬件的功能得以充分发挥,并为用户提供良好的工作环境。文档是描述程序操作及使用的相关资料。

4.3.2 数据库的基本概念

4.3.2.1 数据库

数据库(database,简称DB)是长期储存在计算机内的、有组织的、可共享的大量数据的集合。数据库中的数据按一定的数据模型组织、描述和储存,具有较小的冗余度、较高的数据独立性和易扩展性,并可为各种用户共享。

4.3.2.2 数据库管理系统

数据库管理系统(Database Management System,简称DBMS)是位于用户(数据库管理员)与操作系统之间的一层数据管理软件,比如MySQL、Oracle、DB2、SQL Server等。它的主要功能有数据定义功能,数据组织、存储和管理,数据操纵功能,数据库的事务管理和运行管理,数据库的建立和维护等。

4.3.2.3 数据库系统

数据库系统(Database System,简称DBS)是指在计算机系统中引入数据库后的系统,是由数据库、数据库管理系统(及其应用开发工具)、应用程序和数据库管理员(Database Administrator,简称DBA)组成的存储、管理、处理和维护数据的系统。

数据库系统可以用图4-48表示。其中数据库提供数据的存储功能,数据库管理系统提供数据的组织、存取、管理和维护等基础功能,数据库应用系统根据应用需求使用数据库,数据库管理员负责全面管理数据库系统。

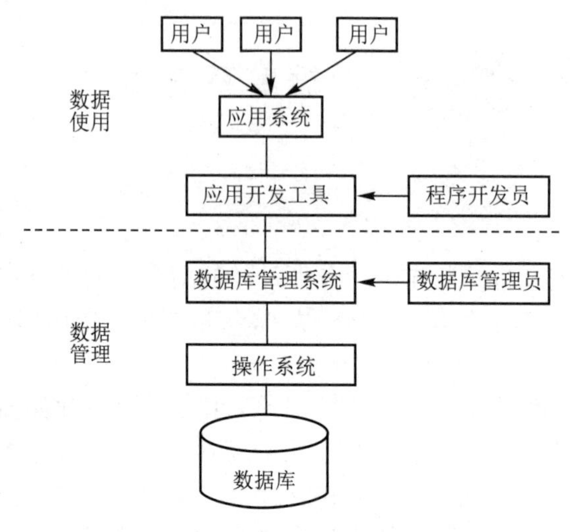

图 4-48 数据库系统

一般在不引起混淆的情况下,人们常常把数据库系统简称为数据库。

4.3.3 数据管理技术的产生和发展

在信息化社会,充分有效地管理和利用各类信息资源,是进行科学研究和决策管理的前提条件。数据库技术是管理信息系统、办公自动化系统、决策支持系统等各类信息系统的核心部分,是进行科学研究和决策管理的重要技术手段。

数据管理是指对数据进行分类、组织、编码、存储、检索和维护,它是数据处理的中心问题。在应用需求的推动下,在计算机软硬件发展的基础上,数据管理技术经历了人工管理、文件系统、数据库系统三个阶段。

4.3.3.1 人工管理阶段

人工管理阶段是指 20 世纪 50 年代中期以前,当时的计算机仅用于科学计算,没有直接的存储设备,没有操作系统,数据只能批处理。人工管理阶段的数据不保存(不直接存储在计算机中),数据由应用程序管理,数据不共享,数据不具有独立性。这一阶段,应用程序与数据之间的关系可以用图 4-49 表示。

4.3.3.2 文件系统阶段

随着软硬件技术的发展,20 世纪 50 年代后期到 60 年代中期,有了磁盘、磁鼓作为存储设备,出现了文件系统,计算机可以联机实时处理、批处理数据。文件系统阶段数据可以长期保存,数据由文件系统管理,数据共享性差、冗余度大,文件之间是孤立的,数据独立性差。这一阶段,应用程序与数据之间的关系可以用图 4-50 表示。

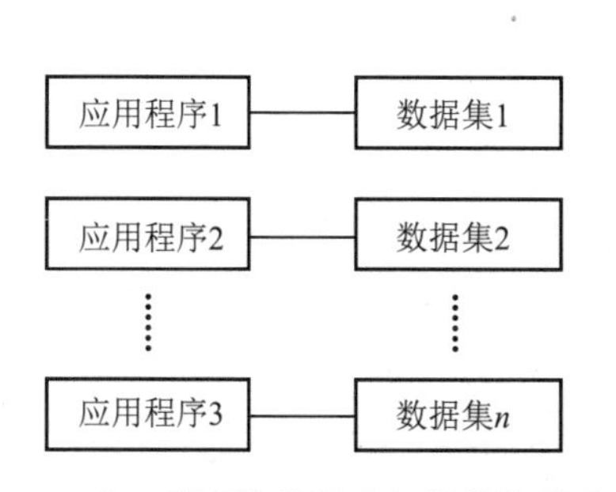

图 4-49 人工管理阶段程序与数据之间的关系

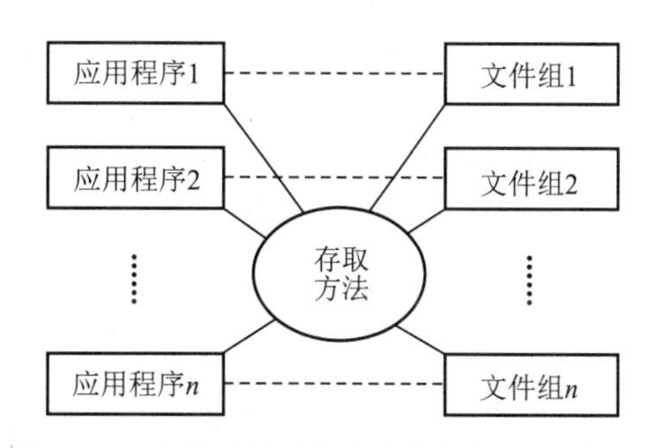

图 4-50 文件系统阶段程序与数据之间的关系

4.3.3.3 数据库系统阶段

20 世纪 60 年代后期以来,计算机管理的对象规模越来越大,应用范围越来越广泛,数据量急剧增长,同时多种应用、多种语言互相覆盖地共享数据集合的要求越来越强烈。为解决多用户、多应用共享数据的需求,使数据为尽可能多的应用服务,数据库技术便应运而生,出现了统一管理数据的专门软件系统——数据库管理系统。

与人工管理和文件系统相比,数据库系统有如下几个特点:

(1)数据结构化:数据库中的数据不再仅仅针对某一个应用,而是面向整个组织或企业的所有应用;不仅数据内部是结构化的,而且整体是结构化的,数据之间是具有联系的。也就是说,不仅要考虑某个应用的数据结构,还要考虑整个组织的数据结构。因此,数据库系统实现了整体数据的结构化,这是数据库系统与文件系统的本质区别。

(2)数据由 DBMS 统一管理和控制:数据库管理系统提供了数据定义功能,数据组织、存储和管理,数据操纵功能,数据库的事务管理和运行管理,数据库的建立和维护等,用户可以使用这些功能对数据库中的数据进行管理和控制。

(3)数据共享性高、冗余度低且易扩充:数据库系统从整体角度看待和描述数据,数据面向整个系统,可以被多个用户、多个应用共享使用,大大减少了数据冗余,很好地避免了数据之间的不相容性和不一致性。

(4)数据独立性高:数据独立性是借助数据库管理数据的一个显著优点,包括逻辑独立性和物理独立性。逻辑独立性是指用户的应用程序与数据库的逻辑结构是相互独立的。物理独立性是指用户的应用程序与数据库中数据的物理存储是相互独立的。

数据库系统阶段应用程序与数据之间的关系可以用图 4-51 表示。

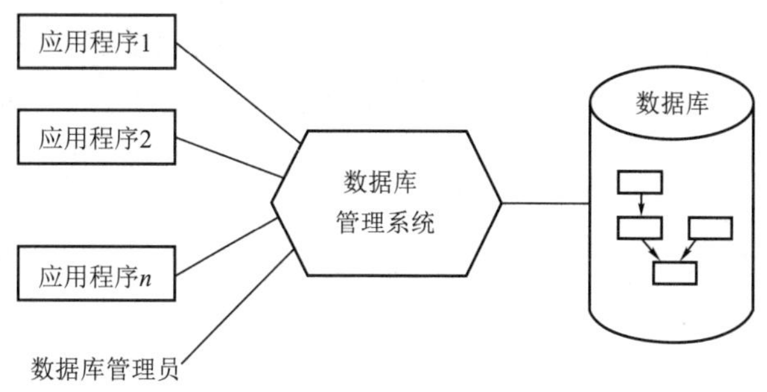

图 4-51 数据库系统阶段应用程序与数据之间的关系

4.3.4 数据库系统的结构

4.3.4.1 数据库系统的三级模式

数据库系统的三级模式是指数据库系统是由外模式、模式、内模式三级构成,如图 4-52 所示。

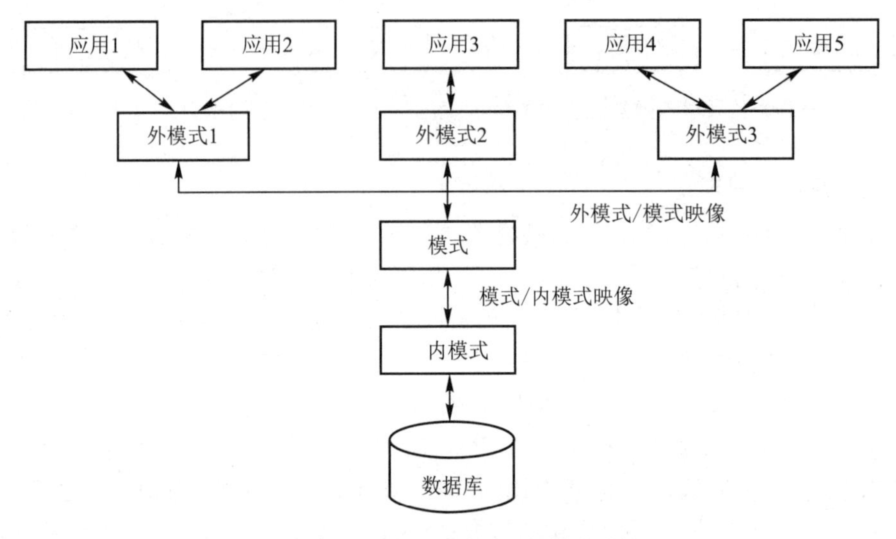

图 4-52 数据库系统的三级模式结构

模式也称逻辑模式,是对数据库中全体数据的逻辑结构和特征的描述,是所有用户的公共数据视图。一个数据库只有一个模式。定义模式时不仅要定义数据的逻辑结构,而且要定义数据之间的联系,定义与数据有关的安全性、完整性要求。

外模式也称子模式或用户模式,通常是模式的子集,它是对数据库用户(应用程序员和最终用户)能够看见和使用的局部数据的逻辑结构和特征的描述,是数据库用户的数据视图,是与某一应用有关的数据的逻辑表示。一个数据库可以有多个外模式;一个外模式可以为多个应用程序所使用,但一个应用程序只能使用一个外模式。

内模式也称存储模式,它是数据物理结构和存储方式的描述,是数据在数据库内部的组织方式。一个数据库只有一个内模式。

4.3.4.2 数据库系统的二级映像与数据独立性

数据库系统的三级模式是数据的三个抽象级别,它把数据的具体组织留给数据库管理系统管理,使用户能逻辑地、抽象地处理数据,而不必关心数据在计算机中的具体表示方式与存储方式。

外模式/模式映像:对于每一个外模式,数据库系统都有一个外模式/模式映像,它定义了该外模式与模式之间的对应关系,这些映像定义通常包含在各自外模式的描述中。

数据的逻辑独立性:外模式/模式映像保证了数据库系统中数据与应用程序的逻辑独立性,简称数据的逻辑独立性。即当模式改变时,由数据库管理员对各个外模式/模式的映像作相应改变,可以使外模式保持不变,从而应用程序也不必修改。

模式/内模式映像:模式/内模式映像是唯一的,它定义了数据全局逻辑结构与存储结构之间的对应关系,该映像定义通常包含在模式的描述中。

数据的物理独立性:模式/内模式映像保证了数据库系统中数据与应用程序的物理独立性,简称数据的物理独立性。即当数据库的存储结构改变时,由数据库管理员对模式/内模式映像作相应改变,可以使模式保持不变,从而应用程序也不必改变。

4.4 数据库设计

4.4.1 数据库设计概述

数据库设计,广义地讲,是数据库及其应用系统的设计,即设计整个数据库应用系统;狭义地讲,是设计数据库本身,即设计数据库的各级模式并建立数据库,这是数据库应用系统设计的一部分。本节讲解的是狭义的数据库设计,是指对一个给定的应用环境,构造优化的数据库逻辑模式和物理结构,并据此建立数据库及其应用系统,使之能够有效地存储和管理数据,满足各种用户的应用需求,包括信息管理要求和数据操作要求。

大型数据库的设计和开发是一项庞大的工程,是涉及多学科的综合性技术。人们经过多年的努力和探索,提出了各种数据库设计方法。例如,新奥尔良方法、基于E-R模型的设计方法、3NF设计方法、面向对象的数据库设计方法、统一建模语言方法等。

按照结构化系统设计的方法,考虑数据库及其应用系统开发全过程,可以将数据库设计过程分为6个阶段,需求分析→概念结构设计→逻辑结构设计→物理结构设计→数据库实施→数据库运行与维护。需求分析和概念结构设计可以独立于任何数据库管理系统进行,逻辑结构设计和物理结构设计则与选用的数据库管理系统密切相关。

下面就分别讨论一下数据库设计各个阶段的内容、设计方法和工具。

4.4.2 需求分析

4.4.2.1 需求分析的任务

需求分析,顾名思义就是分析用户的需要与要求,它是设计数据库的起点,需求分析的结果是否准确地反映了用户的实际要求将直接影响到后面各个阶段的设计,并影响到设计结果是否合理和实用。

需求分析的重点是调查、收集与分析用户在数据管理中的信息要求、处理要求、安全性与完整性要求。信息要求是指用户需要从数据库中获得信息的内容与性质,由信息要求可以导出数据要求,即在数据库中需要存储哪些数据。处理要求是指用户对处理功能的要求、对处理的响应时间的要求以及对处理方式的要求(批处理、联机处理)。

例如,超市进销存系统数据库设计,我们可以进行粗略的需求分析。

(1)数据存储需求。进货信息,某个销售员从某个供应商进了某些货物,需存储销售员信息、供应商信息、商品信息、进货信息。销售信息,某个销售员销售了某些货物,需存储销售员信息、商品信息、销售信息。

(2)系统处理需求。系统管理员:登录系统,录入销售员信息,录入供应商信息。销售员:登录系统,录入进货信息,查看进货信息,录入销售信息,查看销售信息,进货信息统计,销售信息统计,库存统计。

4.4.2.2 需求分析的方法

进行需求分析首先要调查清楚用户的实际需求,与用户达成共识,然后分析与表达这些需求。

做需求分析的调查时,往往需要同时采用多种方法,但无论使用何种调查方法,都必须有用户的积极参与和配合,设计人员应该和用户取得共同的语言,帮助不熟悉计算机的用户建立数据库环境下的共同概念,并对设计工作的最后结果共同承担责任。常用的调查方法有跟班作业、开调查会、请专人介绍、询问、设计调查表请用户填写、查阅记录等。

调查了解用户需求后,还需要进一步分析和表达用户需求。在众多分析方法中,结构化分析(structured analysis,SA)方法是一种简单实用的方法。SA 方法从最上层的系统组织机构入手,采用自顶向下、逐层分解的方式分析系统,并用数据流图和数据字典描述系统需求。

对用户需求进行分析与表达后,需求分析报告必须提交给用户,征得用户的认可。

确定用户的最终需求是一件很困难的事情。一方面,由于用户缺少计算机知识,开始时无法确定计算机究竟能为自己做什么,不能做什么,因此无法一下子准确地表达自己的需求,他们所提出的需求往往不断地变化。另一方面,设计人员缺少用户的专业知识,不易理解用户的真正需求,甚至误解用户的需求。因此,设计人员必须采用有效的方法,与用户不断深入地进行交流,才能逐步确定用户的实际需求。

4.4.3 概念结构设计

需求分析阶段描述的用户需求是现实世界的具体需求,将需求分析得到的用户需求抽象为信息结构(即概念模型)的过程就是概念结构设计,它是整个数据库设计的关键。

4.4.3.1 概念模型

概念模型,它是按用户的观点来对数据和信息建模,是后续的逻辑数据模型的基础,但它比后续的逻辑数据模型更独立于机器、更抽象,从而更加稳定。

概念模型的主要特点:

(1)能真实、充分地反映现实世界,包括事物和事物之间的联系,能满足用户对数据的处理要求,是现实世界的一个真实模型。

(2)易于理解,可以用它和不熟悉计算机的用户交换意见。用户的积极参与是数据库设计成功的关键。

(3)易于更改,当应用环境和应用要求改变时,容易对概念模型进行修改和扩充。

(4)易于向关系、网状、层次等各种逻辑数据模型转换。

描述概念模型的有力工具是 E-R 模型。

4.4.3.2 E-R 模型中的基本概念

P.P.S.Chen 提出的 E-R 模型是用 E-R 图来描述现实世界的概念模型,它主要涉及以下一些概念。

(1)实体:客观存在并可相互区别的事物称为实体。实体可以是具体的人、事、物,也可以是抽象的概念或联系,例如,一个职工、一个学生、一个部门、一门课、学生的一次选课等。

(2)实体集:同一类型实体的集合称为实体集,例如,全体学生就是一个实体集。通常将实体集简称为实体,即通常所说的实体是指实体集。

(3)属性:实体所具有的某一特性称为属性。实体可以由若干个属性来刻画。例如,学生实体可以由学号、姓名、性别、出生年月、所在院系等属性组成。

(4)实体型:用实体名及其属性名集合来抽象和刻画同类实体,称为实体型。例如,学生(学号,姓名,性别,出生年月,所在院系)就是一个实体型。实体型仅仅是用来对实体进行描述的,其核心概念还是实体。

(5)码:能唯一标识实体的属性集称为码。例如,学号是学生实体的码。

(6)域:属性的取值范围称为该属性的域。例如,性别属性的域为集合{"男","女"}。

(7)联系:实体之间的联系通常是指不同实体集之间的联系。实体之间的联系可以分为一对一联系(1:1)、一对多联系(1:n)、多对多联系(m:n)。

如果对于实体集A中的每一个实体,实体集B中至多有一个实体(也可以没有)与之联系,反之亦然,则称实体集A与实体集B具有一对一联系,记为1:1。例如,一个班级只有一个班长,而一个班长也只在一个班级中任职,则班级实体与班长实体间具有一对一联系。

如果对于实体集A中的每一个实体,实体集B中有n个实体($n \geqslant 0$)与之联系,反之,对于实体集B中的每一个实体,实体集A中至多只有一个实体与之联系,则称实体集A与实体集B具有一对多联系,记为1:n。例如,一个班级中有多个学生,而一个学生只属于一个班级,则班级实体与学生实体间具有一对多联系。

如果对于实体集A中的每一个实体,实体集B中有n个实体($n \geqslant 0$)与之联系,反之,对于实体集B中的每一个实体,实体集A中也有m个实体($m \geqslant 0$)与之联系,则称实体集A与实体集B具有多对多联系,记为m:n。例如,一个学生可以同时选修多门课程,而一门课程也可以同时有若干名学生选修,则学生实体与课程实体间具有多对多联系。

4.4.3.3 E-R 模型

实体、属性、联系可以用图形来表示,形成E-R模型(或E-R图),规则如下:

(1)实体:用矩形表示,矩形框内写明实体名。

(2)属性:用椭圆形表示,椭圆中写明属性名,并用无向边将其与相应的实体连接起来。

(3)联系:用菱形表示,菱形框内写明联系名,并用无向边分别与有关实体连接起来,同时在无向边旁标上联系的类型(1:1、1:n或m:n)。

(4)如果一个联系具有属性,则这些属性也要用无向边与该联系连接起来。

班级与班长、班级与学生、学生与课程之间的E-R模型依次如图4-53(a)、4-53(b)、4-53(c)所示。

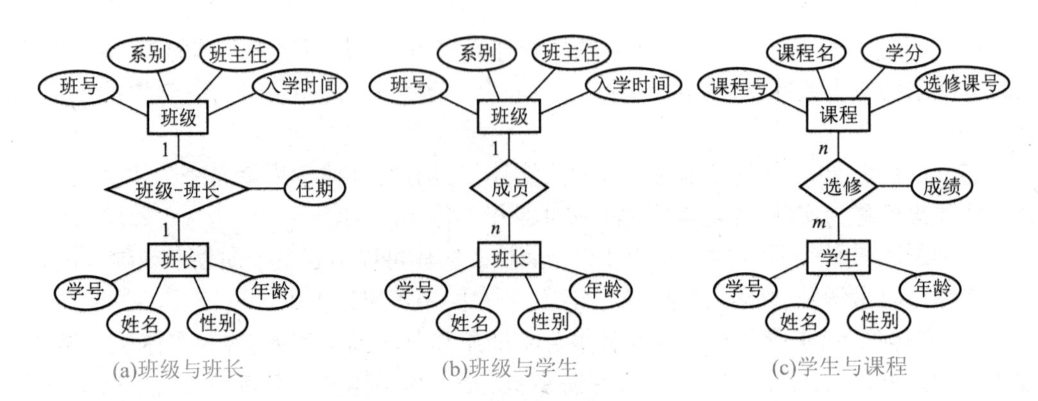

图 4-53　E-R 模型示例

对于超市进销存系统数据库设计，依据上一小节的需求分析，我们可以得出图 4-54(a)、4-54(b)、4-54(c)、4-54(d)、4-54(e)、4-54(f)所示的 E-R 模型。

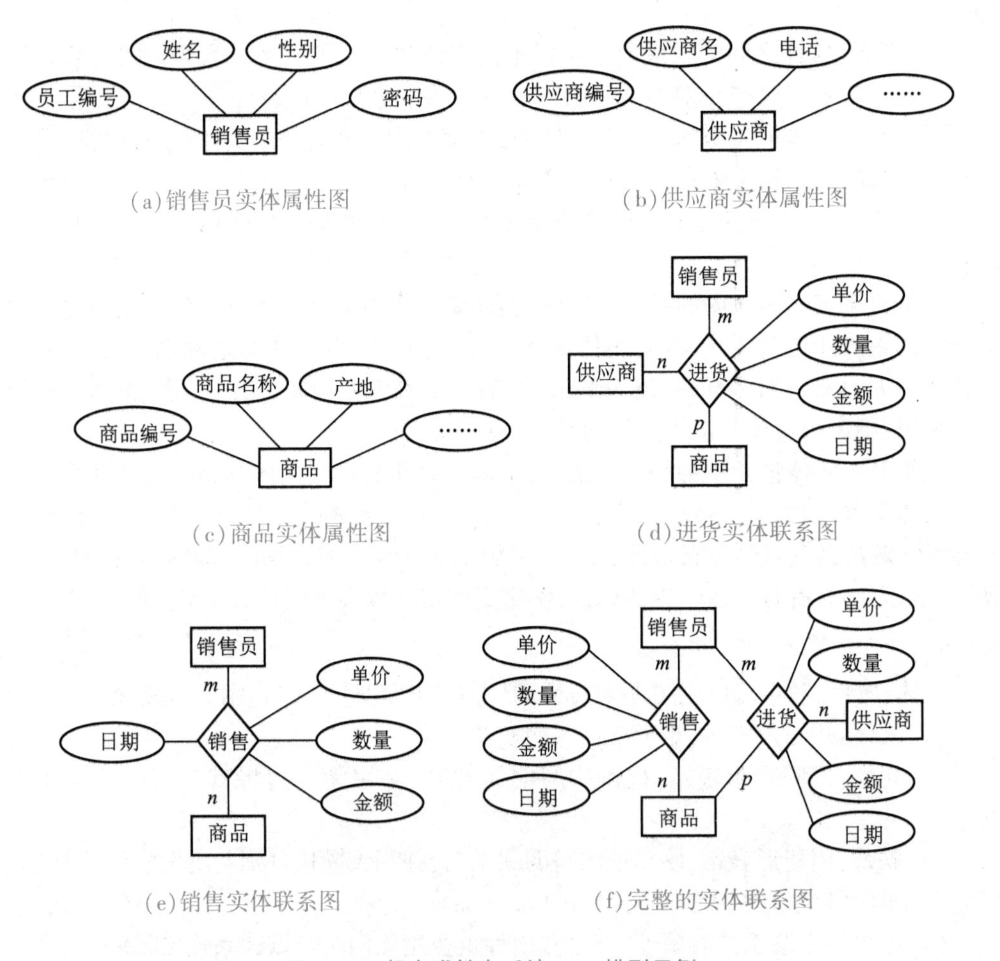

图 4-54　超市进销存系统 E-R 模型示例

4.4.4 逻辑结构设计

逻辑结构设计是将概念结构(如E-R图)转换为选用的数据库管理系统产品所支持的逻辑数据模型的数据结构(如关系模型的二维表),并对逻辑数据模型进行优化、设计用户子模式。

逻辑数据模型通常简称数据模型,常用的有层次模型、网状模型、关系模型、面向对象模型、对象关系模型、半结构化模型等,这里只介绍关系模型。

4.4.4.1 关系模型

关系模型是最重要的一种数据模型,是建立在严格的数学概念的基础上的。关系数据库系统就是采用关系模型作为数据的组织方式。

从用户的观点看,关系模型由一组关系组成,每个关系的数据结构是一张规范化的二维表,如图4-55所示。

学生

学号	姓名	性别	专业	籍贯	出生日期	政治面貌
……	……	……	……	……	……	……
……	……	……	……	……	……	……

课程

课程号	课程名	学分
……	……	……
……	……	……

选修

学号	课程号	成绩
……	……	……
……	……	……

图4-55 关系模型示例

关系模型中有一些重要术语,如关系、属性、元组、码、关系模式。

关系:一个关系对应一张二维表。例如,图4-55中的学生、课程、选修都是关系。

属性:表中的一列即为一个属性,给每一个属性起一个名称即属性名。

元组:表中的一行(即一条记录)即为一个元组。

码:表中的某个属性组,它可以唯一确定一个元组。例如,在图4-55的学生关系中学号可以唯一确定一个学生,也就成了学生关系的码。

关系模式:对关系的描述,一般表示为关系名(属性1,属性2,…,属性 n)。例如,图4-55中的学生关系可描述为学生(学号,姓名,性别,专业,籍贯,出生日期,政治面貌),学号为关系的码,用下划线标注。

在关系模型中,将数据以表格形式组织在一起后,接下来就可以对数据进行操作了。关系模型的数据操作分为查询、插入、更新、删除四大类,即在表中查询、插入、修改、删除数据。

在关系模型中进行数据操作时需要遵守一些对数据设置了的约束,比如码值不能为空,码值不能重复,性别只能在{"男","女"}中取值,在图4-55中选修表中的学号值必须来自于学生表中的学号值,这称为关系模型的数据完整性约束。

4.4.4.2 E-R 图向关系模型的转换

关系模型的数据结构虽然简单却能够表达丰富的语义,描述出 E-R 图中的实体以及实体间的各种联系。也就是说,在关系模型中,E-R 图中的实体以及实体间的各种联系均用单一的结构类型,即关系(二维表)来表示。

E-R 图向关系模型转换的一般原则如下。

(1)实体的转换:一个实体转换为一个关系模式,实体的属性就是关系的属性,实体的码就是关系的码。

(2)联系的转换:一个 $m:n$ 联系转换为一个独立的关系模式(与该联系相连的各实体的码以及联系本身的属性均转换为关系的属性,各实体的码组成关系的码或关系码的一部分)。一个 $1:n$ 联系可以转换为一个独立的关系模式(则与该联系相连的各实体的码以及联系本身的属性均转换为关系的属性,而关系的码为 n 端实体的码),也可以与 n 端对应的关系模式合并(则需要在该关系模式的属性中加入另一个关系模式的码和联系本身的属性)。一个 1:1联系可以转换为一个独立的关系模式(则与该联系相连的各实体的码以及联系本身的属性均转换为关系的属性,每个实体的码均是该关系的候选码),也可以与任意一端对应的关系模式合并(则需要在该关系模式的属性中加入另一个关系模式的码和联系本身的属性)。三个或三个以上实体间的一个多元联系转换为一个独立的关系模式(与该联系相连的各实体的码以及联系本身的属性均转换为关系的属性,各实体的码组成关系的码或关系码的一部分)。

(3)具有相同码的关系模式可合并。

例如,图 4-53(a)、4-53(b)、4-53(c)所示的 E-R 模型转换为关系模式,结果如下。

图 4-53(c)转换成的关系模式:

学生(学号,姓名,性别,年龄)

课程(课程号,课程名,学分,选修课号)

选修(学号,课程号,成绩)

说明:对于选修关系,它的码为属性组(学号,课程号),并且学号、课程号均是它的外码,即要求学号、课程号的值必须来自于学生关系中的学号值和课程关系中的课程号值。

图 4-53(b)转换成的关系模式:

班级(班号,系别,班主任,入学时间)

学生(学号,姓名,性别,年龄,班号)

说明:对于学生关系,班号是它的外码,即要求班号的值必须来自班级关系中的班号值。

图 4-53(a)转换成的关系模式:

班长(学号,姓名,性别,年龄)

班级(班号,系别,班主任,入学时间,班长学号,班长任期)

说明:对于班级关系,班长学号是它的外码,即要求班长学号的值必须来自班长关系中的学号值。

4.4.5 物理结构设计

物理结构设计是为逻辑数据模型选取一个最适合应用要求的物理结构,包括数据库在物理设备上的存储结构和存取方法,它依赖于具体的数据库管理系统,不同的数据库产品所提供的物理环境、存取方法和存储结构有很大差别,能供设计人员使用的设计变量、参数范围也很不相同。

对于关系数据库而言,物理结构设计主要是为关系模式选择存取方法,以及设计关系、索引等数据库文件的物理存储结构。

关系模式常用的存取方法主要有索引方法(B+树索引、hash 索引)和聚簇方法。

关系数据库的存储结构主要指数据的存放位置和存储结构(关系、索引、聚簇、日志、备份等的存储安排和存储结构),以及系统配置等。数据的存放位置和存储结构要综合考虑存取时间、存储空间利用率、维护代价三方面的因素,比如,为了提高系统性能,应该根据应用情况将数据的易变部分与稳定部分、经常存取部分和存取频率较低部分分开存放。数据库管理系统一般都提供了一些系统配置变量和存储分配参数,供设计人员和数据库管理员对数据库进行物理优化。

4.4.6 数据库的实施和维护

在数据库实施阶段,设计人员运用数据库管理系统提供的数据库语言及其宿主语言,根据逻辑设计和物理设计的结果建立数据库,编写与调试应用程序,组织数据入库,并进行试运行。

数据库应用程序的设计应该与数据库设计同时进行,因为在组织数据入库的同时还要调试应用程序。

在数据库的试运行过程中,需要注意两点:第一,应分期分批地组织数据入库,先输入小批量数据作调试用,待试运行基本合格后再大批量输入数据,逐步增加数据量,逐步完成运行评价。第二,要做好数据库的转储和恢复工作。

数据库试运行合格后,数据库开发工作就基本完成,可以投入正式运行了。但是由于应用环境在不断变化,数据库运行过程中物理存储也会不断变化,对数据库设计进行评价、调整、修改等维护工作是一个长期的任务,也是设计工作的继续和提高。

数据库的维护工作主要包括以下几个方面:

(1)数据库的转储和恢复;

(2)数据库的安全性、完整性控制;

(3)数据库性能的监督、分析和改造;

(4)数据库的重新组织与重新构造。

特别声明

本章 4.3 节、4.4 节的部分内容引自国家级规划教材、数据库经典教材——《数据库系统概论》(第 5 版)(王珊,萨师煊编著),读者欲详细学习数据库技术,请查阅该书。

习题

一、选择题

二、填空题

第4章 选择题

第4章 填空题 参考答案

1.线性结构中元素之间存在________关系，树形结构中元素之间存在________关系，图形结构中元素之间存在多对多关系。

2.在线性结构中，第一个结点________前驱结点，其余每个结点有且只有________个前驱结点；最后一个结点________后续结点，其余每个结点有且只有1个后续结点。

3.树内各结点度的________称为树的度。

4.数据管理技术的发展经历了人工管理阶段、文件系统阶段、________阶段。

5.长期储存在计算机内的、有组织的、可共享的大量数据的集合称为________。

6.位于用户与操作系统之间的一层数据管理软件称为________。

7.在概念模型中，客观存在并可相互区别的事物称为________。

8.在概念模型中，实体之间的联系主要有一对一联系、________联系和多对多联系三种类型。

9.数据库系统的三级模式是指数据库系统是由外模式、模式和________三级构成。

10.基于关系模型的数据库称为________数据库。

三、简答题

1.试举一个数据结构的例子，叙述其逻辑结构、存储结构、运算三方面的内容。

2.对于线性表的两种存储结构，若线性表的总数基本稳定，且很少进行插入和删除操作，但要求以最快的速度存取线性表中的元素，应选用何种存储结构？试说明理由。

3.简述队列和栈这两种数据结构的相同点和差异处。

4.数据管理经历了哪几个发展阶段？

5.简述数据、数据库、数据库管理系统、数据库系统的概念。

6.简述数据库设计的六个阶段。

5 软件工程

经过70多年的发展历程,计算机技术取得了令人瞩目的成就。计算机软件系统是信息化的重要组成部分,已经形成了比较完整的软件工程学科体系——软件工程(software engineering)。

本章将对软件工程相关的概念、软件生存期、软件开发方法及工具进行简要介绍,使读者对软件工程的总体框架获得初步的了解。

5.1 软件工程概述

在现代社会中,软件应用于多个方面。典型的软件有电子邮件、嵌入式系统、人机界面、办公套件、操作系统、编译器、数据库、游戏等。同时,各个行业几乎都有计算机软件的应用,如工业、农业、银行、航空、政府部门等,这些应用促进了经济和社会的发展,也提高了工作和生活效率。

软件工程概述

5.1.1 软件的概念与特点

虽然大家对于软件并不陌生,但很多人对于软件的理解并不准确。"软件就是程序,开发软件就是编写程序",这种错误的观点仍然存在。

计算机软件是计算机系统中与硬件相互依存的另一部分,是包括程序、数据及相关文档的完整集合。其中,程序是软件开发人员根据用户需求开发的、用程序设计语言描述的、适合计算机执行的指令(语句)序列;数据是使程序能正常处理的数据结构;文档是与程序开发、维护和使用有关的图文资料。

国家标准《信息技术　软件工程术语》(GB/T 11457—2006)中对软件的定义为:与计算机系统操作有关的计算机程序、规程和可能相关的文档。

软件在开发、生产、维护和使用等方面与计算机硬件相比明显不同,软件具有如下特点:

(1)软件是一种逻辑实体,而不是物理实体,具有抽象性。它与计算机硬件,或是其他工程对象有着明显的差别。人们可以把它记录在纸上或存储介质上,但却无法看到软件本身的形态,而只能通过运行状况来了解它的功能、特性和质量。

(2)软件是复杂的。软件涉及人类社会的各行各业、方方面面,软件开发常常涉及其他领域的专门知识。软件的复杂性一方面来自它所反映的实际问题的复杂性,另一方面来自程序逻辑结构的复杂性。

(3)软件成本昂贵。软件渗透了大量的脑力劳动,人的逻辑思维、智能活动和技术水平是软件产品的关键,其开发方式目前尚未完全摆脱手工生产方式。

(4)软件具有可复用性,开发出来很容易被复制。一旦某一软件项目研制成功,以后就可以大量地复制同一内容的副本,因此出现了软件产品的保护问题。

(5)软件不存在磨损和老化问题,但存在缺陷维护、技术更新和退化问题。软件虽然在生存周期不会因为磨损而老化,但为了适应硬件、环境以及需求的变化要进行修改,而这些修改又会不可避免地引入错误,导致软件失效率升高,从而使得软件退化。

(6)软件的开发和运行必须依赖于特定的计算机系统环境,对于硬件有依赖性。为了减少依赖,在软件开发中提出了软件移植的问题,并把软件的可移植性作为衡量软件质量的因素之一。

5.1.2 软件危机与软件工程

5.1.2.1 软件危机

20 世纪 60 年代以前,计算机刚刚投入实际使用,软件设计往往只是为了一个特定的应用而在指定的计算机上进行设计和编制,采用密切依赖于计算机的机器代码或汇编语言,软件的规模比较小,文档资料通常也不存在,很少使用系统化的开发方法,设计软件往往等同于编制程序,基本上是个人设计、个人使用、个人操作、自给自足的私人化的软件生产方式。

60 年代中期,大容量、高速度计算机的出现,使计算机的应用范围迅速扩大,软件开发急剧增长。高级语言开始出现;操作系统的发展引起了计算机应用方式的变化;大量数据处理导致第一代数据库管理系统的诞生。软件系统的规模越来越大,复杂程度越来越高,软件可靠性问题也越来越突出。原来的个人设计、个人使用的方式不再能满足要求,迫切需要改变软件生产方式,提高软件生产率,软件危机开始爆发。

IBM 公司的 OS/360 操作系统,共约 100 万条指令,花费了 5000 个人年(1 人年为一个人工作一年的工作量),开发经费达数亿美元,而结果却令人沮丧,错误多达 2000 个以上,系统根本无法正常运行。OS/360 系统的负责人这样描述开发过程的困难和混乱:"像巨兽在泥潭中做垂死挣扎,挣扎得越猛,泥浆就沾得越多,最后没有一个野兽能够逃脱淹没在泥潭中的命运……"

具体来说,软件危机主要表现在:

(1)软件开发进度难以预测。拖延工期几个月甚至几年的现象并不罕见,这种现象降低了软件开发组织的信誉。

(2)软件开发成本难以控制。投资一再追加,令人难于置信,往往是实际成本比预算成本高出一个数量级。而为了赶进度和节约成本所采取的一些权宜之计又往往损害了软件产品的质量,从而不可避免地会引起用户的不满。

(3)用户对产品功能难以满足。开发人员和用户之间很难沟通、矛盾很难统一。往往是软件开发人员不能真正了解用户的需求,而用户又不了解计算机求解问题的模式和能力,双方无法用共同熟悉的语言进行交流和描述。

(4)软件产品质量无法保证。软件是逻辑产品,质量问题很难以统一的标准度量,因而造成质量控制困难。软件产品并不是没有错误,而是盲目检测很难发现错误,而隐藏下来的错误往往是造成重大事故的隐患。

(5)软件产品难以维护。软件产品本质上是开发人员的代码化的逻辑思维活动,他人难以替代。除非是开发者本人,否则很难及时检测、排除系统故障。另外,为使系统适应新的硬件环境,或根据用户的需要在原系统中增加一些新的功能,又有可能增加系统中的错误。

(6)软件缺少适当的文档资料。文档资料是软件必不可少的重要组成部分,缺乏必要的文档资料或者文档资料不合格,将给软件开发和维护带来许多严重的困难和问题。实际上,软件的文档资料是开发组织和用户之间权利和义务的合同书,是系统管理者、总体设计者向开发人员下达的任务书,是系统维护人员的技术指导手册,是用户的操作说明书。

5.1.2.2 软件工程

为了消除软件危机,1968 年 10 月在北大西洋公约组织举行的软件可靠性学术会议上,Fritz Bauer 首次提出“软件工程”的概念,试图将工程化方法应用于软件开发。许多计算机和软件科学家经过不断实践与总结,认识到:按照工程化的原则和方法组织软件开发工作是有效的,是摆脱软件危机的一条主要出路。

关于软件工程的定义,《信息技术 软件工程术语》(GB/T 11457—2006)中指出,软件工程是应用于计算机软件的定义、开发和维护的一整套方法、工具、文档、实践标准和工序。Fritz Bauer 认为,软件工程是建立并使用完善的工程化原则,以较经济的手段获得能在实际机器上有效运行的可靠软件的一系列方法。1993 年,IEEE(Institute of Electrical and Electronics Engineers,电气与电子工程师协会)将软件工程定义为:“将系统化的、严格约束的、可量化的方法应用于软件的开发、运行、维护,即将工程化应用于软件”。这些思想都是强调在软件开发过程中需要应用工程化原则。

从软件工程的定义可见,软件工程是一门指导软件开发的工程学科,它以计算机理论及其他相关学科的理论为指导,采用工程化的概念、原理、技术和方法进行软件的开发和维护,把经实践证明的科学的管理措施与最先进的技术方法结合起来,实现以较少的投资获取高质量的软件的目的。

软件工程包括三个要素,即方法、工具和过程。方法是产生某些结果的形式化过程,为软件开发提供了“如何做”的技术。工具是用更好的方式完成某件事情的设备或自动化系统,为方法的运用提供自动或半自动的支撑环境。过程是将方法与工具相结合,实现合理、及时地进行软件开发的目的,为开发高质量软件规定各项任务的工作步骤。过程定义了方法的使用顺序、要求交付的文档资料、为保证质量和适应变化所需要的管理、软件开发各个阶段完成的里程碑。此外,还有一个称为“范型”的概念,它是构造软件的特定方法或哲学,比如面向对象开发和面向过程开发。

5.1.3 软件工程的目标与原则

5.1.3.1 软件工程的目标

软件工程的目标是在给定成本、进度的前提下，开发出具有适用性、有效性、可修改性、可靠性、可理解性、可维护性、可重用性、可移植性、可追踪性、可互操作性和满足用户需求的软件产品。追求这些目标有助于提高软件产品的质量和开发效率，减少维护的困难。

(1)适用性：软件在不同的系统约束条件下，使用户需求得到满足的难易程度。

(2)有效性：软件系统能最有效地利用计算机的时间和空间资源。很多场合，在追求时间有效性和空间有效性时会发生矛盾，这时不得不牺牲时间有效性换取空间有效性或牺牲空间有效性换取时间有效性，时/空折中是经常采用的技巧。

(3)可修改性：允许对系统进行修改而不增加原系统的复杂性。它支持软件的调试和维护，是一个难以达到的目标。

(4)可靠性：能防止因概念、设计和结构等方面的不完善造成的软件系统失效，具有挽回因操作不当造成软件系统失效的能力。

(5)可理解性：系统具有清晰的结构，能直接反映问题的需求。它有助于控制系统软件复杂性，并支持软件的维护、移植或重用。

(6)可维护性：软件交付使用后，能够对它进行修改，以改正潜伏的错误，改进性能和其他属性，使软件产品适应环境的变化等。可维护性是软件工程中一项十分重要的目标。

(7)可重用性：把概念或功能相对独立的一个或一组相关模块定义为一个软部件，可组装在系统的任何位置，降低工作量。

(8)可移植性：软件从一个计算机系统或环境搬到另一个计算机系统或环境的难易程度。

(9)可追踪性：根据软件需求对软件设计、程序进行正向追踪，或根据软件设计、程序对软件需求的逆向追踪的能力。

(10)可互操作性：多个软件元素相互通信并协同完成任务的能力。

5.1.3.2 软件工程的原则

自从1968年提出“软件工程”这一术语以来，研究软件工程的专家学者们陆续提出了100多条关于软件工程的准则或信条。美国著名的软件工程专家巴利·玻姆(Barry Boehm)综合这些专家的意见，并总结了美国天合公司(TRW)多年开发软件的经验，提出了软件工程的七条基本原则。

1.分阶段的生命周期计划严格管理

在软件开发与维护的漫长的生命周期中，需要完成许多性质各异的工作。这条基本原理意味着，应该把软件生命周期划分成若干个阶段，并相应地制定出切实可行的计划，然后严格按照计划对软件的开发与维护工作进行管理。在软件的整个生命周期中应该制定并严格执行六类计划，它们是项目概要计划、里程碑计划、项目控制计划、产品控制计划、验证计划、运行维护计划。

2.坚持进行阶段评审

统计结果显示,大部分错误是在编码之前造成的,大约占63%,错误发现得越晚,改正它要付出的代价就越大,要差2到3个数量级。因此,软件的质量保证工作不能等到编码结束之后再进行,应坚持进行严格的阶段评审,以便尽早发现错误。

3.实行严格的产品控制

开发人员最痛恨的事情之一就是改动需求。但是实践告诉我们,需求的改动往往是不可避免的。这就要求我们要采用科学的产品控制技术来顺应这种要求,也就是要采用变动控制,又叫基准配置管理。当需求变动时,其他各个阶段的文档或代码随之相应变动,以保证软件的一致性。

4.采用现代程序设计技术

从结构化软件开发技术到面向对象技术,从第一、第二代语言到第四代语言,人们已经充分认识到"方法大于气力"。采用先进的技术既可以提高软件开发的效率,又可以减少软件维护的成本。

5.结果应能清楚地审查

软件是一种看不见、摸不着的逻辑产品。软件开发小组的工作进展情况可见性差,难于评价和管理。为更好地进行管理,应根据软件开发的总目标及完成期限,尽量明确地规定开发小组的责任和产品标准,从而使所得到的标准能清楚地审查。

6.开发小组的人员应少而精

开发人员的素质和数量是影响软件质量和开发效率的重要因素,应该少而精。高素质开发人员的效率比低素质开发人员的效率要高几倍到几十倍,开发工作中犯的错误也要少得多;当开发小组为 N 人时,可能的通信信道为 $N(N-1)/2$,可见随着人数 N 的增大,通信开销将急剧增大。

7.承认不断改进软件工程实践的必要性

遵从上述六条基本原则,就能够较好地实现软件的工程化生产。但是,它们只是对现有经验的总结和归纳,并不能保证赶上技术不断前进发展的步伐。因此,玻姆提出应把承认不断改进软件工程实践的必要性作为软件工程的第七条原则。不仅要积极采纳新的软件开发技术,还要注意不断总结经验,收集进度和消耗等数据,进行出错类型和问题报告统计。这些数据既可以用来评估新的软件技术的效果,也可以用来指明必须着重注意的问题和应该优先进行研究的工具和技术。

5.1.4 软件工程研究的内容

软件工程是一门新兴的边缘学科,涉及的学科多,研究的范围广。归结起来,软件工程研究的主要内容有以下四个方面:方法与技术、工具及环境、管理技术、标准与规范。

(1)软件开发方法主要讨论软件开发的各种方法及其工作模型,它包括多方面的任务,如软件系统需求分析、总体设计,以及如何构建良好的软件结构、数据结构及算法设计等,同时讨论具体实现的技术。

(2)软件工具为软件工程方法提供支持,研究计算机辅助软件工程,建立软件工程环境。

(3)软件工程管理是指对软件工程全过程的控制和管理,包括计划安排、成本估算、项目管理、软件质量管理。

(4)软件工程标准化与规范化,使得各项工作有章可循,以保证软件生产效率和软件质量的提高。软件工程标准可分为 4 个层次:国际标准、行业标准、企业标准和项目规范。

按照 ACM(Association for Computing Machinery,国际计算机协会)和 IEEE-CS(IEEE Computer Society,IEEE 计算机学会)发布的软件工程知识体系定义的软件工程学科的内涵,软件工程研究的内容则由 10 个知识域构成,分别是软件需求、软件设计、软件构造、软件测试、软件维护、软件配置管理、软件工程管理、软件工程过程、软件工程工具和方法、软件质量。

必须要强调的是,随着人们对软件系统研究的逐渐深入,软件工程所研究的内容也在不断更新和发展,比如近年来提到的软件心理学,它是软件工程领域具有挑战性的一个全新的研究视角,它是从个体心理、人类行为、组织行为和企业文化等角度来研究软件管理和软件工程的。

5.2 软件过程

软件过程

软件工程既是一个创造的过程,又是一个逐步进行的过程。软件过程是为了获得高质量软件所需要完成的一系列任务的框架,它规定了完成各项任务的工作步骤,描述为了开发出客户需要的软件,什么人在什么时候做什么事。

5.2.1 软件工程过程

概括地说,软件工程过程是指为获得软件产品,在软件工具的支持下所进行的一系列软件工程活动,包括以下四个方面:

(1)P(plan)——软件规格说明,规定软件的功能及其运行时的限制;

(2)D(do)——软件开发,开发出满足规格说明的软件;

(3)C(check)——软件确认,确认开发的软件能够满足用户的需求;

(4)A(action)——软件演进,软件在运行过程中不断改进以满足客户新的需求。

从软件开发的观点看,它就是使用适当的资源(包括人员、硬软件工具、时间等),为开发软件进行的一组开发活动,在过程结束时将输入(用户要求)转化为输出(软件产品)。事实上,软件工程过程是一个软件开发机构针对某类软件产品为自己规定的工作步骤,它应当是科学合理的,否则必将影响软件产品的质量。

所以,软件工程过程是将软件工程的方法和工具综合起来,以达到合理、及时地进行计算机软件开发的目的。软件工程过程应确定方法使用的顺序、要求交付的文档资料、为保证质量和适应变化所需要的管理、软件开发各个阶段应完成的任务。

5.2.2 软件生命周期

软件生命周期是指一个从用户需求开始，经过开发、交付使用，在使用中不断地增补修改，直至软件报废的全过程，也称软件生存期。一般包括问题定义、可行性分析与计划制定、需求分析、总体设计、详细设计、编码、测试和维护。

（1）问题定义，就是确定开发任务到底“要解决的问题是什么”，系统分析员通过对用户的访问调查，最后得出一份双方都满意的关于问题性质、工程目标和规模的书面报告。

（2）可行性分析与计划制定，就是分析上一个阶段所确定的问题到底“可行吗”，系统分析员对系统要进行更进一步的分析，更准确、更具体地确定工程规模与目标，论证在经济上和技术上是否可行，从而在理解工作范围和代价的基础上，做出软件计划。

（3）需求分析，即对用户要求进行具体分析，明确“目标系统要做什么”，确定目标系统必须具备哪些功能，把用户对软件系统的全部要求以需求说明书的形式表达出来。

（4）总体设计，就是把软件的功能转化为所需要的体系结构，也就是决定系统的模块结构，并给出模块的相互调用关系、模块间传递的数据及每个模块的功能说明。同时还要设计系统的总体数据结构和数据库结构，即系统要存储什么数据，这些数据是什么样的结构，它们之间有什么关系等。

（5）详细设计，就是决定模块内部的算法与数据结构，也是明确“怎样具体实现这个系统”。

（6）编码，就是选取适合的程序设计语言对每个模块进行编码，并进行模块调试。

（7）测试，就是通过各种类型的测试使软件达到预定的要求。它是保证软件质量的重要手段，其主要方式是在设计测试用例的基础上检验软件的各个组成部分，可分为模块测试、组装测试、确认测试等。

（8）维护，就是软件交付给用户使用后，对软件不断查错、纠错和修改，使系统持久地满足用户的需求。它是软件生存期中时间最长的阶段，它可以持续几年甚至几十年。

5.2.3 软件过程模型

软件过程模型也称为软件生存期模型或软件开发模型，是描述软件过程中各种活动如何执行的模型。它确立了软件开发和演绎中各阶段的次序限制以及各阶段活动的准则，确立开发过程所遵守的规定和限制，便于各种活动的协调及各种人员的有效通信，有利于活动重用和活动管理。目前常见的软件过程模型有瀑布模型、快速原型模型、V 模型、增量模型、螺旋模型、喷泉模型、智能模型等。

5.2.3.1 瀑布模型

瀑布模型是经典的软件开发模型，是 1970 年由 W.Royce 提出的最早的软件开发模型，如图 5-1 所示，它将开发阶段描述为从一个阶段瀑布般地转换到另外一个阶段。如该图所暗示的，一个开发阶段必须在另一个开发阶段开始之前完成。因此，当从客户引发的所有需求都已经过完整性和一致性分析，并形成需求文档之后，开发团队才能够开始进行系统设计活动。

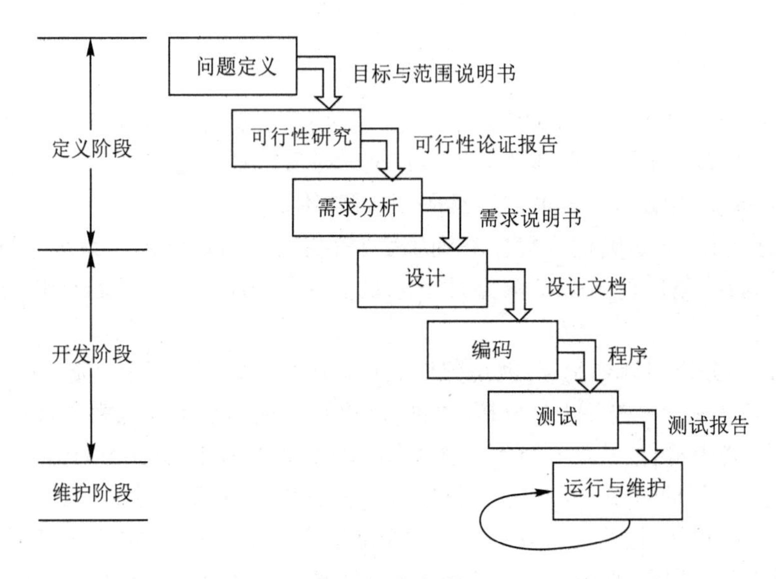

图 5-1 瀑布模型

瀑布模型之所以能广泛流行,一方面是由于它在支持开发结构化软件、控制软件开发复杂度、促进软件开发工程化方面起了显著作用;另一方面是它为软件开发和维护提供了一种当时较为有效的管理模式,根据这一模式制定开发计划,进行成本预算,组织开发人员以阶段评审和文档控制为手段,有效地对软件开发过程进行指导,从而使软件质量有一定程度的保证。

瀑布模型说明了每一个主要的开发阶段是如何终止于某些制品(例如需求、设计或代码等)的,但并没有揭示每一个活动如何把一种制品转化为另外一种制品。瀑布模型最大的问题是它并不能反映实际的代码开发方式,除了一些理解非常充分的问题之外,实际上软件是通过大量的迭代进行开发的。软件是一个创造的过程,而不是一个制造的过程,瀑布模型并没有说明我们创造最终产品过程中所需的往返活动的任何特有信息,它将一个充满回溯的软件开发过程硬性分隔为几个阶段,无法解决软件需求不明确或者变动的问题。

5.2.3.2 快速原型模型

原型模型本身是一个迭代的模型,是为了解决在产品开发的早期阶段存在的不确定性、二义性和不完整性等问题,通过建立原型使开发者进一步确定其应开发的产品,使开发者的想象更具体化,也更易于被客户所理解。原型只是真实系统的一部分或一个模型,完全可能不完成任何有用的事情。原型通常包括抛弃型和进化型两种。抛弃型指原型建立、分析之后要扔掉,整个系统重新分析和设计;进化型则是对需求的定义较清楚的情形,原型建立之后要保留,作为系统逐渐增加的基础。采用进化型一定要重视软件设计的系统性和完整性,并且在质量要求方面没有捷径,因此,对于描述相同的功能,建立进化型原型比建立抛弃型原型所花的时间要多。原型建立确认需求之后采用瀑布模型的方式完成项目开发。

具体而言,如图 5-2 所示(图中实线箭头表示开发过程,虚线箭头表示维护过程),快速原型模型的第一步是快速建立一个能反映用户主要需求的原型系统，让用户在计算机上试用它，通过实践来了解目标系统的概貌。通常，用户试用原型系统之后会提出许多修改意见，开发人员按照用户的意见快速地修改原型系统，然后再次请用户试用……一旦用户认为这个原型系统确实能做他们所需要的工作，开发人员便可据此书写规格说明文档，根据这份文档开发出的软件便可以满足用户的真实需求。

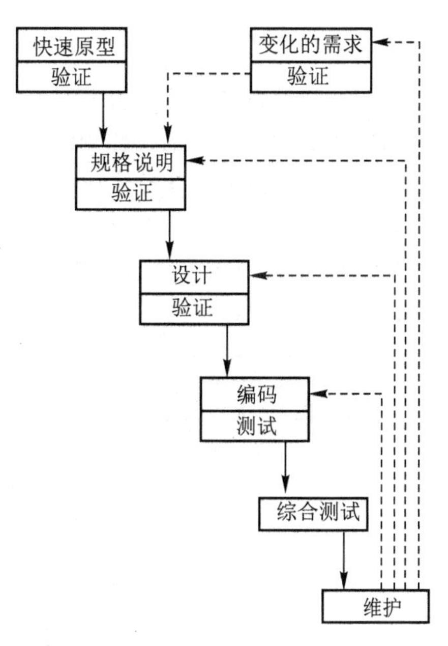

图 5-2 快速原型模型

5.2.3.3 V 模型

V 模型是瀑布模型的变种，它说明了测试活动是如何与分析和设计相联系的。如图 5-3 所示，编码处于 V 形符号的顶点，分析和设计在左边，测试和维护在右边。单元测试和集成测试针对的是程序的正确性。V 模型提出，单元和集成测试也可以用于验证程序设计，也就是说，在单元和集成测试的过程中，编码人员和测试小组成员应当确保程序设计的所有方面都已经在代码中正确实现。同样，系统测试应当验证系统设计，保证系统设计的所有方面都得到了正确实现。验收测试是由客户而不是开发人员进行的，它通过把测试步骤与需求规格说明中的每一个要素关联起来对需求进行确认。这种测试检查在接收系统和付款之前，所有需求是否都已经完全实现。

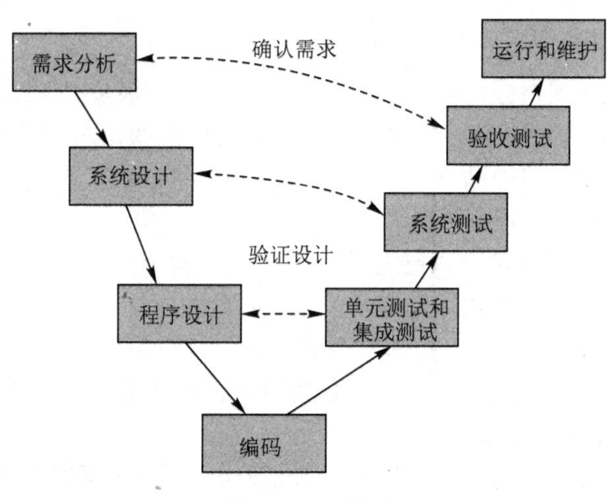

图 5-3 V 模型

V 模型中连接 V 形符号左边和右边的连线意味着，如果在验证和确认期间发现了问题，那么在再次执行右边的测试步骤之前，重新执行左边的步骤以修正和改进需求、设计和编码。换言之，V 模型使得隐藏在瀑布模型中的迭代和重做活动更加明确。

5.2.3.4 增量模型

增量模型也称为渐增模型，如图 5-4 所示。在增量模型中，软件被作为一系列的增量构件来设计、实现、集成和测试。每个构件由多个相互作用的模块构成，并且能完成特定的功能。增量模型在各个阶段并不交付一个可运行的完整产品，而是交付满足客户需求的一个子集的可运行产品。整个产品被分解成若干个构件，开发人员逐个构件地交付产品，这样做的好处是软件开发可以较好地适应变化，客户可以不断地看到所开发的软件，从而降低开发风险。

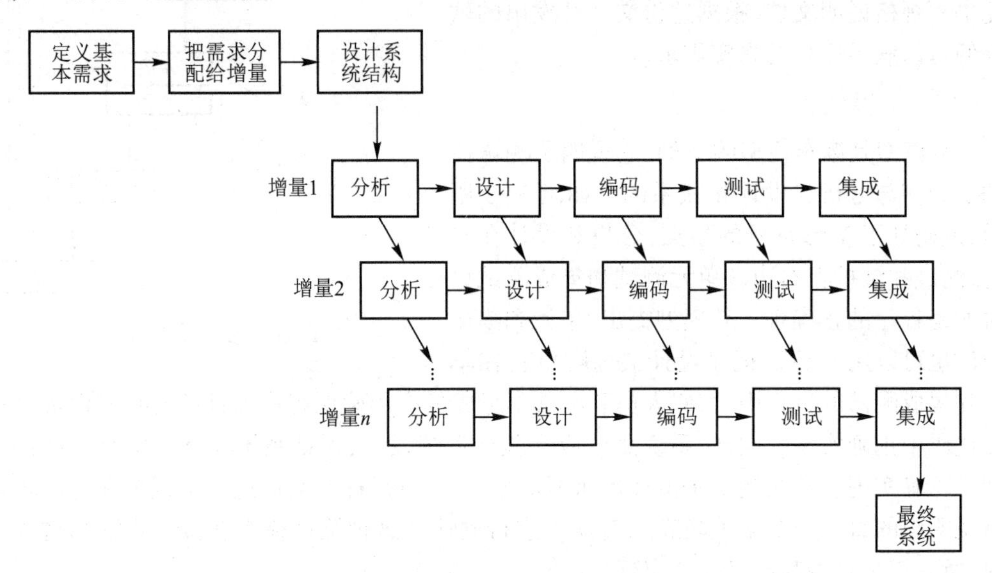

图 5-4 增量模型

一些大型系统往往需要很多年才能完成或者客户急于实现系统，各子系统往往采用增量开发的模式，先实现核心的产品，即实现基本的需求，很多补充的特性（其中一些是已知的，另外一些是未知的）在下一期发布。增量模型强调每一个增量均发布一个可操作产品，每个增量构件仍然遵循设计、编码、测试的瀑布模型。

但是，增量模型也存在以下缺陷：

（1）由于各个构件是逐渐并入已有的软件体系结构中的，所以加入构件必须不破坏已构造好的系统部分，这需要软件具备开放式的体系结构。

（2）在开发过程中，需求的变化是不可避免的。增量模型的灵活性可以使其适应这种变化的能力大大优于瀑布模型和快速原型模型，但也很容易退化为边做边改模型，从而使软件过程的控制失去整体性。

（3）如果增量包之间存在相交的情况且未很好处理，则必须做全盘系统分析。

5.2.3.5 螺旋模型

螺旋模型是由 Barry Boehm 于 1988 年提出的，它将瀑布模型和快速原型模型结合起来，强调了其他模型所忽视的风险分析，特别适合于大型复杂的系统。它将软件过程划分为若干个螺旋线，螺旋线的每个回路表示软件过程的一个阶段。因此，最里面的回路可能与系统可行性有关，接下来的回路与系统需求有关，再下一个回路与系统设计有关，等等。螺旋线的每个回路又被划分成制定计划、风险分析、实施工程和客户评估4类活动，如图5-5所示。

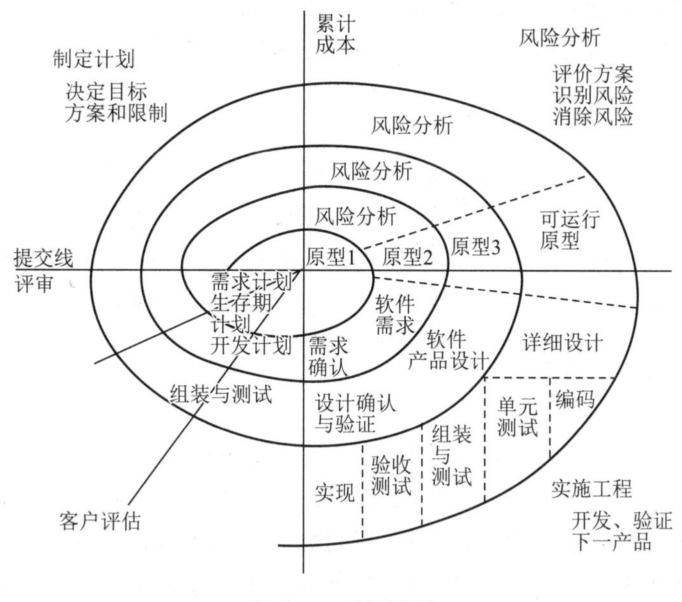

图5-5 螺旋模型

(1)制定计划：确定软件目标，选定实施方案，弄清项目开发的限制条件；

(2)风险分析：分析评估所选方案，考虑如何识别和消除风险；

(3)实施工程：实施软件开发和验证；

(4)客户评估：评价开发工作，提出修正建议，制定下一步计划。

螺旋模型有风险驱动、强调可选方案和约束条件，从而有助于将软件质量作为特殊目标融入产品开发之中。但是采用螺旋模型开发软件也存在一些问题和限制条件，具体如下：

(1)螺旋模型强调风险分析，但要求许多客户接受和相信这种分析，并做出相关反应是不容易的，因此，这种模型往往适应于内部的大规模软件开发。

(2)如果执行风险分析将极大地影响项目的利润，那么进行风险分析毫无意义，因此，螺旋模型只适合于大规模软件项目。

(3)采用螺旋模型需要具有相当丰富的风险评估经验和专门知识，在风险较大的项目开发中，如果未能及时标识风险，势必造成重大损失。

(4)过多的迭代次数会增加开发成本，延迟提交时间。

5.2.3.6 喷泉模型

喷泉模型是一种以用户需求为动力，以对象为驱动的模型，主要用于描述面向对象的软件开发过程。该模型认为软件开发过程自下而上周期的各阶段是相互迭代和无间隙的。软件的某个部分常常被重复工作多次，相关对象在每次迭代中随之加入渐进的软件成分。而无间隙则指在各项活动之间无明显边界，如分析和设计活动之间没有明显的界线。由于对象概念的引入，表达分析、设计、实现等活动只用对象类和关系，从而可以较为容易地实现活动的迭代和无间隙,使其开发自然地包括复用。

如图 5-6 所示,图中代表不同阶段的圆圈相互重叠,这表示两个活动之间存在交叠,而面向对象方法在概念和表示方法上的一致性,保证了在各项开发活动之间的无缝过渡。图中在一个阶段内的向下箭头代表该阶段内的迭代或求精。

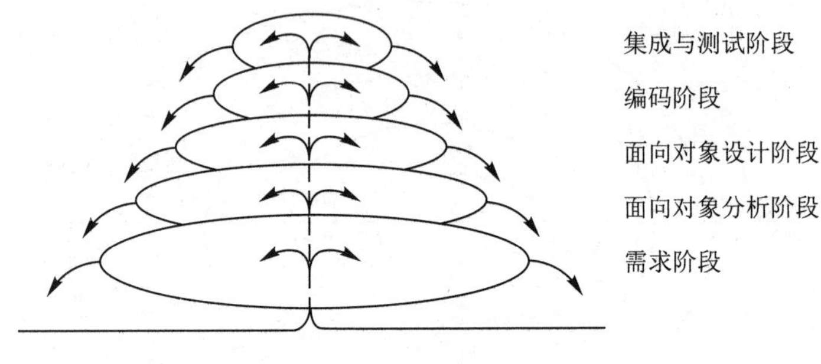

图 5-6 喷泉模型

喷泉模型的各个阶段没有明显的界线,开发人员可以同步进行开发。其优点是可以提高软件项目开发效率,节省开发时间,适应于面向对象的软件开发过程。但由于喷泉模型在各个开发阶段是重叠的,因此在开发过程中需要大量的开发人员,不利于项目的管理。此外这种模型要求严格管理文档,使得审核的难度加大,尤其是面对可能随时加入各种信息、需求与资料的情况。

5.2.3.7 智能模型

智能模型也称为"基于知识的软件开发模型",它把瀑布模型和专家系统结合在一起,利用专家系统来帮助软件开发人员的工作。该模型应用基于规则的系统,采用归纳和推理机制,使维护在系统规格说明一级进行。这种模型在实施过程中以软件工程知识为基础的生成规则构成的知识系统与包含应用领域知识规则的专家系统相结合,构成这一应用领域软件的开发系统。

智能模型以知识作为处理对象,这些知识既有理论知识,也有特定领域的经验。在开发过程中需要将这些知识从书本中和特定领域的知识库中抽取出来(即知识获取),选择适当的方法进行编码(即知识表示)建立知识库。将模型、软件工程知识与特定领域的知识分别存入数据库,在这个过程中需要系统开发人员与领域专家的密切合作。

智能模型开发的软件系统强调数据的含义,并试图使用现实世界的语言表达数据的含义。该模型可以勘探现有的数据,从中发现新的事实方法,以指导用户以专家的水平解决复杂的问题。它以瀑布模型为基本框架,在不同开发阶段引入了原型实现方法和面向对象技术以克服瀑布模型的缺点,适应于特定领域软件和专家决策系统的开发。

5.3 软件开发方法

软件工程在不断发展、完善,同时,软件研究人员也在不断探索新的软件开发方法,并取得了一系列研究成果,对软件产业的发展起着不可估量的作用。常用的软件开发方法有 Parnas 方法、结构化开发方法、面向数据结构的开发方法、面向对象开发方法等。

软件开发方法

5.3.1 Parnas 方法

Parnas 方法是最早的软件开发方法,是由 D.Parnas 于 1972 年提出的。由于当时软件在可维护性和可靠性方面存在着严重问题,因此 Parnas 提出的方法是针对这两个问题的。

首先,Parnas 提出了信息隐蔽原则。在总体设计时列出将来可能发生变化的因素,并在模块划分时将这些因素放到个别模块的内部。这样,在将来由于这些因素变化而需修改软件时,只需修改这些个别的模块,其他模块不受影响。信息隐蔽技术不仅提高了软件的可维护性,而且也避免了错误的蔓延,改善了软件的可靠性。

Parnas 提出的第二条原则是在软件设计时应对可能发生的种种意外故障采取措施。软件是很脆弱的,很可能因为一个微小的错误而引发严重的事故,所以必须加强防范。如在分配使用设备前,应该获取设备状态,检查设备是否正常。此外,模块之间也要加强检查,防止错误蔓延。

Parnas 对软件开发提出了深刻的见解,遗憾的是,他没有给出明确的工作流程,所以这一方法不能独立使用,只能作为其他方法的补充。

5.3.2 结构化开发方法

1978 年,E.Yourdon 和 L.L.Constantine 提出了结构化方法,即 SASD 方法,也可称为面向功能的软件开发方法或面向数据流的软件开发方法。它是迄今为止最传统、应用最广泛的一种信息系统开发方法,它采用系统工程的思想和工程化的方法,按用户至上的原则,结构化、模块化、自顶向下地对信息系统进行分析与设计。1979 年 Tom DeMarco 对此方法作了进一步的完善。

结构化开发方法由三部分组成,它首先用结构化分析(Structured Analysis,简称 SA)方法对软件进行需求分析,然后用结构化设计(Structured Design,简称 SD)方法进行总体设计,最后是结构化编程(Structured Programming,简称 SP)。这一方法不仅开发步骤明确,SA、SD、SP 相辅相成,一气呵成,而且给出了两类典型的软件结构(变换型和事务型),便于参照,使软件开发的成功率大大提高,因而深受软件开发人员的青睐。

按照 DeMarco 的定义,结构化分析就是使用数据流图(Data Flow Diagram,简称 DFD)、数据字典(Data Dictionary,简称 DD)、判定表和判定树等工具,来建立一种新的、称为结构化规格说明的目标文档。

结构化分析的步骤如下:

(1)通过对用户的调查,以软件的需求为线索,获得当前系统的具体模型;

(2)去掉具体模型中非本质因素,抽象出当前系统的逻辑模型;

(3)根据计算机的特点分析当前系统与目标系统的差别,建立目标系统的逻辑模型;

(4)完善目标系统并补充细节,写出目标系统的软件需求规格说明;

(5)评审直到确认完全符合用户对软件的需求。

结构化设计方法是以模块化、抽象、逐层分解求精、信息隐蔽化和保持模块独立为准则设计软件的数据架构和模块架构的方法学。结构化设计方法给出一组帮助设计人员在模块层次上区分设计质量的原理与技术，它通常与结构化分析方法衔接起来使用，以数据流图为基础得到软件的模块结构。在设计过程中，它从整个程序的结构出发，利用模块结构图表述程序模块之间的关系。

结构化设计的步骤如下：

(1)评审和细化数据流图。

(2)确定数据流图的类型。

(3)把数据流图映射到软件模块结构，设计出模块结构的上层。

(4)基于数据流图逐步分解高层模块，设计中下层模块。

(5)对模块结构进行优化，得到更为合理的软件结构。

(6)描述模块接口。

结构化设计的原则如下：

(1)使每个模块尽量只执行一个功能，坚持功能性内聚。

(2)每个模块用过程语句(或函数方式等)调用其他模块。

(3)模块间传送的参数作数据用。

(4)模块间共用的信息(如参数等)尽量少。

5.3.3 面向数据结构的开发方法

Jackson 方法是最典型的面向数据结构的软件开发方法。Jackson 方法把问题分解为可由三种基本结构形式表示的各部分的层次结构，三种基本的结构形式就是顺序、选择和循环。三种结构可以进行组合，形成复杂的结构体系。这一方法从目标系统的输入、输出数据结构入手，导出程序框架结构，再补充其他细节，就可得到完整的程序结构图。该方法对输入、输出数据结构明确的中小型系统特别有效，如商业应用中的文件表格处理。

J.D.Warnier 提出的软件开发方法与 Jackson 方法类似。差别有三点：一是它们使用的图形工具不同，分别使用 Warnier 图和 Jackson 图；二是使用的伪码不同；三是在构造程序框架时，Warnier 方法仅考虑输入数据结构，而 Jackson 方法不仅考虑输入数据结构，而且还考虑输出数据结构。

5.3.4 面向对象开发方法

面向对象技术是软件技术的一次革命，在软件开发史上具有里程碑的意义。随着面向对象编程(Object Oriented Programming，简称 OOP)向面向对象设计(Object Oriented Design，简称 OOD)和面向对象分析(Object Oriented Analysis，简称 OOA)的发展，最终形成面向对象的软件开发方法。面向对象方法在需求分析、可维护性和可靠性这三个软件开发的关键环节和质量指标上有了实质性的突破，基本上解决了在这些方面存在的严重问题。

面向对象方法是一种把面向对象的思想应用于软件开发过程中，指导开发活动的系统方法，是建立在对象概念基础上的方法学。对象是由数据和容许的操作组成的封装体,与客观实体有直接对应关系,一个对象类定义了具有相似性质的一组对象。而继承性是对具有层次关系的类的属性和操作进行共享的一种方式。所谓面向对象就是基于对象概念,以对象为中心,以类和继承为构造机制,来认识、理解、刻画客观世界和设计、构建相应的软件系统。

面向对象方法有三个要点:一是认为客观世界是由各种"对象"所组成的,任何事物都是对象,每一个对象都有自己的运动规律和内部状态,每一个对象都属于某个对象"类",都是该对象类的一个元素。复杂的对象可以由相对比较简单的各种对象以某种方式而构成。不同对象的组合及相互作用就构成了我们要研究、分析和构造的客观系统。二是通过类比,发现对象间的相似性,即对象间的共同属性,在"类""父类""子类"的概念构成对象类的层次关系时,若不加特殊说明,则处在下一层次上的对象可自然地继承位于上一层次上的对象的属性。三是认为对已分成类的各个对象,可以通过定义一组"方法"来说明该对象的功能,即允许作用于该对象上的各种操作。对象间的相互联系是通过传递"消息"来完成的,消息就是通知对象去完成一个允许作用于该对象的操作,至于该对象将如何完成这个操作的细节,则是封装在相应的对象类的定义中的,细节对于外界是隐蔽的。可见,面向对象方法具有很强的类的概念,因此它就能很自然地、直观地模拟人类认识客观世界的方式,亦即模拟人类在认知进程中的由一般到特殊的演绎功能或由特殊到一般的归纳功能,类的概念既反映出对象的本质属性,又提供了实现对象共享机制的理论根据。

当按照面向对象方法进行软件系统开发时,首先要进行面向对象的分析,其任务是了解问题域所涉及的对象、对象间的关系和作用,然后构造问题的对象模型,力争该模型能真实地反映出所要解决的实质问题。在这一过程中,抽象是最本质、最重要的方法,针对不同的问题性质选择不同的抽象层次,过简或过繁都会影响到对问题的本质属性的了解和解决。

其次是进行面向对象的设计,即设计软件的对象模型。根据所应用的面向对象软件开发环境的功能强弱不等,在对问题的对象模型分析的基础上,可能要对它进行一定的改造,但应以最少改变原问题域的对象模型为原则。然后在软件系统内设计各个对象、对象间的关系(如层次关系、继承关系等)、对象间的通信方式(如消息模式)等,总之就是设计各个对象应做些什么。

最后阶段是面向对象的实现,即软件功能的编码实现,它包括每个对象的内部功能的实现,确立对象哪些处理能力应在哪些类中进行描述,确定并实现系统的界面、输出的形式及其他控制机制等,实现在面向对象设计阶段所规定的各个对象所应完成的任务。

5.3.5 其他开发方法

5.3.5.1 面向方面的软件开发方法

面向方面编程是对软件工程的一种革新性思考。引入面向方面编程的目的是解决诸如安全性、日志、持久化、调试、跟踪、分布式处理、性能监控以及更有效地处理异常等问题的。其与常规的开发技术不同,常规技术会将这些不同的关注点实现于多个类中,而面向方面编程将使它们局部化。

面向方面软件开发可以认为是以面向对象开发为基础的一种新型的、看待业务系统的思考方法。可以如此看待这样的一个变化过程：面向对象为这个世界的描述提供了大量的基础对象和基础对象的组合形态（各种组件）。此时，如果从对象层面观察一个庞大的业务系统就会显得过于繁复，如果考虑对业务系统整体进行切割，每一个抽象的切面形成一个完整的业务系统的层面，则相关的分析与研究就基于这样的层面考虑，然后下面细化为对象和组件，上面组合形成业务系统。

面向方面软件开发为功能需求、非功能需求、平台特性等创造了更好的模块性，使得可以开发出更易于理解的系统，也更易于配置和扩展，以满足和解决涉众的需求。

5.3.5.2 敏捷开发方法

敏捷方法是一种从 1990 年开始逐渐引起广泛关注的新型软件开发方法，是应对快速变化的需求的一种软件开发能力。它们的具体名称、理念、过程、术语都不尽相同，相对于“非敏捷”，更强调程序员团队与业务专家之间的紧密协作、面对面的沟通、频繁交付新的软件版本、紧凑而自我组织型的团队、能够很好地适应需求变化的代码编写和团队组织方法，也更注重软件开发中人的作用。

敏捷开发者认为，个体和交互胜过过程和工具，可以工作的软件胜过面面俱到的文档，客户合作胜过合同谈判，响应变化胜过遵循计划。因此，敏捷开发是一种以人为核心、迭代、循序渐进的开发方法。在敏捷开发中，软件项目的构建被切分成多个子项目，各个子项目的成果都经过测试，具备集成和可运行的特征。简言之，就是把一个大项目分为多个相互联系，但也可独立运行的小项目，并分别完成，在此过程中软件一直处于可使用状态。

5.4 软件测试

软件测试

在软件系统的分析、设计、编码等开发过程中，尽管开发人员采取了许多保证软件产品质量的手段和措施，但是错误和缺陷仍然是不可避免的。例如，对用户需求不正确、不全面的理解，以及实现过程中的编码错误等。软件测试是在软件开发过程中保证软件质量、提高软件可靠性的主要手段之一，它是软件产品在交付用户使用之前，对分析、设计、编码等开发工作的最后检查和复审。

5.4.1 软件测试的目的和原则

5.4.1.1 软件测试的目的

IEEE 将软件测试定义为：使用人工或自动手段来运行或测定某个系统的过程，其目的在于检验它是否满足规定的需求或是弄清预期结果与实际结果之间的差别。它是帮助识别开发完成（中间或最终的版本）的计算机软件整体或部分的正确度、完全度和质量的软件过程，是软件质量保证的重要子域。

Grenford J.Myers 曾对软件测试的目的提出过以下观点：

(1)测试是为了发现程序中的错误而执行程序的过程。

(2)好的测试方案是极可能发现迄今为止尚未发现的错误的测试方案。

(3)成功的测试是发现了至今为止尚未发现的错误的测试。

(4)测试并不仅仅是为了找出错误。通过分析错误产生的原因和错误的发生趋势,可以帮助项目管理者发现当前软件开发过程中的缺陷,以便及时改进。这种分析也能帮助测试人员设计出有针对性的测试方法,改善测试的效率和有效性。

(5)没有发现错误的测试也是有价值的,完整的测试是评定软件质量的一种方法。

(6)根据测试目的的不同,还有回归测试、压力测试、性能测试等,分别为了检验修改或优化过程是否引发新的问题、软件所能达到处理能力和是否达到预期的处理能力等。

5.4.1.2 软件测试的原则

测试是一项非常复杂的、具有创造性的和需要高度智慧的挑战性工作。测试一个大型程序所要求的创造力,事实上可能要超过设计那个程序所要求的创造力。软件测试人员需要充分理解和运用的一些基本原则如下:

(1)所有测试都应追溯到需求。软件测试的目的是发现错误,而最严重的错误不外乎是程序无法满足用户需求。

(2)严格执行测试计划,排除测试的随意性。软件测试应当制定明确的测试计划并按照计划执行。测试计划包括所测软件的功能、输入和输出、测试内容、各项测试的目的和进度安排、测试资料、测试工具、测试用例的选择、资源要求、测试的控制方式和过程等。

(3)应尽早地和不断地进行软件测试。相关的研究数据表明,软件系统的错误和缺陷具有明显的放大效应。在需求阶段遗留的一个错误,到了设计阶段可能导致出现 n 个错误,而到了编码实现阶段则可能导致更多的错误。

(4)在设计测试用例时,应当包括合理的输入条件和不合理的输入条件。合理的输入条件是指能验证程序正确的输入条件,而不合理的输入条件是指异常的、临界的、可能引起问题异变的输入条件。在测试程序时,人们常常倾向于过多地考虑合法的和期望的输入条件,以检查程序是否做了它应该做的事情,而忽视了不合法的和预想不到的输入条件。事实上,软件在投入运行以后,用户的使用往往不遵循事先的约定,使用了一些意外的输入。如果开发的软件遇到这种情况时不能做出适当的反应,给出相应的信息,那么就容易产生故障,轻则给出错误的结果,重则导致软件失效。

(5)穷举测试是不可能的。所谓穷举测试是指把程序所有可能的执行路径都进行检查的测试。即使规模较小的程序,其路径排列数也是相当大的,在实际测试过程中不可能穷尽每一种组合。这说明,测试只能证明程序中有错误,不能证明程序中没有错误。

(6)充分注意测试中的群集现象。软件系统中的错误和缺陷通常是成群集中出现的,经常会在一个模块或一段代码中存在大量的错误和缺陷。经验表明,程序中存在错误的概率与该程序中已发现的错误数成正比。因此,为了提高测试效率,测试人员应该集中对付那些错误群集的程序。

(7)程序员应避免检查自己的程序。为了达到好的测试效果,应该由独立的第三方来构造测试。从心理学角度讲,程序人员或设计方在测试自己的程序时,要采取客观的态度是不同程度地存在障碍的。

(8)妥善保存测试计划、测试用例、出错统计和最终分析报告,为维护提供方便。

5.4.2 软件测试过程

在软件的测试活动中,存在着一种误解,即将软件测试等同于程序测试,认为软件测试的对象仅限于源程序代码。实际上,软件测试的对象应该包括需求分析、概要设计、详细设计、编码实现各个阶段所获得的开发成果,程序测试仅仅是软件测试的一个组成部分,软件测试应该贯穿于整个软件开发的全过程。

传统的软件测试过程按测试的先后次序可分为以下4个阶段进行。

(1)单元测试。单元测试是对软件设计的最小单位——模块进行正确性检验的测试,主要进行模块接口测试、局部数据结构测试、重要的执行路径的检查、出错处理测试、相关边界条件测试。单元测试通常采用白盒测试方法,以尽可能发现模块内部的程序差错。

(2)集成测试。将已测试过的模块组装起来,进行集成测试,其目的在于检验与软件设计相关的程序结构问题。集成测试所涉及的内容包括软件单元的接口测试、全局数据结构测试、边界条件和非法输入的测试等。集成测试通常采用黑盒测试方法来设计测试用例。

(3)确认测试。确认测试又称有效性测试,其任务是验证软件的功能和性能及其他特性是否满足了需求规格说明中确定的各种需求,以及软件配置是否完全、正确。有效性测试通常采用黑盒测试方法,软件配置复查的目的在于保证软件配置齐全、分类有序,以及软件配置所有成分的完备性、一致性、准确性和可操作性,并且包括软件维护所必需的细节。

(4)系统测试。系统测试是将通过确认测试的软件作为整个基于计算机系统的一个元素,与计算机硬件、外设、某些支持软件、数据和人员等其他系统元素结合在一起,在实际运行环境下,对计算机系统进行一系列的组装测试和确认测试。系统测试一般包括功能测试、性能测试、操作测试、配置测试、外部接口测试、安全性测试等。

对于每个阶段,可以按照以下流程进行测试:

(1)对要执行测试的产品/项目进行分析,确定测试策略,制定测试计划。测试工作启动前一定要确定正确的测试策略和指导方针,这些是后期开展工作的基础。只有将本次的测试目标和要求分析清楚,才能决定测试资源的投入。

(2)设计测试用例。设计测试用例要根据测试需求和测试策略来进行,进度压力不大时,应该设计得详细,如果进度、成本压力较大,则应该保证测试用例覆盖到关键性的测试需求。

(3)如果满足"启动准则",那么执行测试。主要是搭建测试环境,执行测试用例,同时要进行进度控制、项目协调等工作。

(4)提交缺陷,主要进行缺陷审核和验证工作。

(5)消除软件缺陷。通常情况下,开发经理需要审核缺陷,并进行缺陷分配,程序员修改自己负责的缺陷。在程序员修改完成后,进入到回归测试阶段,如果满足"完成准则”,那么结束测试。

(6)撰写测试报告。对测试进行分析,总结本次的经验教训,在下一次的工作中改进。

5.4.3 软件测试方法

软件测试的方法和技术多种多样,可以从不同的角度加以分类。从是否执行程序的角度,可以分为静态测试和动态测试,从是否关心软件内部结构和具体实现的角度,可以分为白盒测试和黑盒测试。

(1)静态测试是指不运行被测程序本身,仅通过分析或检查源程序的文法、结构、过程、接口等来检查程序的正确性。静态测试通过程序静态特性的分析,找出欠缺和可疑之处,例如,不匹配的参数、不适当的循环嵌套和分支嵌套、不允许的递归、未使用过的变量、空指针的引用和可疑的计算等。静态测试结果可用于进一步的查错,并为测试用例选取提供指导。常用的静态测试方法有代码审查、桌前检查、静态分析、步行检查等。

(2)动态测试是指通过运行被测程序,检查运行结果与预期结果的差异,并分析运行效率和健壮性等性能,这种方法由三部分组成:构造测试用例、执行程序、分析程序的输出结果。测试用例是为测试设计的数据,由测试输入数据和与之对应的预期输出结果两部分组成。设计高效、合理的测试用例是动态测试的关键。常用的动态测试方法有白盒测试、黑盒测试。

(3)白盒测试又称结构测试、透明盒测试、逻辑驱动测试或基于代码的测试。盒子指的是被测试的软件,白盒指的是盒子是可视的,清楚盒子内部的东西以及里面是如何运作的。因此,白盒测试是根据软件产品的内部工作过程,检查内部成分,以确认每种内部操作符合设计规格要求。在使用这一方案时,测试者必须检查程序的内部结构,从检查程序的逻辑着手,得出测试数据。

白盒测试的基本原则:保证所测模块中每一独立路径至少执行一次;保证所测模块所有判断的每一分支至少执行一次;保证所测模块每一循环都在边界条件和一般条件下各执行一次;验证所有内部数据结构的有效性。常用的白盒测试方法有逻辑覆盖、循环覆盖和基本路径测试,其中逻辑覆盖包括语句覆盖、判定覆盖、条件覆盖、判定/条件覆盖、条件组合覆盖和路径覆盖。

(4)黑盒测试也称功能测试或数据驱动测试,它是在已知产品所应具有的功能,通过测试来检测每个功能是否都能正常使用。在测试时,把程序看作一个不能打开的黑盒子,在完全不考虑程序内部结构和内部特性的情况下,测试者在程序接口进行测试,它只检查程序功能是否按照需求规格说明书的规定正常使用,程序是否能适当地接收输入数据而产生正确的输出信息,并且保持外部信息(如数据库或文件)的完整性。在使用白盒测试设计用例时,只需要选择一个覆盖标准;而使用黑盒测试法,应同时使用多种黑盒测试方法,才能得到较好的测试效果。

黑盒测试法注重于测试软件的功能需求,主要试图发现下列几类错误:功能不对或遗漏、性能错误、初始化和终止错误、界面错误、数据结构或外部数据库访问错误。常用的黑盒测试方法有等价分类法、边值分析法、错误推测法、因果图法等。

习题

1.软件具有什么特点？

2.什么是软件危机？主要表现在哪些方面？

3.什么是软件工程？其目标是什么？

4.什么是软件过程？包括哪几个方面？

5.什么是软件生命周期？主要包括哪几个阶段？

6.常用的软件过程模型有哪些？它们有什么区别？

7.常用的软件开发方法有哪些？结构化开发方法与面向对象开发方法有什么区别？

8.什么是软件测试？软件测试的目的是什么？

9.传统的软件测试过程分为哪几个阶段？

10.常用的软件测试方法有哪些？

6 计算机前沿技术

计算机技术在各行各业的成功应用,体现了其先进的技术性;而围绕一些重大问题的理论研究有力地推动了计算机科学向深度和广度发展。随着计算机学科的迅猛发展,大数据、云计算、人工智能、物联网和虚拟现实等逐步进入人们的视野,这些前沿技术的发展正在深刻改写人类的生产和生活方式,以此拉开了人类的第三次信息化浪潮。

本章重点介绍这些计算机领域的先进技术,培养学生的创新意识和能力,以及对信息技术的兴趣和热情,帮助学生选择以后的发展方向。

6.1 大数据处理

伴随人类信息文明的跨越式发展,大数据无疑是当今社会的关注热点和信息技术高地,社会媒体无论是传统媒体还是新兴媒体,都充斥着有关大数据的各个维度的报道,包括概念、技术、应用、设想和展望等层面。

6.1.1 大数据时代的到来

近年来,大数据(big data)一词越来越多地被提及,并在互联网和信息行业引起普遍关注,人们用它来描述和定义信息爆炸时代产生的海量数据,并命名与之相关的技术发展与创新。事实上,大数据在物理学、生物学、环境生态学等领域以及军事、金融、通信等行业存在已有时日。

最早提出大数据时代到来的是全球知名咨询公司麦肯锡,麦肯锡称:“数据,已经渗透到当今每一个行业和业务职能领域,成为重要的生产因素。人们对于海量数据的挖掘和运用,预示着新一波生产率增长和消费者盈余浪潮的到来。”

大数据时代的来临依托于数据量的爆发式增长和完善,以及信息科技的跨越式持久发展。信息技术的发展促进了数据产生方式的变革,同时,数据产生方式的革新也激发了信息技术的不断完善和发展,这两者的发展是相辅相成的。

数据产生方式的变革体现在传统大型商业领域业务运营数据产生方式的变化、互联网时代数据产生方式的变化,物联网加快了数据产生方式的变革等方面,见图 6-1。

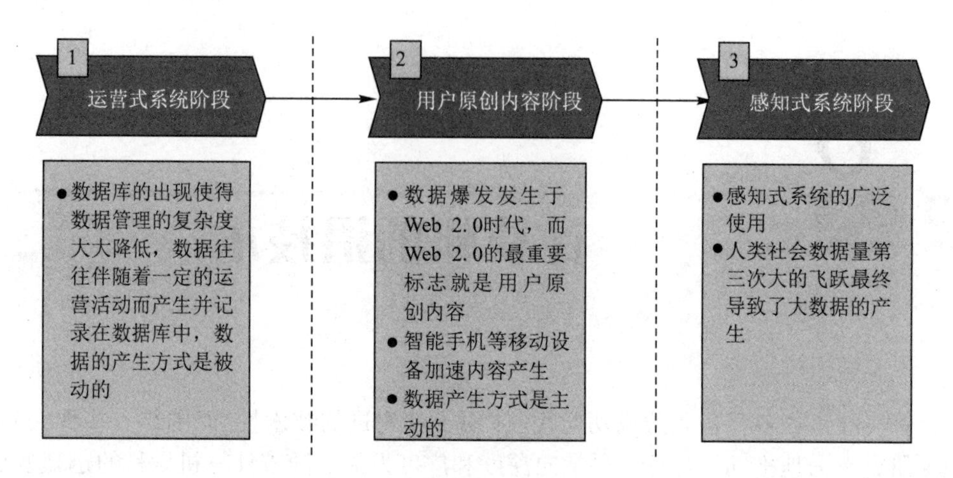

图 6-1 数据产生方式的变革

信息技术的发展主要体现在：

(1)信息采集技术的不断完善和实时程度的不断提升；

(2)信息存储技术的不断提升；

(3)信息处理速度和处理能力的急速提升；

(4)信息显示技术的完备和日臻成熟。

6.1.2 大数据的主要特征

“大数据”概念最早由维克托·迈尔·舍恩伯格和肯尼斯·库克耶在编写《大数据时代》中提出，指不用随机分析法(抽样调查)的捷径，而是采用所有数据进行分析处理。现阶段，通常认为大数据是无法在一定时间范围内用常规软件工具进行捕捉、管理和处理的数据集合，需要新的处理模式才能具有更强的决策力、洞察力和流程优化能力的海量、高增长率和多样化的信息资产。

大数据数据层次的特征是最先被整个大数据行业所认识和定义的，其中最经典的是由国际商业机器公司(International Business Machines Corporation，IBM)提出的大数据“5V”特征：

1.容量(volume)

数据量巨大是最被人们所认识和公认的一个特征，也是随着人类信息化技术不断发展所必然呈现出来的结果。大数据究竟有多大呢？正常的计算机处理 4 GB 数据需要 4 分钟，处理 1 TB 需要 3 小时，而达到 1 PB 的数据需要 4 个月零 3 天，起始计量单位只有达到 PB 的数据才可以被称之为大数据。目前，大数据的规模尚是一个不断变化的指标，单一数据集的规模从几十 TB 到数 PB 不等。

伴随着各种随身设备、物联网和云计算、云存储等技术的发展，人和物的所有轨迹都可以被记录，各种意想不到的来源都能产生数据。移动互联网的核心网络节点不再是网页，人人都成为数据制造者，短信、微博、照片、录像都是其数据产品；数据来自无数自动化传感器、自动记录设施、生产监测、环境监测、交通监测、安防监测等；数据来自自动流程记录，刷卡机、收款机、电子不停车收费系统、互联网点击、电话拨号等设施以及各种办事流程登记等。

2.速度(velocity)

处理速度快,时效性要求高,这是大数据区分于传统数据挖掘最显著的特征。速度体现在数据产生和处理两个方面:有的数据是爆发式产生的,如欧洲核子研究中心的大型强子对撞机在工作状态下每秒产生 PB 级的数据,微博、微信等社交媒体产生的流数据;在数据处理方面有著名的“1 秒定律”,即要在秒级时间范围内给出结果,超过了这个时间,数据就会失去价值,如搜索引擎要求几分钟前的新闻能够被用户查询到,个性化推荐算法尽可能要求实时完成推荐。

3.种类(variety)

随着互联网和物联网的发展,数据种类和来源多样化,从数字、文本扩展到图片、音频、视频、地理位置信息等,数据范畴囊括了结构化、半结构化和非结构化数据,见图 6-2 所示。多样化的数据来源正是大数据的威力所在,例如,交通状况与其他领域的数据都存在较强的关联性。日渐丰富的数据格式也对数据的处理能力提出了更高的要求,大数据不仅是处理巨量数据的利器,更为处理不同来源、不同格式的多元化数据提供了可能。

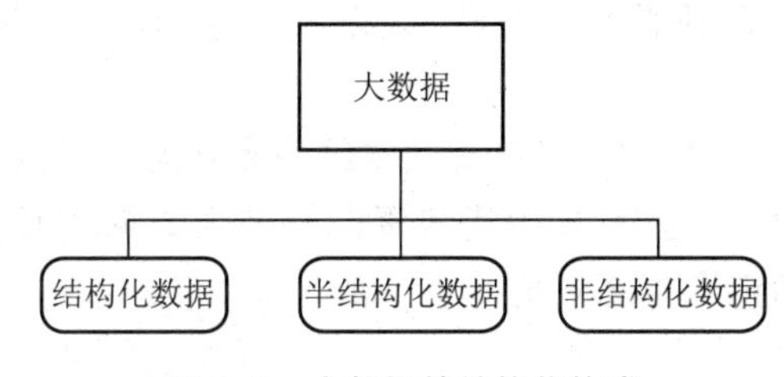

图 6-2 大数据的结构化构成

4.价值(value)

随着物联网的广泛应用,信息感知无处不在,信息海量,但价值密度较低。以视频为例,一小时的视频,在不间断的监控过程中,可能有用的数据仅仅只有一两秒。如何通过强大的机器算法更迅速地完成数据的价值“提纯”,是大数据时代亟待解决的难题。

大数据技术的战略意义不在于掌握庞大的数据信息,而在于对这些含有意义的数据进行专业化处理。换言之,如果把大数据比作一种产业,那么这种产业实现盈利的关键在于提高对数据的“加工能力”,通过“加工”实现数据的“增值”。

5.真实性(veracity)

大数据中的内容与真实世界中发生的事件是息息相关的,研究大数据就是从庞大的数据中提取出能够解释和预测事件的过程,数据的规模并不能决定其是否能为决策提供帮助,数据的真实性和质量才是获得真知和思路的最重要因素,数据的准确性和可信赖度才是制定决策的坚实基础。

大数据的数据层次特征促使其需要特殊的技术,包括大规模并行处理、数据挖掘、分布式存储和云计算等。从技术层次上,大数据的技术特征可以总结为:

(1)大数据时代的技术是开放性的。

(2)大数据时代的技术是平台化的。

(3)大数据时代的技术是基于新型的实验训练性质的数学算法实现的。

(4)大数据时代的技术最终目标是实现人工智能管理和机器人分工。

6.1.3 大数据的社会价值

随着信息技术和人类生产生活交汇融合,互联网快速普及,全球数据呈现爆发式增长、海量集聚的特点,对经济发展、社会治理、国家管理、人民生活都产生了重大影响。大数据的价值体现在以下几个方面。

(1)大数据为各个行业带来了行业规划和行业决策的整体升级及精准化。

(2)大数据为行业的整体发展注入更加公平和充沛的活力。

(3)大数据从实际意义上促进了信息技术产业与工业企业的深度融合。

(4)大数据极大地提升了企业自主创新能力,为新技术和新方法的出现提供高效信息咨询。

在全球信息化快速发展的大背景下,世界各国都把推进经济数字化作为实现创新发展的重要动能,大数据已成为国家重要的基础性战略资源,正引领新一轮科技创新,推动经济转型发展。大数据在保障和改善民生方面大有作为。推进"互联网+教育""互联网+医疗""互联网+文化"等,让百姓少跑腿、数据多跑路,有利于不断提升公共服务均等化、普惠化、便捷化水平。

我国网络购物、移动支付、共享经济等数字经济新业态新模式蓬勃发展,走在了世界前列。我们要瞄准世界科技前沿,集中优势资源突破大数据核心技术,加快构建自主可控的大数据产业链、价值链和生态系统。

6.2 云计算

随着信息化时代的不断深入,信息数据的量级已经远远超越了个人计算机和中小型服务器的存储容量和处理能力,而在全球网络互联互通的背景下,有很多大型网络服务器或者网络中心的机器处于无用或者小负载浪费存储和计算能力的处境中,此时云计算可以为数据的应用和闲置的网络资源建立桥梁,也为整个信息时代的发展提供新的思路,并且随着网络传输速度的不断提升,云计算表现出更为可观的发展前途和光景。

6.2.1 云计算的概念

云计算(cloud computing)这个概念首次在2006年8月的搜索引擎会议上提出,是继互联网、计算机后在信息时代又一种新的革新,云计算是信息时代的一个大飞跃,未来的时代可能是云计算的时代。目前有关云计算的定义有很多,下面是几个比较典型的云计算的定义。

定义6-1 云计算是一种通过互联网以服务的方式提供动态可伸缩的虚拟化的资源的计算模式。(维基百科)

定义6-2 云计算是一种应用资源模式,它可以根据需要用一种很简单的方法通过网络访问已配置的计算资源。这些资源由服务提供商以最小的代价或专业的运作快速

地配置和发布。(美国国家标准与技术研究院)

定义 6-3 云计算是拥有开放标准和基于互联网服务的,可以提供安全、快捷和便利的数据存储和网络计算服务的系统。(谷歌公司)

定义 6-4 云计算是分布式计算的一种,指的是通过网络"云"将巨大的数据计算处理程序分解成无数个小程序,然后,通过多部服务器组成的系统进行处理和分析这些小程序得到结果并返回给用户。(百度百科)

云计算既不是一个独立的实体产品,也不是一项新发明的 IT 技术,而是一种融合已有技术并获取更强计算能力的新方式,是一种全新的网络应用概念。从广义上说,云计算是与信息技术、软件、互联网相关的一种服务,这种计算资源共享池叫作"云"。实质上,云计算是分布式计算(distributed computing)、并行计算(parallel computing)、效用计算(utility computing)、网络存储(network storage technologies)、虚拟化(virtualization)、负载均衡(load balance)等传统计算和网络技术融合而成的产物。

云计算的核心概念就是以互联网为中心,在网站上提供快速且安全的云计算服务与数据存储,让每一个使用互联网的人都可以使用网络上的庞大计算资源与数据中心。因此,用户通过网络就可以获取到无限的资源,同时获取的资源不受时间和空间的限制。

6.2.2 云计算的特点

云计算的可贵之处在于高灵活性、可扩展性和高性价比等,与传统的网络应用模式相比,其具有如下优势与特点。

1.超大规模

"云"具有相当的规模,Google 云计算已经拥有 100 多万台服务器,Amazon、IBM、微软、Yahoo 等的"云"均拥有几十万台服务器。即使企业私有云一般也拥有数百上千台服务器。正因为"云"有众多的服务器,才能赋予用户前所未有的计算能力。

2.虚拟化

云计算支持用户在任意位置、使用各种终端获取应用服务。所请求的资源来自"云",而不是固定的有形的实体。应用在"云"中某处运行,但实际上用户无须了解,也不用担心应用运行的具体位置。只需要一台笔记本电脑或者一个手机,就可以通过网络服务来实现我们需要的一切,甚至包括超级计算这样的任务。

虚拟化突破了时间、空间的界限,是云计算最为显著的特点,虚拟化技术包括应用虚拟和资源虚拟两种。众所周知,物理平台与应用部署的环境在空间上是没有任何联系的,正是通过虚拟平台对相应终端操作完成数据备份、迁移和扩展等。

3.高可靠性

"云"使用了数据多副本容错、计算节点同构可互换等措施来保障服务的高可靠性,倘若服务器故障也不影响计算与应用的正常运行,因为单点服务器出现故障可以通过虚拟化技术将分布在不同物理服务器上面的应用进行恢复或利用动态扩展功能部署新的服务器进行计算。

4.通用性

云计算不针对特定的应用,在"云"的支撑下可以构造出千变万化的应用,同一个

“云”可以同时支撑不同的应用运行。

5.高可扩展性

云计算具有高效的运算能力,在原有服务器基础上增加云计算功能能够使计算速度迅速提高,最终实现动态扩展虚拟化的层次达到对应用进行扩展的目的。“云”的规模可以动态伸缩,满足应用和用户规模增长的需要。

6.按需部署

计算机包含了许多应用、程序软件等,不同的应用对应的数据资源库不同,所以用户运行不同的应用需要较强的计算能力对资源进行部署,而云计算平台能够根据用户的需求快速配备计算能力及资源。

7.性价比高

由于“云”的特殊容错措施可以采用极其廉价的节点来构成“云”,“云”的自动化集中式管理使大量企业无须负担日益高昂的数据中心管理成本,“云”的通用性使资源的利用率较之传统系统大幅提升,因此用户可以充分享受“云”的低成本优势,经常只要花费几百美元、几天时间就能完成以前需要数万美元、数月时间才能完成的任务。

8.潜在的危险性

云计算既提供计算服务,又提供数据存储服务,潜在的危险性比较大,容易出现隐私被窃取、资源被冒用、黑客攻击、病毒等问题,必须加强数据的安全保障。

2019 年发布的《中国云计算产业发展与应用白皮书》指出,影响云计算产业发展和应用的最普遍、最核心的制约因素,就是云计算的安全性和数据私密性保护。云上数据安全已成为业务数字化、智能化升级的关键风险点。

6.2.3 云服务形式

云计算就是计算服务的提供,包括服务器、存储、数据库、网络、软件、分析和智能。云计算的服务类型通常分为三个层次:基础设施即服务(Infrastructure as a Service,IaaS),平台即服务(Platform as a Service,PaaS)和软件即服务(Software as a Service,SaaS)。这里所谓的层次,是分层体系架构意义上的“层次”。IaaS、PaaS、SaaS 分别在基础设施层、软件开放运行平台层、应用软件层实现。

(1)基础设施即服务:该层指云计算服务商提供虚拟化的计算资源,如虚拟机、存储、网络和操作系统,用户通过网络租赁可以搭建自己的应用系统。

(2)软件即服务:该层通过部署硬件基础设施对外提供服务,客户可以根据工作实际需求,通过互联网向厂商定购所需的应用软件服务,按定购的服务多少和时间长短向厂商支付费用,并通过互联网获得 SaaS 平台供应商提供的服务。SaaS 模式大大降低了软件,尤其是大型软件的使用成本,并且由于软件是托管在服务商的服务器上,减少了客户的管理维护成本,可靠性也更高。

(3)平台即服务:该层将云计算应用程序和部署的平台作为一种服务提供给用户,包括应用设计、应用开发、应用测试和应用托管等,为开发、测试和管理软件应用程序提供按需开发环境。PaaS 也是 SaaS 模式的一种应用,使得软件开发人员可以在不购买服务器等设备环境的情况下开发新的应用程序。

对于云服务,通常只需使用多少支付多少,从而帮助降低运营成本,使基础设施更有效地运行,并能根据业务需求的变化调整对服务的使用。

6.2.4 云计算的应用

在云计算技术和网络技术的推动下,较为简单的云计算技术已经服务于现如今的互联网,最为常见的就是网络搜索引擎和网络邮箱,在任何时刻,只要用移动终端就可以在搜索引擎上搜索任何自己想要的资源,通过云端共享数据资源。其实,云计算技术已经融入现今的社会生活。

1.存储云

存储云,又称云存储,是在云计算技术上发展起来的一个新的存储技术。云存储是一个以数据存储和管理为核心的云计算系统。用户可以将本地的资源上传至云端上,可以在任何地方连入互联网来获取云上的资源。大家所熟知的谷歌、微软等大型网络公司均有云存储的服务,在国内,百度云和微云则是市场占有量最大的存储云。存储云向用户提供了存储容器服务、备份服务、归档服务和记录管理服务等等,大大方便了使用者对资源的管理。

2.医疗云

医疗云,是指在云计算、移动技术、多媒体、4G 通信、大数据以及物联网等新技术基础上,结合医疗技术,使用"云计算"来创建医疗健康服务云平台,实现了医疗资源的共享和医疗范围的扩大。因为云计算技术的运用与结合,医疗云提高了医疗机构的效率、方便了居民就医。像现在医院的预约挂号、电子病历、医保等都是云计算与医疗领域结合的产物,医疗云还具有数据安全、信息共享、动态扩展、布局全国的优势。

3.金融云

金融云,是指利用云计算的模型,将信息、金融和服务等功能分散到庞大分支机构构成的互联网"云"中,旨在为银行、保险和基金等金融机构提供互联网处理和运行服务,同时共享互联网资源,从而解决现有问题并且达到高效、低成本的目标。

4.教育云

教育云,实质上是指教育信息化的一种发展。具体地,教育云可以将所需要的任何教育硬件资源虚拟化,然后将其传入互联网中,以向教育机构和学生老师提供一个方便快捷的平台。现在流行的慕课就是教育云的一种应用。慕课(Massive Open Online Courses,MOOC),指的是大规模开放的在线课程。现阶段慕课的三大优秀平台为 Coursera、edX 以及 Udacity,在国内,中国大学 MOOC 也是非常好的平台。在 2013 年 10 月 10 日,清华大学推出来 MOOC 平台——学堂在线,许多大学现已使用学堂在线开设了一些课程的 MOOC。

6.3 人工智能

人工智能(Artificial Intelligence,AI)自 1956 年诞生以来,在 60 多年里获得了很大发展,引起众多学科和不同专业背景学者以及各国政府和企业家的重视。伴随着社会进步和科技发展,人工智能与时俱进,它不仅是计算机科学的一个分支,更是一门具有日臻完善的理论基础、日益广泛的应用领域和广泛交叉的前沿科学,必将为社会进步、经济建设和人类生活做出更大贡献。

2016 年 3 月,Google 旗下 Deepmind 团队开发的人工智能围棋软件 AlphaGo 对战世界围棋冠军、职业九段选手李世石,并以 4:1的总比分获胜。AlphaGo 的成功在全球范围内点燃了新一代人工智能热潮。

6.3.1 人工智能的定义

像许多新兴学科一样,人工智能至今尚无统一的定义。所谓人工智能,不过是不同学科背景的人从不同角度对其给出不同的解释。出现这种现象的主要原因是,人工智能的定义依赖于智能的定义,而智能目前还无法严格定义。为了让读者对人工智能的定义进行讨论,以更深刻地理解人工智能,下面综述几种关于人工智能的定义。

定义 6-5 人工智能(学科)是计算机科学中涉及研究、设计和应用智能机器的一个分支,它的近期主要目标在于研究用机器来模仿和执行人脑的某些智力功能,并开发相关理论和技术。

近年来,许多人工智能和智能系统研究者认为:人工智能是智能科学(intelligence science)中涉及研究、设计及应用智能机器和智能系统的一个分支,而智能科学是一门与计算机科学并行的学科。

定义 6-6 人工智能(能力)是智能机器所执行的通常与人类智能有关的智能行为,这些智能行为涉及学习、感知、思考、理解、识别、判断、推理、证明、通信、设计、规划、行动和问题求解等活动。

1950 年图灵(Turing)设计和进行的著名实验(后来被称为图灵实验,Turing test),提出并部分回答了“机器能否思维”的问题,也是对人工智能的一个很好注释。

定义 6-7 人工智能是一种使计算机能够思维,使机器具有智力的激动人心的新尝试(Haugeland, 1985)。

定义 6-8 人工智能是那些与人的思维、决策、问题求解和学习等有关活动的自动化(Bellman, 1978)。

定义 6-9 人工智能是用计算模型研究智力行为(Charniak & McDermott, 1985)。

定义 6-10 人工智能是研究那些使理解、推理和行为成为可能的计算(Winston, 1992)。

定义 6-11 人工智能是一种能够执行需要人的智能的创造性机器的技术(Kurzwell, 1990)。

定义 6-12 人工智能研究如何使计算机做事让人过得更好(Rick & Knight, 1991)。

定义 6-13 人工智能是研究和设计具有智能行为的计算机程序,以执行人或动物所具有的智能任务(Dean, Allen, Aloimonos, 1995)。

定义 6-14 人工智能是一门通过计算过程力图理解和模仿智能行为的学科(Schalkoff, 1990)。

定义 6-15 人工智能是计算机科学中与智能行为的自动化有关的一个分支(Luger & Stubblefield, 1993)。

下面给出两个新近提出的定义。

定义 6-16 人工智能是能够执行通常需要人类智能的任务,诸如视觉感知、语音识别、决策和语言翻译的计算机系统理论和开发(Google, 2017)。

简单地说,人工智能指的是应用计算机做通常需要人类智能的事。

定义 6-17 人工智能是具有学习机理的软件或计算机程序,它应用知识对新的情况进行如同人类所做的决策。构建这种软件的研究者力图编写代码来阅读图像、文本、视频或音频,并从中学习某些东西。一旦机器能够学习,知识就能够用于别的地方(Quartz, 2017)。

换句话说,人工智能是机器应用算法进行数据学习和使用所学进行如同人类进行决策的能力。不过与人类不同的是,人工智能机器不需要休息,能够一次分析大量信息,其误差率明显低于执行同样任务的人类计算员。

6.3.2 人工智能的发展历程

1956 年夏,麦卡锡、明斯基、罗切斯特和香农等科学家在美国的达特茅斯学院共同研究和探讨"如何用机器模拟人的智能"有关问题,首次提出了"人工智能"这一术语。这是人类历史上第一次人工智能研讨会,标志着"人工智能"这门新兴学科的诞生。

如何描述人工智能自 1956 年以来 60 余年的发展历程,学术界可谓仁者见仁、智者见智。我们将人工智能的发展历程划分为以下 6 个阶段:

(1)起步发展期:1956 年至 20 世纪 60 年代初。人工智能概念提出后,相继取得了一批令人瞩目的研究成果,如机器定理证明、跳棋程序等,掀起人工智能发展的第一个高潮。

(2)反思发展期:20 世纪 60 年代至 70 年代初。人工智能发展初期的突破性进展大大提升了人们对人工智能的期望,人们开始尝试更具挑战性的任务,并提出了一些不切实际的研发目标。然而,接二连三的失败和预期目标的落空(例如,无法用机器证明两个连续函数之和还是连续函数、机器翻译闹出笑话等),使人工智能的发展走入低谷。

(3)应用发展期:20 世纪 70 年代初至 80 年代中期。20 世纪 70 年代出现的专家系统模拟人类专家的知识和经验解决特定领域的问题,实现了人工智能从理论研究走向实际应用、从一般推理策略探讨转向运用专门知识的重大突破。专家系统在医疗、化学、地质等领域取得成功,推动人工智能走入应用发展的新高潮。

(4)低迷发展期:20 世纪 80 年代中期至 90 年代中期。随着人工智能的应用规模不断扩大,专家系统存在的应用领域狭窄、缺乏常识性知识、知识获取困难、推理方法单一、缺乏分布式功能、难以与现有数据库兼容等问题逐渐暴露出来。

(5)稳步发展期:20 世纪 90 年代中期至 2010 年。由于网络技术,特别是互联网技术的发展,加速了人工智能的创新研究,促使人工智能技术进一步走向实用化。1997 年,IBM 深蓝超级计算机战胜了国际象棋世界冠军卡斯帕罗夫;2008 年 IBM 提出"智慧地球"的概念。以上都是这一时期的标志性事件。

(6)蓬勃发展期:2011 年至今。随着大数据、云计算、互联网、物联网等信息技术的发展,泛在感知数据和图形处理器等计算平台推动以深度神经网络为代表的人工智能技术飞速发展,大幅跨越了科学与应用之间的“技术鸿沟”,诸如图像分类、语音识别、知识问答、人机对弈、无人驾驶等人工智能技术实现了从“不能用、不好用”到“可以用”的技术突破,迎来爆发式增长的新高潮。

6.3.3 人工智能的各种认知观

若从 1956 年正式提出人工智能学科算起,人工智能的研究发展已有 60 多年的历史。这期间,不同学科或学科背景的学者对人工智能做出了各自的理解,提出了不同的观点,由此产生了不同的学术流派。目前,人工智能主要有符号主义、连接主义和行为主义三大学派。

1.符号主义

符号主义(symbolism)是一种基于逻辑推理的智能模拟方法,又称为逻辑主义(logicism)、心理学派(psychlogism)或计算机学派(computerism),其原理主要为物理符号系统假设和有限合理性原理,长期以来,一直在人工智能中处于主导地位。

符号主义学派认为人工智能源于数学逻辑。数学逻辑从 19 世纪末起就获得迅速发展,到 20 世纪 30 年代开始用于描述智能行为。计算机出现后,数学逻辑又在计算机上实现了逻辑演绎系统。该学派认为人类认知和思维的基本单元是符号,而认知过程就是在符号表示上的一种运算。符号主义致力于用计算机的符号操作来模拟人的认知过程,其实质是模拟人的左脑抽象逻辑思维,通过研究人类认知系统的功能机理,用某种符号来描述人类的认知过程,并把这种符号输入到能处理符号的计算机中,从而模拟人类的认知过程,实现人工智能。

2.连接主义

连接主义(connectionism)又称为仿生学派(bionicsism)或生理学派(physiologism),是一种基于神经网络及网络间的连接机制与学习算法的智能模拟方法。其原理主要为神经网络和神经网络间的连接机制和学习算法。这一学派认为人工智能源于仿生学,特别是人脑模型的研究。

连接主义学派从神经生理学和认知科学的研究成果出发,把人的智能归结为人脑的高层活动的结果,强调智能活动是由大量简单的单元通过复杂的相互连接后并行运行的结果。人工神经网络就是其典型代表性技术。

3.行为主义

行为主义又称进化主义(evolutionism)或控制论学派(cyberneticsism),是一种基于“感知—行动”的行为智能模拟方法。

行为主义最早来源于 20 世纪初的一个心理学流派,认为行为是有机体用以适应环境变化的各种身体反应的组合,它的理论目标在于预见和控制行为。维纳和麦洛克等人提出的控制论和自组织系统以及钱学森等人提出的工程控制论和生物控制论,影响了许多领域。控制论把神经系统的工作原理与信息理论、控制理论、逻辑以及计算机联系起来。早期的研究工作重点是模拟人在控制过程中的智能行为和作用,对自寻优、自适应、自校正、自镇定、自组织和自学习等控制论系统的研究,并进行"控制动物"的研制。到二十世纪六七十年代,上述这些控制论系统的研究取得一定进展,并在八十年代诞生了智能控制和智能机器人系统。

人工智能研究进程中的这三种假设和研究范式推动了人工智能的发展。就人工智能三大学派的历史发展来看,符号主义认为认知过程在本体上就是一种符号处理过程,人类思维过程总可以用某种符号来进行描述,其研究是以静态、顺序、串行的数字计算模型来处理智能,寻求知识的符号表征和计算,它的特点是自上而下。而连接主义则是模拟发生在人类神经系统中的认知过程,提供一种完全不同于符号处理模型的认知神经研究范式,主张认知是相互连接的神经元的相互作用。行为主义与前两者均不相同,认为智能是系统与环境的交互行为,是对外界复杂环境的一种适应。这些理论与范式在实践之中都形成了自己特有的问题解决方法体系,并在不同时期都有成功的实践范例。而就解决问题而言,符号主义有从定理机器证明、归结方法到非单调推理理论等一系列成就,而连接主义有归纳学习,行为主义有反馈控制模式及广义遗传算法等解题方法。它们在人工智能的发展中始终保持着一种经验积累及实践选择的证伪状态。

6.3.4 人工智能研究的基本内容

人工智能学科有着十分广泛和极其丰富的研究内容,主要研究如何让机器像人一样能够感知、获取知识、储存知识、推理思考、学习、行动等能力,并最终创建拟人、类人或超越人的智能系统。其基本内容包括两个方面:智能的理论基础、人工智能的实现。下面介绍一些普遍意义的人工智能基本研究内容。

1.认知建模

认知建模主要研究人类的思维方式、信息处理的过程、心理过程,以及人类的知觉、记忆、思考、学习、想象、概念、语言等相关的活动模式。

2.知识表示

人工智能研究的目的是要建立一个能模拟人类智能行为的系统,但知识是一切智能行为的基础。知识表示是把人类知识概念化、形式化和模型化。

3.知识推理

知识推理是研究人类如何利用已有的知识去推导出新的知识或结论的过程,从而可以让机器也可以具备像人一样的推理能力。

4.知识应用

人工智能能否获得广泛应用是衡量其生命力和检验其生存力的重要标志,应用领域的发展离不开知识表示和知识推理等基础理论以及基本技术的进步。人工智能的一些重要应用领域包括机器学习、专家系统、自动规划、自然语言理解和智能控制等。

5.机器感知

所谓机器感知就是使机器(计算机)具有类似于人的感知能力,包括视觉、听觉、触觉、嗅觉、痛觉等等,其中以机器视觉和机器听觉为主。机器感知是机器获取外部信息的基本途径。如何使机器具有类似于人类的感觉,不仅需要认知建模里面的知觉理论,而且需要能够提供相应知觉所需信息的传感器。举个例子,机器视觉具有视觉理论基础,同时还需要摄像头等传感器提供机器视觉所需要的图像数据。

6.机器思维

所谓机器思维是指利用机器感知的信息、认知模型、知识表示和推理来有目标地处理感知信息和智能系统内部的信息,从而针对特定场景给出合适的判断,制定事宜的策略。这个说起来抽象,实际上大家已经接触到的路径规划、预测、控制等都属于机器思维的范畴。机器思维,顾名思义就是在机器的脑子里进行的动态活动,也就是计算机软件内部能够动态地处理信息的算法。

7.机器学习

机器学习就是研究如何使计算机具有类似于人的学习能力,即如何让机器在与人类、自然交互的过程中自发学习新知识,或者利用人类已有的文献数据资料进行知识学习。目前,人工智能研究和应用最广泛的内容就是机器学习,包括深度学习、强化学习等。

8.机器行为

机器行为主要是指智能系统具有的表达能力和行动能力,包括与人对话、与机器对话、描述场景、移动、操作机器和抓取物体等能力。智能系统要想具备行为能力,离不开机器感知和机器思维的结果。

9.智能系统构建

智能研究离不开计算机系统或智能系统,离不开新理论、新技术和新方法以及系统的硬件和软件支持。

认知建模、知识表示、知识推理是对人类智能模式的一种抽象;机器感知、机器思维、机器学习、机器行为则是对人类智能的一种模拟实现。

6.3.5 人工智能的应用领域

人工智能具有广阔的前景,目前"AI+"已经成为公式,如智能机器人、智能教育、智能医疗、智能农业、智能金融、智能交通、智能健康、智能商务、智慧城市、智能家居、智能制造、智能政务、智慧法庭、智能国防、智能公安等。作为概述,下面仅简单介绍几个应用场景。

6.3.5.1 智能机器人

机器人是一种可以自动执行人类指定工作的机器装置。智能机器人则是指具有一定感知、学习、思维和行为能力的机器人。更进一步,还有人把情感也作为智能机器人的一种重要能力,或者把那种具有一定情感功能的智能机器人称为情感机器人。智能机器人既是人工智能的一个重要研究对象和应用领域,也是人工智能研究的一个很好的试验场,几乎所有的人工智能技术都可以在机器人上实现和验证。智能机器人的类型有多种,如工业机器人、农业机器人、医疗机器人、军用机器人、服务机器人等。

这里不讨论不同类型智能机器人的个性,主要讨论智能机器人的共性。通常情况下,一个真正的智能机器人应该具有如下功能。

1.环境感知能力

环境感知能力是机器人感知外界环境的必要手段和重要途径,相对于人的感觉器官,智能机器人应具有对视觉、听觉、触觉等信息的感知能力。其实现方法通常是增加相应的传感装置,如摄像机、麦克风、压电元件等。

2. 自学能力

学习能力应该是智能机器人的基本功能,能够将感知到的环境信息加工为知识,以作为机器人思维和环境自适应的基础。

3.思维能力

思维能力是智能机器人智力的主要体现,主要包括推理能力和决策能力。其中,推理是让智能机器人能够利用知识去解决问题,决策是让机器人在现有约束条件下根据推理结果给出行为方案。

4.行为能力

行为能力是指机器人对外界做出反应的能力,相当于人类器官的能力,如走、跑、跳、说、唱等。

5.情感功能

情感功能包括对情感信息的感知、加工和表达。情感作为智慧的重要组成部分,对智能机器人尤其是服务机器人尤为重要。

除以上功能,随着人工智能技术的发展,还需要考虑智能机器人的更多功能,如云环境下智能机器人之间的协作交互功能,基于自然语言的人机对话交流功能,以及人与机器人之间的和谐交互及协同工作能力等。

6.3.5.2 智能教育

教育是距人工智能最近的一个领域,更是人工智能应用最直接的一个领域。智能教育是指基于现代教育理念利用人工智能技术及现代信息技术所形成的智能化、泛在化、个性化、开放性教育模式。其基本架构可分为硬件环境、支撑条件、教育大脑和智能教育教学活动 4 个层次,其中教育大脑技术和智能教育教学活动是智能教育的主要内容。

1.教育大脑技术

教育大脑相当于人类智能的中枢神经系统,在整个智能教育活动中起着指挥和控制的作用。在大数据支撑下的教育大脑技术主要包括:

(1)跨媒体感知和理解技术,包括对语音、图像、视频、学习场景等教育教学环境信息的感知、识别与理解,以及对学生学习情绪、情感的感知、识别、理解和引导。

(2)机器学习和教育知识库技术,包括教育教学知识获取、表示,以及教育教学知识库构建、维护和使用。

(3)教育教学专家系统技术,包括情感认知交互的教育教学活动知识推理。

(4)教育评价和决策系统技术,包括教学评价、教育评估及预测等。

2.智能教育教学活动

智能教育教学活动处在智能教育的实现和应用层面。在大数据支撑下的智能教育教学活动主要包括智能教学过程、智能教室构建、智能课堂设计,以及智能教学机器人、智能教育管理系统等。通过图像识别进行机器批改试卷、识题答题等;通过语音识别纠正、改进发音;利用人机交互进行在线答疑解惑等。

AI 和教育的结合一定程度上可以改善教育行业师资分布不均衡、费用高昂等问题,从工具层面给师生提供更有效的学习方式。一些企业早已开始探索人工智能在教育领域的应用。

6.3.5.3 智能农业

农业是国计民生的头等大事,改进农业生产的传统方式,发展智能农业,是我国农业发展的必经之路。智能农业是以知识为核心要素,将人工智能和现代信息技术应用于农业生产全过程所形成的一种全新的农业生产方式。其目标是实现农业生产全过程的信息感知、定量决策、智能控制、精准投入和个性化服务。

智能农业涉及的人工智能技术主要有大数据分析挖掘、图像分析理解、深度强化学习、智能农业机器人、智能人机对话交流等。其主要研究领域如下。

1.农业智能感知

农业智能感知是智能农业的必要基础和首要环节,利用智能感知、无线传感技术等获取农业生产过程和农作物种植、栽培、生长、收获、存储、流通等全过程的环境信息和实时数据,形成天地空一体、产供销结合的农业大数据,以支撑智能农业全过程的信息加工和数据分析挖掘需求。

2.农业智能控制和田间自主作业

利用人工智能、智能机器人等技术,实现农业生产过程的智能控制和田间操作的自主作业,可极大地解放劳动生产力,提高农业精准化水平,是智能农业的核心技术。实现农业智能控制和田间自主作业的关键技术主要包括农业智能化装备和农业智能机器人。其中,农业智能机器人可根据田间作业的不同类型,划分为采摘机器人、除草机器人、施肥机器人、喷药机器人、收割机器人等。研究具有多种田间作业功能的田间综合作业智能机器人应该是农业智能机器人技术发展的一个重要方向。

3.农业大数据分析与服务

基于农业智能感知所形成的农业大数据,利用大数据分析挖掘技术及大规模机器学习技术,建立农业大数据决策分析系统,可支持智能农业全过程的定量决策、精准投入和个性化服务,也是智能农业的重要组成部分。

4.农业智能技术集成与应用

集成农业智能感知、农业智能控制、农业智能机器人、田间自主作业及农业大数据分析与服务等技术,建立智能农场、智能牧场、智能渔场、智能果园、智能温室、智能养殖场、农产品加工智能车间、农产品绿色智能供应链等技术集成系统,是智能农业的一种社会呈现形式,具有极大的研究价值和广阔的应用前景。

6.3.5.4 智能零售

人工智能在零售领域的应用已经十分广泛,无人便利店、智慧供应链、客流统计、无人仓/无人车等都是热门方向。京东自主研发的无人仓采用大量智能物流机器人进行协同与配合,通过人工智能、深度学习、图像智能识别、大数据应用等技术,让工业机器人可以进行自主的判断和行为,完成各种复杂的任务,在商品分拣、运输、出库等环节实现自动化。图普科技则将人工智能技术应用于客流统计,通过人脸识别客流统计功能,门店可以从性别、年龄、表情、新老顾客、滞留时长等维度建立到店客流用户画像,为调整运营策略提供数据基础,帮助门店运营从匹配真实到店客流的角度提升转换率。

6.3.5.5 智能安防

近年来,中国安防监控行业发展迅速,视频监控数量不断增长,公共和个人场景监控摄像头安装总数已经超过了1.75亿。在部分一线城市,视频监控已经实现了全覆盖。不过,相对于国外而言,我国安防监控领域仍然有很大成长空间。

截至当前,安防监控行业的发展经历了四个发展阶段,分别为模拟监控、数字监控、网络高清和智能监控时代。每一次行业变革,都得益于算法、芯片和零组件的技术创新,以及由此带动的成本下降。因而,产业链上游的技术创新与成本控制成为安防监控系统功能升级、产业规模增长的关键,也成为产业可持续发展的重要基础。

6.3.5.6 智能物流

物流行业通过利用智能搜索、推理规划、计算机视觉以及智能机器人等技术在运输、仓储、配送装卸等流程上已经进行了自动化改造,能够基本实现无人操作。比如利用大数据对商品进行智能配送规划,优化配置物流供给、需求匹配、物流资源等。目前物流行业大部分人力分布在"最后一公里"的配送环节,京东、苏宁、菜鸟争先研发无人车、无人机,力求抢占市场机会。

6.4 物联网工程

进入21世纪以来,随着传感设备、嵌入式系统与互联网的普及,物联网被认为是继计算机、互联网之后的第三次信息革命浪潮。

6.4.1 物联网的概念

关于"物联网(Internet of things,缩写:IoT)"这个词,国内外普遍公认的是MIT Auto-ID中心Ashton教授1999年在研究射频识别(radio frequency identification, RFID)时最早提出来的。物联网是指通过射频识别、红外感应器、全球定位系统、激光扫描器等信息传感设备,按约定的协议,把任何物品通过物联网域名相连接,进行信息交换和通信,以实现智能化识别、定位、跟踪、监控和管理的一种网络概念。

在2005年国际电信联盟发布的同名报告中,物联网的定义和范围已经发生了变化,覆盖范围有了较大的拓展,不再只是指基于RFID技术的物联网,提出任何时刻、任何地点、任何物体之间的互联,无所不在的网络和无所不在计算的发展愿景。"物联网概念"成为基于"互联网概念",将其用户端延伸和扩展到任何物品与物品之间,进行信息交换和通信的一种网络概念。

通俗来讲,物联网是一个基于互联网、传统电信网等信息承载体,让所有能够被独立寻址的普通物理对象实现互联互通的网络,即所有物品通过信息传感设备与互联网连接起来进行信息交换,以实现智能化识别和管理。2009年8月,时任国务院总理温家宝同志视察无锡物联网产业研究院时高度肯定了"感知中国"的战略建议,物联网被正式列为国家五大新兴战略性产业之一，我国物联网发展的新纪元由此开启。

6.4.2 物联网的技术

物联网涉及感知、控制、网络通信、微电子、软件、嵌入式系统、微机电等技术领域，因此物联网涵盖的关键技术也非常多。为了系统分析物联网技术体系，可将物联网技术体系划分为感知关键技术、网络通信关键技术、应用关键技术、支撑技术和共性技术。

1.感知关键技术

传感和识别技术是物联网感知物理世界获取信息和实现物体控制的首要环节，传感器将物理世界中的物理量、化学量、生物量转化为可供处理的数字信号，识别技术实现对物联网中物体标识和位置信息的获取。

2.网络通信关键技术

网络通信技术主要实现物联网信息和控制信息的双向传递、路由和控制，重点包括低速近距离无线通信技术、低功耗路由、自组织通信、无线接入 M2M 通信增强、IP 承载技术、网络传送技术、异构网络融合技术以及认知无线电技术。

3.应用关键技术

海量信息智能处理综合运用高性能计算、人工智能、数据库和模糊计算等技术，对收集的感知数据进行通用处理，重点涉及数据存储、并行计算、数据挖掘、平台服务、信息呈现等，面向服务的体系架构是一种松耦合的软件组件技术，它将应用程序的不同功能模块化，并通过标准化的接口和调用方式联系起来，实现快速可重用的系统开发和部署。

4.支撑技术

物联网支撑技术包括嵌入式系统、微机电系统、软件和算法、电源和储能、新材料技术等。

5.共性技术

物联网共性技术设计网络的不同层面，主要包括架构技术、标识和解析、安全和隐私、网络管理技术等。

现阶段，信息技术的发展促使物联网在技术上已经获得了各项突破性进展，包括感知技术促进智能设备获取数据，通信技术负责传输数据，大数据技术使企业开始向往海量数据存储与处理的能力，以及近年引起广泛讨论的 AIoT(AI+IoT，人工智能+物联网)让人们对人工智能在物联网的应用充满期待。

6.4.3 物联网的应用领域

近年来，物联网技术已深入到人们的生活、工业、城市建设的方方面面，产业的爆发已经进入临界点。物联网的应用领域很广，包括智能家居、智慧交通、智能医疗、智能电网、智慧城市、智能物流、智能农业等方面。在各个行业中应用物联网技术对于进一步获取及时有效的信息、提高企业竞争力、降低人力成本、获取更大的经济效益具有重要作用。

1.智能家居

智能家居主要是基于物联网技术，通过智能硬件、软件系统、云计算平台构成一套完整的家居生态圈。用户可以进行远程控制设备，设备间可以互联互通，并进行自我学习等，来整体优化家居环境的安全性、节能性、便捷性等。值得一提的是，近两年随着智能语音技术的发展，智能音箱成为一个爆发点。小米、天猫、Rokid 等企业纷纷推出自身的智能音箱，不仅成功打开了家居市场，也为未来更多的智能家居用品培养了用户习惯。但目前家居市场智能产品种类繁杂，如何打通这些产品之间的沟通壁垒，以及建立安全可靠的智能家居服务环境，是该行业下一步的发力点。

2.智慧交通

智慧交通是将智能传感技术、信息网络技术、通信传输技术和数据处理技术等有效集成，并应用到整个交通系统中，在更大的时空范围内全方位发挥作用的综合交通运输管理体系。智慧交通以智慧路网、智慧出行、智慧装备、智慧物流、智慧管理为重要内容，以信息技术高度集成、信息资源综合运用为主要特征的信息化、智能化、社会化、人性化的交通发展新模式。智慧交通应用最广泛的是日本，其次是美国、欧洲等。目前，我国在 ITS（Intelligent Transportation System，智能运输系统）方面的应用主要是通过对交通中的车辆流量、行车速度进行采集和分析，可以对交通进行实时监控和调度，有效提高通行能力、简化交通管理、降低环境污染等。

3.智能医疗

智能医疗是以“互联网+医疗”为突破口，利用物联网技术通过全面感知、可靠传递和智能处理实现对象与流程的绑定，通过打造健康档案、区域医疗信息平台实现患者与医务人员、医疗机构、医疗设备之间的互动，最终实现对象、行为流程的全过程标准化处理，以及设备、人、数据的统一管理，以达到提高医疗安全和医疗质量的目标，促使医疗服务走向真正意义的智能化，推动医疗事业的繁荣发展。

目前，市场上有提供智能医学影像技术的德尚韵兴，研发人工智能细胞识别医学诊断系统的智微信科，提供智能辅助诊断服务平台的若水医疗，统计及处理医疗数据的易通天下等。尽管智能医疗在辅助诊疗、疾病预测、医疗影像辅助诊断、药物开发等方面发挥了重要作用，但由于各医院之间医学影像数据、电子病历等不流通，导致企业与医院之间合作不透明等问题，使得技术发展与数据供给之间存在矛盾，这就更需要医疗与物联网的进一步协同发展与融合。

4.智能电网

智能电网是在传统电网的基础上构建起来的集传感、通信、计算、决策与控制为一体的综合数物复合系统，通过获取电网各层节点资源和设备的运行状态，进行分层次的控制管理和电力调配，实现能量流、信息流和业务流的高度一体化，提高电力系统运行稳定性，以达到最大限度地提高设备利用率，提高安全可靠性，节能减排，提高用户供电质量，提高可再生能源的利用效率。

5.智慧城市

智慧城市就是运用信息和通信技术手段感测、分析、整合城市运行核心系统的各项关键信息，从而对包括民生、环保、公共安全、城市服务、工商业活动在内的各种需求做出智能响应。其实质是利用先进的信息技术，实现对城市资源的有效整合和管理，进而为城市中的人创造更美好的生活，促进城市的和谐、可持续成长。

随着人类社会的不断发展,未来城市将承载越来越多的人口。目前,我国正处于城镇化加速发展的时期,部分地区"城市病"问题日益严峻。为解决城市发展难题,实现城市可持续发展,建设智慧城市已成为当今世界城市发展不可逆转的历史潮流。智慧城市的建设在国内外许多地区已经展开并取得了一系列成果,国内如智慧上海、智慧双流;国外如新加坡的"智慧国计划"、韩国的"U-City 计划"等。

作为产业生态构建的核心关键环节,物联网标准是国际物联网技术竞争的制高点,由于物联网涉及不同的专业技术领域、不同的行业应用部门,所以物联网标准既要涵盖面向不同应用的基础公共技术,也要涵盖满足行业特定需求的技术标准。物联网技术的发展对互联网技术有一定的依赖性。目前。我国互联网技术仍处于发展阶段,尚未形成较为完善的标准体系,这在一定程度上阻碍了我国物联网技术的进一步发展。目前由于各国之间的发展以及感应设备技术的差异性,难以形成统一的国际标准,导致难以在短时间内形成规范、标准。此外,物联网平台类型多样,由于国际上对物联网平台尚没有统一的标准和定义,加上许多科技巨头都纷纷投入物联网平台的市场,市场上充斥着各种物联网平台。

6.5 虚拟现实技术

2013 年以来,随着虚拟现实(Virtual Reality, VR)/增强现实(Augmented Reality, AR)设备(如头戴式显示器等)的质量迅速提升、价格大幅降低,VR 开始普及化,从军事、航空航天等高端行业应用进入大众生活。在这样的趋势下,越来越多的科技公司将眼光投向 VR,部署研发团队并推出自己的 VR 创新产品,展开抢占 VR 产业制高点的激烈竞争,使得 VR 技术进入了前所未有的快速发展时期。

6.5.1 虚拟现实的概念

"虚拟现实"这一名词是由美国 VPL 公司创建人拉尼尔(Jaron Lanier)在 20 世纪 80 年代初提出的,也被称作虚拟实境、灵境技术或人工环境。从理论上来讲,虚拟现实技术是一种可以创建和体验虚拟世界的计算机仿真系统,它利用计算机生成一种模拟环境,使用户沉浸到该环境中。

所谓虚拟现实,顾名思义,就是虚拟和现实相互结合。虚拟现实技术就是利用现实生活中的数据,通过计算机技术产生的电子信号,将其与各种输出设备结合使其转化为能够让人们感受到的现象,这些现象是由现实中真真切切的物体或我们肉眼所看不到的物质,通过三维模型表现出来的。因为这些现象不是我们直接所能看到的,而是通过计算机技术模拟出来的现实中的世界,故称为虚拟现实。该技术集成了计算机图形、计算机仿真、人工智能、传感、显示及网络并行处理等技术的最新发展成果,是一种由计算机技术辅助生成的高技术模拟系统。

虚拟现实技术是仿真技术的一个重要方向,是仿真技术与计算机图形学、人机接口技术、多媒体技术、传感技术、网络技术等多种技术的集合,是一门富有挑战性的交叉技术前沿学科和研究领域。VR 技术主要包括模拟环境、感知、自然技能和传感设备等方面。

(1)模拟环境是由计算机生成的、实时动态的三维立体逼真图像。

(2)感知是指理想的 VR 应该具有一切人所具有的感知。除计算机图形技术所生成的视觉感知外,还有听觉、触觉、力觉、运动等感知,甚至还包括嗅觉和味觉等,也称为多感知。

(3)自然技能是指人的头部转动,眼睛、手势或其他人体行为动作,由计算机来处理与参与者的动作相适应的数据,对用户的输入进行实时响应,并分别反馈到用户的五官。

(4)传感设备是指三维交互设备。

6.5.2 虚拟现实技术的特征

虚拟现实是利用计算机生成一种模拟环境(如飞机驾驶舱、操作现场等),通过多种传感设备使用户"投入"到该环境中,实现用户与该环境直接进行自然交互的技术。因此该技术具有以下特征。

1.沉浸性

沉浸性是虚拟现实技术最主要的特征,就是让用户成为并感受到自己是计算机系统所创造环境中的一部分,虚拟现实技术的沉浸性取决于用户的感知系统,当使用者感知到虚拟世界的刺激时,包括触觉、味觉、嗅觉、运动感知等,便会产生思维共鸣,造成心理沉浸,感觉如同进入真实世界。

2.交互性

交互性是指用户对模拟环境内物体的可操作程度和从环境得到反馈的自然程度,使用者进入虚拟空间,相应的技术让使用者跟环境产生相互作用,当使用者进行某种操作时,周围的环境也会做出某种反应。如使用者接触到虚拟空间中的物体,那么使用者手上应该能够感受到,若使用者对物体有所动作,物体的位置和状态也应改变。

3.多感知性

多感知性表示计算机技术应该拥有很多感知方式,比如听觉、触觉、嗅觉等。理想的虚拟现实技术应该具有人所具有的一切感知功能。由于相关技术,特别是传感技术的限制,目前大多数虚拟现实技术所具有的感知功能仅限于视觉、听觉、触觉、运动等几种。

4.构想性

构想性也称想象性,使用者在虚拟空间中,可以与周围物体进行互动,可以拓宽认知范围,创造客观世界不存在的场景或不可能发生的环境。构想可以理解为使用者进入虚拟空间,根据自己的感觉与认知能力吸收知识,发散拓宽思维,创立新的概念和环境。

5.自主性

自主性是指虚拟环境中物体依据物理定律动作的程度。如当受到力的推动时,物体会向力的方向移动(或翻倒、从桌面落到地面)等。

6.5.3 虚拟现实的关键技术

虚拟现实是多种技术的综合,包括实时三维计算机图形技术,广角(宽视野)立体显示技术,对观察者头、眼和手的跟踪技术,以及触觉/力觉反馈、立体声、网络传输、语音输入输出技术等。虚拟现实的关键技术包括以下几个方面。

1.动态环境建模技术

虚拟环境的建立是虚拟现实技术的核心内容。动态环境建模技术的目的是获取实际环境的三维数据,并根据应用的需要,利用获取的三维数据建立相应的虚拟环境模型。三维数据的获取可以采用CAD(computer aided design,计算机辅助设计)技术(有规则的环境),而更多的环境则需要采用非接触式的视觉建模技术,两者的有机结合可以有效地提高数据获取的效率。

2.实时三维图形生成技术

利用计算机模型产生图形图像并不难,如果有足够准确的模型,又有足够的时间,我们就可以生成不同光照条件下各种物体的精确图像,但是关键是如何实现"实时"生成。例如,在飞行模拟系统中,图像的刷新相当重要,同时对图像质量的要求也很高,再加上非常复杂的虚拟环境,问题就变得相当困难。为了达到实时的目的,至少要保证图形的刷新率不低于15 f/s(帧每秒),最好是高于30 f/s。在不降低图形的质量和复杂度的前提下,如何提高刷新频率成为关键点。

3.立体显示和传感器技术

虚拟现实的交互能力依赖于立体显示和传感器技术的发展。现有的虚拟现实还远远不能满足系统的需要,例如,数据手套有延迟大、分辨率低、作用范围小、使用不便等缺点,虚拟现实设备的跟踪精度和跟踪范围也有待提高,因此有必要开发新的三维显示技术。

4.应用系统开发工具

虚拟现实应用的关键是寻找合适的场合和对象,即如何发挥想象力和创造力。选择适当的应用对象可以大幅度地提高生产效率、减轻劳动强度、提高产品开发质量。为了达到这一目的,必须研究虚拟现实的开发工具。例如,虚拟现实系统开发平台、分布式虚拟现实技术等。

5.系统集成技术

由于虚拟现实中包括大量的感知信息和模型,因此系统的集成技术起着至关重要的作用。集成技术包括信息的同步技术、模型的标定技术、数据转换技术、数据管理模型、识别和合成技术等。

6.5.4 虚拟现实技术的应用

由于虚拟现实技术的实时三维空间表现能力、人机交互式的操作环境以及给人带来的身临其境感受,近年来,随着计算机硬件软件技术的发展,虚拟现实显示出广阔的应用前景,包括在医疗、房产开发、工业仿真、应急仿真、军事推演、文物保护等诸多方面。

1.在影视娱乐中的应用

近年来,由于虚拟现实技术在影视业的广泛应用,以虚拟现实技术为主而建立的第一现场9DVR体验馆得以实现。第一现场9DVR体验馆自建成以来,在影视娱乐市场中的影响力非常大,此体验馆可以让观影者体会到置身于真实场景之中的感觉,让体验者沉浸在影片所创造的虚拟环境之中。同时，随着虚拟现实技术的不断创新，此技术在游戏领域也得到了快速发展。虚拟现实技术是利用电脑产生的三维虚拟空间，而三维游戏刚好是建立在此技术之上的，三维游戏几乎包含了虚拟现实的全部技术，使得游戏在保持实时性和交互性的同时，也大幅提升了其真实感。

2.在教育中的应用

如今，虚拟现实技术已经成为促进教育发展的一种新型教育手段。传统的教育只是一味地给学生灌输知识，而现在利用虚拟现实技术可以帮助学生打造生动、逼真的学习环境，使学生通过真实感受来增强记忆，相比于被动性灌输，利用虚拟现实技术来进行自主学习更容易让学生接受，这种方式更容易激发学生的学习兴趣。此外，各大院校利用虚拟现实技术还建立了与学科相关的虚拟实验室来帮助学生更好地学习。

3.在设计领域的应用

虚拟现实技术在设计领域小有成就，例如，室内设计，人们可以利用虚拟现实技术把室内结构、房屋外形通过虚拟技术表现出来，使之变成可以看得见的物体和环境。同时，在设计初期，设计师可以将自己的想法通过虚拟现实技术模拟出来，可以在虚拟环境中预先看到室内的实际效果，这样既节省了时间，又降低了成本。

4.在医学方面的应用

医学专家们利用计算机，在虚拟空间中模拟出人体组织和器官，让学生在其中进行模拟操作，并且能让学生感受到手术刀切入人体肌肉组织、触碰到骨头的感觉，使学生能够更快地掌握手术要领。而且，主刀医生们在手术前，也可以建立一个病人身体的虚拟模型，在虚拟空间中先进行一次手术预演，这样能够大大提高手术的成功率，让更多的病人得以痊愈。

5.在军事方面的应用

由于虚拟现实的立体感和真实感，在军事方面，人们将地图上的山川地貌、海洋湖泊等数据通过计算机进行编写，利用虚拟现实技术，能将原本平面的地图变成一幅三维立体的地形图，再通过全息技术将其投影出来，这更有助于进行军事演习等训练，提高我国的综合国力。

除此之外，现在的战争是信息化战争，作战装备都朝着自动化方向发展，无人机便是信息化战争的最典型产物。无人机由于它的自动化以及便利性深受各国喜爱，在战士训练期间，可以利用虚拟现实技术去模拟无人机的飞行、射击等工作模式。战争期间，军人也可以通过眼镜、头盔等操控无人机进行侦察任务，减小战争中军人的伤亡率。由于虚拟现实技术能将无人机拍摄到的场景立体化，降低操作难度，提高侦查效率，所以无人机和虚拟现实技术的发展刻不容缓。

6.在航空航天方面的应用

由于航空航天是一项耗资巨大、非常烦琐的工程，所以，人们利用虚拟现实技术和计算机的统计模拟，在虚拟空间中重现了现实中的航天飞机与飞行环境，使飞行员在虚拟空间中进行飞行训练和实验操作，极大地降低了实验经费和实验的危险系数。

习题

一、名词解释

大数据;云计算;人工智能;物联网;虚拟现实。

二、简答题

1.简述大数据的特点。

2.简述云计算的特点。

3.现在人工智能有哪些学派?其认知观分别是什么?

4.人工智能的主要研究和应用领域有哪些?

5.物联网的应用领域有哪些?

6.虚拟现实技术有哪些特点?

下篇 计算机基本操作

7

Windows 10 操作系统应用

Windows 10 是微软公司发布的跨平台操作系统，广泛应用于计算机和平板电脑等设备，于 2015 年 7 月 29 日发布正式版。所有符合条件的 Windows 7、Windows 8.1 以及 Windows Phone 8.1 用户都可以免费升级到 Windows 10。所有升级到 Windows 10 的设备，微软都将提供永久生命周期的支持。在不断更新的过程中，Windows 10 正式版在易用性和安全性方面有了极大的提升，除了针对云服务、智能移动设备、自然人机交互等新技术进行融合外，还对固态硬盘、生物识别、高分辨率屏幕等硬件进行了优化完善与支持。

7.1 设置桌面和窗口

7.1.1 相关知识

桌面(Desktop)，是指打开计算机并成功登录系统之后看到的显示器主屏幕区域，它包括桌面图标和任务栏，Windows 10 的桌面如图 7-1 所示。

图 7-1　Windows 10 桌面

用鼠标双击某个桌面图标即可启动相应的应用程序或打开相应的窗口。

任务栏由 Windows 键、Cortana 搜索框、任务视图按钮、应用程序区、语言选项带和托盘区组成。用鼠标单击 Windows 键将弹出开始菜单,如图 7-2 所示,分为系统关键设置列、应用列表、开始屏幕标志性动态磁贴三个部分。Cortana 搜索框可以用来搜索硬盘内的文件、系统设置、安装的应用,甚至是互联网中的其他信息,作为一款私人助手服务,Cortana 还能像在移动平台那样帮你设置基于时间和地点的备忘。使用任务视图按钮可以实现多桌面的效果,在该功能的帮助下,用户可以在不同的虚拟桌面当中打开不同的窗口或应用程序,或将多个窗口拖放进不同的虚拟桌面当中,并在其中进行轻松切换。应用程序区是我们多任务工作时的主要区域,用来显示当前正在运行的应用程序。托盘区通过各种小图标形象地显示电脑软硬件的重要信息与杀毒软件动态,托盘区右侧的时钟则时刻伴随着我们。

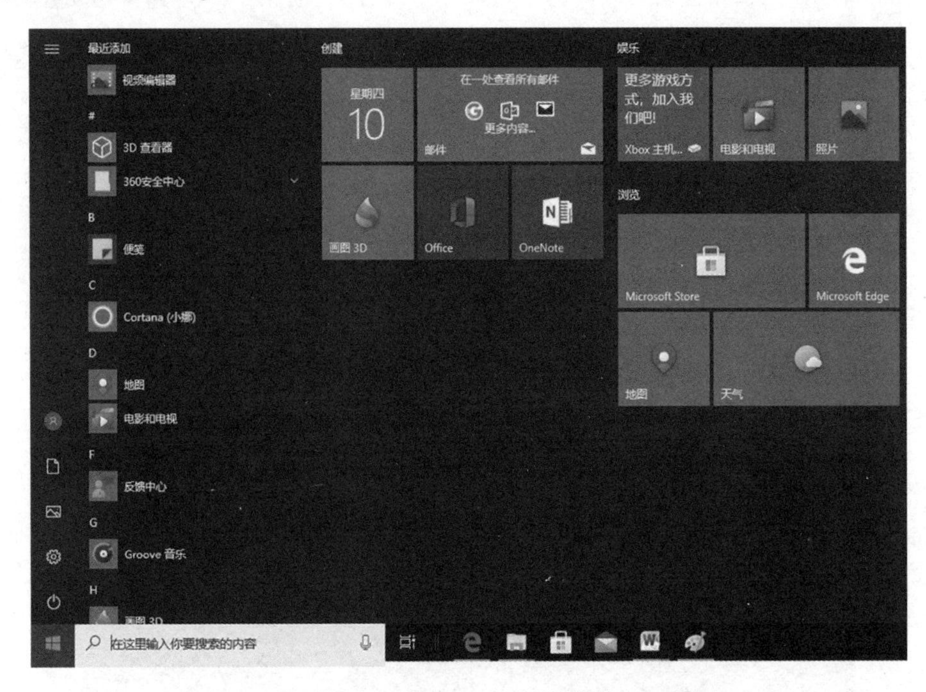

图 7-2 Windows 10 开始菜单

窗口是指采用窗口形式显示计算机操作的用户界面,是一种最常见的用户界面。它是屏幕上与一个应用程序相对应的矩形区域,包括框架和客户区,是用户与产生该窗口的应用程序之间的可视界面。每当用户开始运行一个应用程序时,应用程序就创建并显示一个窗口;当用户操作窗口中的对象时,程序会做出相应反应。用户通过关闭一个窗口来终止一个程序的运行;通过选择相应的应用程序窗口来选择相应的应用程序。

典型的 Windows 10 窗口(双击桌面图标“此电脑”,然后双击打开 C 盘,再双击打开 Windows 文件夹)如图 7-3 所示,它由标题栏、功能区、顶部导航栏、左侧导航栏、工作区组成。

1.标题栏

标题栏主要由快速访问工具栏、窗口控制按钮(最小化、最大化或还原、关闭)组成。

2.功能区

标题栏下方是文件、主页、共享和查看等几个功能区。主页功能区分为剪贴板、组织、新建、打开、选择五组操作命令按钮,如图 7-4 所示。查看功能区分为窗格、布局、当前视图、显示/隐藏、选项五组操作命名按钮,如图 7-5 所示。这些功能区的命令按钮能够帮助用户快速完成相应的操作。

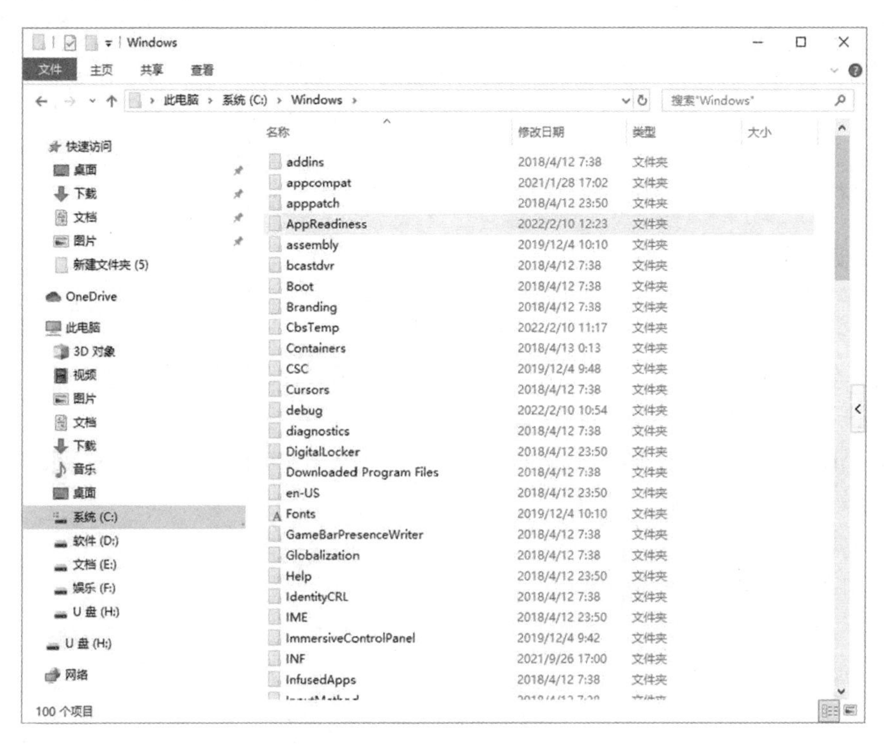

图 7-3 Windows 10 窗口

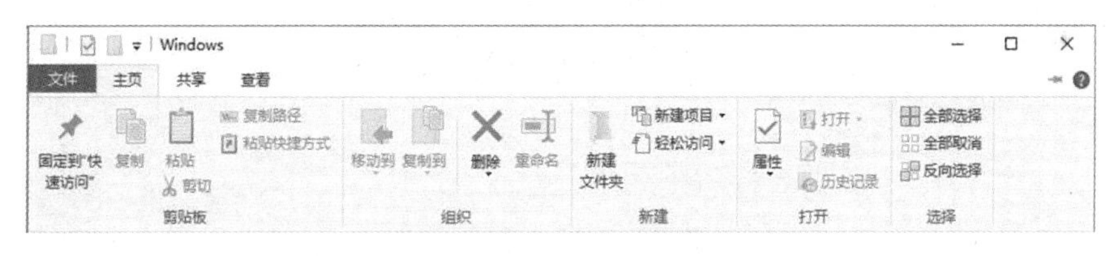

图 7-4 主页功能区

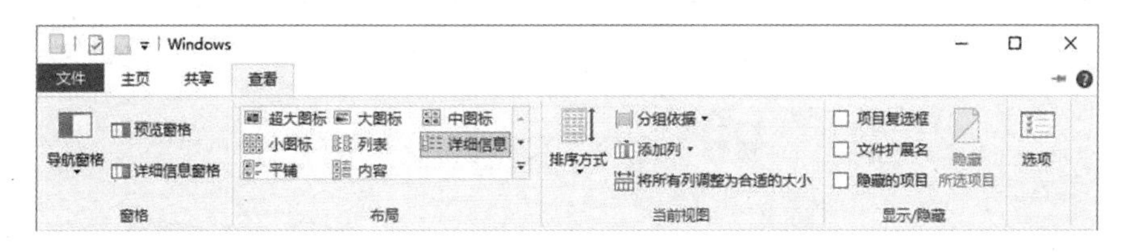

图 7-5 查看功能区

3.顶部导航栏

顶部导航栏主要包括后退按钮、前进按钮、向上按钮、地址栏、搜索栏。后退按钮和前进按钮方便用户快速切换到本窗口的前一步窗口和后一步窗口；地址栏以地址链接的方式显示出当前窗口所处的位置，可点击中间的节点快速进入某一窗口；搜索栏方便用户在当前文件夹中搜索信息。

4.左侧导航栏

左侧导航栏可以快速地在计算机不同位置、不同操作界面之间进行切换，如不同磁盘分区之间、收藏夹、桌面、网络、控制面板以及回收站之间。在该区域内空白处右击鼠标，选择“显示所有文件夹”即可打开所有的可被导向的位置。

5.工作区

工作区显示了该文件夹中包含的文件信息，是用户进行文件操作的主要区域，比如新建文件或文件夹，选中、复制文件或文件夹等。

7.1.2 任务实施

7.1.2.1 桌面设置

对于桌面，通常需要进行桌面图标、显示器分辨率、桌面背景、任务栏的设置。

1.显示桌面图标

默认情况下，Windows 10 桌面上只有一个“回收站”图标，要显示出“此电脑”“网络”“用户的文件”“控制面板”这四个图标，可以进行如下操作。

第一步：在桌面空白处右击，在弹出的快捷菜单中选择“个性化”命令，打开个性化设置窗口，如图 7-6 所示。

图 7-6 个性化设置窗口

第二步：在个性化设置窗口中选择“主题”设置，如图 7-7 所示，然后单击右侧的“相关的设置"中的"桌面图标设置"按钮,将弹出"桌面图标设置"对话框,如图 7-8 所示。

第三步:在"桌面图标设置"对话框中勾选"计算机""网络""用户的文件""控制面板"四个复选框,单击"确定"按钮。

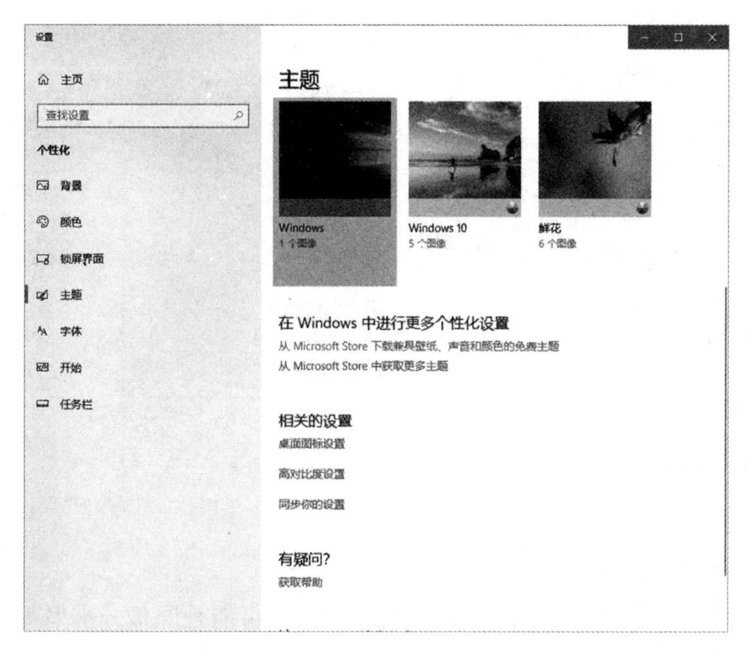

图 7-7 个性化设置窗口主题设置

图 7-8 桌面图标设置对话框

2.排列桌面图标

当桌面图标比较多时,需要对桌面图标进行排序。在桌面空白处右击,在弹出的快捷菜单中将鼠标移至“排序方式”命令上方，单击选择所需的排序依据即可，如图 7-9 所示。

若想按照自己的想法逐个排列桌面图标，在刷新桌面时图标位置也不发生变动，可以在桌面空白处右击，在弹出的快捷菜单中将鼠标移至“查看”命令上方，单击去掉“自动排列图标”前面的对号，如图 7-10 所示。

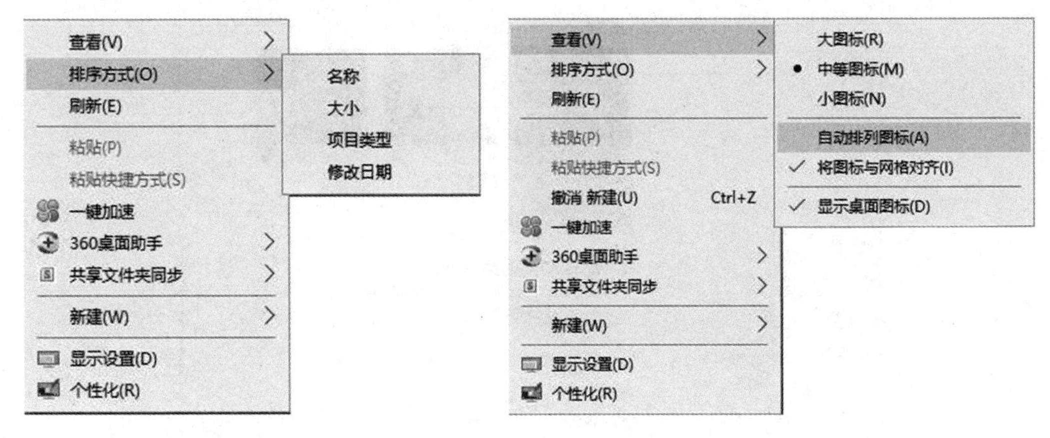

图 7-9 排序方式　　　　图 7-10 去掉自动排列图标

3.设置显示器分辨率

有时桌面图标太大或太小，屏幕显示也不清晰，这可能是屏幕分辨率不合适造成的。要修改屏幕分辨率，可以在桌面空白处右击，在弹出的快捷菜单中选择“显示设置”命令，将弹出系统设置窗口，如图 7-11 所示，在“显示”设置中的“分辨率”下拉列表框中选择合适的分辨率。

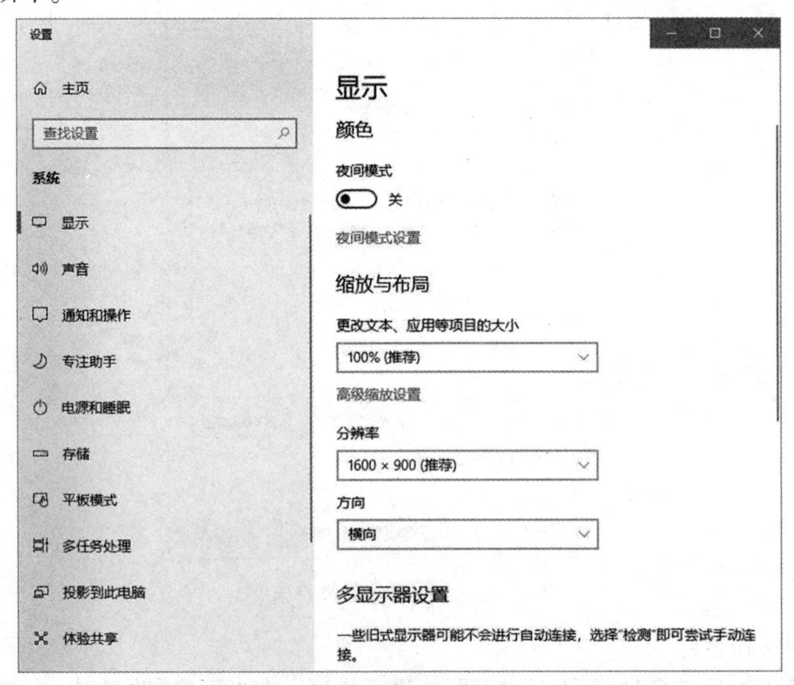

图 7-11 系统设置窗口

4.设置桌面背景

要设置 Windows 10 的桌面背景,可以在桌面空白处右击,在弹出的快捷菜单中选择“个性化”命令,将弹出个性化设置窗口,如图 7-6 所示,在“背景”设置中可以设置桌面背景为图片、纯色或者幻灯片放映形式,图片与桌面的契合度可以选择填充、适应、拉伸、平铺、居中、跨区。

5.锁屏与睡眠设置

当我们想离开计算机一段时间而又不想关闭计算机时,可以进行锁屏与睡眠设置。

要设置计算机进入锁屏的时间与进入睡眠的时间,可以在桌面空白处右击,在弹出的快捷菜单中选择“显示设置”命令,在弹出的系统设置窗口中选择“电源和睡眠”,如图 7-12 所示。在“电源和睡眠”设置中可以设置屏幕关闭时间(即进入锁屏状态的时间)以及进入睡眠状态的时间。

要设置计算机锁屏后的锁屏界面,可以在桌面空白处右击,在弹出的快捷菜单中选择“个性化”命令,在弹出的个性化设置窗口中选择“锁屏界面”,如图 7-13 所示,在其中可以设置锁屏时的背景图片或幻灯片。

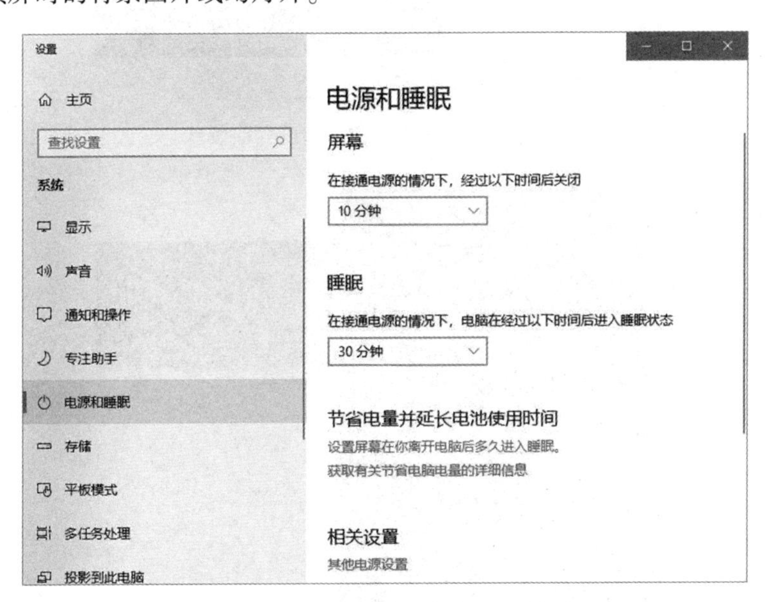

图 7-12 系统设置窗口电源和睡眠设置

6.取消固定到开始屏幕的应用程序

要取消固定到开始屏幕的应用程序,只需在开始屏幕中相应的应用程序图标上右击,在弹出的快捷菜单中选择“从‘开始’屏幕取消固定”。反之,若想将某个应用程序固定到开始屏幕以便于快速启动,则可以在开始菜单中找到该应用程序,在该应用程序上右击,在弹出的快捷菜单中选择“固定到‘开始’屏幕”。

7.隐藏任务栏上的 Cortana 搜索框、任务视图按钮

要隐藏任务栏上的 Cortana 搜索框,可以在任务栏上空白处右击,在弹出的快捷菜单中将鼠标移至“Cortana”上方,在其下一级菜单中选择“隐藏”,如图 7-14 所示。要隐藏任务栏上的任务视图按钮,可以在任务栏上空白处右击,在弹出的快捷菜单中单击去掉

“显示‘任务视图’按钮”前面的对号。

图 7-13 个性化设置窗口锁屏界面设置

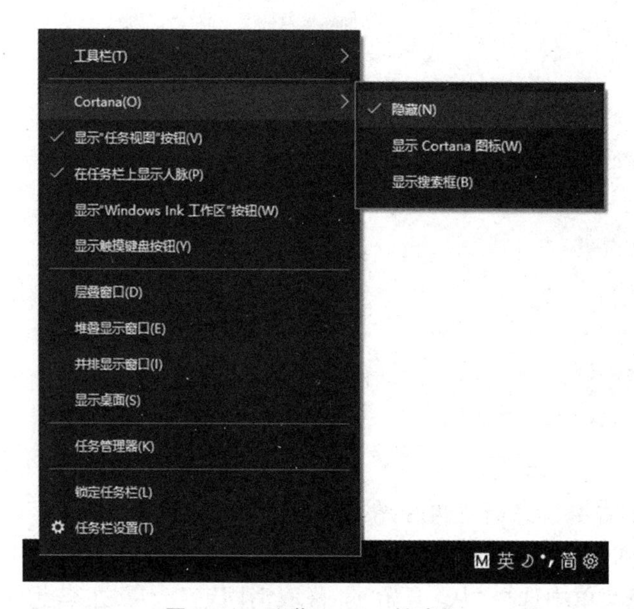

图 7-14 隐藏 Cortana 搜索框

8.取消固定到任务栏上的应用程序

要取消固定到任务栏上的应用程序按钮,只需在任务栏中相应的应用程序图标上右击,在弹出的快捷菜单中选择“从任务栏取消固定”。反之,若想将某个应用程序固定到任务栏以便于快速启动,则可以在开始菜单中找到该应用程序,在该应用程序上右击,在弹出的快捷菜单中选择“更多”,在其下一级菜单中选择“固定到任务栏”。

9.取消任务栏按钮合并

当我们打开了多个 Windows 文件夹窗口或者同一应用程序的多个窗口时，这些窗口在任务栏上会以按钮的形式分类叠放，不便于同一应用程序多个窗口之间的切换。此时可以在任务栏空白处右击，在弹出的快捷菜单中选择“任务栏设置”，将弹出个性化设置窗口任务栏设置，如图 7-15 所示，在右侧的“合并任务栏按钮”下拉列表框中选择“从不”或者“任务栏已满时”。取消任务栏按钮合并功能前后对比效果如图 7-16 所示。

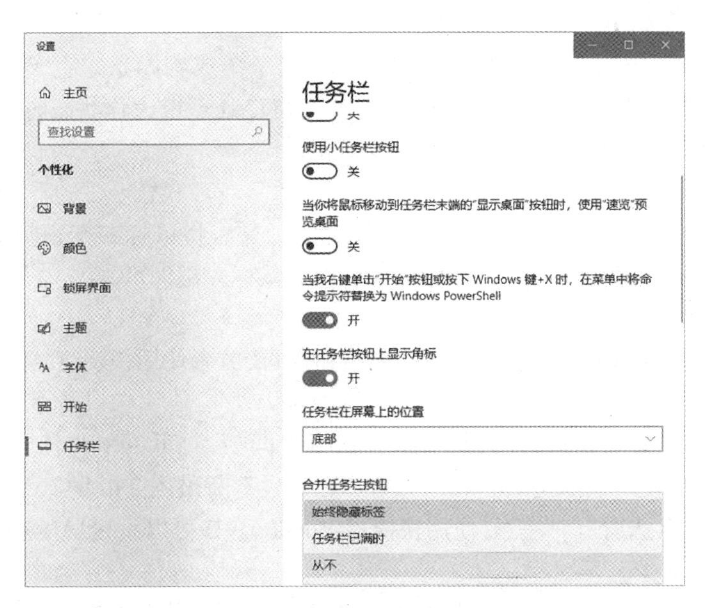

图 7-15　个性化设置窗口任务栏设置

图 7-16　取消任务栏按钮合并功能前后对比效果

7.1.2.2　窗口操作

窗口操作是最基本的 Windows 操作，主要有打开窗口、最小化窗口、最大化与还原窗口、改变窗口大小、移动窗口、关闭窗口、切换窗口、并排显示窗口等。

1.打开窗口

用鼠标双击桌面上的某个应用程序图标（或者在开始菜单中找到该应用程序单击鼠标），即可打开相应的应用程序窗口。

要打开某个 Windows 文件夹窗口，只需一步步双击相应图标即可。比如要打开 C 盘中的 Windows 文件夹窗口，可以双击桌面图标“此电脑”，然后双击 C 盘，再双击 Windows 文件夹，打开后如图 7-3 所示。

2.最小化窗口

最小化窗口,只需单击窗口右上角的最小化窗口按钮(一条横线)即可。

3.最大化与还原窗口

最大化窗口(即将窗口铺满整个屏幕),只需单击窗口右上角的最大化窗口按钮(一个矩形)即可。窗口最大化以后,最大化窗口按钮会变化成向下还原按钮(叠在一起的两个矩形),单击该按钮即可还原窗口大小。

4.改变窗口大小

要想改变窗口的大小,可将鼠标移到窗口的四个角或者四条边上,鼠标光标会变成双向箭头,按住鼠标左键拖动鼠标即可。注意:当窗口处于最大化状态时,需要先还原窗口大小,然后才能调整窗口大小。

5.移动窗口

要想移动窗口(即改变窗口在屏幕上的位置),只需将鼠标移至窗口标题栏上空白处,然后按住鼠标左键拖动窗口至目标位置后释放鼠标左键即可。

6.关闭窗口

关闭窗口,只需单击窗口右上角的关闭按钮即可,或者使用快捷键 Alt+F4。

7.切换窗口

当我们打开了多个窗口后,若想在这些窗口之间切换,可以单击任务栏上相应的应用程序图标,或者使用快捷键 Alt+Tab(按住 Alt 键后不断敲击 Tab 键),或者使用快捷键 Windows+Tab 并点选窗口。注意:使用快捷键 Windows+D 可以直接切换到桌面。

8.并排显示窗口

当我们打开了多个窗口后,若想将这些窗口并排显示以便于操作,可以在任务栏空白处右击,在弹出的快捷菜单中选择"并排显示窗口"命令,然后再适当调整各窗口的大小和位置即可。

7.2 管理文件和文件夹

7.2.1 相关知识

文件是存储在磁盘上的一组相关信息,在计算机中,一篇文档、一幅图画、一段声音等等都是以文件的形式存储在计算机的磁盘中。文件夹是存放文件的场所,用于存储具有相同特征的文件或低一层文件夹,在 Windows 10 中通常以黄色图标的形式显示。

1.文件和文件夹的命名规则

在 Windows 10 中,文件夹的命名形式通常为"文件名",比如"Windows""Program Files"。文件的命名形式通常为"主文件名.扩展名",扩展名用于标识文件的类型,比如"记录本.txt""工作计划.docx""学生成绩.xlsx""演讲报告.pptx""北京.TIF""朋友.mp3""英雄.rmvb"等。

在 Windows 10 中文件和文件夹的命名规则如下:

(1)文件名和文件夹名可以含有英文字母、字符、数字、下划线、空格、汉字,但不能含有\、/、:、*、?、|、"、<、>这九个符号。

(2)可以使用多间隔符的扩展名。例如,用 ay.2.1 作文件名。

(3)同一个文件夹中不能有同名文件或文件夹。

(4)不能使用系统的保留字作文件名或文件夹名,如 con、aux、com1、lpt1、nul 等。

2.文件系统

Windows 10 整个文件系统的结构如图 7-17 所示,是一棵倒立的树。对于图中的"Microsoft Office"文件夹,我们可以清晰地看到它的位置"此电脑\C:\Program Files\Microsoft Office",一般简写为"C:\Program Files\Microsoft Office",这称为文件夹 Microsoft Office 的路径,即 Microsoft Office 文件夹位于 C 盘的 Program Files 文件夹中。

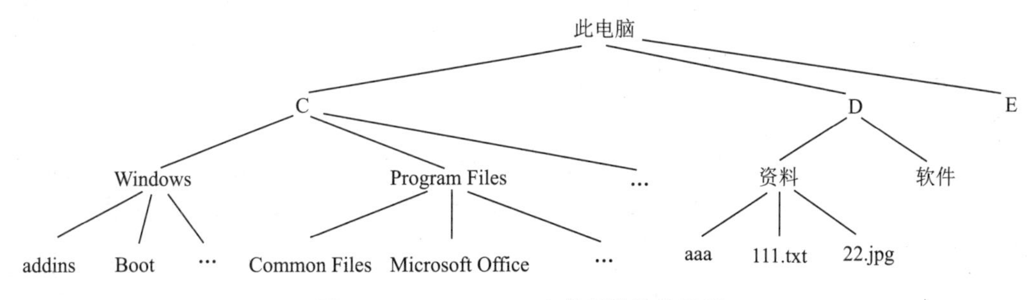

图 7-17 Windows 10 文件系统结构示例

7.2.2 任务实施

在 Windows 10 中常见的文件或文件夹操作主要有打开、新建、选定、复制、移动、删除与恢复、重命名、查看并设置属性等。

1.打开文件或文件夹

要打开某个文件或文件夹,只需在该文件或文件夹图标上双击即可。

2.新建文件或文件夹

新建文件或文件夹需要先明确想要建立文件或文件夹的位置,称为目标位置或者目的文件夹。操作时可以先双击桌面上的"此电脑"图标,然后通过双击的方法逐级进入目的文件夹,再在窗口工作区空白处右击,在弹出的快捷菜单中选择"新建"命令,在其子菜单中选择想要创建的文件类型或者文件夹,如图 7-18 所示,最后在新建的文件或文件夹名称框中输入名字并按 Enter 键。

3.重命名文件或文件夹

要修改某个文件或文件夹的名字,可以在该文件或文件夹图标上右击,在弹出的快捷菜单中选择"重命名"命令,然后在文件或文件夹名称框中输入新的名字并按 Enter 键,也可以用鼠标单击选中该文件或文件夹,然后按 F2 键,再在文件或文件夹名称框中输入新的名字并按 Enter 键。

4.选定文件或文件夹

选定单个文件或文件夹:单击该文件或者文件夹图标。

选定多个连续的文件或文件夹:先单击要选定的第一个文件或文件夹,然后按住

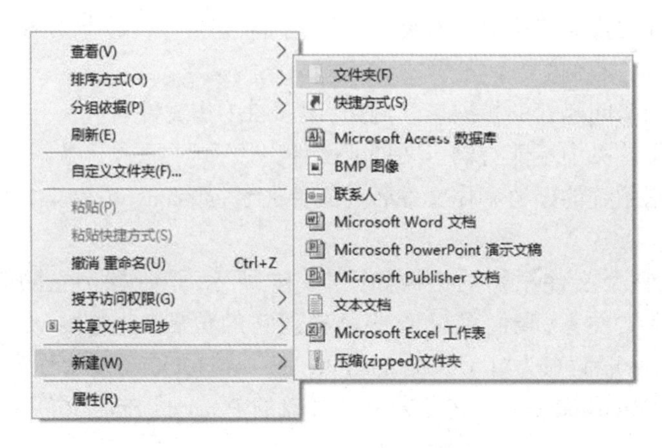

图 7-18 新建文件或文件夹

Shift 键再单击要选定的最后一个文件或文件夹，这样就可以选定两者之间的所有文件和文件夹。

选定多个不连续的文件或文件夹：按住 Ctrl 键再逐个单击要选定的各个文件或文件夹。在选定过程中若错选了某个文件或文件夹，在该文件或者文件夹图标上再次单击即可。

选定全部的文件或文件夹：按 Ctrl+A 组合键。

取消选定：若想取消选定的单个文件或文件夹的选定，用鼠标单击空白区域任意位置即可；若想在选定的多个文件或文件夹中取消对个别文件或文件夹的选定，先按住 Ctrl 键，然后单击需要取消的文件或文件夹；若想取消对全部文件的选定，用鼠标单击空白区域任意位置即可。

5.复制文件或文件夹

复制文件或文件夹是指将文件或文件夹复制一份放到其他位置，执行复制操作后，原位置和目标位置均有该文件或文件夹。复制文件或文件夹可以使用以下三种方法：

(1)右击法：先选定要复制的文件或文件夹，然后在其中一个对象上右击，在弹出的快捷菜单中选择“复制”命令，如图 7-19 所示，再打开目的文件夹，在该文件夹中空白处右击，在弹出的快捷菜单中选择“粘贴”命令，如图 7-20 所示，这样选定的文件或文件夹就复制到了目的文件夹中。

(2)快捷键法：先选定要复制的文件或文件夹，然后按快捷键 Ctrl+C，再打开目的文件夹，按快捷键 Ctrl+V，这样选定的文件或文件夹就复制到了目的文件夹中。

(3)拖放法：并列显示出源文件夹(要复制的文件或文件夹所在的文件夹)和目的文件夹窗口，选定要复制的文件或文件夹，按住 Ctrl 键，再按住鼠标左键拖动选定的文件或文件夹到目的文件夹。注意：若目的文件夹与源文件夹属于不同的盘符，那么拖放时按住或不按住 Ctrl 键均可。

图 7-19 复制

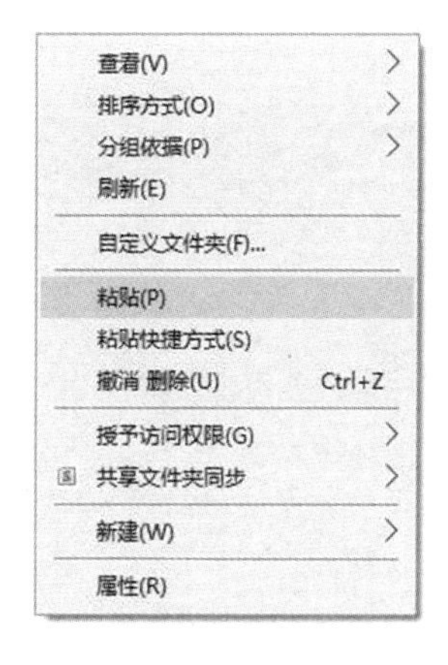

图 7-20 粘贴

6.移动文件或文件夹

移动文件或文件夹是将文件或文件夹放到其他位置，执行移动操作后，原位置的文件或文件夹消失，出现在目标位置。移动文件或文件夹可以使用以下三种方法：

(1)右击法：先选定要移动的文件或文件夹，然后在其中一个对象上右击，在弹出的快捷菜单中选择“剪切”命令，再打开目的文件夹，在该文件夹中空白处右击，在弹出的快捷菜单中选择“粘贴”命令，这样选定的文件或文件夹就移动到了目的文件夹中。

(2)快捷键法：先选定要移动的文件或文件夹，然后按快捷键 Ctrl+X，再打开目的文件夹，按快捷键 Ctrl+V，这样选定的文件或文件夹就移动到了目的文件夹中。

(3)拖放法：并列显示出源文件夹(要移动的文件或文件夹所在的文件夹)和目的文件夹窗口，选定要移动的文件或文件夹，按住 Shift 键，再按住鼠标左键拖动选定的文件或文件夹到目的文件夹。注意：若目的文件夹与源文件夹属于同一个盘符，那么拖放时按住或不按住 Shift 键均可。

7.删除与恢复文件或文件夹

要删除文件或文件夹，可以先选定要删除的文件或文件夹，然后在其中一个对象上右击，在弹出的快捷菜单中选择“删除”命令，或者先选定要删除的文件或文件夹，然后按下键盘上的 Delete 键，选定的文件或文件夹就被放入回收站中。若要彻底删除文件或文件夹，可从回收站中进一步删除即可。若想直接彻底删除文件或文件夹(即不经过回收站)，可以在删除时按住 Shift 键。

删除后放入回收站中的文件或文件夹可以恢复到原位置，只需在回收站中选定需要恢复的文件或文件夹，在其中一个对象上右击，在弹出的快捷菜单中选择“还原”命令即可。

8.查看并设置文件或文件夹的属性

要查看某个文件或文件夹的详细情况,可以右击该文件或文件夹,在弹出的快捷菜单中选择“属性”命令,将弹出文件属性对话框或文件夹属性对话框。文件夹属性对话框通常如图 7-21 所示,文件属性对话框通常如图 7-22 所示。

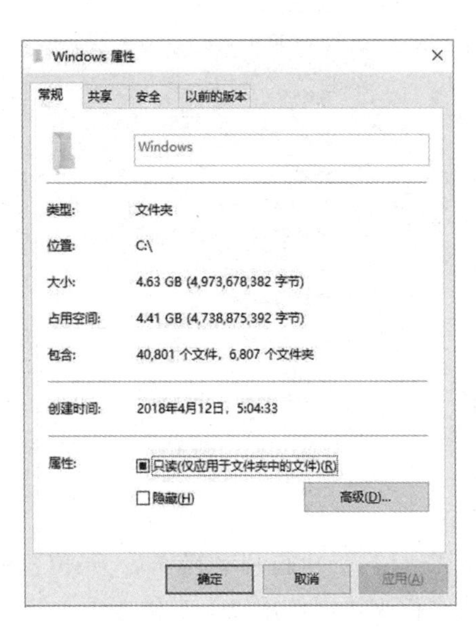

图 7-21　文件夹属性对话框

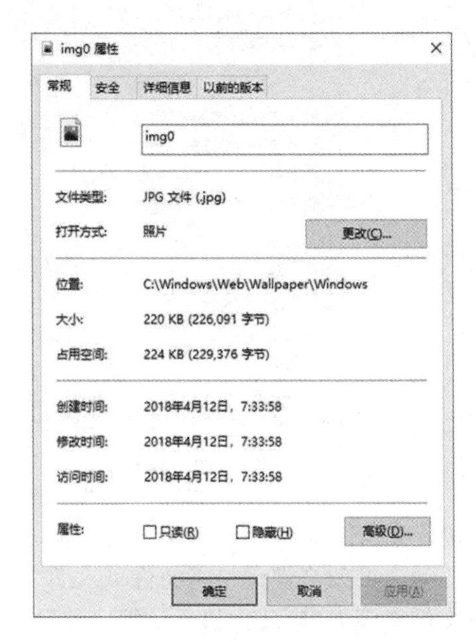

图 7-22　文件属性对话框

文件属性对话框的“常规”选项卡中包含了文件名称、文件类型、文件的打开方式(即使用哪个程序打开该类型文件)、文件的位置、文件的大小、文件占用的磁盘空间、文件的创建时间、最后一次修改时间、最后一次访问时间以及属性等相关信息。在这个选项卡中,不仅可以直接修改文件名,还可以单击“更改”按钮指定文件的打开方式。

文件可以设置只读、隐藏属性,文件夹可以设置隐藏属性。若将文件设置为只读属性,那么该文件的内容只能读取而不能修改,可以防止文件被意外地修改。若将文件或文件夹设置为隐藏属性,则可以将它们临时隐藏起来,通常情况下看不到,具备一定的安全性。要显示出某个文件夹中隐藏了的文件或文件夹,可以先打开该文件夹窗口,然后在“查看”功能区“显示/隐藏”按钮组中勾选“隐藏的项目”选项,如图 7-5 所示。

9.显示/隐藏文件扩展名

默认情况下,Windows 10 隐藏了已知文件类型的文件扩展名,若想将其显示出来,可以打开任意一个文件夹窗口,然后在“查看”功能区“显示/隐藏”按钮组中勾选“文件扩展名”选项,如图 7-5 所示。也可以打开任意一个文件夹窗口后,在“文件”功能区选择“更改文件夹和搜索选项”命令,将弹出“文件夹选项”对话框,单击“查看”选项卡,如图 7-23 所示,取消勾选“高级设置”中的“隐藏已知文件类型的扩展名”选项。

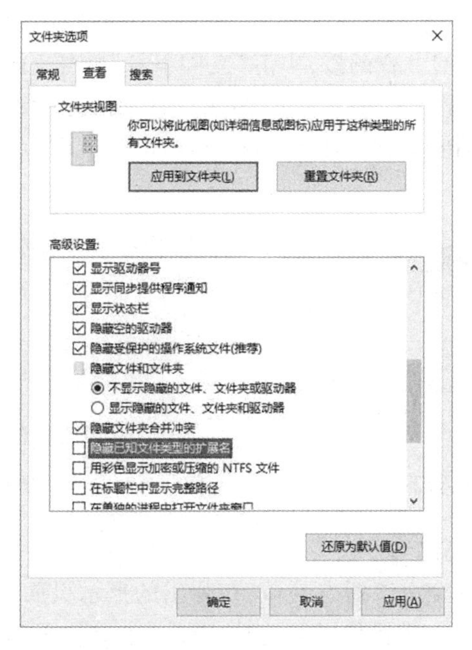

图 7-23 文件夹选项对话框

7.3 管理应用软件

7.3.1 相关知识

应用软件(Application)是和系统软件相对应的,是程序员使用各种程序设计语言编制的应用程序的集合。应用程序是为完成某项或多项特定工作的计算机程序,它运行在用户模式,可以和用户进行交互,具有可视的用户界面。应用软件是按使用的目的分类,可以是单一程序或其他从属组件的集合,例如,Microsoft Office;应用程序是指单一可执行文件或单一程序,例如 Word、Photoshop,日常中可不将两者仔细区分,一般视程序为软件的一个组成部分。

应用软件可以拓宽计算机系统的应用领域,放大计算机硬件的功能。常见的应用软件有办公软件、网络软件、多媒体软件、商务软件、分析软件、协作软件、编程开发工具等。

7.3.2 任务实施

在应用软件的使用过程中,通常涉及下载、安装、运行、强制结束、卸载等操作,下面以 360 安全浏览器的使用为例进行介绍。

1.下载 360 安全浏览器安装包

双击桌面上的"Microsoft Edge"图标(或者从"开始"菜单中找到"Microsoft Edge"并单击)启动 Microsoft Edge 浏览器,在地址栏中输入网址 www.baidu.com 并按 Enter 键以打开百度搜索引擎,在百度搜索内容框中输入“360 安全浏览器”并按 Enter 键,在打开的页面中查找如图 7-24 所示的下载链接,单击“立即下载”按钮,下载完成后会弹出如图 7-25 所示的提示框,将鼠标移至该项目上方,单击文件夹图标“在文件夹中显示”即可看到下载好的 360 安全浏览器安装包。注意:360 安全浏览器安装包也可以直接到 360 官网(www.360.cn)中下载。

图 7-24 360 安全浏览器下载链接

图 7-25 360 安全浏览器下载完成提示框

2.安装 360 安全浏览器

双击下载好的 360 安全浏览器安装包,在弹出的提示页面中单击“安装”按钮,如图 7-26 所示,再按照提示一步步操作即可完成安装。安装完成后,为节省磁盘空间,可删除从网络上下载的 360 安全浏览器安装包。

图 7-26 360 安全浏览器安装界面

3.运行 360 安全浏览器

双击桌面上的“360 安全浏览器”图标,或者从“开始”菜单中找到“360 安全浏览器”并单击,即可启动 360 安全浏览器。

4.强制结束 360 安全浏览器

360 安全浏览器在运行过程中如果出现不响应而又无法关闭的情况,可以在桌面任务栏空白处右击(或者按组合键 Ctrl+Alt+Delete),在弹出的快捷菜单中选择“任务管理器”,打开任务管理器窗口,如图 7-27 所示。在“进程”选项卡中,展开应用列表中的“360 安全浏览器”,选中无响应的 360 安全浏览器页面,单击窗口右下角的“结束任务”按钮。

任务管理器

文件(F) 选项(O) 查看(V)

进程 性能 应用历史记录 启动 用户 详细信息 服务

名称	状态	34% CPU	43% 内存	0% 磁盘	0% 网络
应用 (5)					
360安全浏览器 (32 位) (6)		32.4%	260.7 MB	0.1 MB/秒	0.1 Mbps
360安全浏览器 (32 位)		6.6%	41.8 MB	0 MB/秒	0 Mbps
360安全浏览器 (32 位)		0%	24.7 MB	0 MB/秒	0 Mbps
360安全浏览器 (32 位)		9.9%	53.5 MB	0 MB/秒	0 Mbps
360安全浏览器 (32 位)		7.2%	39.1 MB	0 MB/秒	0 Mbps
360安全浏览器 (32 位)		6.5%	41.0 MB	0 MB/秒	0 Mbps
360安全浏览器 (32 位)		2.1%	60.6 MB	0.1 MB/秒	0.1 Mbps
Microsoft Word (32 位) (2)		0%	47.3 MB	0 MB/秒	0 Mbps
Windows 资源管理器		0%	40.3 MB	0 MB/秒	0 Mbps
画图		0%	28.4 MB	0 MB/秒	0 Mbps
任务管理器		0.5%	27.1 MB	0 MB/秒	0 Mbps

简略信息(D) 结束任务(E)

图 7-27 任务管理器窗口

5.卸载 360 安全浏览器

卸载 360 安全浏览器,可以使用以下两种方法:

(1)在"开始"菜单中找到"360 安全浏览器",在"360 安全浏览器"图标上右击,在弹出的快捷菜单中选择"卸载"命令,将打开"程序和功能"窗口,如图 7-28 所示,在程序列表中选中"360 安全浏览器",单击"卸载"按钮,根据卸载提示完成卸载。

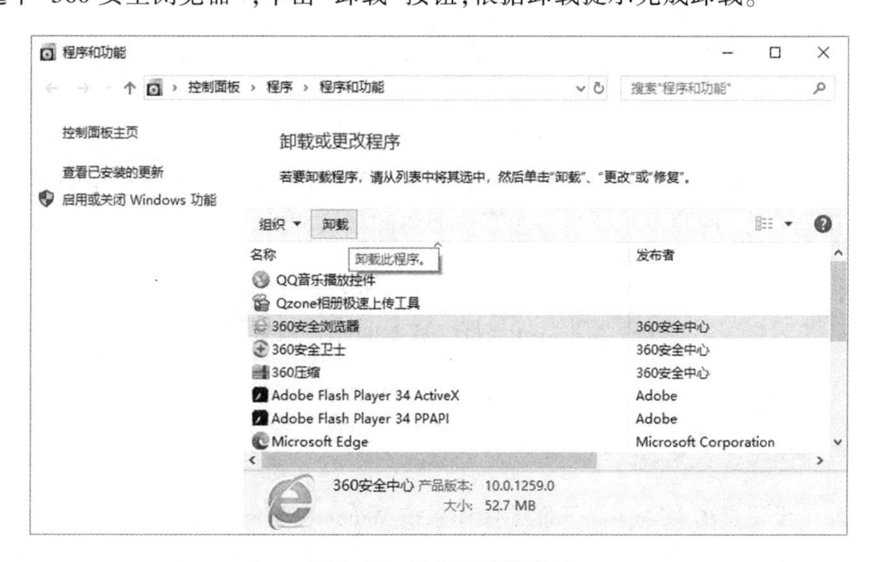

图 7-28 程序和功能窗口

(2)在"开始"菜单系统关键设置列中单击"设置"按钮,将弹出 Windows 设置窗口,如图 7-29 所示。在 Windows 设置窗口中单击"应用",将弹出应用设置窗口,在"应用和功能"设置中找到"360 安全浏览器"并单击,如图 7-30 所示,单击"卸载"按钮,根据卸载提示完成卸载

提示完成卸载。

图 7-29　Windows 设置窗口

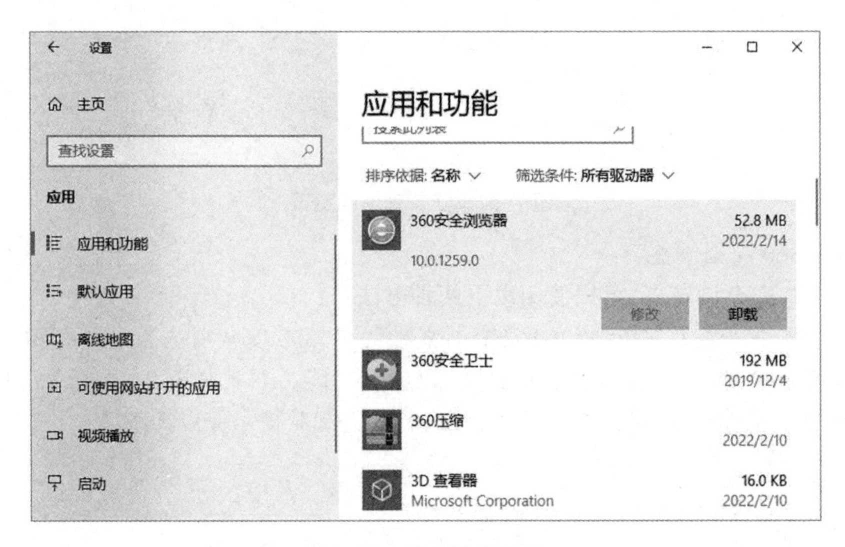

图 7-30　应用设置窗口

注意:有的应用软件在安装好后,会在"开始"菜单中产生一个卸载该软件的命令项,直接单击该命令项,按照提示一步一步操作即可卸载该软件。

7.4 使用 Windows 设置

7.4.1 相关知识

Windows 设置是由 Microsoft 开发的操作系统 Windows 里的设置程序,其窗口如图 7-29 所示,可以进行系统、设备、手机、网络和 Internet、个性化、应用、账户(Windows 10 系统中为"帐户")、时间和语言、游戏、轻松使用、Cortana 搜索、隐私、更新和安全的设置。相对于控制面板(如图 7-31 所示),Windows 设置更加简洁、美观,更加适合使用。目前 Windows 10 虽然保留了控制面板,但以后控制面板功能将逐步迁移到 Windows 设置,Windows 将弃用控制面板。

图 7-31　控制面板窗口

7.4.2　任务实施

Windows 设置功能强大,能够对 Windows 10 操作系统进行各个方面的设置。本书主要讲述账户设置、语言与输入法设置、防火墙设置。

1.账户设置

账户,这里指的是登录 Windows 时使用的用户名。为保证账户的资料安全,可以为账户设置登录密码。当多人共用一台计算机时,为了主题风格和资料信息互不干扰,可以让他们使用不同的账户登录使用计算机。

(1)设置当前帐户密码:在“开始”菜单系统关键设置列中单击“设置”按钮,在弹出的 Windows 设置窗口中单击“帐户”,将打开账户设置窗口。单击“登录选项”设置,如图 7-32 所示,在右侧的“密码”下方单击“添加”按钮即可为当前账户设置密码。

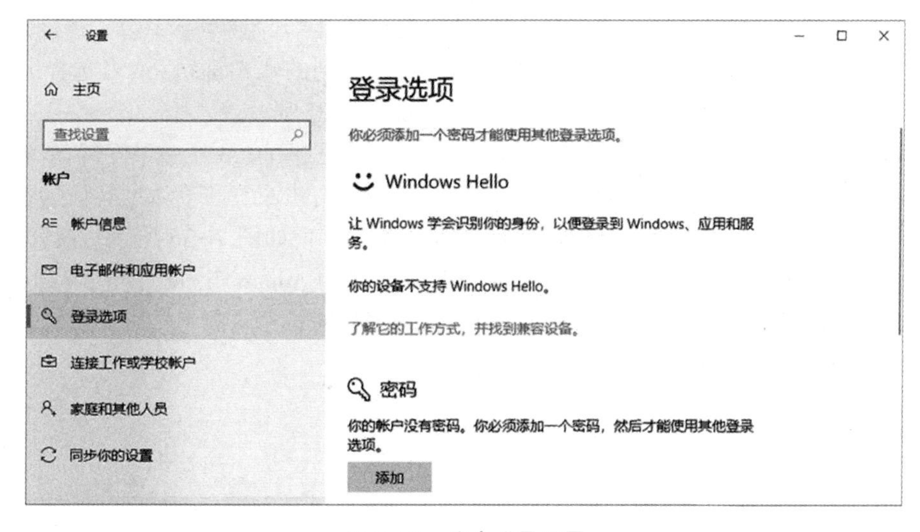

图 7-32　账户登录设置

(2)添加本地账户:在“开始”菜单系统关键设置列中单击“设置”按钮,在弹出的Windows设置窗口中单击“帐户”,将打开账户设置窗口。单击“家庭和其他人员”设置,如图7-33所示,在右侧的“其他人员”下方单击“将其他人添加到这台电脑”,在询问“此人将如何登录?”时选择“我没有这个人的登录信息”,在提示“让我们来创建你的账户”时选择“添加一个没有Microsoft账户的用户”,在提示“为这台电脑创建一个帐户”时输入相关信息,如图7-34所示,单击“下一步”按钮即可完成本地账户创建。

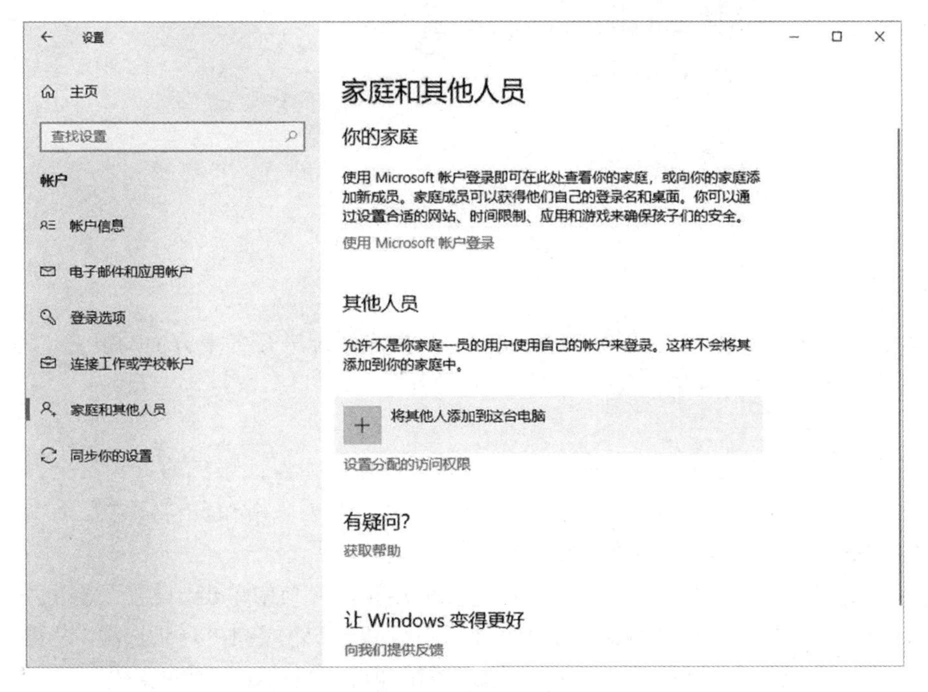

图7-33 添加账户

(3)切换帐户:要从当前账户切换到其他账户,可以在“开始”菜单系统关键设置列中单击用户头像图标,在弹出的菜单中单击选择需要切换到的账户即可(或者选择“注销”命令结束当前用户所有应用,再以该用户登录),如图7-35所示。

(4)启用Administrator账户:Windows 10系统为了保证系统安全,默认禁用了Administrator账户,如果想使用该账户,则需手动开启。右击桌面图标“此电脑”,在弹出的快捷菜单中选择“管理”命令,将打开“计算机管理”窗口,如图7-36所示。展开“系统工具”下的“本地用户和组”并单击选择“用户”,在右侧的Administrator账户上右击,在弹出的快捷菜单中选择“属性”,将打开Administrator属性对话框,单击去掉“账户已禁用”框前面的对号,如图7-37所示。

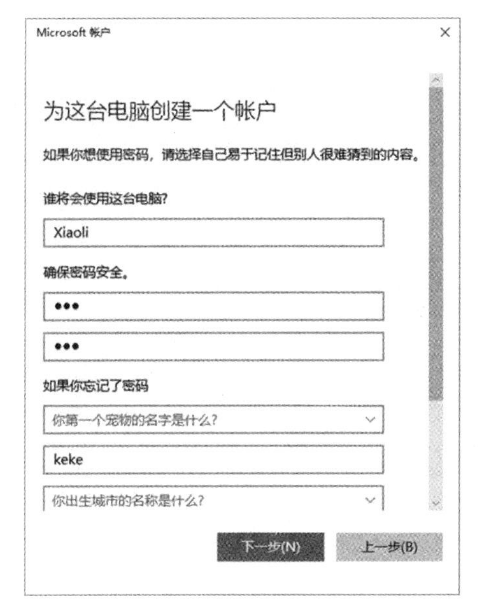

图 7-34 填写账户信息

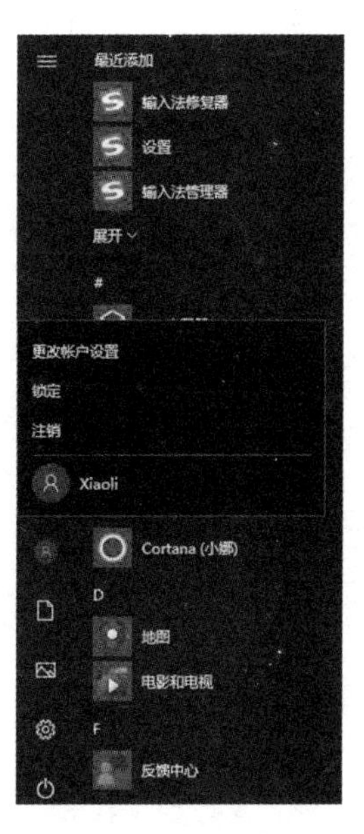

图 7-35 切换账户

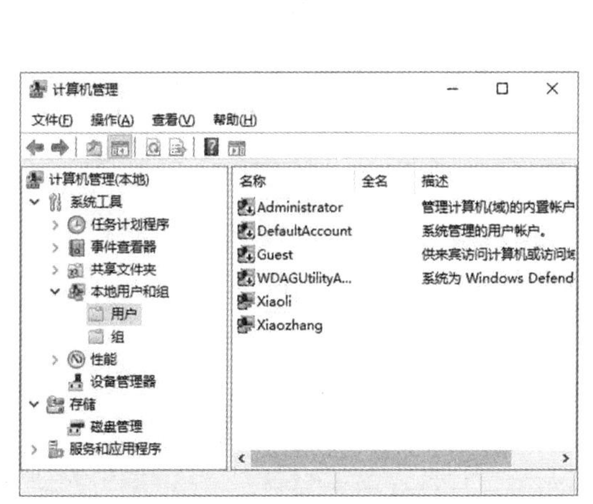

图 7-36 计算机管理窗口

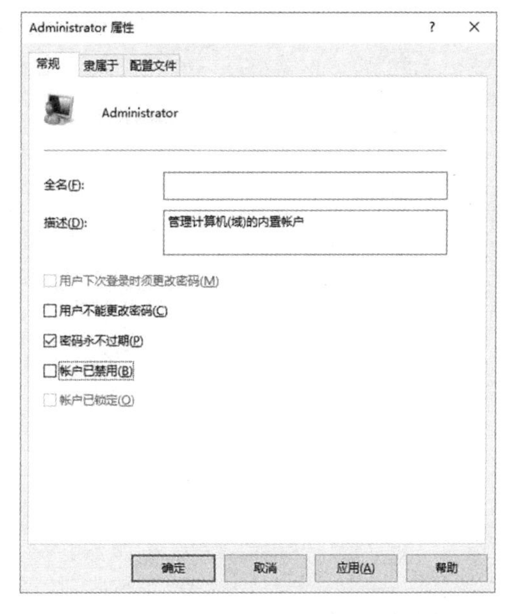

图 7-37 Administrator 属性对话框

2.语言与输入法设置

在“开始”菜单系统关键设置列中单击“设置”按钮，在弹出的 Windows 设置窗口中单击“时间和语言”，将打开时间和语言设置窗口。单击“区域和语言”设置，如图 7-38 所示。在右侧的“语言”下方单击“添加语言”按钮，可以添加在计算机中想使用的任何语言。单击某种语言，比如中文，如图 7-39 所示，单击“选项”按钮，将弹出“中文”设置窗口，如图 7-40 所示，在“键盘”列表中可以添加或删除输入中文想使用的输入法。

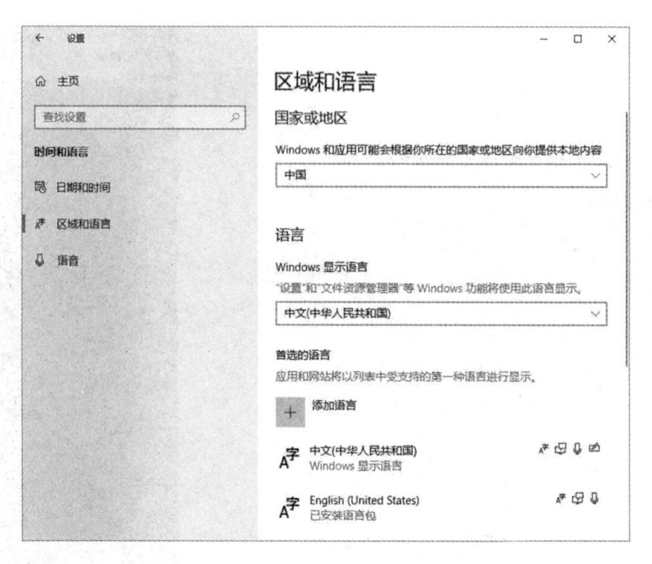

图 7-38　区域和语言设置窗口

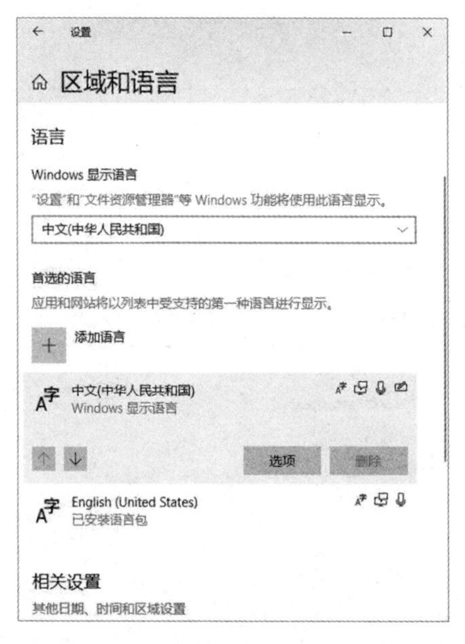

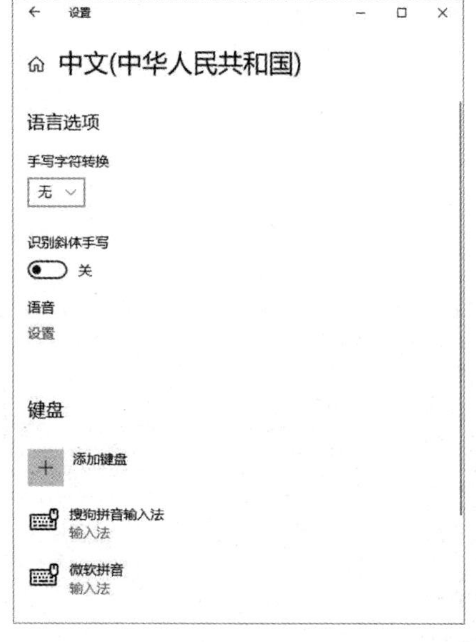

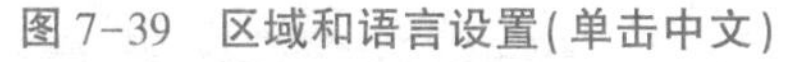
图 7-39　区域和语言设置(单击中文)　　　图 7-40　中文的输入法设置

3.防火墙设置

防火墙可以控制应用程序是否有权限使用计算机的网络传输功能,因此,它可以控制某些未经授权的网络流量进出计算机系统,从而提高系统的安全性。

在"开始"菜单系统关键设置列中单击"设置"按钮,在弹出的 Windows 设置窗口中单击"更新和安全",将打开更新和安全设置窗口。单击"Windows 安全"设置,如图 7-41 所示,在右侧的"保护区域"中单击"防火墙和网络保护",将打开"防火墙和网络保护"窗口,如图 7-42 所示。单击"允许应用通过防火墙",将弹出允许应用通过防火墙进行通信设置对话框,如图 7-43 所示,用户可根据自己的需求进行设置。

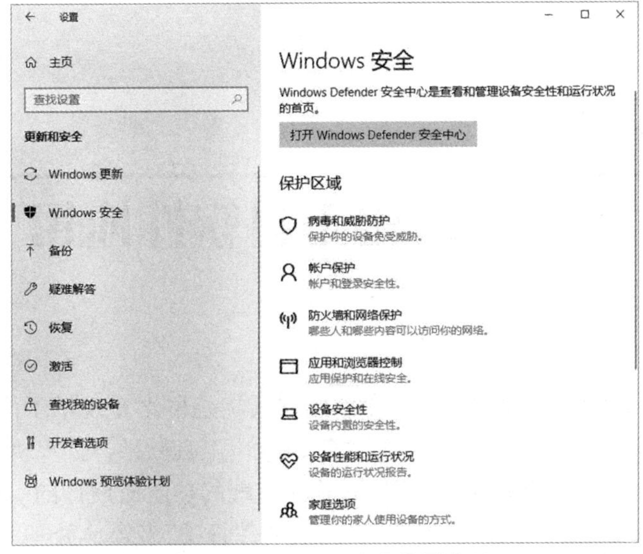

图 7-41 Windows 安全设置窗口

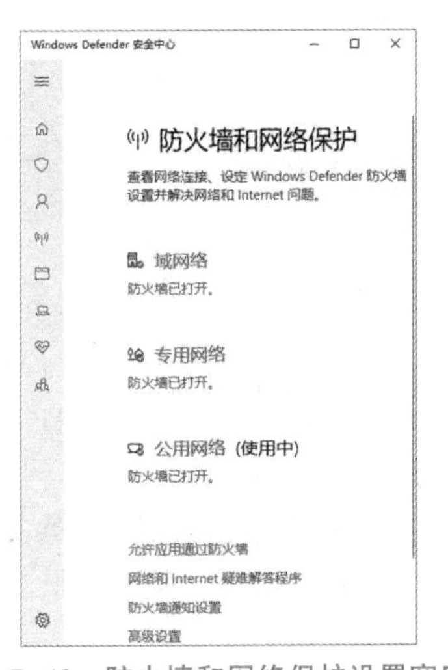

图 7-42 防火墙和网络保护设置窗口

图 7-43 是否允许应用通过防火墙进行通信设置窗口

习 题

1.设置自己的 Windows 系统的桌面背景和分辨率。

2.窗口一般由哪几部分组成?

3.如何选定多个连续或不连续的文件或文件夹?

4.如何显示出隐藏文件?

5.从网络上下载办公软件 Microsoft Office 2019,并安装到自己的电脑中。

6.为自己的 Windows 系统创建一个新用户并设置密码。

8 常用工具软件应用

要想充分发挥计算机的作用，仅仅依靠操作系统是根本实现不了的，若要充分调动所有可利用的资源，必须熟悉和利用各种计算机常用工具软件。计算机常用工具软件指在计算机操作系统的支持环境中，为扩展和补充系统的功能而设计的一些软件。计算机工具软件种类繁多，本章将从文本输入与练习、文件管理、多媒体处理、安全防护等方面介绍一些常用工具软件的使用方法，具体包括打字练习软件、压缩和解压缩软件、下载软件、阅读软件、翻译软件、播放软件、杀毒软件等。

8.1 使用打字练习软件

8.1.1 相关知识

金山打字是金山公司推出的系列教育软件，主要由金山打字通和金山打字游戏两部分构成，是一款功能齐全、数据丰富、界面友好、集打字练习和测试于一体的打字软件。金山打字通针对用户水平个性化定制练习课程，从易到难循序渐进，提供英文、拼音、五笔、数字符号等多种主流输入法针对性练习，并为收银员、会计、速录等职业提供专业培训。

金山打字通适用于打字教学、电脑入门、职业培训、汉语言培训等多种场景。

8.1.2 任务实施

8.1.2.1 安装金山打字通

第一步：下载安装程序。可到金山软件中心的打字通页面下载，地址为 http://www.51dzt.com，下载页面如图 8-1 所示。

第二步：点击“免费下载”，选择合适的位置，下载安装文件。

第三步：双击运行安装程序，按照安装向导提示完成安装。

8.1.2.2 使用金山打字通

安装完成后，即可双击“金山打字通”图标，进入主界面，如图 8-2 所示。金山打字通可以支持账号系统，点击“新手入门”，即可创建自己的账号昵称，并可绑定 QQ，能够保存打字成绩、漫游打字信息、同步打字数据。金山打字通还支持总成绩全球排名、分模块全球排名两种排名方式。

图 8-1　金山打字通下载页面

图 8-2　金山打字通主界面

“新手入门”是金山打字通系统针对打字新手进行的教学设计，提供了“关卡”模式，只有完成任务才能过关进阶，可以有效帮助初学打字人员循序渐进地学习打字，提高学习趣味性，如图 8-3 所示。“打字常识”能逐步带领初学者熟悉键盘、打字姿势、基准键位、手指分工以及小键盘的键位，并提供相应的过关测试题目。初学者按照打字常识、字母键位、数字键位、符号键位、键位纠错的顺序逐个过关，能很快熟悉键盘布局，快速进入打字状态，有效避免因急于求成而产生挫败感、失去学习兴趣。

另外，具有一定打字基础的人员，可以直接进入到英文打字、拼音打字、五笔打字的练习，完成打字测试、打字游戏等。

图 8-3 新手入门

8.2 使用压缩和解压缩软件

8.2.1 相关知识

压缩，是指使用压缩软件对一个或多个体积较大的文件进行处理，产生一个体积较小的文件的过程，新产生的这个体积较小的文件，我们称之为压缩文件或压缩包。在网上下载他人共享的资源时，会遇到很多的压缩文件，这是因为压缩文件比原文件体积小，更方便在网络上传输。此外，相对于原文件，压缩文件可以占用更少的磁盘存储空间。

而为了查看原文件，需要将压缩文件恢复到压缩之前的状态，这个过程称为解压缩，简称解压。

Windows 中，常用的压缩和解压缩软件有 WinRAR、WinZip、7-Zip、2345 好压等。本节以 WinRAR 为例介绍压缩和解压缩软件的使用方法。

WinRAR 是一个强大的压缩文件管理工具，WinRAR 的 RAR 格式一般要比其他的 ZIP 格式高出 10%~30%的压缩率，尤其是它还提供了可选择的、针对多媒体数据的压缩算法，对 WAV、BMP 声音及图像文件可以用独特的多媒体压缩算法，大大提高压缩率。

WinRAR 界面友好，使用方便，可以定制界面，可以分卷压缩，压缩包可以加密，能完善地支持 ZIP 格式，并且可以解压 ARJ、CAB、LZH、ACE、TAR、GZ、UUE、BZ2、JAR、ISO、Z、7Z 等多种格式的压缩包。另外，它还具有文件修复功能，能在一定程度上恢复受损 RAR 和 ZIP 压缩文件中的数据。

8.2.2 任务实施

8.2.2.1 压缩文件

（1）通过网络搜索将 WinRAR 下载安装在电脑中后，可使用以下步骤来快速压缩文件。

第一步：选中要压缩的文件或文件夹（可同时选中多个），然后点击右键，在弹出的快捷菜单中选择“添加到‘×××.rar’”选项，如图 8-4 所示。

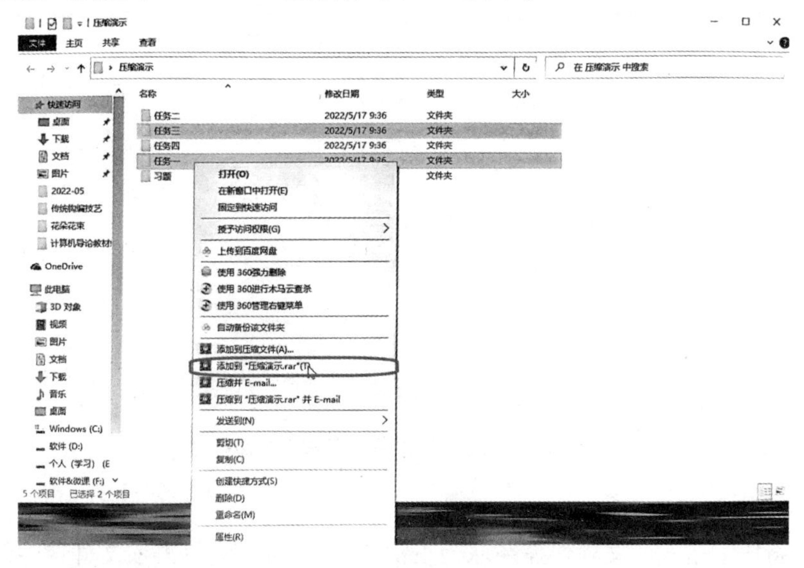

图 8-4 快速压缩文件

第二步：压缩完成后，WinRAR 会按默认设置将所选文件或文件夹压缩成一个压缩格式的文件，如图 8-5 所示（原文件依然存在）。

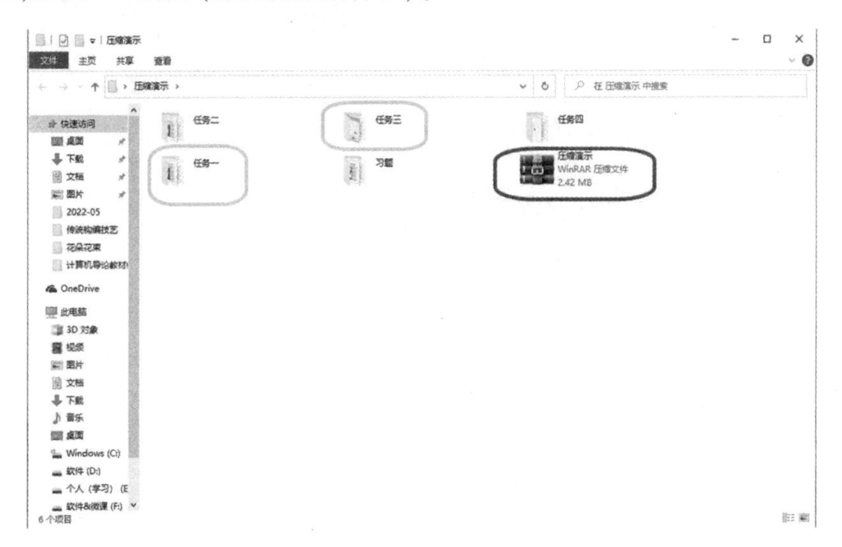

图 8-5 压缩格式的文件

（2）若在右击文件或文件夹后弹出的快捷菜单中选择“添加到压缩文件…”选项，将打开“压缩文件名和参数”对话框。可在该对话框“常规”选项卡的“压缩文件名”设置区中设置压缩文件的名称和保存路径，以及在“压缩方式”下拉列表框中选择压缩比；还可在“高级”选项卡中为压缩文件设置密码。设置好后，单击“确定”按钮，即可压缩文件，如图 8-6 所示。

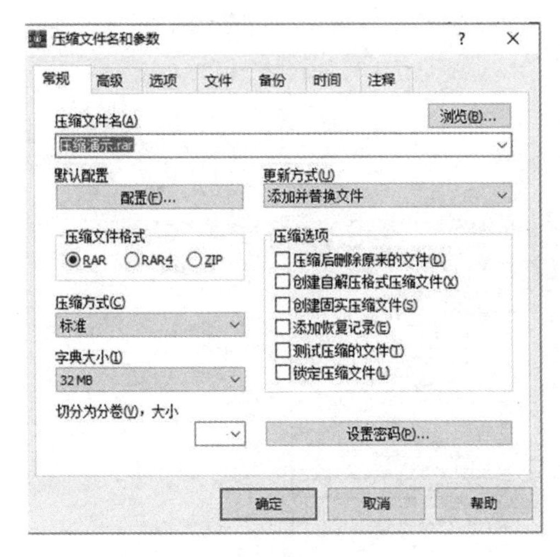

图 8-6 “压缩文件名和参数”对话框

8.2.2.2 **解压缩文件**

(1)要将压缩格式的文件快速还原为正常的文件,可右键单击该文件,在弹出的快捷菜单中选择“解压到当前文件夹”或“解压到×××”选项,WinRAR 会自动将该文件解压到当前文件夹或指定的文件夹中(原压缩格式的文件依然存在)。

(2)若双击压缩文件,将打开 WinRAR 软件的操作界面,如图 8-7 所示。在该界面中可以进行的常用操作如下:

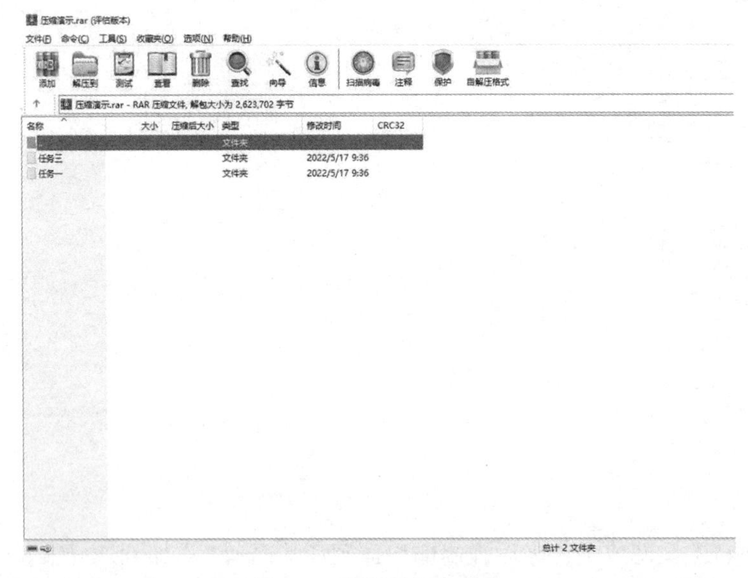

图 8-7 解压缩指定文件

查看文件:在界面下方的列表中可查看压缩文件中的文件。

添加文件:单击界面上方的“添加”按钮,可将其他文件添加到此压缩文件中。

解压文件:在界面下方选择需要解压的文件,单击“解压到”按钮,可将所选文件单独解压出来。

测试文件:选择要测试的文件,单击“测试”按钮,可测试文件是否损坏。

删除文件:选择要删除的文件,单击“删除”按钮,可删除所选文件。

8.3 使用下载软件

8.3.1 相关知识

计算机网络的出现为人们共享数据和信息提供了方便,尤其是 Internet 的普及更是极大地方便了人们获取各种数据和信息。人们可以随时打开浏览器浏览各种信息,也可以自由下载他人共享的资源,如音乐、电影、电视剧、软件等。然而,浏览器自带的下载功能由于下载速度慢,一般不适合下载比较大的文件,如电影、电视剧等。为了实现高速稳定的下载,用户可以使用专门的下载软件,常用的下载软件有迅雷(Thunder)、网际快车(FlashGet)、比特彗星(BitComet)等。本节以迅雷为例介绍下载软件的使用方法。

迅雷是深圳市迅雷网络技术有限公司开发的一款下载软件。迅雷使用的超线程技术基于网格原理,能够将存在于第三方服务器和计算机上的数据文件进行有效整合,构成独特的迅雷网络。通过这种先进的超线程技术,用户能够以更快的速度从第三方服务器和计算机获取所需的数据文件。这种超线程技术还具有互联网下载负载均衡功能,在不降低用户体验的前提下,迅雷网络可以对服务器资源进行均衡,有效降低了服务器的负载。目前最新版本的迅雷 11 主界面如图 8-8 所示。

图 8-8 迅雷 11 主界面

8.3.2 任务实施

8.3.2.1 安装迅雷

第一步:下载安装程序。可到迅雷软件中心下载,其地址为 https://dl.xunlei.com。

第二步:点击“立即下载”,选择合适的保存位置。

第三步:双击运行安装程序,按照安装向导提示完成安装。

8.3.2.2 设置迅雷

第一次运行迅雷 11 时,可以通过选择迅雷 11 主页面右上方的“主菜单”“设置”,启动设置中心界面,如图 8-9 所示。

图 8-9 迅雷 11 设置中心

在设置中心中,可以设置开机时是否自动启动运行迅雷 11、同时运行的最大任务数、下载文件时的默认存储目录、是否监视剪贴板、是否监视浏览器、是否开启镜像服务器加速、是否开启迅雷 P2P 加速等。

8.3.2.3 使用迅雷

(1)将迅雷安装在电脑后,可使用以下方法在 Internet 上下载资源:

第一步:打开提供文件下载的网页,右击下载地址链接,在弹出的快捷菜单中选择“使用迅雷下载”选项,如图 8-10 所示。此外,直接单击下载地址链接也可自动启动迅雷,下载该链接指向文件。

第二步:系统启动迅雷并打开“新建任务”对话框。单击输入框右侧文件夹图标,在弹出的对话框中选择合适的保存位置。回到“新建任务”对话框后,单击“立即下载”按钮。

第三步:开始下载文件并打开迅雷操作界面。在“下载中”分类的列表中可以看到文件的下载状态,包括文件名、下载进度等,如图 8-11 所示。

图 8-10 执行“使用迅雷下载”命令

图 8-11 正在下载文件

第四步：文件下载完成后，会从“下载中”列表中消失，单击“已完成”分类，可看到已完成下载的文件名。右击文件名，在弹出的快捷菜单中选择“打开”，即可打开文件；选择“打开文件夹”，即可打开保存文件的文件夹。

(2)若知道某个文件的具体下载地址，可以使用以下步骤下载共享资源：

在迅雷主界面单击“新建”，打开“新建任务对话框”，然后将下载地址输入或复制到对话框的编辑框中，选择合适的保存位置，单击“立即下载”即可开始下载任务，如图 8-12 所示。

图 8-12 新建下载任务

8.4 使用阅读软件

8.4.1 相关知识

书籍作为人类历史长河中文化的载体，在漫长的发展中，以各种各样的形式出现：龟甲、竹简、布帛、纸等。而今，又出现了电子图书，电子图书由于其环保、便携、易于更新等诸多优势，受到越来越多读者的青睐。在计算机中，电子图书的格式主要有 PDF、CAJ、KDH、NH、PDG、CEB、TXT 等，阅读 PDF、CAJ、KDH、NH、PDG、CEB 等大多数格式的电子图书需要使用其专用的阅读软件。其中，PDF 格式电子图书的阅读软件较多，有 Adobe Reader、福昕 PDF 阅读器（Foxit Reader）、CAJViewer、方正 Apabi Reader 等；CAJ、KDH、NH 格式电子图书的专用阅读软件为 CAJViewer；PDG 格式电子图书的专用阅读软件为超星阅览器；CEB 格式电子图书的专用阅读软件为方正 Apabi Reader。本节以 CAJViewer 为例介绍阅读软件的使用方法。

CAJViewer 又称为 CAJ 全文浏览器，由清华同方知网（北京）技术有限公司开发，是中国期刊网的专用全文格式阅读器，支持阅读中国期刊网的 CAJ、NH、KDH 和 PDF 格式文件。它可以在线阅读中国期刊网的原文，也可以阅读下载到本地磁盘上的中国期刊网全文。它的打印效果与原版的效果一致。目前最新版本的 CAJViewer 7.3 主窗口如图 8-13 所示。

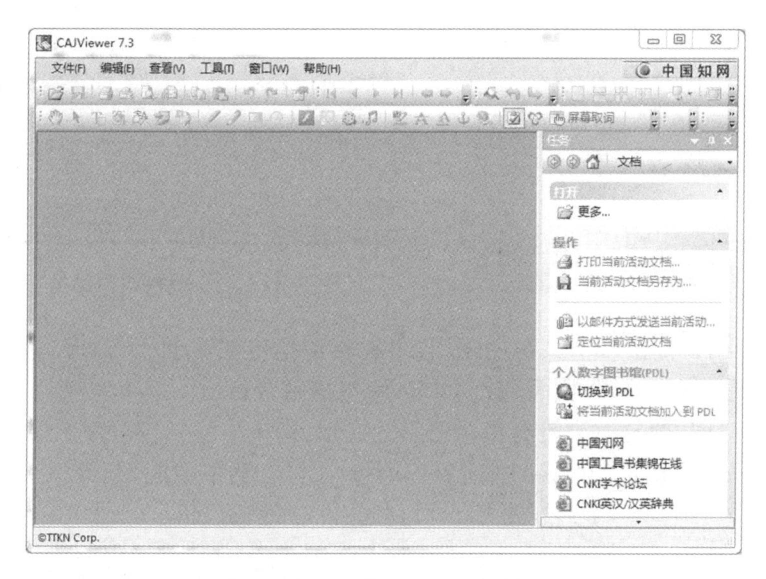

图 8-13 CAJViewer 7.3 主窗口

8.4.2 任务实施

8.4.2.1 浏览文档

通过以下 3 种方法可以用 CAJViewer 打开文档,然后浏览或阅读:

方法 1:直接双击 CAJ、NH、KDH 或 PDF 格式文件。

方法 2:将 CAJ、NH、KDH 或 PDF 格式文件拖拽到 CAJViewer 主窗口中。

方法 3:选择"文件"菜单中的"打开"命令或单击"文件"工具栏上的"打开"按钮,弹出"打开文件"对话框,在对话框中选择要浏览或阅读的 CAJ、NH、KDH 或 PDF 格式文件后单击"打开"。

文档打开后,显示文档实际内容的区域叫作主页面。通过鼠标、键盘可以直接控制主页面,当屏幕光标为手的形状时,使用鼠标可以随意拖动页面;使用键盘上的光标控制键也可以移动页面。

8.4.2.2 跳转页面

浏览文档时,使用以下 5 种方法可以跳转至指定的页面,以浏览页面的不同区域:

方法 1:选择"查看"菜单中的"跳转"命令,弹出下一级菜单,如图 8-14 所示。

选择"第一页",跳转至文档的第一页;选择"上一页",跳转至当前页的上面一页;选择"下一页",跳转至当前页的下面一页;选择"最后一页",跳转至文档的最后一页;选择"数字定位",弹出"页码跳转"对话框,如图 8-15 所示。在"跳转至"下面的框中输入要跳转至页面的页码,单击"跳转"按钮。图 8-15 中,"1-50"表示文档有 50 页,在"跳转至"下面的框中输入 1-50 之间的任何一个数字,单击"跳转"按钮可以跳转至指定的页面,否则将弹出错误提示。

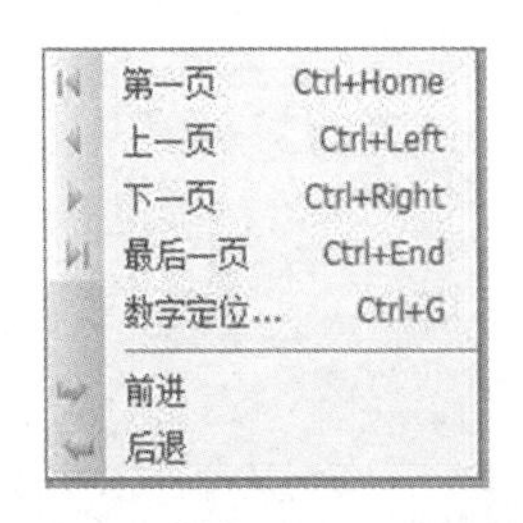

图 8-14 “跳转”命令的子菜单

图 8-15 “页码跳转”对话框

方法 2：单击页面窗口中页面的索引，可跳转至指定的页面，页面窗口如图 8-16 所示。通过“查看”菜单中的“页面”命令可显示/隐藏目录窗口。

方法 3：若打开的是一个带有目录索引的文档，则单击目录窗口中的目录项，可跳转至指定的页面，目录窗口如图 8-17 所示。通过“查看”菜单中的“目录”命令可显示/隐藏目录窗口。

图 8-16 页面窗口

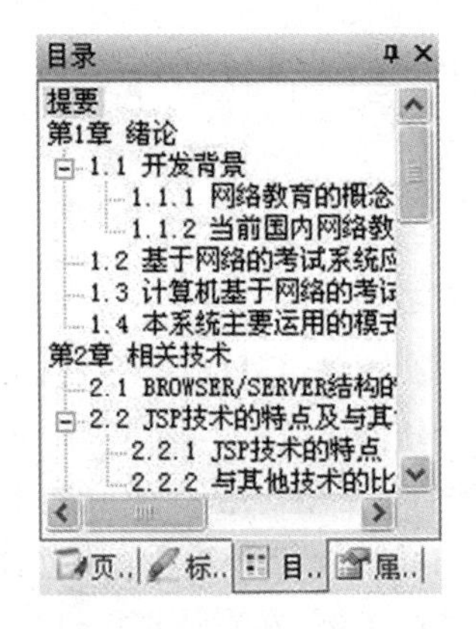

图 8-17 目录窗口

方法 4：文档打开后，主页面下方将出现一个工具条，如图 8-18 所示。

单击工具条上的“第一页”“上一页”“下一页”“最后一页”按钮可分别跳转至文档的第一页、当前页的上面一页、当前页的下面一页、文档的最后一页，“上一页”和“下一页”按钮中间的框中显示的是“当前页/总页数”，在其中输入要跳转至页面的页码，按 Enter 键，可跳转至指定的页面。图 8-18 中，“上一页”和“下一页”中间的框中显示的“25/50”，表示当前为第 25 页，文档共 50 页。

图 8-18 CAJViewer 工具条

方法 5：在主页面上右击，弹出快捷菜单，选择其中的“第一页”“上一页”“下一页”或“最后一页”命令。

8.4.2.3 更改显示模式

CAJViewer 7.3 提供了“单页”“连续”“对开”“连续对开”等多种显示模式，使用户浏览文档的方式更加灵活，其中，“连续”为默认的显示方式。使用以下 3 种方法可以更改显示模式：

方法1：选择“查看”菜单中的“页面布局”命令，弹出下一级菜单，如图8-19所示。

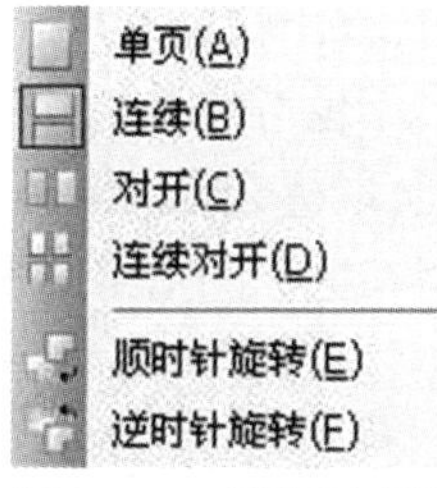

图8-19 “页面布局”命令的子菜单

选择“单页”，页面布局更改为单页模式，一次只能浏览文档的某一页；选择“连续”，页面布局更改为连续页模式，文档的所有页都在屏幕上，可以任意浏览；选择“对开”，页面布局更改为对开模式，一次只能并排浏览文档的两页；选择“连续对开”，页面布局更改为连续对开模式，文档的所有页都在屏幕上对开显示，可以任意浏览。

方法2：单击“布局”工具栏上的“单页”“连续”“对开”或“连续对开”按钮。

方法3：在主页面上右击，弹出快捷菜单，选择其中的“单页”“连续”“对开”或“连续对开”命令。

8.4.2.4 调整显示缩放比例

主页面上的文档的显示缩放比例默认情况下是实际大小，也就是100%的比例，但是也可以根据需要进行调整，其中显示比例最小不能小于25%，最大不能大于6400%。可以使用以下5种方法调整显示缩放比例：

方法1：按住Ctrl键滚动鼠标滚轮。

方法2：使用“查看”菜单中的“实际大小”“适合宽度”“适合页面”“放大”或“缩小”命令。

选择“实际大小”，则按文档的实际大小显示；选择“适合宽度”，CAJViewer将计算文档正好能够全部适合当前显示窗口宽度的缩放比例，按照这个比例显示文档；选择“适合页面”，CAJViewer将计算文档正好能够全部适合当前显示窗口的缩放比例，按照这个比例显示文档；选择“放大”，主页面的鼠标形状变成一个中间带“+”号的放大镜，每单击主页面一次，显示缩放比例将增加20%；选择“缩小”，主页面的鼠标形状变成一个中间带“-”号的放大镜，每单击主页面一次，显示缩放比例将减少20%。

方法3：单击“布局”工具栏上的“实际大小”“适合宽度”“适合页面”“放大”或“缩小”按钮。

方法4：在主页面上右击，弹出快捷菜单，使用其中的“实际大小”“适合宽度”“适合页面”“放大”或“缩小”命令。

方法5：使用主页面底部的工具条。

第一步：单击“缩小”或“放大”按钮。第二步：在“缩小”和“放大”按钮之间的框中输入显示缩放比例后按Enter键。第三步：单击“ ”按钮，在弹出的菜单中选择不同的显示缩放比例，如“适合页面”“适合宽度”或“实际大小”。

此外，单击主页面底部工具条上的“全屏”按钮可全屏浏览文档；单击“全屏读书模式”按钮可切换至全屏读书模式。

8.4.2.5 复制文本

选择“工具”菜单中的“文本选择”命令或单击“选择”工具栏上的“选择文本”按钮，

主页面的鼠标形状变成“I”形，此时可在主页面上拖动鼠标选择文本，在选定的文本上右击，弹出快捷菜单，选择其中的“复制”即可将选定的文本复制到剪贴板。

也可选择“工具”菜单中的“文字识别”命令或单击“选择”工具栏上的“文字识别”按钮，鼠标光标变成“+”形，此时拖动鼠标可以选择一页上的一块区域进行识别，识别结果将在“文字识别”对话框中显示，并且允许修改，做进一步的操作，如将文字复制到剪贴板、发送文字到 WPS/Word 等。“文字识别结果”对话框如图 8-20 所示。

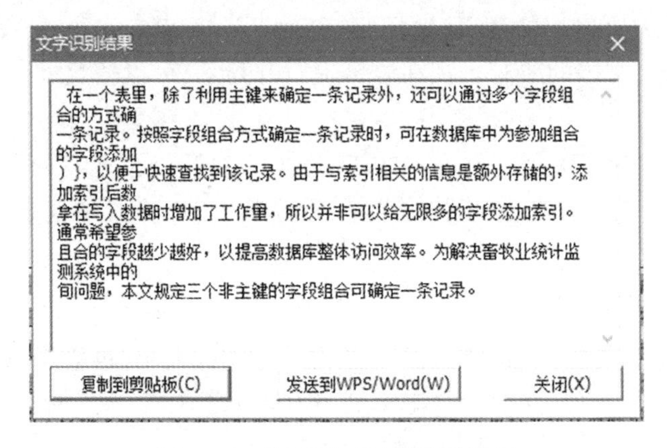

图 8-20 “文字识别结果”对话框

8.4.2.6 打印文档

选择“文件”菜单中的“打印”命令或单击“文件”工具栏上的“打印”按钮，弹出“打印”对话框，如图 8-21 所示。根据需要设置打印范围、打印份数、打印内容等，然后单击“确定”按钮。

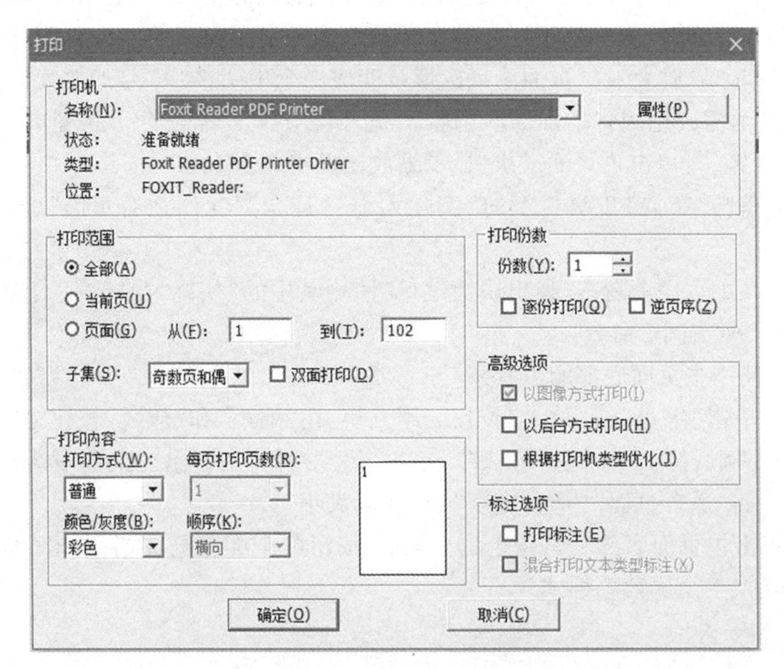

图 8-21 “打印”对话框

8.5 使用翻译软件

8.5.1 相关知识

在学习一些软件或者在网上浏览信息的时候，常常遇到界面全是英文或者其他外文字符的情况，特别是在浏览国外网站时，很多人面对大量外文资源一筹莫展，这时可以借助翻译软件来轻松应对。常用的翻译软件有金山词霸、金山快译、灵格斯词霸、有道词典等。本节以金山词霸为例介绍翻译软件的使用方法。

金山词霸是一款免费的词典翻译软件。由金山公司于1997年推出第一个版本，经过20多年的锤炼，今天已经是上亿用户的必备软件。它最大的亮点是内容海量权威，收录了141本版权词典，32万真人语音，17个场景2000组常用对话。最新版本的金山词霸2016还支持离线查词，安装完成后电脑不联网也可以轻松用词霸；可以直接访问爱词霸网站，查词、查句、翻译等功能强大；有精品英语学习内容和社区，在这里可以学英语、交朋友。金山词霸2016启动后，主界面如图8-22所示。

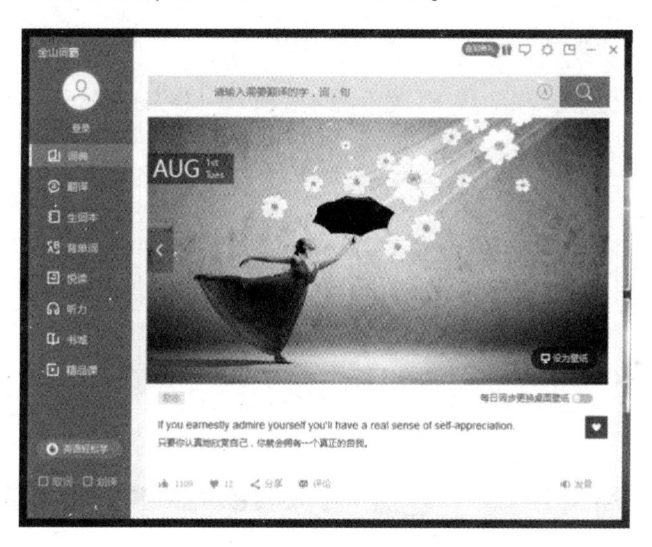

图8-22 金山词霸2016主界面

8.5.2 任务实施

8.5.2.1 词典查词

启动金山词霸后，输入要查询的单词或词组，单击查询按钮或按Enter键，即可获得所查单词或词组的详细解释，如图8-23所示。

鼠标指针指向单词或词组后的“🔊”图标时，会朗读单词或词组。

8.5.2.2 在线翻译

单击“翻译”，进入在线翻译界面，如图 8-24 所示。在上边的框中输入或粘贴要翻译的内容，单击“翻译”，在下面的框中即可获得翻译结果；单击“复制”可将翻译结果复制到剪贴板，单击“清空”可清除上下两个框中的全部内容。

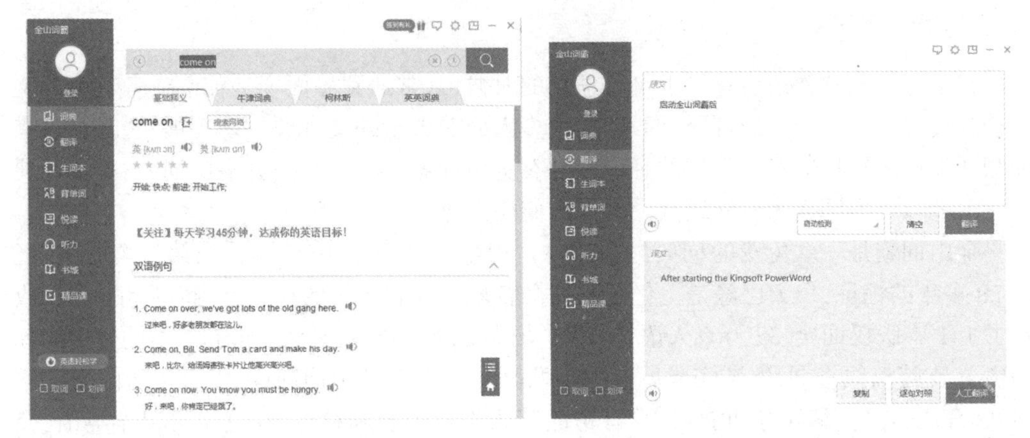

图 8-23 词典查词　　图 8-24 在线翻译界面

8.5.2.3 背单词

单击“背单词”，进入背单词界面，如图 8-25 所示。登录后，选择需要的单词库，就可以进行单词背诵了。

8.5.2.4 词典设置

单击金山词霸 2016“最小化”按钮左侧的“⚙”按钮，弹出金山词霸 2016 的设置窗口，如图 8-26 所示。可以根据需要设置开机时是否自动启动词霸、关闭主面板时是否隐藏到任务栏通知区域，不退出程序还是直接退出程序，是否自动添加查询词到当前生词本，是否开启取词及取词方式等。

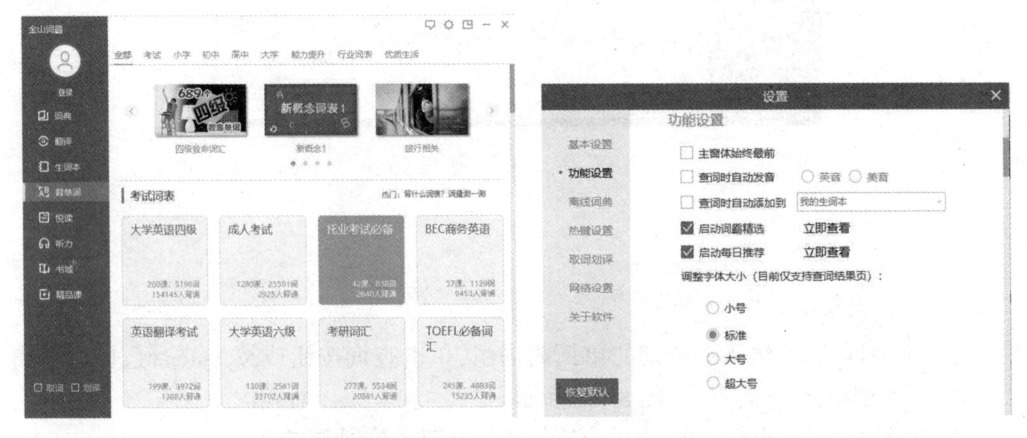

图 8-25 背单词界面　　图 8-26 金山词霸设置窗口

8.5.2.5 屏幕取词

金山词霸的取词功能给用户带来了极大的方便,使用屏幕取词功能,无论鼠标走到哪里,都会弹出一个解释提示小窗口,显示英文单词的音标及基本含义或中文字词的读音及引文翻译。取词方式除鼠标悬停取词外,还可以使用 Ctrl+鼠标取词、Shift+鼠标取词、Alt+鼠标取词、鼠标中键取词、鼠标左键取词 5 种方式。

8.6 使用播放软件

8.6.1 相关知识

在计算机中,音频、视频文件都是数字信息。常见音频文件的格式有 MP3、WMA、WAV、MIDI 等;常见视频文件的格式有 AVI、DAT、RMVB、MOV、MPEG、FLV、MP4、3GP 等。要用计算机播放音频文件或视频文件,需要使用播放软件。常用的播放软件有千千静听、Winamp、酷狗音乐、酷我音乐、Windows Media Player、暴风影音、百度影音、QQ 影音、PPTV 网络电视、PPS 网络电视等。本节以暴风影音为例介绍播放软件的使用方法。

暴风影音是北京暴风科技股份有限公司推出的一款多媒体播放软件,具有支持的音频和视频文件格式多、占用资源少、播放效果好、易于使用等特点。目前最新版本的暴风影音 5 采用“MEE 媒体专家引擎”专利技术,实现万能播放,目前已能支持多达 670 余种格式;采用先进的 P2P 架构,在线播放稳定流畅、速度快;采用 SHD 专利技术,1M 带宽即可流畅播放 720P 高清视频;采用“左眼”专利技术,利用 CPU 和 GPU 有效提升画质;采用智能 3D 技术,完美支持 3D 播放;使用 HRTF 和后期环绕技术,完美还原最真实的现场声效;采用极速皮肤引擎,实现秒速启动暴风影音。

暴风影音 5 完整界面如图 8-27 所示,它由左右 2 个小窗口组成,分别为暴风影音主窗口和暴风盒子,通过暴风影音主窗口左下角的“暴风盒子”按钮可显示或隐藏暴风盒子。

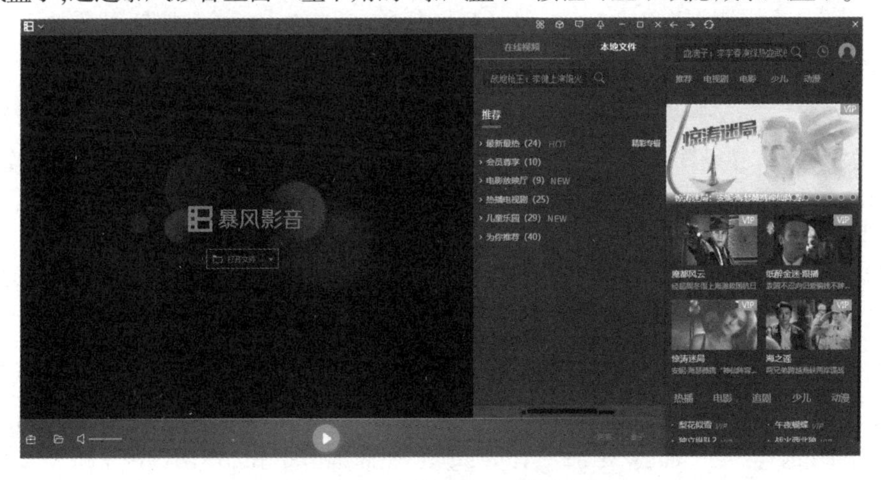

图 8-27 暴风影音 5 完整界面

8.6.2 任务实施

8.6.2.1 播放影音文件

1.播放在线影视

双击暴风影音播放列表中在线影视下的视频即可在线播放,也可选择暴风盒子中的视频在线播放。在暴风影音播放列表中在线影视下可以搜索在线影视,在暴风盒子中也可搜索在线影视。

2.播放本地影音文件

若要播放影音文件的打开方式为暴风影音,则直接双击影音文件即可用暴风影音播放。

若要播放影音文件的打开方式不是暴风影音,通过以下 4 种方法可以使用暴风影音播放该影音文件:

方法 1:右击该影音文件,弹出快捷菜单,选择“打开方式”,弹出下一级菜单,选择“暴风影音”。

方法 2:单击暴风影音主窗口中的“打开文件”按钮,弹出“打开”对话框,选择要播放的影音文件后(可选择多个影音文件),单击“打开”。

方法 3:单击暴风影音左上角的“暴风影音”按钮,弹出暴风影音主菜单,选择“文件”,弹出下一级菜单,选择“打开文件”,弹出“打开”对话框,选择要播放的影音文件后(可选择多个影音文件),单击“打开”。

方法 4:将要播放的影音文件拖拽到暴风影音主窗口中。

播放过程中,单击暴风影音主窗口下方的“暂停”按钮、按空格键或在播放画面上单击可暂停播放,“暂停”按钮同时变为“播放”按钮;单击“播放”按钮、按空格键(若有广告需先关闭广告)或再在播放画面上单击可继续播放,“播放”按钮同时变为“暂停”按钮;单击“停止”按钮可停止播放;拖动播放进度条上的滑块或单击播放进度条上的其他位置可以实现定位播放;单击“静音开|关”按钮可开启/关闭静音,拖动其后的滑块可增大/减小音量;单击“全屏”按钮或按 Enter 键可全屏播放;单击“上一个”按钮可播放上一个视频;单击“下一个”按钮可播放下一个视频。

8.6.2.2 画质、音频、字幕调节

播放视频时,暴风影音的调节功能被激活,鼠标移到播放画面顶端时,会出现如图 8-28 所示的浮动工具栏。

图 8-28 暴风影音 5 浮动工具栏

单击浮动工具栏上的画质调节按钮,弹出“画质调节”对话框,如图 8-29 所示,在其中可调节画面质量;单击音频调节按钮,弹出“音频调节”对话框,如图 8-30 所示,在其中可调节音量、选择声道、提前/延后声音等;单击字幕调节按钮,弹出“字幕调节”对话框,如图 8-31 所示,在其中可载入字幕、设置字幕字体格式、提前/延后字幕、设置字幕显示

方式、位置等。

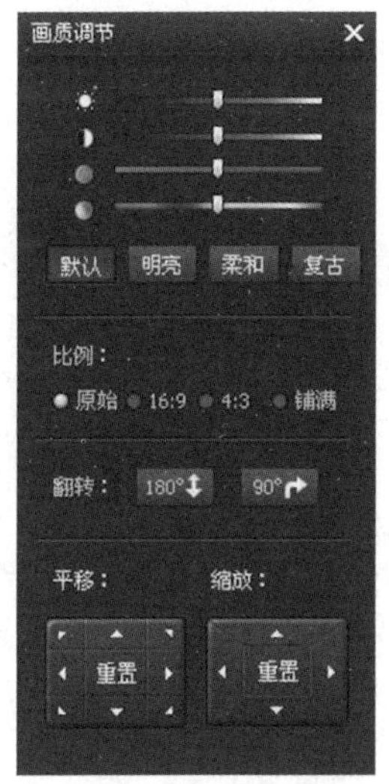

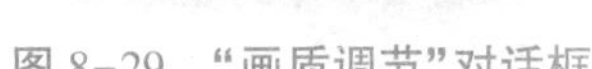
图 8-29 “画质调节”对话框

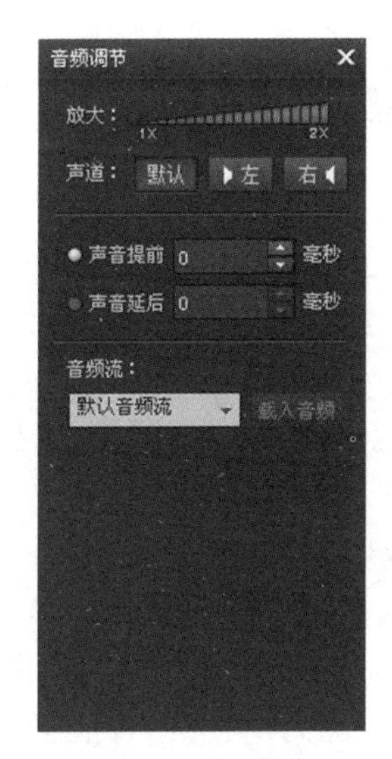

图 8-30 “音频调节”对话框

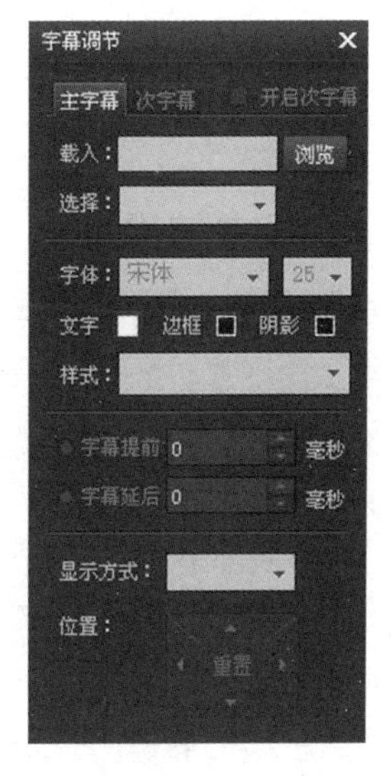

图 8-31 “字幕调节”对话框

8.6.2.3 音视频化

单击暴风影音主窗口左下角的“工具箱”按钮打开暴风影音工具箱，如图 8-32 所示。可以根据需要确定是否打开 3D 开关、左眼开关和环绕声开关，是否在界面上显示 3D 开关、左眼开关，还可对 3D、左眼和环绕声进行设置。

图 8-32 暴风影音工具箱

若已在界面上显示 3D 开关和左眼开关，则可以直接单击界面上的“3D”和“左眼”来打开和关闭。

8.7 使用杀毒软件

8.7.1 相关知识

随着计算机应用的日益普及和网络技术的迅速发展，计算机病毒越来越多，严重威胁着计算机系统的安全，给用户的使用带来了很大的麻烦。计算机中，常用的杀毒软件有360杀毒、金山毒霸、瑞星杀毒软件、卡巴斯基反病毒软件等。本节以360杀毒为例介绍杀毒软件的使用方法。

360杀毒是360安全中心出品的一款免费的云安全杀毒软件。它创新性地整合了五大领先防杀引擎，包括国际知名的BitDefender病毒查杀引擎、小红伞病毒查杀引擎、360QVM Ⅱ人工智能引擎、360系统修复引擎、360云查杀引擎。五个引擎智能调度，为用户提供全面的病毒防护，不但查杀能力出色，而且能第一时间防御新出现的病毒木马。360杀毒5.0主界面如图8-33所示。

图8-33 360杀毒5.0主界面

8.7.2 任务实施

8.7.2.1 设置360杀毒

从官方网站安装360杀毒后，双击图标，单击360杀毒主窗口左上方的“设置”，弹出360杀毒的设置对话框，如图8-34所示，根据需要在其中进行相应设置，设置完后单击“确定”。

360杀毒的设置对话框中，包含常规设置、升级设置、多引擎设置、病毒扫描设置、实时防护设置、文件白名单、免打扰设置、异常提醒、系统白名单等9类。其中，常规设置

图 8-34　360 杀毒的设置对话框

下，可选择登录 Windows 后是否自动启动 360 杀毒、是否将“360 杀毒”添加到右键菜单等；升级设置下，可选择“自动升级病毒特征库及程序”，也可关闭自动升级或设置为定时升级；多引擎设置下，可调整病毒查杀引擎；病毒扫描设置下，可选择需要扫描的文件类型、发现病毒式的处理方式等。

8.7.2.2　使用 360 杀毒扫描病毒

（1）快速扫描。快速查杀将扫描系统设置、常用软件安装目录、内存活跃程序、开机启动项、系统关键位置等。单击“快速扫描”，出现如图 8-35 所示界面。扫描病毒过程中，可以单击进度条后的“暂停”按钮暂停扫描，单击“停止”按钮停止扫描。

图 8-35　快速扫描病毒

(2)全盘扫描。全盘扫描将扫描系统设置、常用软件安装目录、内存活跃程序、开机启动项和所有磁盘文件。单击“全盘扫描”,出现如图 8-36 所示界面。

图 8-36 全盘扫描病毒

(3)自定义扫描。自定义扫描将扫描用户指定的范围。单击主界面右下方的“自定义扫描”,弹出“选择扫描目录”对话框,如图 8-37 所示。在对话框中选择要扫描的目录或文件后单击“扫描”即可。

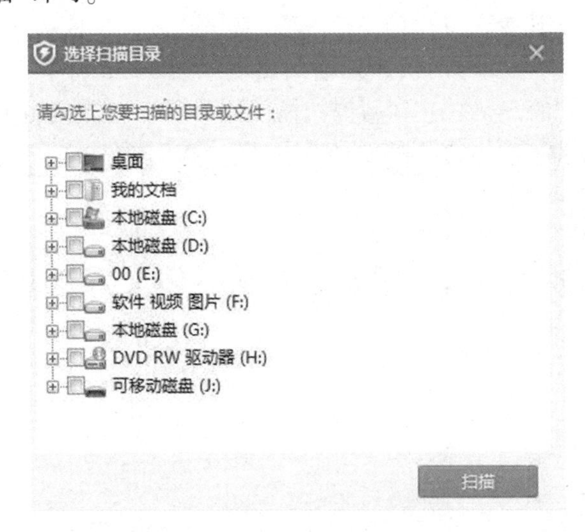

图 8-37 “选择扫描目录”对话框

(4)扫描指定对象中的病毒。直接右击对象,如文件、文件夹、磁盘、可移动磁盘等,弹出快捷菜单,选择“使用 360 杀毒扫描”即可。

(5)宏病毒扫描。宏病毒扫描将扫描 Office 文件中的宏病毒。单击主界面右下方的

“宏病毒扫描”,出现如图 8-38 所示界面。

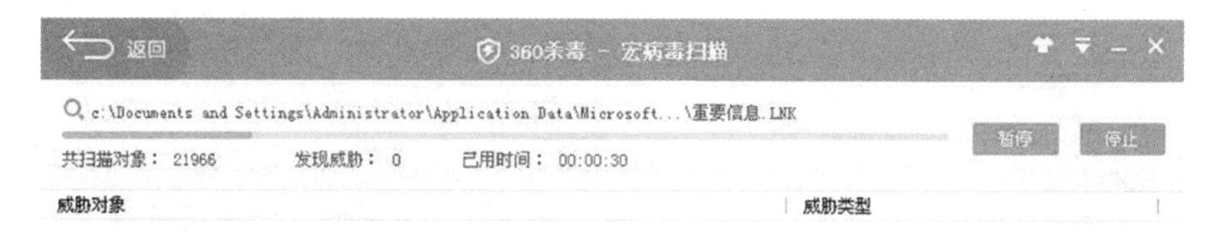

图 8-38 宏病毒扫描

习 题

1.使用迅雷从华军软件园上(http://www.onlinedown.net)下载 WinRAR、暴风影音。

2.利用下载的文件练习压缩和解压缩操作。

3.安装暴风影音播放器,并使用它播放下载的歌曲。

4.在中国知网上下载一篇文章,并用 CAJViewer 打开查看。

5.利用金山词霸的词典查词功能查询学习过程中遇到的陌生单词或词组。

6.使用 360 杀毒扫描自己的 U 盘或硬盘。

9

Word 2019 文字处理应用

Microsoft Office Word 是微软公司的一个文字处理应用程序，是 Office 套件的核心程序，是当今各行业日常工作中使用频率最高的办公软件之一，主要用于文字处理工作。Word 提供了许多易于使用的文档创建工具，同时也提供了丰富的功能集供创建复杂的文档使用。哪怕只使用 Word 进行一点文本格式化操作或图片处理，也可以使简单的文档变得比只使用纯文本更具吸引力。Word 将所见即所得表现得非常彻底，即选定对象后，光标指向某些格式设置项，在文本编辑区就可以马上看到设置效果。本章以 Office 办公套件 Office 2019 中的 Word 2019 为例，通过任务的形式简要地介绍一下 Word 常用基本操作的要领，而更详细、深入的应用则留给学习者自学，通过实践应用提高 Word 操作技能水平。

第 9 章素材

9.1 基础知识

9.1.1 Word 2019 的启动与退出

1.Word 2019 的启动

启动 Word 2019 的方法有很多，下面介绍其中几种最常用的方法：

方法 1：单击“开始”按钮，在常用软件和系统软件中，选择“Word 2019”。

方法 2：双击桌面上 Word 2019 的快捷图标，可以启动程序。

方法 3：双击某个 Word 文档，可以启动 Word 2019 程序并打开该文档。

2.Word 2019 的退出

退出 Word 2019 的常用方法如下：

方法 1：单击 Word 窗口右上角的关闭按钮（“×”）。

方法 2：单击“文件”菜单，在弹出的下拉菜单中执行“关闭”命令。

方法 3：在 Word 窗口中直接按组合键 Alt+F4。

9.1.2 Word 2019 的工作界面

单击“开始”按钮，在常用软件和系统软件中，选择“Word 2019”，启动 Word 程序，将弹出如图 9-1 所示的向导窗口。左侧列出了最近使用的 Word 文档，单击即可打开该文档,也可以使用下方的“打开其他文档”按钮来打开其他 Word 文档。右侧提供了“空白文档”“书法字帖”“简历”等文档模板,用户可根据需求新建文档,若无特殊要求通常情况下可以选择“空白文档”。

选择“空白文档”后,进入 Word 主界面,如图 9-2 所示。主要由快速访问工具栏、标题栏、功能区、编辑区、状态栏等组成。

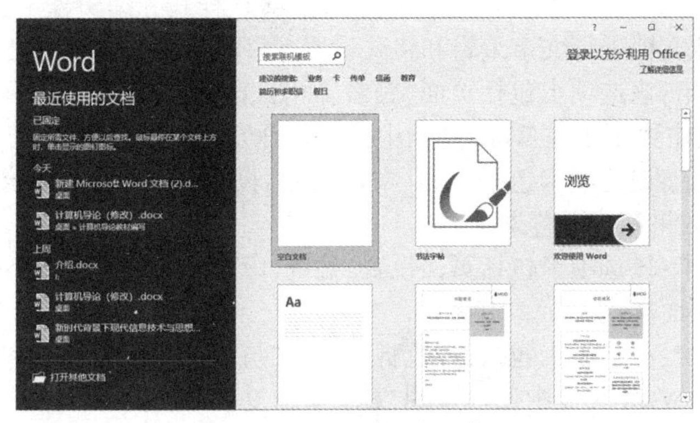

图 9-1　Word 2019 向导窗口

图 9-2　Word 2019 主界面

1.快速访问工具栏

快速访问工具栏主要用于放置一些常用的工具。默认情况下,包括“保存”按钮、“撤销”按钮和“恢复”按钮,单击这些按钮即可执行相应命令。另外,用户也可以通过右侧紧挨的下拉菜单进行“自定义快速访问工具栏”,选择相应的选项,即可将对应的操作添加到快速访问工具栏。

2.标题栏

标题栏位于窗口最上方,主要显示了当前编辑的文档名称、程序名称和一些窗口控制按钮。分别单击标题栏右侧的三个窗口控制按钮,可依次将程序窗口最小化、还原或最大化、关闭。

3.功能区

功能区位于标题栏的下方,功能区以选项卡的方式分类存放着编排文档时所需要的工具。Word 2019 功能区默认情况下包含“文件”“开始”“插入”“设计”“布局”“引用”

“邮件”“审阅”“视图”9个选项卡,单击对应选项卡可将其展开。在每一个选项卡中,工具又被分类放置在不同的组中,某些组的右下角有一个对话框启动器按钮,单击即可打开相应对话框,提供更多的设置选项。功能区各选项卡包含的设置操作内容如下:

“文件”选项卡:该选项卡包含“信息”“新建”“打开”“保存”“另存为”“打印”“共享”“导出”“关闭”等常用命令。

“开始”选项卡:该选项卡包括剪贴板、字体、段落、样式和编辑五个选项组,主要用于帮助用户对Word文档进行文字编辑和格式设置,是用户最常用的功能区。

“插入”选项卡:该选项卡包括页面、表格、插图、媒体、链接、批注、页眉和页脚、文本、符号几个选项组,主要用于在Word文档中插入各种元素。

“设计”选项卡:该选项卡包括主题、文档格式、页面背景三个选项组,主要用于设置文档的总体主题效果和页面背景。

“布局”选项卡:该选项卡包括页面设置、稿纸、段落、排列四个选项组,用于帮助用户设置Word文档页面样式。

“引用”选项卡:该选项卡包括目录、脚注、引文与书目、题注、索引和引文目录几个选项组,用于实现在Word文档中插入目录、索引等较复杂的功能。

“邮件”选项卡:该选项卡包括创建、开始邮件合并、编写和插入域、预览结果和完成几个选项组,专门用于在Word文档中进行邮件合并方面的操作。

“审阅”选项卡:该选项卡包括校对、语言、中文简繁转换、批注、修订、更改、比较、保护和墨迹几个选项组,主要用于对Word文档进行校对和修订等操作,适用于多人协作处理Word长文档。

“视图”选项卡:该选项卡包括视图、沉浸式、页面移动、显示、显示比例、窗口和宏几个选项组,主要用于帮助用户设置Word操作窗口的外观。

4.编辑区

编辑区是Word操作界面中最大也是最重要的区域,四周围绕着水平标尺、垂直标尺、垂直滚动条、水平滚动条,文档的输入、编辑和排版等通常都是在这里进行的。在编辑区内有一条闪烁的竖线,用于确定当前的编辑位置,称为插入点。在编辑区输入内容时,插入点会自动后移。

5.状态栏

状态栏位于窗口最底端,其左侧显示了文档的当前页数、总页数、字数、拼写和语法、语言、状态等信息;右侧显示的是视图模式切换按钮和文档显示比例调整工具,用户可以通过单击或拖动操作执行相应的命令。

9.1.3 Word 2019 的视图

Word视图是用户看到的Word外观,默认情况下的Word外观界面采用“页面视图”,如图9-2所示,是最常用的编辑视图,用户能看到页面的四个角,与打印效果一致。

Word 2019的视图有阅读视图、页面视图、Web版式视图、大纲视图、草稿五种,用户可以根据需要进行选择。单击“视图”功能区,选择“视图”选项组中的相应视图即可,也可以直接单击状态栏中的视图切换按钮。

对于长文档,通常包含各级标题,为了浏览文档方便,可以显示出文档的导航窗格。在“视图”功能区的“显示”选项组中勾选“导航窗格”复选框即可。

若要调整 Word 文档的显示比例,可以单击“视图”功能区中的“显示比例”放大镜按钮,在弹出的对话框中进行设置,或者直接单击状态栏最右侧的“-”和“+”显示比例控制按钮,或者按住 Ctrl 键滚动鼠标中键进行缩放。

需要特别指出的是,在 Word 2019 套件中,相较于之前的版本,在“视图”工具中新增了一项“沉浸式学习工具”功能,单击后文档界面将会发生变化。在“沉浸式学习工具”页面中,我们可以快速改变列宽、文字间距、页面颜色,甚至能够调整音节和选择朗读文字。另外,Word 2019 也增加了全新的页面移动模式,其被命名为“翻页”。在这个页面移动模式下,多页文档会像书本一样将页面横向叠放,翻页的动画会像传统的书本一样。

9.2 制作会议通知文档

会议通知是行政办公中使用率最高的文档类型之一,会议通知必须简洁、明了地介绍会议概况及与会要求,告知与会人员会议的主要内容、时间、地点等基本信息。会议通知文件一般由标题、正文和落款三部分组成。标题通常有三种形式:一种由发文机关名称、事由和文种构成;一种由事由和文种构成;最后一种由文种“通知”作标题。正文由开头、主体和结尾三部分组成,开头主要交代通知缘由、根据;主体说明通知事项;结尾明确执行要求。落款主要写明发文机关名称和发文时间。

9.2.1 任务描述

小王接到领导的通知,要求他起草一份会议通知文件,会议通知文件效果图如图 9-3。你能参考任务实施步骤完成同样的任务吗?

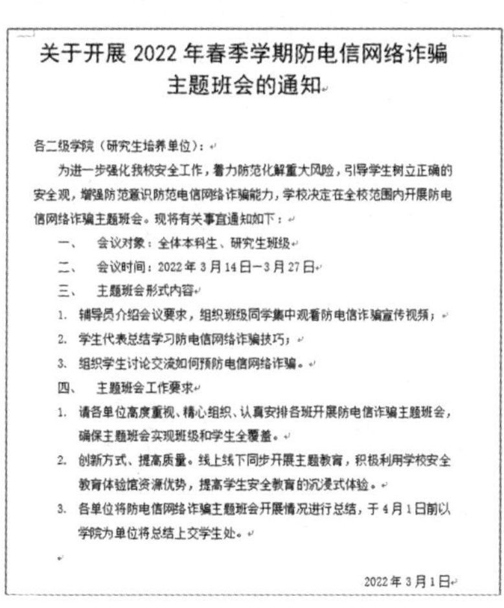
关于开展 2022 年春季学期防电信网络诈骗主题班会的通知

各二级学院(研究生培养单位):

为进一步强化我校安全工作,着力防范化解重大风险,引导学生树立正确的安全观,增强防范意识防范电信网络诈骗能力,学校决定在全校范围内开展防电信网络诈骗主题班会。现将有关事宜通知如下:

一、 会议对象:全体本科生、研究生班级

二、 会议时间:2022 年 3 月 14 日—3 月 27 日

三、 主题班会形式内容

1. 辅导员介绍会议要求,组织班级同学集中观看防电信诈骗宣传视频;
2. 学生代表总结学习防电信网络诈骗技巧;
3. 组织学生讨论交流如何预防电信网络诈骗。

四、 主题班会工作要求

1. 请各单位高度重视、精心组织、认真安排各班开展防电信诈骗主题班会,确保主题班会实现班级和学生全覆盖。
2. 创新方式、提高质量。线上线下同步开展主题教育,积极利用学校安全教育体验馆资源优势,提高学生安全教育的沉浸式体验。
3. 各单位将防电信网络诈骗主题班会开展情况进行总结,于 4 月 1 日前以学院为单位将总结上交学生处。

2022 年 3 月 1 日

图 9-3 会议通知效果图

9.2.2 任务实施

9.2.2.1 新建和保存文档

1.新建文档

启动 Word 2019 程序时,系统会自动创建一个名为“文档 1”的新文档,此时即可在该

文档中输入和编辑文本。如果需要新建其他文档,还可以通过如下步骤创建:

第一步:从 Windows 开始菜单启动应用程序,打开 Word 窗口。

第二步:单击“文件”选项卡标签,在打开的选项中选择左侧窗格中的“新建”选项。

第三步:在右侧选择要创建的文档类型,如“空白文档”,单击“创建”按钮,如图 9-4 所示。

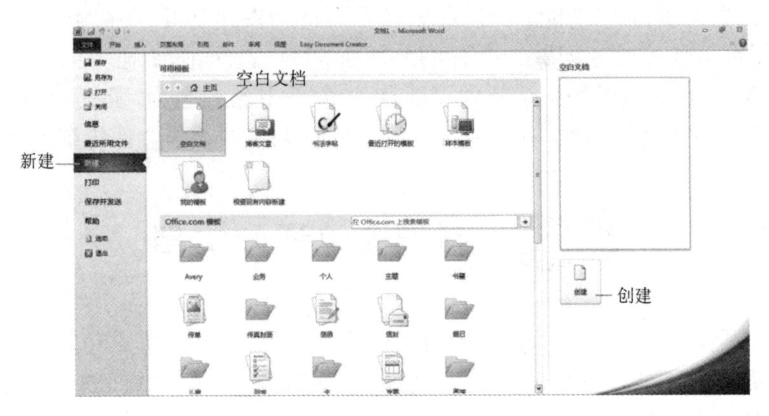

图 9-4 新建文档

2.保存文档

在新建文档或修改文档后,都需要对文档进行保存,否则一旦断电或关闭计算机,文档或修改的信息将会丢失。新建文档保存的操作步骤如下:

第一步:选择“文件”选项卡中的“保存”命令,或者单击快速访问工具栏中的“保存”按钮,或者使用快捷键 Ctrl+S,弹出“另存为”对话框,如图 9-5 所示。

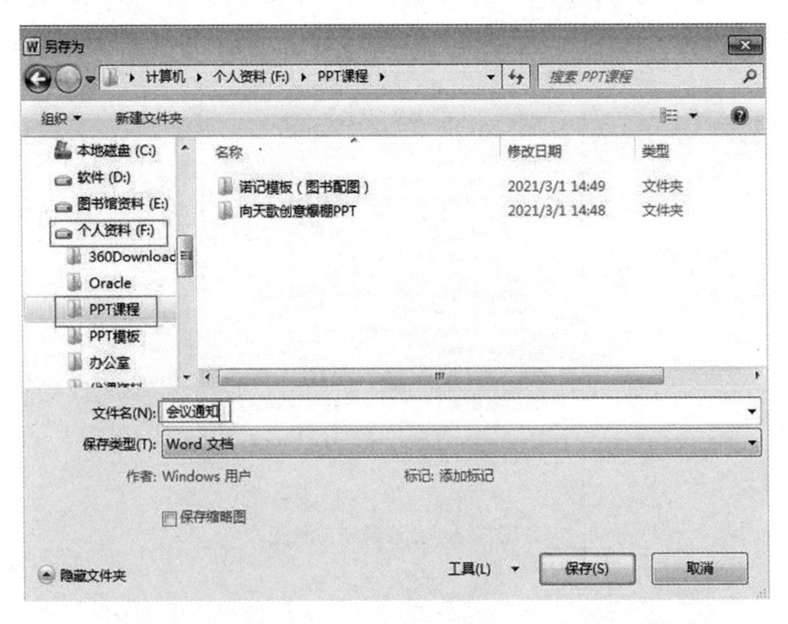

图 9-5 “另存为”对话框

第二步:在对话框左侧的导航窗格中选择用来保存文档的本地磁盘和文件夹。例如,在磁盘“个人资料(F:)”中选择“PPT 课程”文件夹。在对话框下方的“文件名”文本框中输入文件名“会议通知”，选择合适的文件保存类型，单击“保存”按钮即可。

第三步：若在选择文档保存位置时希望新建一个文件夹来保存文档，可首先选择新文件夹的存在位置，如 D 盘，然后单击对话框上方“新建文件夹”按钮，输入新文件夹的名称并双击将其打开。在对话框下方的“文件名”文本框中输入文件名“会议通知”，选择合适的文件保存类型，单击“保存”按钮即可。

另外一种保存情形是对原有文档进行修改后，此时保存文档分为“保存”和“另存为”两种。

“保存”：将修改过的内容保存到原文件中，原文件将发生改变，执行“文件”→“保存”命令，或者单击快速访问工具栏上的“保存”按钮，或者使用快捷键 Ctrl+S 均可。

“另存为”：将修改过的文档保存成为另外一个文件，不影响原文件，相当于产生了一个原文档的新版本，另存需要用户执行“文件”→“另存为”命令，在“另存为”对话框中输入新的文件名，选择合适的存放位置。

除此之外，在文档编辑过程中，为了防止因断电、死机或系统自动关闭等情况而造成的信息丢失，建议用户在编辑了部分内容后适时地进行文档的保存或者另存。同时，Word 也为用户提供了自动保存功能，以帮助用户应付突发情况。设置自动保存功能可以执行“文件”→“选项”命令，弹出“Word 选项”对话框，如图 9-6 所示。选择“保存”，勾选并设置“保存自动恢复信息时间间隔”，勾选“如果我没保存就关闭，请保留上次自动保留的版本”。

图 9-6 “Word 选项”对话框

9.2.2.2 文本输入与编辑

1.输入文本和特殊字符

第一步：选择一种输入法。

第二步：使用键盘输入文本，文本内容将自动出现在插入点所在位置。在输入过程中，Word 会自动换行。按空格键，将在插入点插入一个空格符号；按 Backspace 键，将删除插入点左侧的一个字符；按 Delete 键，将删除插入点右侧的一个字符；按 Enter 键，将结束本段落并在插入点的下一行重新创建一个新的段落；按 Shift+Enter 组合键将在插入点进行强制换行，但不分段；按 Ctrl+Enter 组合键将进行强制分页，插入点转到下一页开头；连续输入三个-、=、~、*、#，再按 Enter 可得到相应形状的水平线。

第三步：如果要在文档中输入某些特殊的符号，如 Σ、Φ、※等，可以在“插入”功能区“符号”选项组中“符号”命令下拉列表中选择要插入的特殊符号，或选择“其他符号”命令，在弹出的“符号”对话框中进行选择，如图 9-7 所示。

本步骤输入文本和特殊字符的效果如图 9-8 所示。

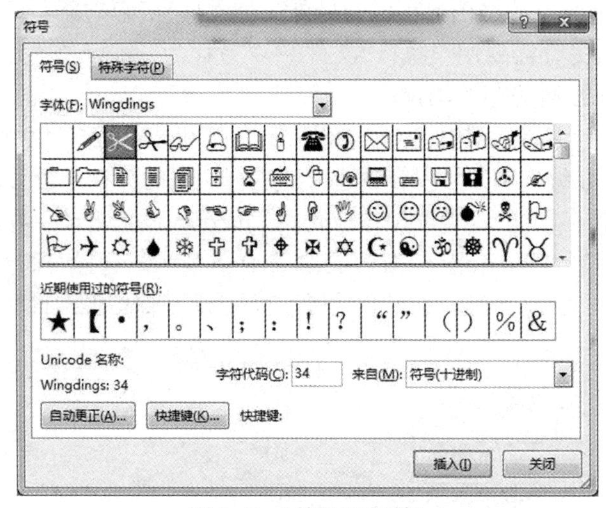

图 9-7 “符号”对话框

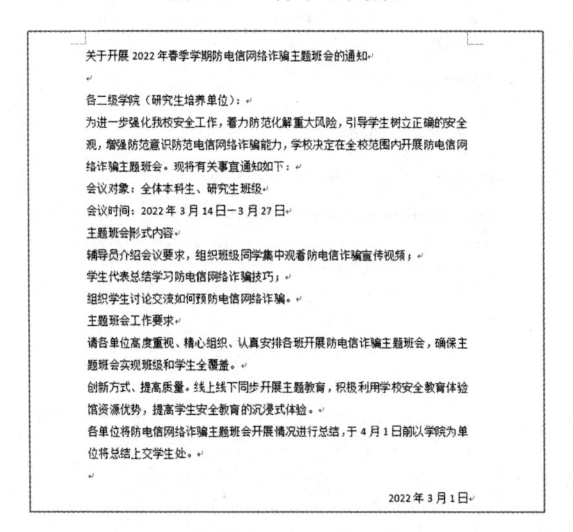

关于开展 2022 年春季学期防电信网络诈骗主题班会的通知

各二级学院（研究生培养单位）：

为进一步强化我校安全工作，着力防范化解重大风险，引导学生树立正确的安全观，增强防范意识防范电信网络诈骗能力，学校决定在全校范围内开展防电信网络诈骗主题班会。现将有关事宜通知如下：

会议对象：全体本科生、研究生班级

会议时间：2022 年 3 月 14 日—3 月 27 日

主题班会形式内容

辅导员介绍会议要求，组织班级同学集中观看防电信诈骗宣传视频；

学生代表总结学习防电信网络诈骗技巧；

组织学生讨论交流如何预防电信网络诈骗。

主题班会工作要求

请各单位高度重视、精心组织、认真安排各班开展防电信诈骗主题班会，确保主题班会实现班级和学生全覆盖。

创新方式、提高质量。线上线下同步开展主题教育，积极利用学校安全教育体验馆资源优势，提高学生安全教育的沉浸式体验。

各单位将防电信网络诈骗主题班会开展情况进行总结，于 4 月 1 日前以学院为单位将总结上交学生处。

2022 年 3 月 1 日

图 9-8 输入文本和特殊字符效果

2.定位光标

前面提到，编辑文档时，在编辑区中始终有一条不断闪烁的光标“｜”为插入点，插入点用来确定要在文档中输入内容的位置。因此,在文档中输入或插入各种内容之前,需要首先将光标移动到相应的位置。常用的定位光标的方法有:

方法 1:用鼠标移动光标。鼠标在文档中自由移动时呈现为“ I ”状,若需将光标移动到某一处,只需将鼠标移动到所需位置单击即可;若目标位置不在当前屏幕上,则可以通过鼠标单击或拖动滚动条翻滚屏幕,找到要定位的目标,再进行定位操作。

方法 2:用键盘移动光标。使用键盘上的 4 个方向箭头来实现定位,这种方法适合于小范围内移动光标。使用 Home 键可以将光标定位到当前行的开头,使用 End 键可以将光标定位到当前行的结尾,使用组合键 Ctrl+Home 可以将光标定位到整篇文档的开头,使用组合键Ctrl+End可以将光标定位到整篇文档的末尾。

3.编辑文本

在文档编辑过程中经常需要对一块文本进行编辑操作,如需要将某块文本定义成某种字形、字体,或需要将某块文本复制、移动等。选定、复制、剪切、粘贴、删除文本块的方法分别如下:

(1)选定文本块。将光标定位到需要选定文本块的开始处,按住鼠标左键不松手,拖动鼠标到文本块的最后一个字符处。若按住 Ctrl 键拖动,则可以选择不连续的多个文本块。如果想选取很长的连续内容,可先将光标定位在要选定文本块的第一个字符前并单击鼠标左键,然后拖动滚动条将鼠标移到所要选定的文本块的最后一个字符后按住 Shift 键单击鼠标左键,则此文本块即被选定。如果想选取一个矩形文本块,可按住 Alt 键的同时拖动鼠标。

(2)复制文本块。文本块的复制是指把选定的文本块放到剪贴板中,可使用的方法如下:①单击“开始”功能区中的“复制”按钮;②使用组合键 Ctrl+C;③指向选定文本块单击右键,在弹出的快捷菜单中执行“复制”命令。

(3)剪切文本块。文本块的剪切是将所选定的文本块放到剪贴板上,但剪切与复制的区别在于执行剪切操作后,所选择的文本便被删除了,原文中没有这个文本块的内容了。可使用的方法如下:①单击“开始”功能区中的“剪切”按钮;②使用组合键 Ctrl+X;③指向选定文本块单击右键,在弹出的快捷菜单中执行“剪切”命令。

(4)粘贴文本块。文本块的粘贴是把剪贴板中的内容粘到光标所在处,可使用的方法如下:①单击“开始”功能区中的“粘贴”按钮;②使用组合键 Ctrl+V;③在光标处右击,在弹出的快捷菜单中执行“粘贴”命令。

(5)删除文本块。文本块的删除是将文本块从文档中删除,可以使用键盘上的 Delete 键或 Backspace 键。此外,当选定了文本块后,按其他键也有可能将文本块替换删除,所以选定文本块后,用户应小心操作。

9.2.2.3 文本查找和替换

利用 Word 提供的查找和替换功能,不仅可以在文档中迅速查找到相关内容,还可以将查找到的内容替换成其他内容,从而使文档修改工作变得十分容易。

1.查找文本

在 Word 中不仅可以查找文字,还可以搜索指定格式的文字、段落标记、域或图形之类的特定项。查找文本的具体操作步骤如下:

第一步：将光标放置在要开始查找的位置，如文档的开始位置。或者鼠标拖动选择相应文本，选定需要进行查找的文本范围。

第二步：单击“开始”选项卡，选择“编辑”组中的“查找”按钮，在文档页面的左侧就会出现“导航”任务窗格，在窗格上方的编辑框中输入要查找的内容，如“主题班会”，如图 9-9 所示。

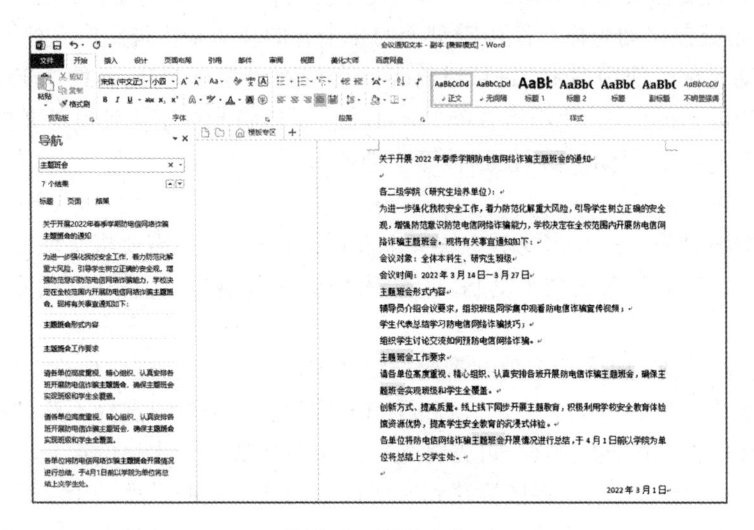

图 9-9 查找文本

第三步：此时文档中将以橙色底纹突出显示查找到的内容，“导航”任务窗格中则显示要查找的文本所在的行。

第四步：在“导航”任务窗格中分别单击“上一处搜索结果”和“下一处搜索结果”，可以分别从下到上和从上到下定位搜索结果。

2. 替换文本

在编辑长文档时，有时会需要将文档中的某一内容统一替换成其他内容，若采用手动修改，则需要耗费大量精力且容易出错，此时可以使用“替换”功能进行操作，以加快修改文档的速度同时避免错误的出现。下面将“会议通知”文档中的文本“主题班会”替换为“学生主题班会”，具体操作步骤如下：

第一步：单击“开始”选项卡“编辑”组中的“替换”按钮，打开“查找和替换”对话框“替换”选项卡，如图 9-10 所示。

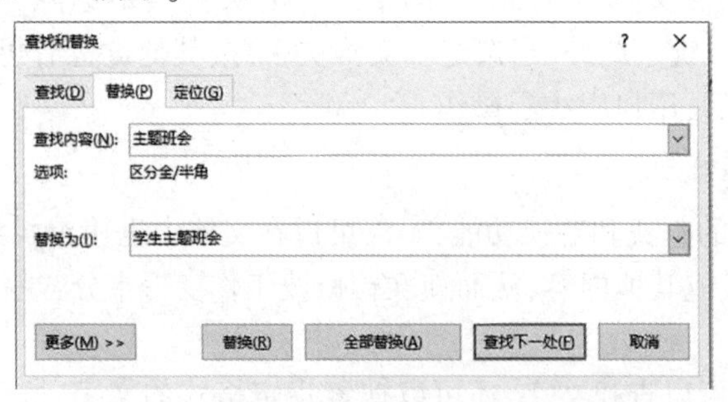

图 9-10 替换文本

第二步:在“查找内容”编辑框中输入需要被替换的内容“主题班会”,在“替换为”编辑框中输入替换成的内容“学生主题班会”。

第三步:单击“替换”按钮。

第四步:替换完毕,在弹出的提示对话框中单击“确定”按钮,再在“查找和替换”对话框中单击“取消”按钮,关闭对话框。

若在实际操作过程中不需要全部替换查找到的文本,可单击“查找下一处”按钮,跳过该文本并继续查找,对每一个查找到的文本分别执行期望的操作。若需要全部替换查找到的文本,单击“全部替换”,可一次性替换文档中所有符合查找条件的文本,最后屏幕会弹出一个窗口,显示所替换的数量。

9.2.2.4 设置字符和段落格式

1.设置字符格式

Word 提供了丰富的字符格式,用户可以从字号、字体或字形等方面来设计文档字符效果,还可以给某些需要着重强调的文字加上下划线或将它们变为粗体或斜体,Word 内置的字符格式示例见图 9-11。下面对“会议通知”进行字符格式设置,具体操作步骤如下:

图 9-11 字符格式示例

第一步:选择要设置字符格式的标题文本“关于开展 2022 年春季学期防电信网络诈骗主题班会的通知”。

第二步:在“开始”选项卡“字体”组的“字体”下拉列表框中选择所需字体,如“黑体”;在“字号”下拉列表框中选择字号,如“二号”。

第三步:选择全部正文文本,如图 9-12 所示,单击“开始”选项卡“字体”组右下角的对话框启动器按钮,弹出“字体”对话框。

第四步:在“字体”对话框中,在“中文字体”下拉列表框中选择“宋体”选项;在“西文字体”下拉列表框中选择“Times New Roman”选项;在“字号”列表框中选择“四号”选项,如图 9-13 所示。

第五步:在对话框下方的“预览”框中预览设置效果,然后单击“确定”按钮。

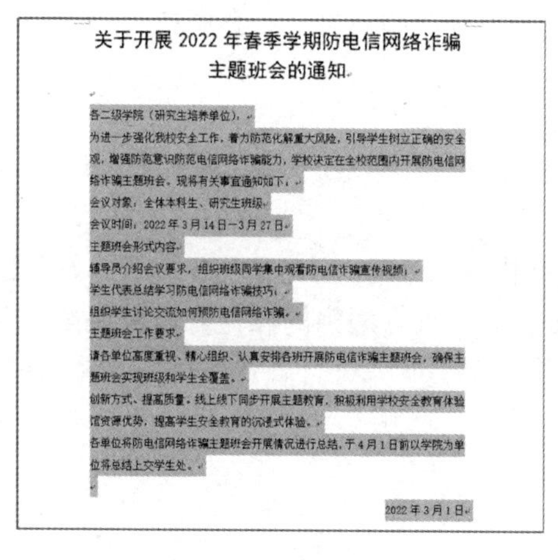

关于开展 2022 年春季学期防电信网络诈骗
主题班会的通知

各二级学院（研究生培养单位）：

为进一步强化我校安全工作，着力防范化解重大风险，引导学生树立正确的安全观，增强防范意识防范电信网络诈骗能力，学校决定在全校范围内开展防电信网络诈骗主题班会。现将有关事宜通知如下：

会议对象：全体本科生、研究生班级

会议时间：2022 年 3 月 14 日—3 月 27 日

主题班会形式内容

辅导员介绍会议要求，组织班级同学集中观看防电信诈骗宣传视频；

学生代表总结学习防电信网络诈骗技巧；

组织学生讨论交流如何预防电信网络诈骗。

主题班会工作要求

请各单位高度重视、精心组织、认真安排各班开展防电信诈骗主题班会，确保主题班会实现班级和学生全覆盖。

创新方式、提高质量。线上线下同步开展主题教育，积极利用学校安全教育体验馆资源优势，提高学生安全教育的沉浸式体验。

各单位将防电信网络诈骗主题班会开展情况进行总结，于 4 月 1 日前以学院为单位将总结上交学生处。

2022 年 3 月 1 日

图 9-12　选择文本

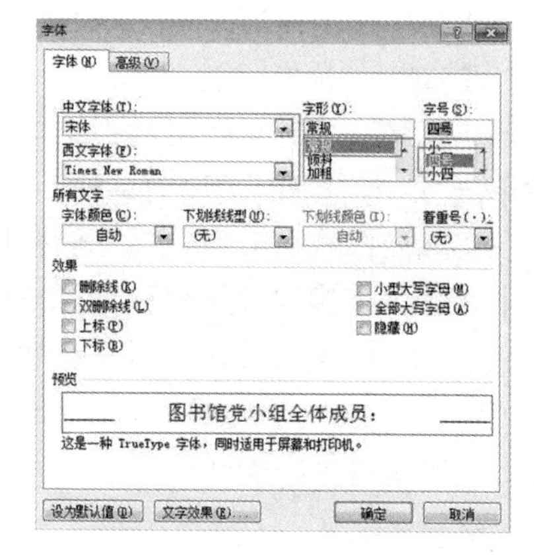

图 9-13　设置字体

若要对文字进行更详细的设置，比如添加着重号、设置字符间距、设置上下标等，可以单击“字体”选项组右下角的小方块，在弹出的“字体”对话框“字体”选项卡、“高级”选项卡中设置，如图 9-14 所示。

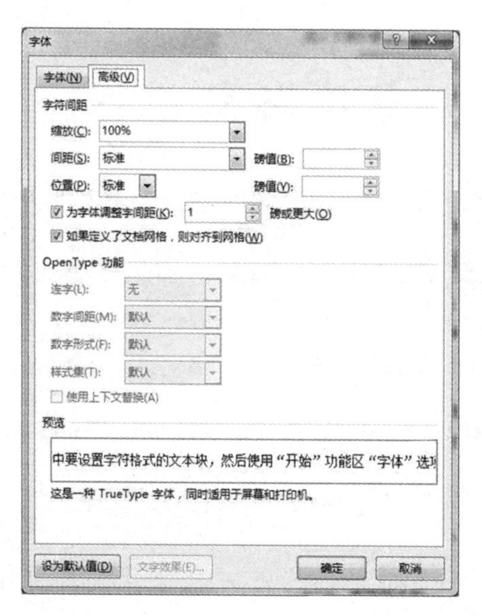

图 9-14　“字体”对话框

此外，在编排某些文档时，需要将光标所在段落的第一个字放大，这时可以执行“插入”功能区“文本”选项组中的“首字下沉”命令，可以在其下拉列表中选择“下沉”或“悬挂”样式。如果需要进行更准确的格式设置，可以执行下拉列表中的“首字下沉选项”命令，在弹出的“首字下沉”对话框中进行设置。

2.设置段落格式

段落就是以 Enter 键结束的一段文字，它是独立的信息单位。字符格式表现的是文档中局部文本的格式化效果，而段落设置则是针对整个段落进行，将影响文档的整体外观。一般一篇文章由很多段落组成，每个段落都可以有它的格式，这种格式包括缩进和间距、换行和分页等。下面对“会议通知”进行段落格式设置，具体操作步骤如下：

第一步：将光标定位在需要改变对齐方式的段落中，如标题文本段落，单击“开始”选项卡“段落”组中的对齐方式按钮，选择“居中”按钮。

第二步：选中除标题外的多个段落，单击“开始”选项卡“段落”组右下角的对话框启动器按钮，打开“段落”对话框，如图 9-15 所示。

第三步：在“缩进”设置区设置缩进方式，如选择“首行缩进”，然后在右侧输入磅值为“2 字符”。

第四步：在“间距”设置设计区设置段落间距和行间距。这里将段前、段后间距设为“0 行”，行距设为“1.5 倍行距”。用同样的方法重新将文档标题的段后行距设为“2 行”，将段落“各二级学院（研究生培养单位）：”设置为左对齐，将落款段落设置为右对齐。

第五步：设置完毕，单击“确定”按钮，效果如图 9-16 所示。

第六步：至此，“会议通知”文档便制作好了，点击“保存”按钮对修改的文档进行保存。

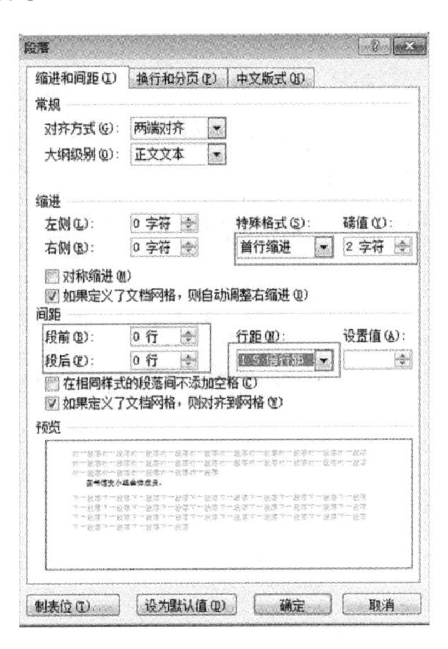

图 9-15 “段落”对话框

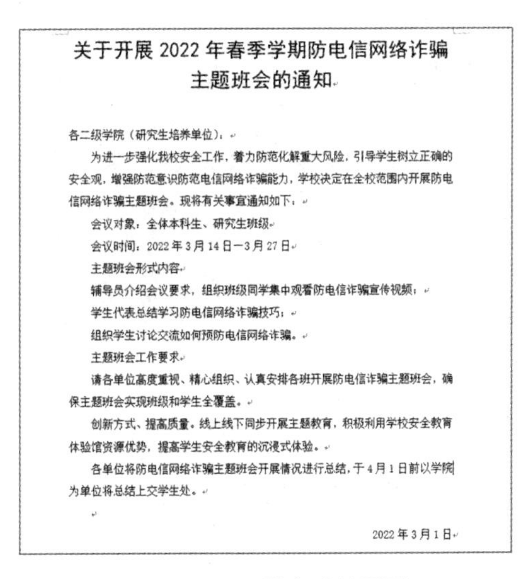

关于开展 2022 年春季学期防电信网络诈骗主题班会的通知

各二级学院（研究生培养单位）：

为进一步强化我校安全工作，着力防范化解重大风险，引导学生树立正确的安全观，增强防范意识防范电信网络诈骗能力，学校决定在全校范围内开展防电信网络诈骗主题班会。现将有关事宜通知如下：

会议对象：全体本科生、研究生班级。

会议时间：2022 年 3 月 14 日—3 月 27 日。

主题班会形式内容。

辅导员介绍会议要求，组织班级同学集中观看防电信诈骗宣传视频；

学生代表总结学习防电信网络诈骗技巧；

组织学生讨论交流如何预防电信网络诈骗。

主题班会工作要求。

请各单位高度重视、精心组织、认真安排各班开展防电信诈骗主题班会，确保主题班会实现班级和学生全覆盖。

创新方式、提高质量。线上线下同步开展主题教育，积极利用学校安全教育体验馆资源优势，提高学生安全教育的沉浸式体验。

各单位将防电信网络诈骗主题班会开展情况进行总结，于 4 月 1 日前以学院为单位将总结上交学生处。

2022 年 3 月 1 日

图 9-16 设置完成效果图

9.2.2.5 设置项目符号和编号

为文档的某些内容添加项目符号和编号，可以准确地表达各部分内容之间的并列和顺序关系，使文档更有层次感，更有条理，易于阅读和理解。在 Word 2019 中，可以使用系统自带的项目符号和编号，也可以自定义项目符号和编号。

1.添加项目符号

为文档中的段落添加项目符号的具体操作步骤如下：

第一步：选中需要添加项目符号的段落，如“主题班会形式内容”下方的段落，如图 9-17 所示。

第二步：单击“开始”选项卡“段落”组“项目符号”按钮右侧的三角按钮，在展开的列表中选择一种项目符号，即可为所选段落添加该项目符号，如图 9-18 所示。

主题班会形式内容
辅导员介绍会议要求，组织班级同学集中观看防电信诈骗宣传视频；
学生代表总结学习防电信网络诈骗技巧；
组织学生讨论交流如何预防电信网络诈骗。

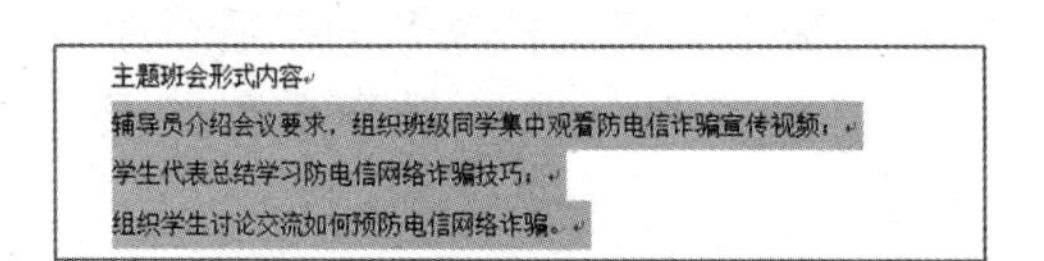

图 9-17　选择要添加项目符号的段落

最近使用过的项目符号
项目符号库
无
文档项目符号
更改列表级别(C)
定义新项目符号(D)...

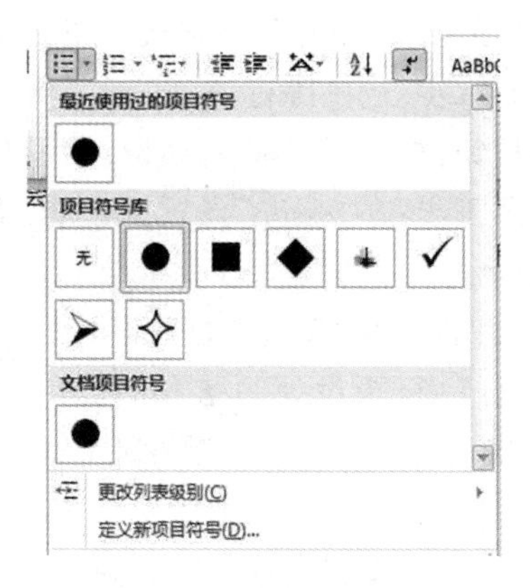

图 9-18　选择项目符号

第三步：如果项目符号列表中没有符合需要的项目符号，可选择列表底部的“定义新项目符号”选项，弹出“定义新项目符号”对话框，如图 9-19 所示。

第四步：单击“符号”按钮，弹出“符号”对话框，选择要作为项目符号的符号，单击“确定”按钮。另外，还可以选择“图片”按钮，选择相应的图片，设置为项目符号。也可选择“字体”按钮，打开字体设置对话框，对项目符号的格式进行设置。

第五步：返回“定义新项目符号”对话框，单击“确定”按钮，效果如图 9-20 所示。

定义新项目符号
项目符号字符
符号(S)...
图片(P)...
字体(F)...
对齐方式(M):
左对齐
预览
确定
取消

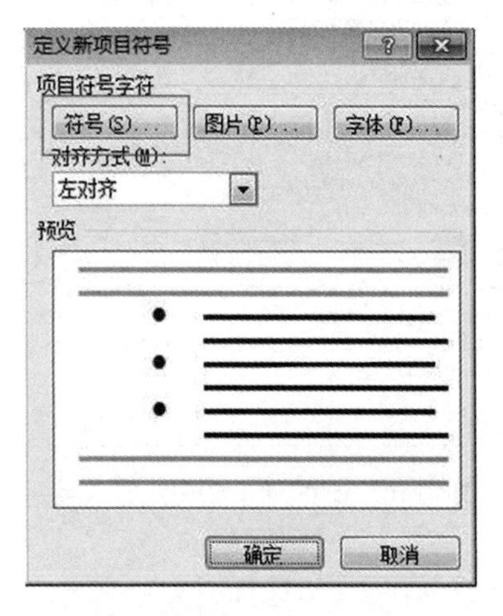

图 9-19　定义新项目符号

主题班会形式内容
辅导员介绍会议要求，组织班级同学集中观看防电信诈骗宣传视频；
学生代表总结学习防电信网络诈骗技巧；
组织学生讨论交流如何预防电信网络诈骗。

图 9-20　添加项目符号效果

2.添加项目编号

为文档中的段落添加编号的具体操作步骤如下：

第一步：选中要添加编号的段落，如“主题班会形式内容”下方的段落，如图 9-17 所示。

第二步：单击“开始”选项卡“段落”组“编号”按钮右侧的三角按钮，在展开的列表中选择一种编号样式，即可为所选段落添加编号。本项目添加编号效果如图 9-21 所示。

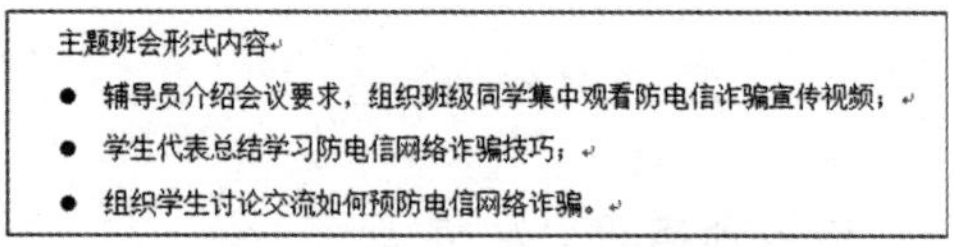

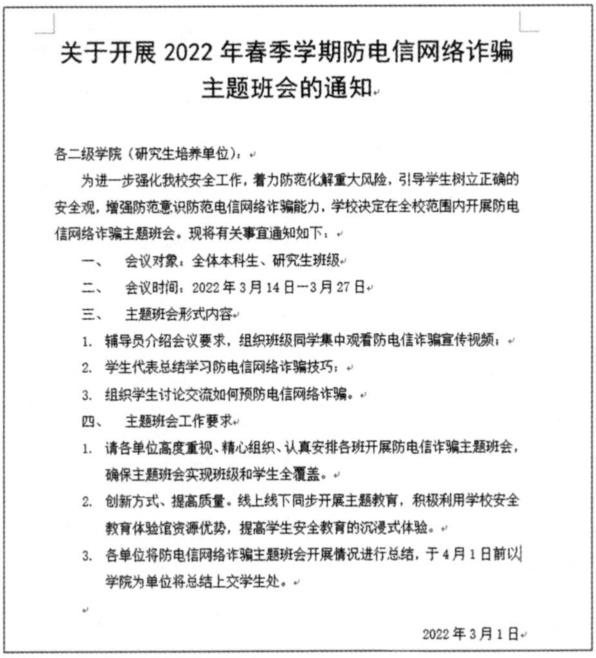

关于开展 2022 年春季学期防电信网络诈骗主题班会的通知

各二级学院（研究生培养单位）：

为进一步强化我校安全工作，着力防范化解重大风险，引导学生树立正确的安全观，增强防范意识防范电信网络诈骗能力，学校决定在全校范围内开展防电信网络诈骗主题班会。现将有关事宜通知如下：

一、　会议对象：全体本科生、研究生班级

二、　会议时间：2022 年 3 月 14 日—3 月 27 日

三、　主题班会形式内容

1. 辅导员介绍会议要求，组织班级同学集中观看防电信诈骗宣传视频；
2. 学生代表总结学习防电信网络诈骗技巧；
3. 组织学生讨论交流如何预防电信网络诈骗。

四、　主题班会工作要求

1. 请各单位高度重视、精心组织、认真安排各班开展防电信诈骗主题班会，确保主题班会实现班级和学生全覆盖。
2. 创新方式、提高质量。线上线下同步开展主题教育，积极利用学校安全教育体验馆资源优势，提高学生安全教育的沉浸式体验。
3. 各单位将防电信网络诈骗主题班会开展情况进行总结，于 4 月 1 日前以学院为单位将总结上交学生处。

2022 年 3 月 1 日

图 9-21　添加编号效果图

第三步：若编号列表中没有符合需要的编号，也可以选择“定义新编号格式”，在打开的对话框中自定义编号格式。

3. 去除项目符号或编号

在编辑文档过程中，当 Word 为段落自动添加了项目符号或编号后，如果想去除段落的项目符号或编号，可以选择该段落，然后在“开始”功能区的“段落”选项组中单击选择“项目符号”列表或者“编号”列表中的“无”即可。

9.3　制作个人简历

个人简历作为一种自我信息表达的工具，在学习、工作中有着重要的作用。使用 Word 可以轻松地完成个人简历的制作。个人简历的整理效果要简洁、突出重点。

9.3.1　任务描述

小高需要参加一个公司的招聘会，为了吸引招聘方的注意，他制作了一份个人简历，以便更好地介绍和推销自己。个人简历的封面页和内容页效果如图 9-22 和图 9-23 所示。

个人简历

Self Recommendation

图 9-22 个人简历封面页

个人简历					
个人概况	求职意向：软件工程师				
	姓名：		出生年月：		
	性别：		户口所在地：		
	民族：		专业和学历		
	外语水平：		计算机水平：		
	联系电话：				
	通讯地址：				
	电子邮箱：				
教育背景	2016-2020 电子科技大学 本科 软件工程专业 主修课程：C++、Java、数据库、数据结构				
工作经验	2020.7-2022.9 红星网络公司 软件测试：根据需求测试用例，执行测试和收集测试结果				
证书&获奖：	证书：英语六级、软件工程师 获奖：国家励志奖学金、省级三好学生				
技能特长：	PPT、PS、编程、英语				
性格特点：					
业余爱好：					

图 9-23 个人简历内容页

9.3.2 任务实施

9.3.2.1 制作简历封面

1.创建文档

第一步：启动 Word 2019 程序，创建一个空白文档。默认情况下纸张大小为 A4，如果不符合实际需要，可以找“布局”功能区“页面设置”选项组中“纸张大小”，设置合适的纸张大小。

第二步：以“个人简历”为文件名并选择合适的位置保存文档。

2.插入分隔符

分隔符是一种用来分割文档的标记。利用分隔符可以把一篇文档分成几个部分，比如将一个页面的内容分隔到两个页面。这样做的原因是为了更好地排版，避免修改文档的过程中排版错乱。Word 分隔符有分页符和分节符两种。分页符的作用是把内容分割到不同的页面上，整个文档仍然是一个节，也就是一个整体，当对文档进行页面布局的设置时，整篇文档都会随之改变。分节符的作用是把内容分割成不同的部分，整个文档是一节一节的，这个时候可以对某一节的页面布局和页眉页脚等进行单独的设置。分隔符的类型及含义如图 9-24 所示。

在本例中，通过插入分节符实现简历封面页和内容页的划分。

第一步：将光标定位在新建文档页面。

第二步：选择“布局”选项卡“页面布局”选项组中的“分隔符”→“分节符”→“下一页”，在封面页插入分隔符，文档就会变成两页，此时上下两个页面可以分别进行页面设置。

第三步：需要强调的是，插入分隔符之后页面默认是不显示分隔符标记的，但是如果不清楚分隔符的位置,在编辑文档的时候很难判断对文档进行分割的位置。为了便于编辑,可以选中“开始”选项卡“段落”组中的显示/隐藏编辑标记,打开显示/隐藏编辑标记按钮,就可以将段落标记或其他隐藏的格式符号显示出来,如图 9-25 所示。

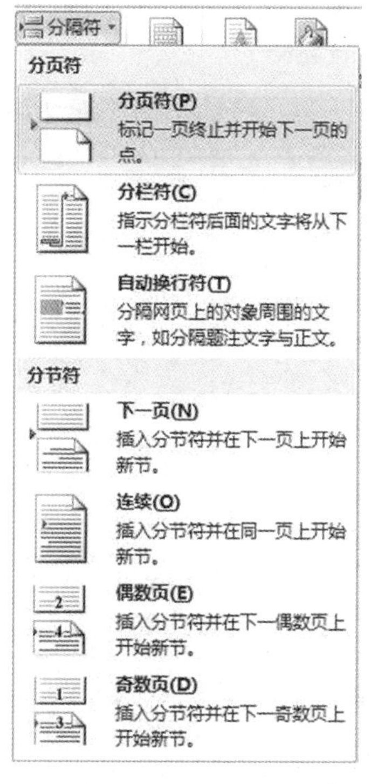

图 9-24 插入分隔符

图 9-25 显示隐藏分隔符

3.设计封面

第一步:选择“设计”功能区“页面背景”选项组中“页面颜色”,选择一种合适的主题颜色,如选择浅灰色。

第二步:输入文本内容,选中文本,设置合适的字体格式。如中文文本“个人简历”设置为“华文新魏”“初号”,英文文本“Self Recommendation”设置为“Times New Roman”“三号”。

第三步:按键盘上的 Enter 键,将光标定位到文档下方的合适位置,选择“插入”选项卡“插图”选项组中的“图片”,打开插入图片对话框,选择素材文件夹中名称为“发布公告”的图片素材,单击插入图片,返回文档页面设置合适的图片大小和对齐方式,简历封面的效果如图 9-22 所示。

第四步:如果用户需要添加多样的页面元素,可以通过“插入”选项卡“插图”选项组中的“剪贴画”“形状”等选项以及“插入”选项卡“文本”选项组中的“艺术字”“首字下沉”等选项来完成个性化的设计。

9.3.2.2 制作简历内容页

1.创建表格

第一步:将光标定位在插入表格的位置。

第二步：选择“插入”选项卡，在“表格”组中单击“表格”按钮，在弹出的下拉列表中，选择“插入表格”命令，弹出“插入表格”对话框，设置列数为 6、行数为 15，如图 9-26 所示。也可以单击“表格”按钮，在弹出的列表中拖动鼠标，选择表格的列数和行数后单击即可创建一个表格，如图 9-27 所示。但这种方法最大只能创建一个 10×8 的表格，行数和列数不够的话可以通过选择“插入行”和“插入列”选项进行完善。

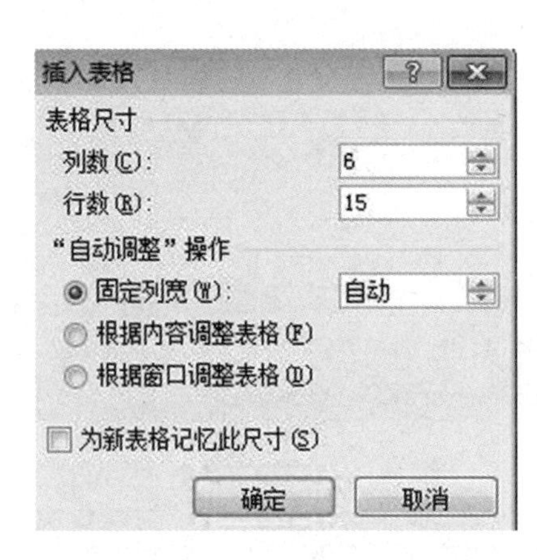

图 9-26 “插入表格”对话框

图 9-27 插入表格选项

2.编辑表格

Word 提供了多种方法来修改已创建的表格。如插入行、列和单元格，删除行、列和单元格，合并和拆分单元格，以及调整单元格的行高和列宽等。

创建表格之后，将光标定位在表格的任意一个单元格中，在功能区中就会出现“表格工具 设计”和“表格工具 布局”选项卡，对表格的编辑和美化操作可以通过这两个选项卡来实现，如图 9-28 和图 9-29 所示。

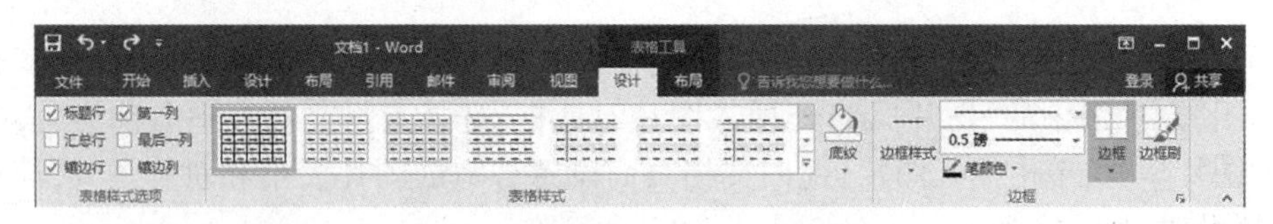

图 9-28 “表格工具 设计”选项卡

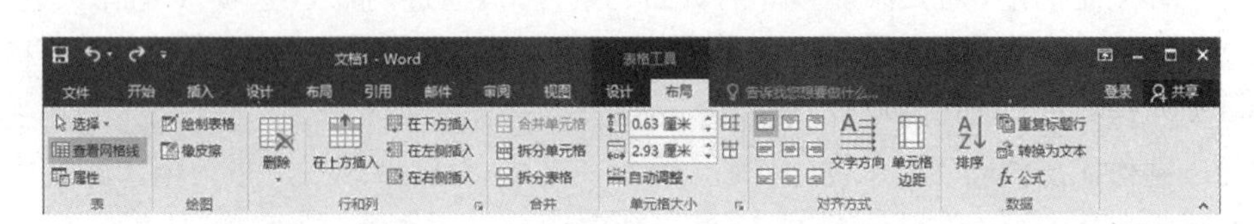

图 9-29 “表格工具 布局”选项卡

下面通过编辑表格来制作简历表的框架。

第一步:鼠标拖动选中表格第 1 行。

第二步:在功能区中切换到“表格工具 布局”选项卡,单击“合并”组中的“合并单元格”按钮,将所选单元格合并。用同样的方法合并相应的单元格。

第三步:分别选择第 1 行、第 2~9 行、第 10~12 行、第 13~15 行单元格,选择“布局”选项卡,在“单元格大小”组中设置合适的行高和列宽。

第四步:选择第一列第 2~3 行单元格,选择“布局”选项卡,在“对齐方式”组中选择“水平居中”(文字在单元格内水平和垂直都居中)。用同样的方法将第 3 行最右侧放置图片的单元格设置为“水平居中”。最后将剩余所有文本内容单元格设置为“中部两端对齐”。

3.输入内容并设置格式

第一步:分别将光标置于相应的单元格内,并输入文本信息。依次选择文本内容,设置合适的字体格式。

第二步:适当调整某些列的宽度和某些行的高度。

第三步:将光标置于第 3 行最右侧的单元格中,单击“插入”选项卡“插图”组中的“图片”按钮,弹出“插入图片”对话框,在对话框左侧的导航窗格中找到存放素材图片的文件夹,选择“头像”图片文件,单击“插入”按钮,将图片插入到插入点所在的单元格中。

4.美化表格

表格创建和编辑完成之后,还可以进一步对表格进行美化操作,如设置单元格或整个表格的边框和底纹等。

第一步:选中要设置边框的单元格区域,本例选中整个表格。

第二步:在“表格工具 设计”选项卡“绘图边框”组中分别单击“笔样式”“笔画粗细”“笔颜色”右侧的下拉三角按钮,分别选择合适的样式、粗细和颜色,本例选择笔样式为双实线、粗细为 0.5 磅、颜色为默认黑色。

第三步:单击“边框”组中“边框”下方的下拉三角按钮,选择合适的边框样式,本例选择“外侧框线”。

第四步:选择表格第 1 行,单击“表格样式”组中“底纹”下方的下拉三角按钮,选择一种合适的底纹颜色,本例选择“深蓝”。

第五步:至此,简历表格内容页就制作完成了,简历内容效果如图 9-23 所示。

9.3.2.3 打印和预览文档

文档编辑完成之后就可以将其打印出来。为防止出错,一般在打印文档之前都会先预览一下打印效果,以便发现并及时改正错误。

第一步:选择“文件”→“打印”选项,弹出文档的打印和打印预览界面,如图 9-30 所示。

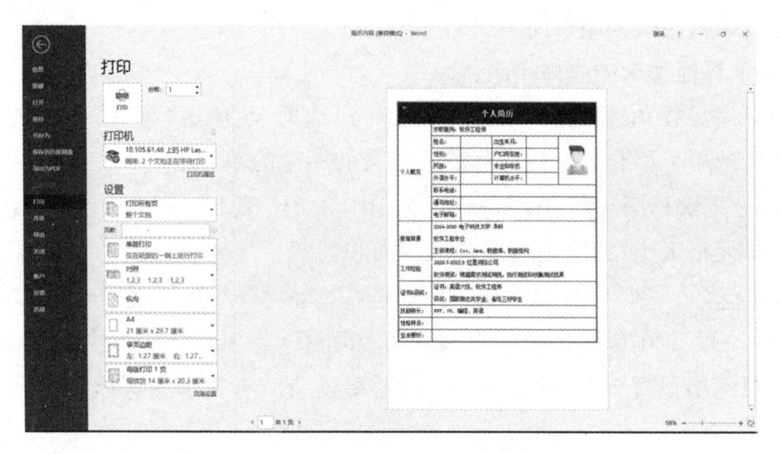

图 9-30 预览和打印文档

第二步:在界面的右侧可以预览打印效果。如果文档有多页,可以通过上下滚动鼠标或者单击“上一页”和“下一页”按钮,查看上一页和下一页的预览效果;或者在编辑框中输入页码,然后按 Enter 键,可快速查看该页的预览效果。

第三步:在界面的中间一列是打印设置选项,在“份数”编辑框中输入打印的份数。

第四步:在打印机选项中,选择已连接的合适的打印机终端。

第五步:在“设置”组中,在“打印所有页”下拉列表框中选择要打印的文档页面内容。

打印当前页面:表示仅打印当前页。

打印所有页:表示打印整个文档。

自定义打印范围:可以输入打印的页面范围。选择“自定义打印范围”后,需要在下方“页数”编辑框中输入页码范围。如“2-7”表示打印第 2 页至第 7 页,“2,7”表示只打印第 2 页和第 7 页。

第六步:用户还可以根据需要,在下方的选项中选择合适的单/双面打印、横/纵向打印、选择合适的纸张大小、设置合适的页面布局等。

第七步:设置完成后,单击“打印”按钮即可打印文档。

9.4 制作班级聚会邀请函

邀请函在日常生活中的使用频率是非常高的。邀请函主要以个人或公司、单位的名义,邀请相关人员参加个人或集体举办的一些活动。邀请函是比较正式的函件,在制作时应力求简洁大方、措辞得当。

9.4.1 任务描述

小王要组织一次班级毕业周年聚会,为了通知到每一位昔日的同学,他批量制作了班级聚会邀请函。邀请函的效果图如图 9-31 所示。

图 9-31　邀请函效果图

9.4.2　任务实施

9.4.2.1　制作邀请函主文档

1. 页面设置

第一步：新建空白文档。通过“布局”选项卡“页面设置”选项组设置“纸张方向”为“横向”，纸张大小为“A4”，页边距为上下“3.17 厘米”、左右“2.54 厘米”。

第二步：插入页面背景图片。选择“设计”选项卡“页面背景”组中的“页面颜色”，在下拉菜单中选择“填充效果”，打开“填充效果”对话框，如图 9-32 所示。在“填充效果”对话框中分别有渐变、纹理、图案、图片四类选项，可以根据实际需要选择合适的填充效果。

第三步：选择“图片”选项，单击“选择图片”按钮，弹出“选择图片”对话框，如图9-33 所示，选择素材文件夹中的“邀请函背景图”图片，单击“插入”。

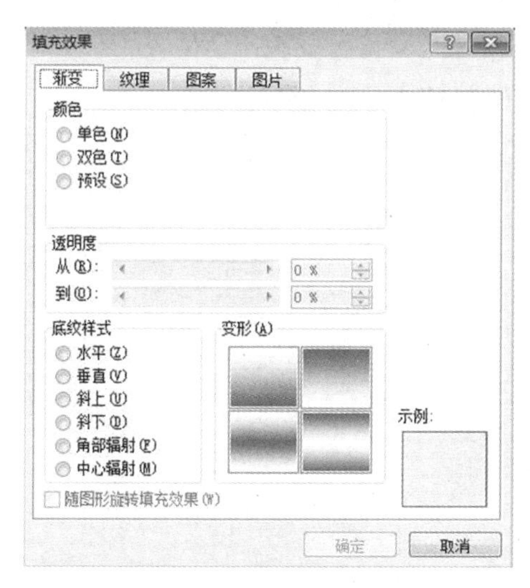

图 9-32　填充效果

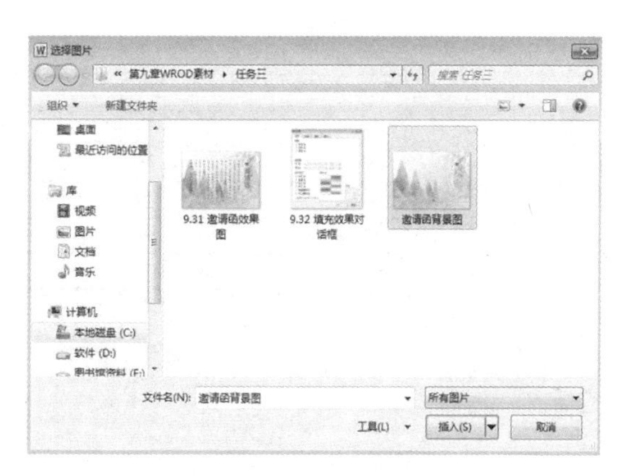

图 9-33　选择图片

2.编辑文档内容

第一步：插入艺术字。选择“插入”→“文本”→“艺术字”，选择一种合适的艺术字效果，插入艺术字并在编辑框中输入“邀请函”，设置字体为“华文楷体”，大小为“72”。在“艺术字工具　格式”选项“艺术字样式”选项组中设置合适的样式，在“文字”选项组中将“文本方向”设置为“垂直”，最后将其移到合适的位置。

第二步：插入竖排文本框。选择“插入”→“文本”→“文本框”→“绘制竖排文本框”。按住鼠标左键拖动绘制竖排文本框。然后在绘图工具“格式”选项卡中将文本框的“形状填充”设置为“无填充”，将“形状轮廓”设置为“无轮廓”。在文本框中输入邀请函内容，设置文本字体为“华文楷体”、字号为“二号”。调整文本框的大小并将其移到合适位置。

第三步：为部分内容设置项目符号。选中日期、集合地点和联络3列文本，添加项目符号。

邀请函主文档设置完成效果图如图9-34所示。

图9-34　邀请函主文档效果图

9.4.2.2　制作邮件合并数据源

第一步：新建文档，将文件命名为“邮件合并数据源”，并保存到合适的位置。

第二步：选择“插入”选项卡“表格”组中的“表格”，插入一个7行3列的表格。

第三步：在表格中输入信息，如图9-35所示。保存对文档的编辑。

姓名	性别	联系电话
张哲宇	男	1370072****
肖阳	男	1503903****
王思惠	女	1383721****
张晶	女	1308387****
李斌	女	1580375****
朱子韬	男	1310372****

图9-35　邮件合并数据源

9.4.2.3　邮件合并

第一步：打开邀请函主文档。

第二步：选取数据源。选择“邮件”选项卡“开始邮件合并”组“选择收件人”，在下拉列表中选择“使用现有列表”，打开“选取数据源”对话框，如图 9-36 所示。选择数据源文件“邮件合并数据源”，点击“打开”，将数据源信息加载到主文档中。

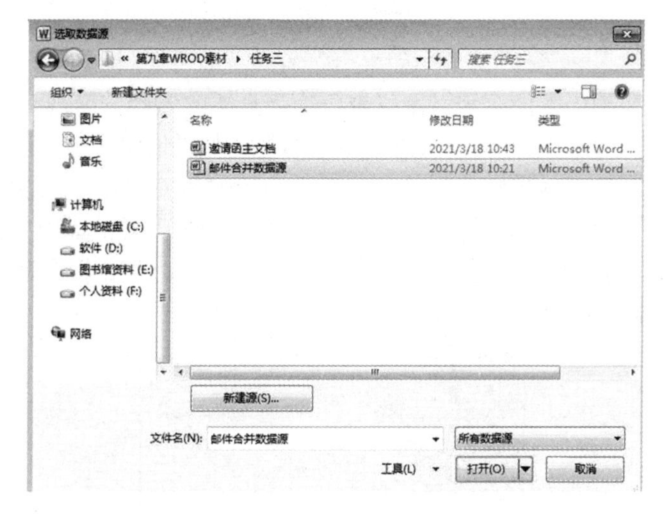

图 9-36 选取数据源

第三步：插入域。将光标定位在“亲爱的”三字的下方，选择“邮件”选项卡“编写和插入域”组“插入合并域”，在“插入合并域”下拉列表中选择“姓名”选项，将在“亲爱的”下方插入“《姓名》”，如图 9-37 所示。

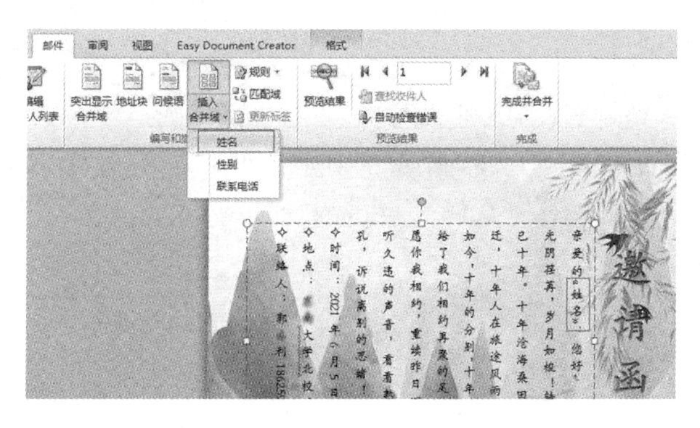

图 9-37 插入合并域

第四步：设置插入 Word 域规则。将光标定位在“：您好”的上方，选择“邮件”选项卡“编写和插入域”组“规则”按钮，打开“规则”下拉列表，选择“如果…那么…否则”选项，弹出“插入 Word 域：IF”对话框，如图 9-38 所示。

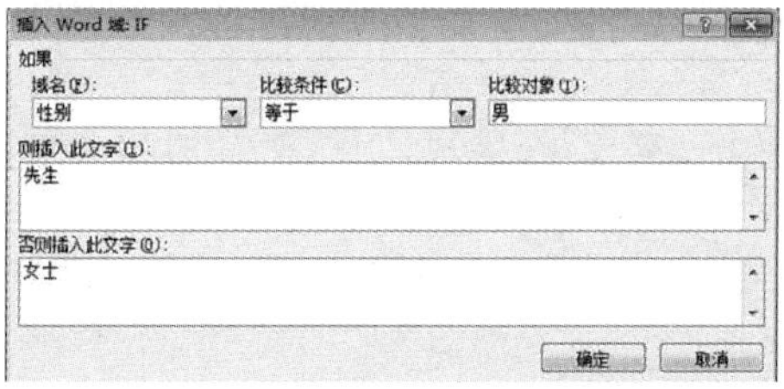

插入 Word 域：IF
如果
域名(F)：性别　比较条件(C)：等于　比较对象(T)：男
则插入此文字(I)：
先生
否则插入此文字(O)：
女士
确定　取消

图 9-38 插入 Word 域：IF

第五步:设置“性别”规则。在“域名”下拉列表框中选择“性别”选项,在“比较条件”中选择“等于”,在“比较对象”中输入“男”,在“则插入此文字”列表中输入“先生”,在“否则插入此文字”中输入“女士”,单击确定,返回主文档。

第六步:预览结果。选择“邮件”选项“预览结果”组“预览结果”按钮,可以预览合并后的效果,此时主文档中的所有关键字将被替换为真实的内容。单击“预览结果”组中的“上一个”或“下一个”按钮,可以一次查看生成的每一个邀请函。

第七步:打印文档。编辑完成后,选择“邮件”选项“完成”组“完成并合并”下拉列表中的“打印”,可以直接对合并文档进行打印。也可以选择“编辑单个文档”,打开“合并到新文档”对话框,对所有记录进行合并,如图 9-39 所示。Word 将自动在一个新文档中逐一创建每一个邀请函。

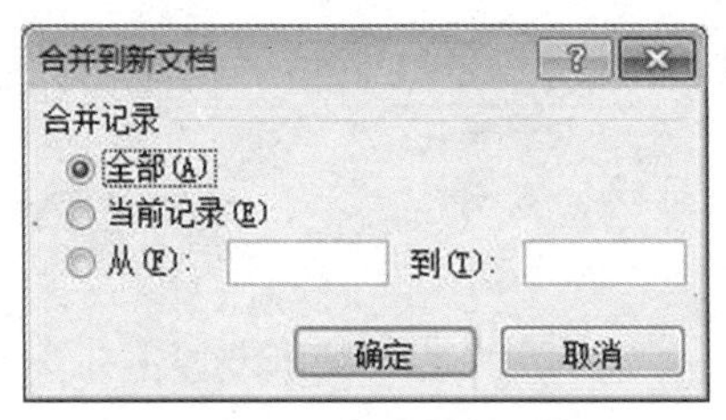

图 9-39 合并到新文档

习题

1. 五一放假通知的制作(样文见素材)。

(1)新建一个空白文档,将文档保存在 D 盘,文件名为:学号姓名_五一放假通知.docx,如:221651001 张小亮_五一放假通知.docx。

(2)输入文本。

① 第 5 行输入标题:五一放假通知。

② 第 6 行输入正文内容(见素材)。

③ 另起一段输入落款:东南小学。

④ 另起一段输入日期:二〇二二年四月二十八日。

(3)格式设置。

① 页面格式:纸张大小为 A4,上下边距各为 2.5 厘米,左右边距各为 3 厘米。

② 标题格式:一号,黑体,居中,段后 2 行。

③ 正文格式:三号,中文为楷体,西文为 Times New Roman,两端对齐,首行缩进 2 字符,双倍行间距。

④ 落款格式:四号,宋体,右对齐,段前 2 行,字符间距 6 磅。

⑤ 日期格式:四号,宋体,右对齐。

(4)保存文档。

2.货物出门单的制作

(1)新建一个空白文档,将文档保存在 D 盘,文件名为:学号姓名_货物出门单.docx。

(2)设置纸张大小为B5,横向纸张,上下页边距各为3厘米,左右页边距各为2.5厘米,参照图9-40制作货物出门单表格内容。(样文见素材)

货物出门单（存根）　　　　　　　　货物出门单

No.　　　　　　　　　　　　　　　　No.

持货人					持货人			证件号	
物品名称	单位	数量			物品名称	单位	数量	备注	
								1. 此单据作为持货人出门凭证、验证出货。 2. 出门单需专人负责、防止冒提、冒领。凡因管理不严造成的损失，责任由开具此单据的单位或个人负责。 3. 此单据必须加盖单位公章、公司负责人签字方可生效。 4. 此单据当日有效。	
负责人签字： 日期：					单位公章： （此联交门卫）			负责人签字： 日期：	

图9-40 “货物出门单”样文

3. 简单的图文混排制作

(1)新建一个空白文档,将文档保存在D盘,文件名为:学号姓名_简单的图文混排制作.docx。

(2)利用网络练习搜索及下载类似图片。

(3)参照图9-41或9-42制作图文混排效果。

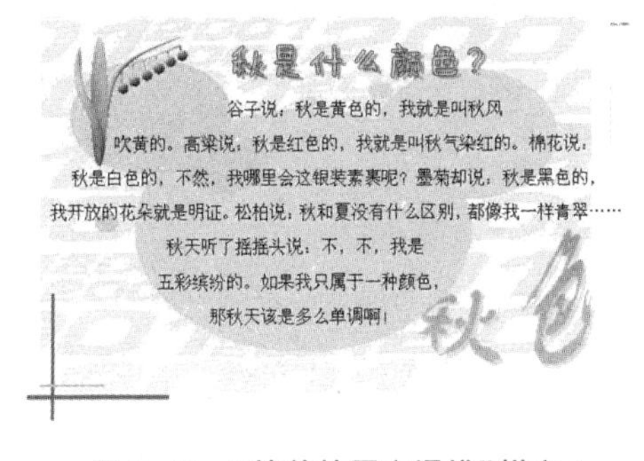

图9-41 “简单的图文混排”样文1

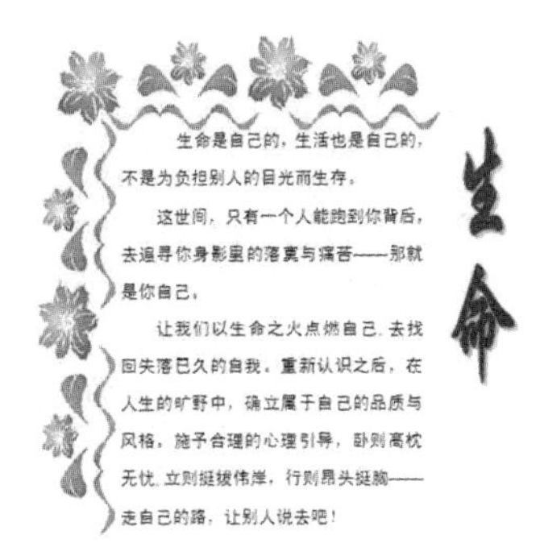

图9-42 “简单的图文混排”样文2

4.文章排版

打开素材“荷塘月色”文字稿。

(1)将文章的题目《荷塘月色》转变为艺术字并且居中。

(2)将作者的名字“朱自清”右对齐,并将字体设为“华文新魏”,字号设为“四号”,设为粗体。

(3)将第一段文字的行距调整为单倍行距。

(4)为《荷塘月色》每一段落进行编号(如一、二、三……),注意:不包括赏析部分。

(5)编辑页眉和页脚。页眉输入“荷塘月色”,字体为“宋体”,字号为“五号”,加粗。页脚插入页码,在页脚显示“第　页”,右对齐。

5. 论文排版

马上就要毕业了,为了顺利达到学校对于毕业论文统一格式的要求,王同学需要设计一个模板来制作一个毕业论文的样本(原文见素材)。格式要求如下。

(1)封面论文中文标题(黑体、小二、居中)、封面论文英文标题(Times New Roman、小三、居中)、其他内容(Times New Roman、小三、适当缩进)。

(2)摘要、ABSTRACT、目录、章名(黑体、三号、段前段后2行、居中)、二级节名(黑体、小三、段前段后0.5行)、三级节名(黑体、四号、段前段后0.5行)。

(3)正文标题(章名编号为"第一章……"、二级节名编号为"1.1……"、三级节名编号为"1.1.1……")、正文(宋体、小四、1.5倍行距、首行缩进2字符)、图片图表(居中、备注为宋体、小四)。

(4)页眉页脚:封面没有页眉页脚;中英文摘要、目录、没有页眉,页码格式使用罗马数字;论文主体页码使用阿拉伯数字从1开始连续编号,以"章"为单位,每章以奇数页开始另起一页;偶数页页眉为论文题目,居中;奇数页页眉为章标题,居中。

(5)页面设置:页边距(上3 cm、下2.5 cm、左2.5 cm、右2.5 cm、装订线0 cm、页眉2.2 cm、页脚1.75 cm、纸张A4)。

10

Excel 2019 电子表格应用

10.1 分析公司差旅报销情况

第 10 章素材
及拓展任务

10.1.1 任务描述

财务部助理小王需要向主管汇报 2021 年度公司差旅报销情况。按照如下需求，帮助在差旅报销.xlsx 文档中完成工作：

（1）在“费用报销管理”工作表“日期”列的所有单元格中，标注每个报销日期属于星期几，例如日期为“2021 年 1 月 20 日”的单元格应显示为“2021 年 1 月 20 日星期三”，日期为“2021 年 1 月 21 日”的单元格应显示为“2021 年 1 月 21 日星期四”。

（2）如果“日期”列中的日期为星期六或星期日，则在是否加班列的单元格中显示“是”，否则显示“否”（必须使用公式）。

（3）使用公式统计每个活动地点所在的省份或直辖市，并将其填写在“地区”列所对应的单元格中，例如“北京市”“浙江省”。

（4）依据“费用类别编号”列内容，使用 VLOOKUP 函数，生成费用类别“列内容”。对照关系参考“费用类别”工作表。

（5）在“差旅成本分析报告”工作表 B3 单元格中，统计 2021 年第二季度发生在北京市的差旅费用总金额。

（6）在“差旅成本分析报告”工作表 B4 单元格中，统计 2021 年员工钱顺卓报销的火车票费用总额。

（7）在“差旅成本分析报告”工作表 B5 单元格中，统计 2021 年差旅费用中，飞机票费用占所有报销费用的比例，并保留 2 位小数。

（8）在“差旅成本分析报告”工作表 B6 单元格中，统计 2021 年发生在周末（星期六和星期日）的通信补助总金额。

10.1.2 任务实施

（1）打开素材文件夹下的文档“差旅报销.xlsx”文件。切换到“费用报销管理”工作表→选中 A3～A401 单元格区域→在选中区域上单击鼠标右键→从快捷菜单中选择“设置单元格格式”→在弹出的“设置单元格格式”对话框中，切换至“数字”标签页→在“分类”列表中选择“自定义”，在右侧的“示例”工具组“类型”列表框中输入“yyyy”年“m”月“d”日“aaaa”（aaaa 之前的空格有无均可，aaaa 也可写为大写 AAAA）。流程如图 10-1 所示。

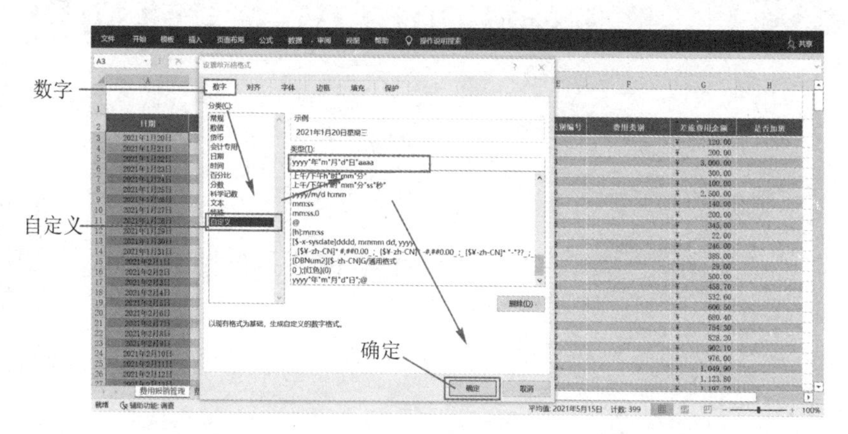

图 10-1　在“日期”列标注每个报销日期属于星期几的流程

（2）在“费用报销管理”工作表的 H3 单元格中输入公式“=IF(WEEKDAY(A3,2)>5,“是”,“否”)”→表示在星期六[WEEKDAY(A3,2)返回 6]或者星期日[WEEKDAY(A3,2)返回 7]情况下 H3 单元格中的内容为“是”，否则内容为“否”→单击编辑栏的“对勾”按钮确认输入→然后向下拖动填充柄到 H401 单元格→完成所有“是否加班”列的填充。流程如图 10-2 所示。

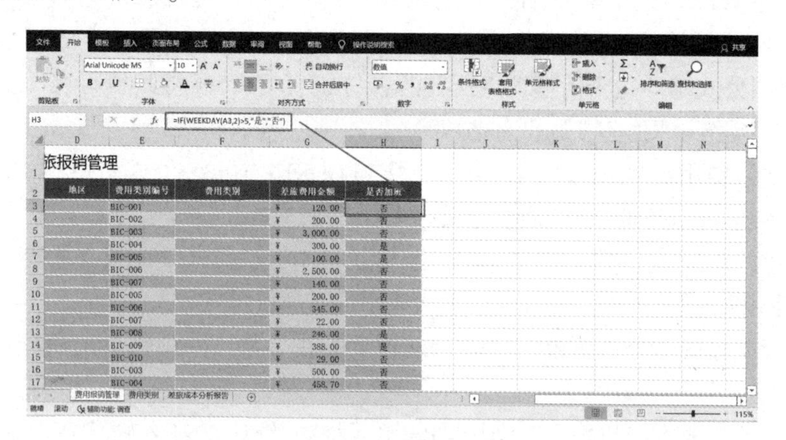

图 10-2　在是否加班列填充是或否的流程

（3）在“费用报销管理”工作表的 D3 单元格中输入公式“=LEFT(C3,3)”，表示取 C3 文字左侧的前 3 个字符→单击编辑栏的“√”按钮确认输入然后拖动填充柄向下填充到 D401 单元格，完成“地区”列的填充。流程如图 10-3 所示。

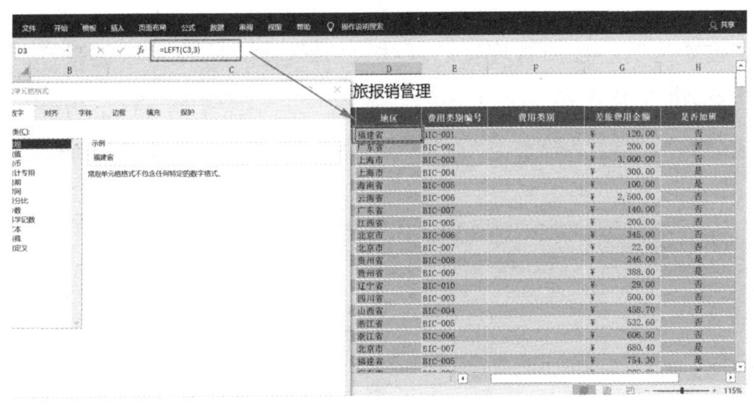

图 10-3 在地区列填充每个活动地点所在省份或直辖市的流程

(4)在 F3 单元格中输入公式"=VLOOKUP(E3,费用类别! $A$3:$B$12,2,0)",单击编辑栏的"√"按钮确认输入→拖动填充柄到 F401 单元格。流程如图 10-4 所示。

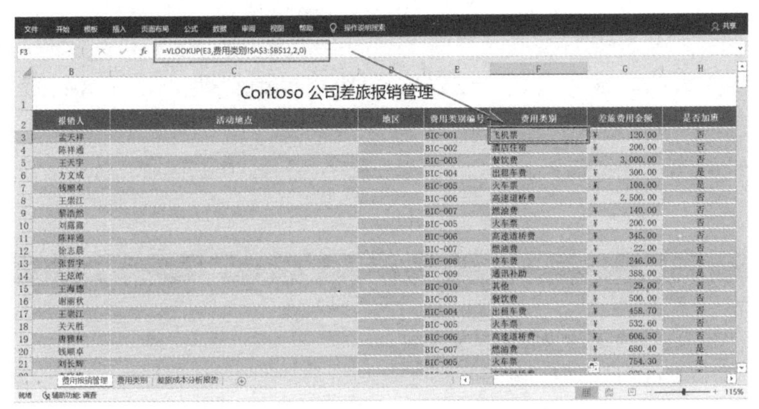

图 10-4 使用 VLOOKUP 函数生成费用类别"列内容"的流程

(5)切换到"差旅成本分析报告"工作表→在 B3 单元格中输入公式"=SUMIFS(费用报销管理! G3:G401,费用报销管理! D3:D401,"北京市",费用报销管理! A3:A401,"≥2021 年 4 月 1 日",费用报销管理! A3:A401," <=2021 年 6 月 30 日")"→单击编辑栏的"对勾"按钮确认输入。流程如图 10-5 所示。

图 10-5 统计 2021 年第二季度发生在北京市的差旅费用总金额的流程

(6)在 B4 单元格中输入公式“=SUMIFS(费用报销管理! G3:G401,费用报销管理! B3:B401,“钱顺卓”,费用报销管理! F3:F401,“火车票”)”→单击编辑栏的“对勾”按钮确认输入。流程如图 10-6 所示。

图 10-6　统计 2021 年员工钱顺卓报销的火车票费用总额的流程

(7)在 B5 单元格中输入公式“=SUMIFS(费用报销管理! G3:G401,费用报销管理! F3:F401,“飞机票”)/SUM(费用报销管理! G3:G401)”→单击编辑栏的“对勾”按钮确认输入→选中 B5 单元格,在“开始”选项卡“数字”工具组中选择“百分比”。如图 10-7 所示。

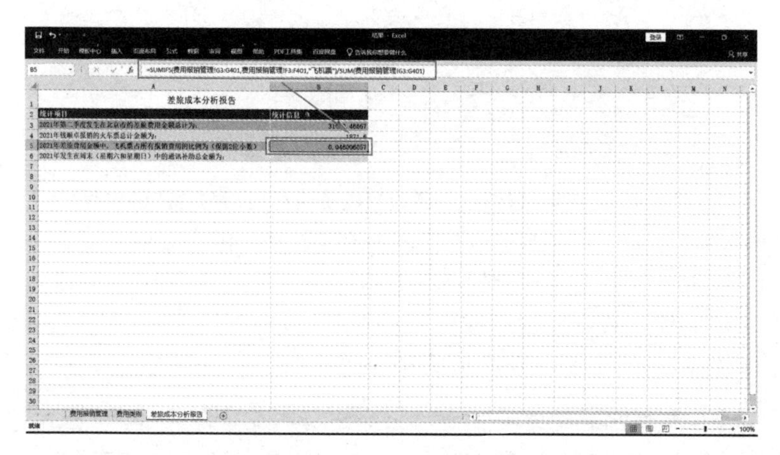

图 10-7　统计 2021 年飞机票费用占所有报销费用的比例及保留 2 位小数的流程

(8)在 B6 单元格中输入公式“= SUMIFS(费用报销管理! G3:G401,费用报销管理! H3:H401,“是”,费用报销管理! F3:F401,“通讯补助”)”→单击编辑栏的“对勾”按钮确认输入→最后保存文档。流程如图 10-8 所示。

图 10-8　统计 2021 年发生在周末(星期六和星期日)通讯补助总金额的流程

10.2　分析学生期末成绩

10.2.1　任务描述

小王是某法学院教务处的工作人员,为更好地掌握各个教学班级学习的整体情况,教务处领导要求她制作成绩分析表。根据“期末成绩.xlsx”文件,帮助小王完成学生期末成绩分析表的制作。具体要求如下:

(1)将“期末成绩.xlsx”另存为“成绩分析 xlsx”的文件,所有的操作基于此新保存好的文件。

(2)在“法一”“法二”“法三”“法四”工作表中表格内容的右侧,分别按照顺序插入“总分”“平均分”“班内排名”三列;并在这四个工作表表格内容的最下面增加“平均分”行。所有列的对齐方式设为居中,其中“班内排名“列数值格式为整数,其他成绩统计列的数值均保留 1 位小数。

(3)在“法一”“法二”“法三”“法四”工作表中,利用公式分别计算“总分”“平均分”“班内排名”列的值和最后一行“平均分”的值。对学生成绩不及格(小于 60)的单元格突出显示为“橙色(标准色)填充色,红色(标准色)文本”格式。

(4)在“总体情况表”工作表中,更改工作表标签为红色,并将工作表内容套用“白色,表样式中等深浅 15”的表格格式,设置表包含标题;将所有列的对齐方式设为居中;并设置“排名”列数值格式为整数,其他成绩列的数值格式保留 1 位小数。

(5)在“总体情况表”工作表 B3 ~ J6 单元格区域内,计算填充各班级每个课程的平均成绩;并计算“总分”“平均分”“总平均分”“排名”所对应单元格的值。

(6)依据各课程的班级平均分,在“总体情况表”工作表 A9 ~ M30 区域内插入二维的簇状柱形图,水平簇标签为各班级名称,图例项为各课程名称。

(7)将该文件中所有工作表的第一行根据表格内容合并为一个单元格,并改变默认的字体、字号,使其成为当前工作表的标题。

(8)保存“成绩分析.xlsx”文件。

10.2.2 任务实施

(1)打开文档“期末成绩.xlsx”→单击“文件”选项卡→“另存为”→输入文件名为“成绩分析.xlsx”→将其保存→单击“保存”。

(2)步骤1:选中“法一”工作表标签→按住Shift键不放→单击“法四”工作表标签,形成工作组,可同时对四个工作表进行相同操作。

步骤2:切换到“法一”工作表→在L2、M2、N2单元格内分别输入文字“总分”“平均分”“班内排名”→在A28单元格中输入文字为“平均分”。流程如图10-9所示。

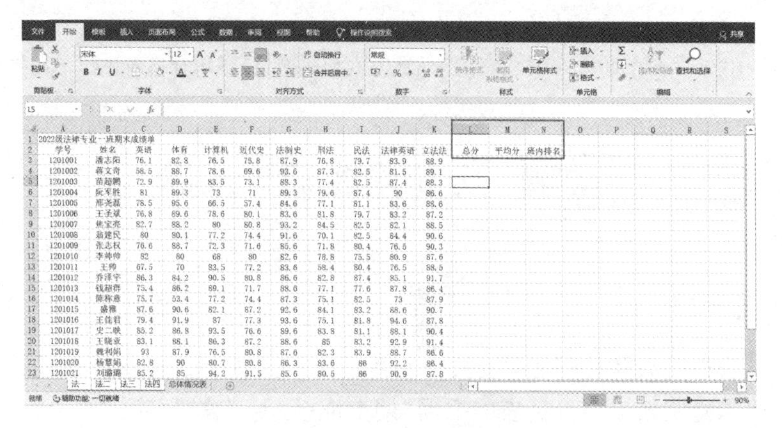

图10-9 在“法一”工作表中插入“总分”“平均分”“班内排名”及添加“平均分”行的流程

步骤3:选中A1~N28单元格区域→单击“开始”选项卡对齐方式→居中,使所有列的对齐方式都为居中。流程如图10-10所示。

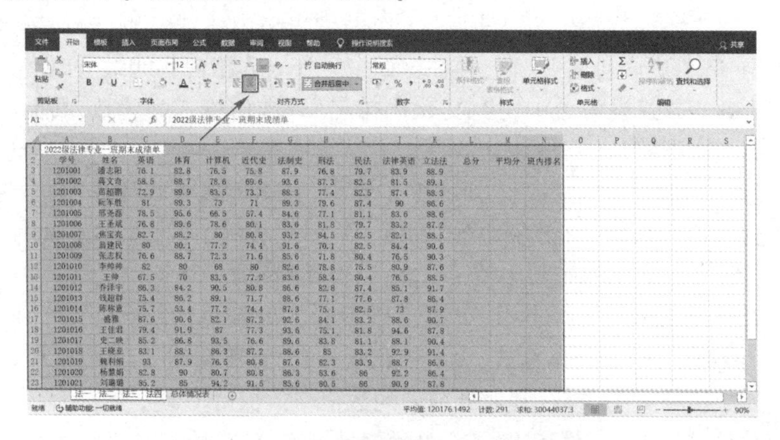

图10-10 设置所有列居中对齐的流程

步骤4:选中N列区域,单击右键→“设置单元格格式”→“数值”→保留0位小数→“确定”。

步骤5:选中C至M列区域,单击右键→“设置单元格格式”→“数值”→保留1位小数→“确定”。流程如图10-11所示。

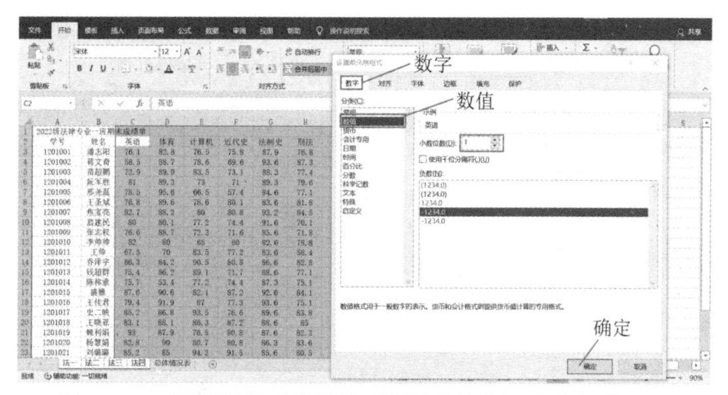

图 10-11　设置其他成绩统计列数值均保留 1 位小数的流程

（3）步骤 1：分别选中“法一”“法二” “法三”“法四”工作表→选中 C3：K3 单元格区→“编辑”→“自动求和”→选中 C3：K3 单元格区域→单击“自动求和”的下拉箭头→“平均值”→选中 L3：M3 单元格区域→双击右下角填充柄自动填充。流程如图 10-12 所示。

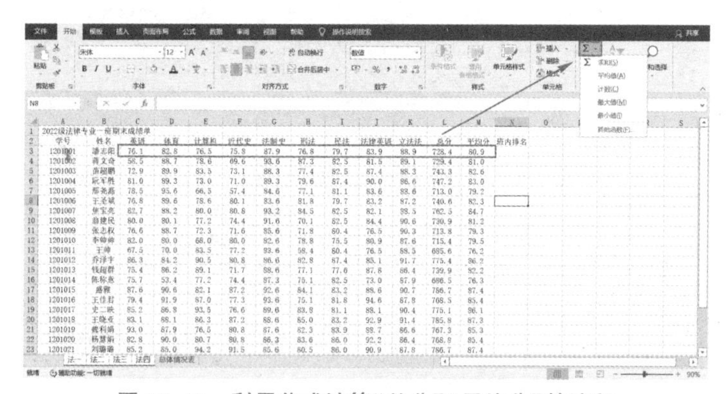

图 10-12　利用公式计算“总分”“平均分”的流程

步骤 2：在 N3 单元格中输入公式“=RANK(L3，$L$3：$L$27)”→按 Enter 键确认输入→鼠标拖动右下角的填充柄向下自动填充到 N27 单元格，即可得到班内排名。流程如图 10-13 所示。

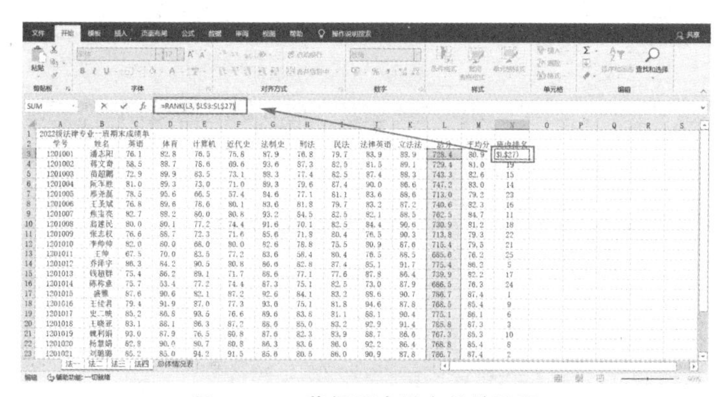

图 10-13　获得班内排名值的流程

步骤 3：在 C28 单元格中输入公式“=AVERAGE(C3：C27)”→按 Enter 键确认输入→鼠标拖动右下角的填充向右自动填充到 M28 单元格，即可得到各科平均分。流程如图 10-14 所示。

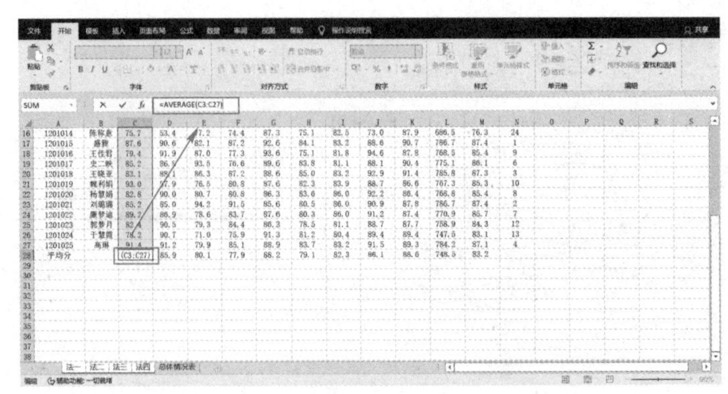

图 10-14　获得各科平均分的流程

步骤 4:选中“法一”“法二”“法三”“法四”工作表→选中 A2:N28 单元格→“开始”选项卡→“样式”→“套用表格格式表样式”→“白色表格样式中等深浅 15”→在弹出的“套用表格式”的对话框中勾选“包含标题”→单击“确定”。流程如图 10-15 所示。

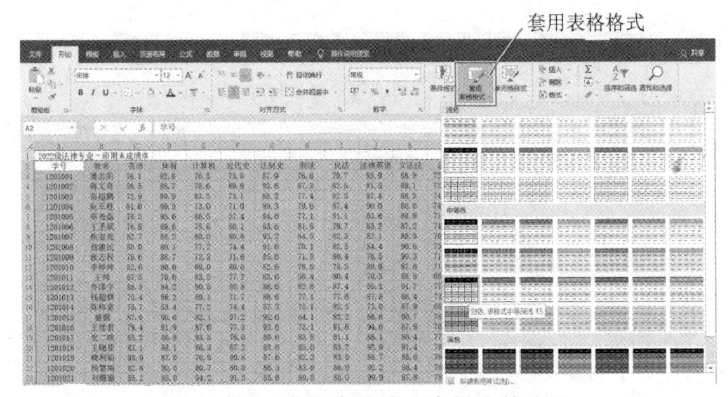

图 10-15　套用表格格式表样式的流程

步骤 5:选中“法一”工作表(C3: K27) 单元格区域→单击“开始”选项卡→“样式”→“条件格式”→“突出显示单元格规则”→“小于”→文本框中输入“60”→单击右侧的下拉符号→“自定义格式”→字体: 红色→填充:橙色→单击“确定”→返回到小于对话框→再次单击“确定”→双击“格式刷”→刷一下“法二”“法三”的对应区域→再次单击格式刷。流程如图 10-16 所示。

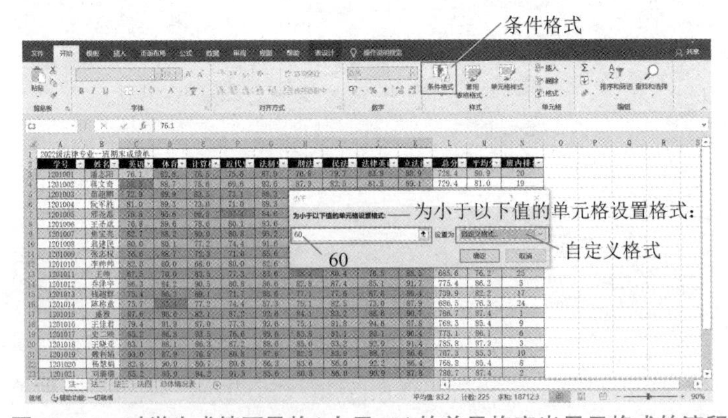

图 10-16　对学生成绩不及格(小于 60)的单元格突出显示格式的流程

（4）步骤 1：右键单击“总体情况表”工作表标签→单击“工作表标签颜色”→选择“红色”。

步骤 2：选中 A2：M7 单元格区域→“开始”选项卡→“样式”→“用表格格式表样式”→“白色，表格样式中等深浅 15”→在弹出的“套用表格式”的对话框中勾选“表包含标题”→单击“确定”。流程如图 10-17 所示。

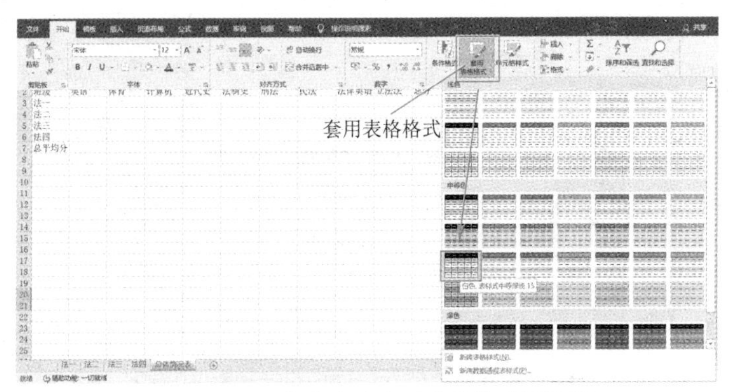

图 10-17　工作表内容套用表格格式的流程

步骤 3：选中所有列单击“开始”选项卡→“对齐方式”→居中，使所有列的对齐方式都为居中。流程如图 10-18 所示。

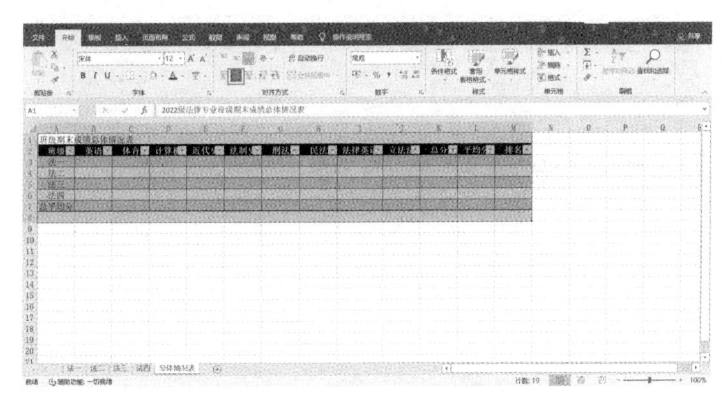

图 10-18　设置所有列居中对齐的流程

步骤 4：选中“排名”列→单击右键→“设置单元格格式”→“数值”→保留 0 位小数→“确定”。流程如图 10-19 所示。

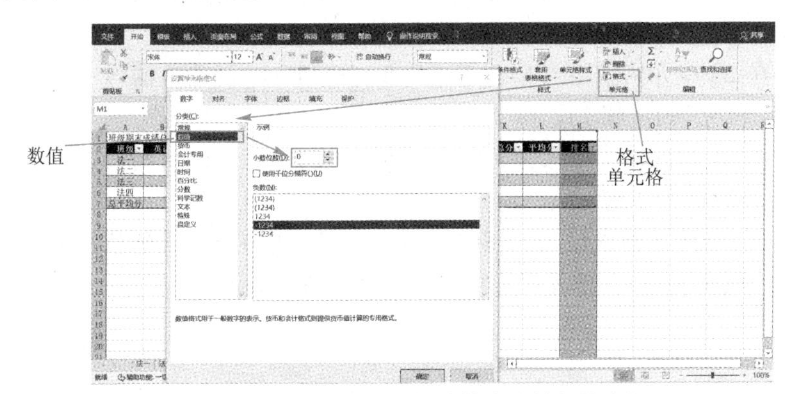

图 10-19　设置“排名”列数值格式为整数的流程

步骤 5:选中其他成绩列→单击右键→“设置单元格格式”→“数值”→保留 1 位小数→“确定”。流程如图 10-20 所示。

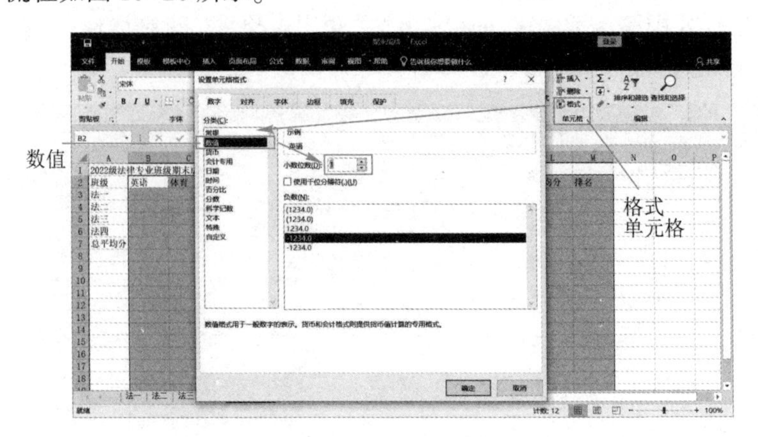

图 10-20 设置其他成绩列数值格式保留 1 位小数的流程

(5)步骤 1:在“总体情况表”工作表中,在 B3 单元格中输入“=法一! C28”→按 Enter 键确认输入→拖动右下角的填充柄向右自动填充。流程如图 10-21 所示。

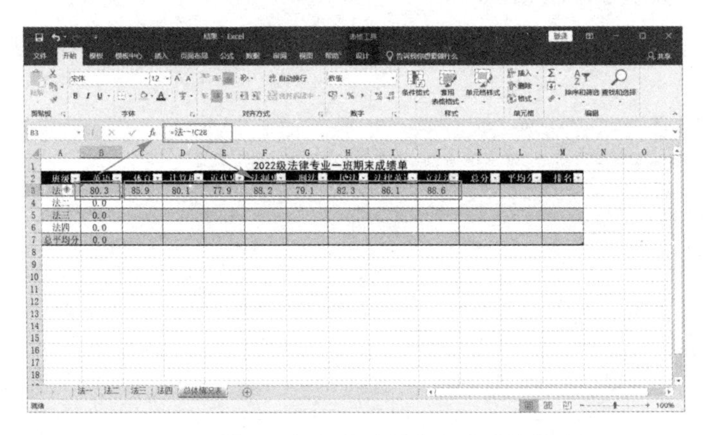

图 10-21 填充“法一”每个课程平均成绩的流程

步骤 2:在 B4 单元格中输入“=法二! C28”→按 Enter 键确认输入→拖动右下角的填充柄向右自动填充(同步骤 1)。

步骤 3:在 B5 单元格中输入“=法三! C28”→按 Enter 键确认输入→拖动右下角的填充柄向右自动填充(同步骤 1)。

步骤 4:在 B6 单元格中输入“=法四! C28”→按 Enter 键确认输入→拖动右下角的填充柄向右自动填充(同步骤 1)。

步骤 5:在 K3 单元格中输入“=SUM (B3:J3)”→按 Enter 键确认输入→拖动 K3 单元格右下角的填充柄到 K7 单元格进行自动填充。流程如图 10-22 所示。

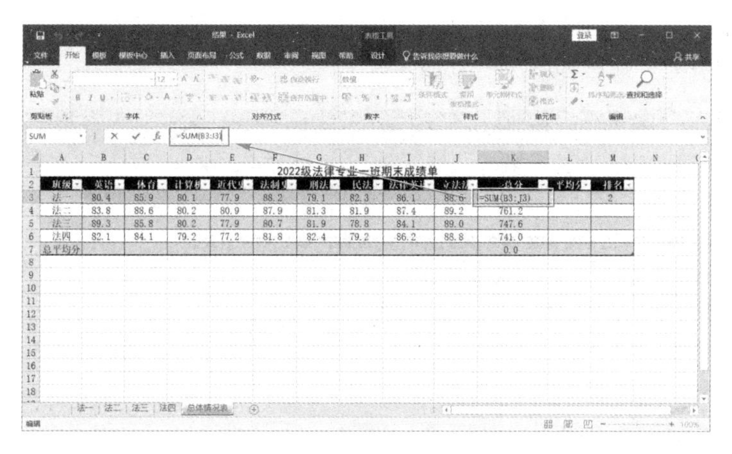

图 10-22　计算“总分”的流程

步骤 6：在 L3 单元格中输入“=AVERAGE（B3：J3）”→按 Enter 键确认输入→拖动 L3 的填充柄到 L7 单元格进行自动填充。流程如图 10-23 所示。

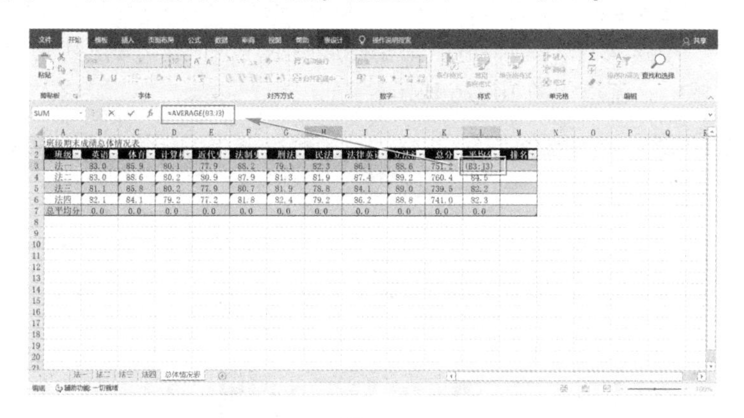

图 10-23　计算“平均分”的流程

步骤 7：在 M3 单元格中输入“=RANK(K3，$K$3：$K$6)”→按 Enter 键确认输入→拖动 M3 的填充柄到 M7 单元格进行自动填充。流程如图 10-24 所示。

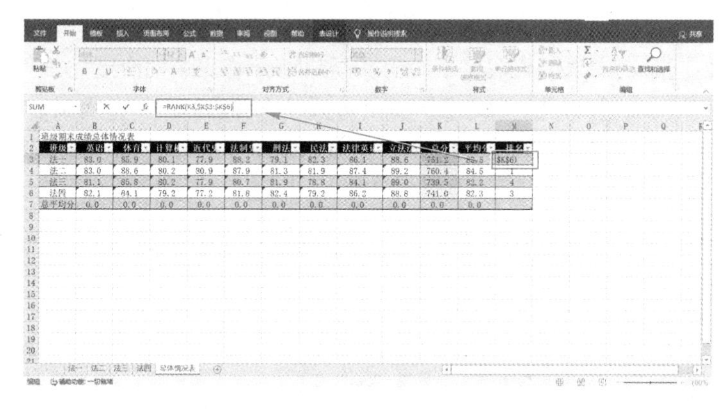

图 10-24　获得排名列中值的流程

步骤 8：在 B7 元格中输入“=AVERAGE(B3:B6)”→确认输入后→双击右下角的填充柄向下自动填充。流程如图 10-25 所示。

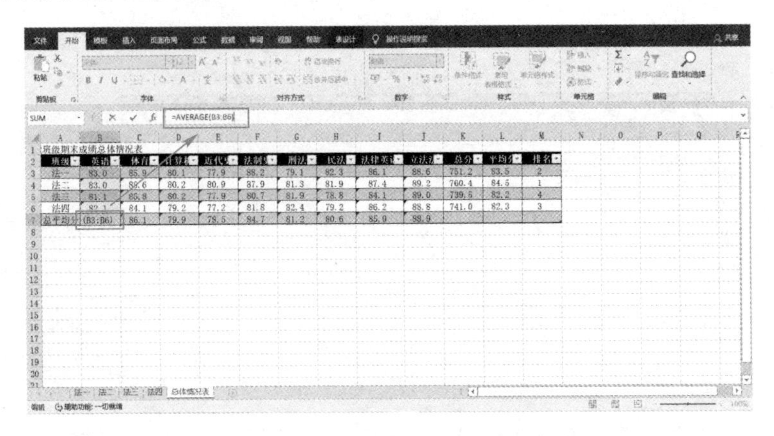

图 10-25 计算“总平均分”的流程

(6)在“总体情况表”工作表中，选择 A2:J6 单元格区域→单击“插入”选项卡→“图表”→“柱形图”→“簇状柱形图”→适当调整柱形图的位置和大小，使其放置在表格下方的 A9：M30 区域中。流程如图 10-26 所示。

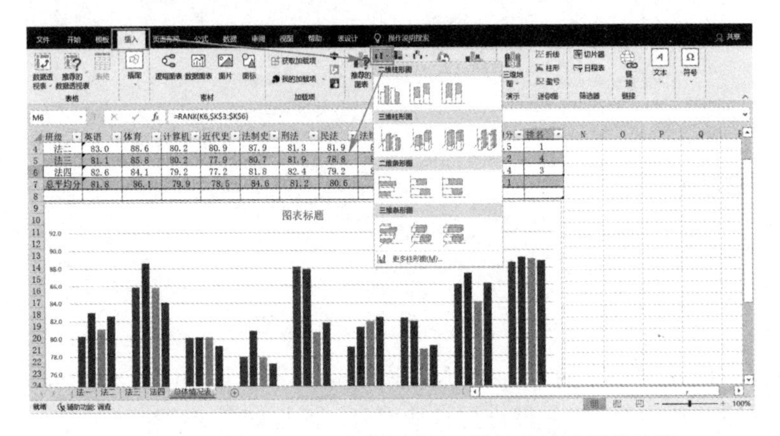

图 10-26 在 A9:M30 区域内插入二维簇状柱形图的流程

(7)步骤 1：同时选中“法一”“法二”“法三”“法四”工作表→切换至“法一”工作表→选中 A1：N1 单元格区域→单击“开始”选项卡→对齐方式→合并后居中→适当调整字体、字号。

步骤 2：在“总体情况表”工作表中→选中 A1：M1 单元格区域→合并后居中→并适当调整字体、字号。

(8)设置完成后，单击“保存”，即可保存“成绩分析.xlsx”文件。

习 题

期末考试结束了，初三(14)班的班主任助理王老师需要对本班学生的各科考试成绩进行统计分析，按照下列要求完成该班的成绩统计工作并按原文件名进行保存。

(1)打开工作簿“学生成绩.xlsx”，在最左侧插入一个空白工作表，重命名为“初三学生档案”，并将该工作表标签颜色设为“紫色(标准色)”。

(2)将以制表符分隔的文本文件“学生档案.txt”自 A1 单元格开始导入到工作表“初三学生档案”中，注意不得改变原始数据的排列顺序。将第 1 列数据从左到右依次分成“学号”和“姓名”两列显示。最后创建一个名为“档案”、包含数据区域 A1:G56、包含标题的表，同时删除外部链接。

(3)在工作表“初三学生档案”中，利用公式及函数依次输入每个学生的性别(“男”或“女”)、出生日期(“××××年××月××日”)和年龄。其中：身份证号的倒数第 2 位用于判断性别，奇数为男性，偶数为女性；身份证号的第 7~14 位代表出生年月日；年龄需要按周岁计算，满 1 年才计 1 岁。最后适当调整工作表的行高和列宽、对齐方式等，以方便阅读。

(4)参考工作表“初三学生档案”，在工作表“语文”中输入与学号对应的“姓名”；按照平时、期中、期末成绩各占 30%、30%、40% 的比例计算每个学生的“学期成绩”，并填入相应单元格中；按成绩由高到低的顺序统计每个学生的“学期成绩”排名并按“第 n 名”的形式填入“班级名次”列中；按照下列条件填写“期末总评”：

语文、数学的学期成绩	其他科目的学期成绩	期末总评
≥102	≥90	优秀
≥84	≥75	良好
≥72	≥60	及格
<72	<60	不合格

(5)将工作表“语文”的格式全部应用到其他科目工作表中，包括行高(各行行高均为 22 默认单位)和列宽(各列列宽均为 14 默认单位)。并按上述第 4 题中的要求依次输入或统计其他科目的“姓名”“学期成绩”“班级名次”和“期末总评”。

(6)分别将各科的“学期成绩”引入到工作表“期末总成绩”的相应列中，在工作表“期末总成绩”中依次引入姓名、计算各科的平均分、每个学生的总分，并按成绩由高到底的顺序统计每个学生的总分排名，并以 1、2、3……形式标识名次，最后将所有成绩的数字格式设为“数值”，保留两位小数。

(7)在工作表“期末总成绩”中分别用红色(标准色)和加粗格式标出各科第一名成绩，同时将前 10 名的总分成绩用浅蓝色填充。

(8)调整工作表“期末总成绩”的页面布局以便打印：纸张方向为横向，缩减打印输出使得所有列只占一个页面宽(但不得缩小列宽)，水平居中打印在纸上。

11 PowerPoint 2019 演示文稿应用

第 11 章素材
及拓展任务

11.1 制作计算机发展史演示文稿

11.1.1 任务描述

为研究计算机的发展史,欣欣同学现需制作一份演示文稿,新建一个演示文稿“计算机.pptx”,根据素材文件夹下的文件“PPT 素材.docx”,请按照下列要求完成演示文稿的制作,文稿包含 7 张幻灯片,要求其中不能出现空白幻灯片。

(1)设计第 1 张为“标题幻灯片”版式,第 2 张为“仅标题”版式,第 3~6 张为“两栏内容”版式,第 7 张为“空白”版式;所有幻灯片统一设置背景样式,要求有预设颜色。

(2)第 1 张幻灯片标题为“计算机发展简史”,副标题为“计算机发展的四个阶段”;第 2 张幻灯片标题为“计算机发展的四个阶段”。

(3)在标题下面空白处插入 SmartArt 图形,要求含有 4 个文本框,在 4 个文本框中依次输入“第一代计算机”“第二代计算机”“第三代计算机”“第四代计算机”,并更改图形颜色,适当调整字体字号。

(4)第 3~6 张幻灯片,标题内容分别为素材中各段的标题,左侧内容为各段的文字介绍,加项目符号,右侧为素材文件夹下存放相对应的图片,第 6 张幻灯片需插入 2 张图片(“第四代计算机 1.jpg”在上,“第四代计算机 2.jpg”在下),在第 7 张幻灯片中插入艺术字,内容为“谢谢!”。

(5)为第 1 张幻灯片的副标题以及第 3~6 张幻灯片的图片设置动画效果,第 2 张幻灯片的 4 个文本框超链接到相应内容幻灯片,为所有幻灯片设置切换效果。

11.1.2 任务实施

(1)步骤 1:在文件夹内单击右键,新建一个演示文稿“计算机.pptx”并打开。选择第 1 张幻灯片,单击“开始”功能区下的“版式”右侧下拉箭头,在显示的列表中选择“标题幻灯片”。流程如图 11-1 所示。

步骤 2:选择第 2 张幻灯片,单击“开始”功能区下的“新建幻灯片”右侧下拉箭头,在显示的列表中选择“仅标题”。按同样的方法新建 3~6 张幻灯片为“两栏内容”版式,第 7

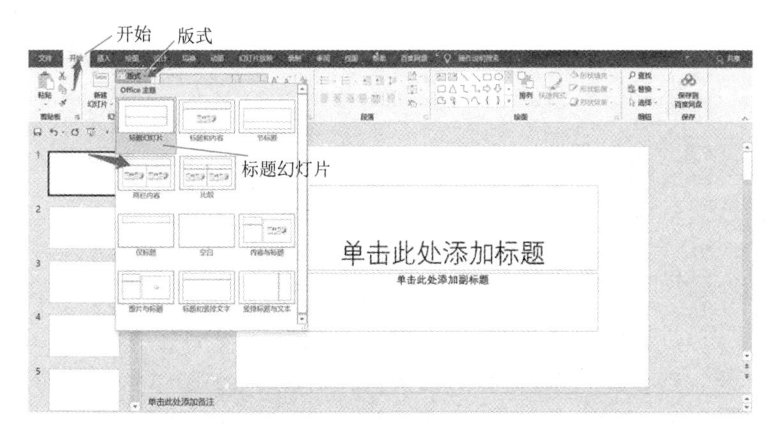

图 11-1 设计第一张为“标题幻灯片”版式的流程

张为“空白”版式。

步骤 3:单击“设计”功能区下的“设置背景格式”,在弹出的“设置背景格式”窗口中,选择“填充”选项卡下的“渐变填充”按钮,单击“预设渐变”按钮,在弹出的窗口中选择一种,例如“底部聚光灯”,然后单击“应用到全部”按钮。流程如图 11-2 所示。

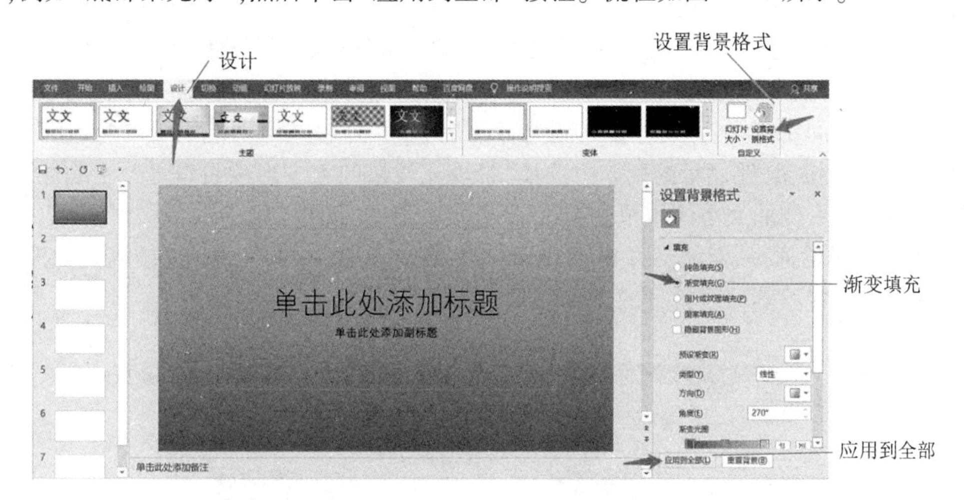

图 11-2 设置幻灯片背景样式的流程

(2)步骤 1:选择第 1 张幻灯片,单击“单击此处添加标题”标题占位符,输入“计算机发展简史”字样。单击“单击此处添加副标题”标题占位符,输入“计算机发展的四个阶段”字样。

步骤 2:选择第 2 张幻灯片,单击“单击此处添加标题”标题占位符,输入“计算机发展的四个阶段”字样。

(3)步骤 1:选择第 2 张幻灯片,单击“插入”功能区下的“SmartArt”按钮,在弹出的“选择 SmartArt 图形”窗口,按题目要求,选择合适的 SmartArt 图形,例如“矩阵”中的“基本矩阵”,单击“确定”按钮。流程如图 11-3 所示。

步骤 2:在上述 4 个文本框中依次输入“第一代计算机”“第二代计算机”“第三代计算机”“第四代计算机”。

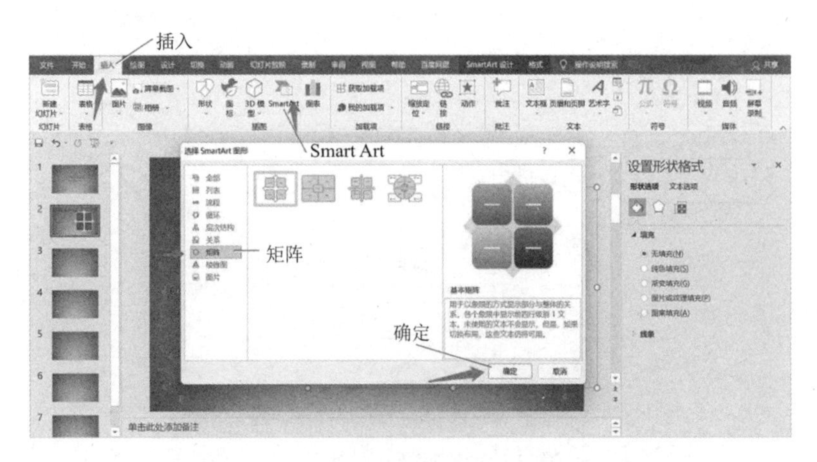

图 11-3 在幻灯片中基于需求使用 SmartArt 图形的流程

步骤 3：选择 SmartArt 图形，单击“SmartArt 工具 设计”功能区下的“更改颜色”下拉箭头，在显示的列表中，自主选择一种颜色，例如“个性色 3”下的“彩色填充”。

步骤 4：选择 SmartArt 图形，单击“开始”功能区，设置字体为“微软雅黑”，大小为“20”，然后单击“确定”按钮。

（4）步骤 1：选择第 3 张幻灯片，单击“单击此处添加标题”标题占位符，输入“第一代计算机：电子管数字计算机（1946—1958 年）”字样。将素材中第一段的文字内容复制粘贴到该幻灯片的左侧内容区，选择左侧内容区文字，单击“开始”功能区下的“段落”组中的“项目符号”按钮，在显示的列表中选择“带填充效果的大方形项目符号”，并自主调节字体大小。在右侧的文本区域单击“插入”功能区下的“图像”组中的“图片”按钮，弹出“插入图片”对话框，从素材文件夹下选择“第一代计算机.jpg”后，单击“插入”按钮即可插入图片。设置段落项目符号的流程如图 11-4 所示。

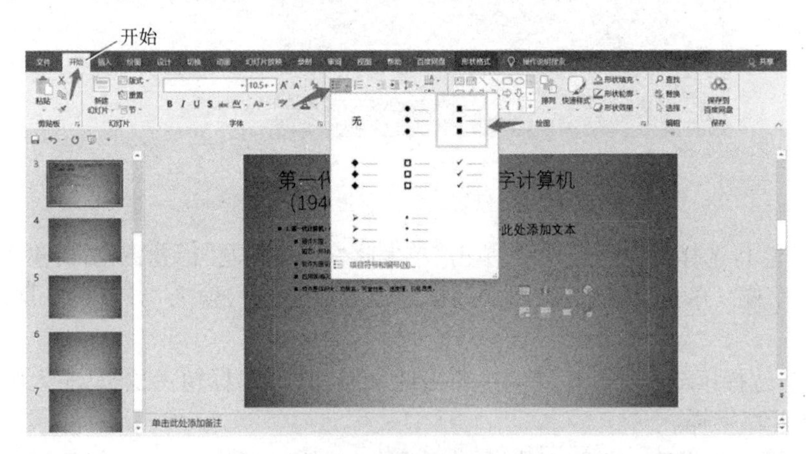

图 11-4 设置段落项目符号的流程

步骤 2：按照上述同样方法，使第 4～6 张幻灯片的标题内容分别为素材中各段的标题，左侧内容为各段的文字介绍，加项目符号，右侧为素材文件夹下存放相对应的图片，第 6 张幻灯片需插入两张图片（“第四代计算机 1.jpg”放在上侧，“第四代计算机 2.jpg”放在下侧)。

步骤3:选择第7张幻灯片,单击“插入”功能区下的“艺术字”按钮,从显示的列表中自主选择一种样式,例如选择“图案填充:蓝色,主题色1,50%;清晰阴影:蓝色,主题色1”,输入文字“谢谢!”。流程如图11-5所示。

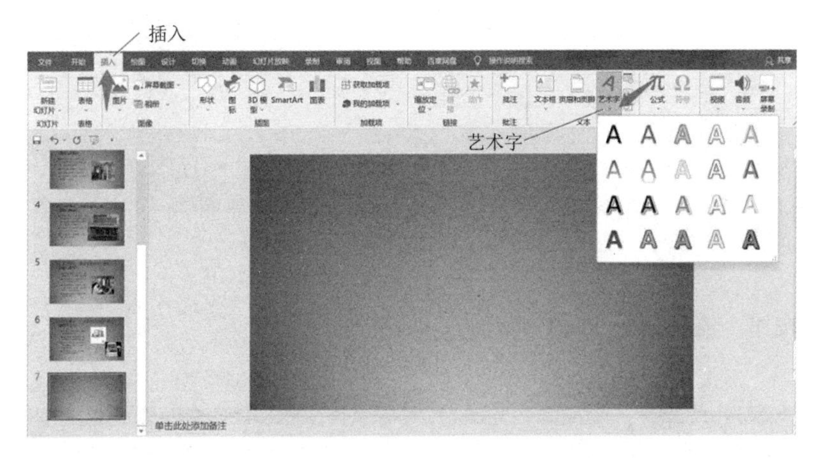

图11-5 在第七张幻灯片中插入艺术字的流程

(5)步骤1:选择第1张幻灯片的副标题,单击“动画”功能区下的“飞入”,再单击“效果选项”下拉箭头,从显示的列表中选择“自底部”,即可为第1张幻灯片的副标题设置动画效果。按照同样的方法为第3~6张幻灯片的图片设置动画效果。流程如图11-6所示。

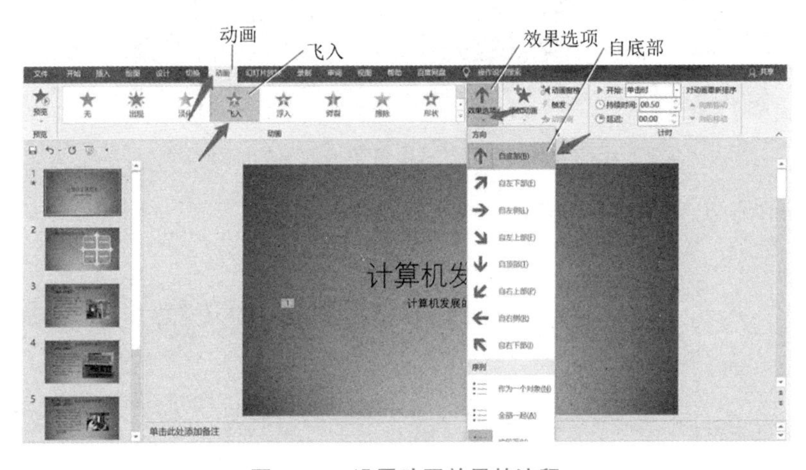

图11-6 设置动画效果的流程

步骤2:选择第2张幻灯片的第1个文本框的内容右击,在显示的列表中单击“超链接”,在弹出的“插入超链接”窗口中,单击窗口左侧“本文档中的位置”,在“请选择文档中的位置”中单击“幻灯片标题下的3”,然后单击“确定”按钮。按照同样方法将剩下的3个文本框超链接到相应的幻灯片中。流程如图11-7所示。

步骤3:单击“切换”功能区,在“切换到此幻灯片”组中自主选择一种切换方式,例如选择“擦除”,然后单击“效果选项”下拉箭头,从显示的列表中选择“自右侧”,再单击“应

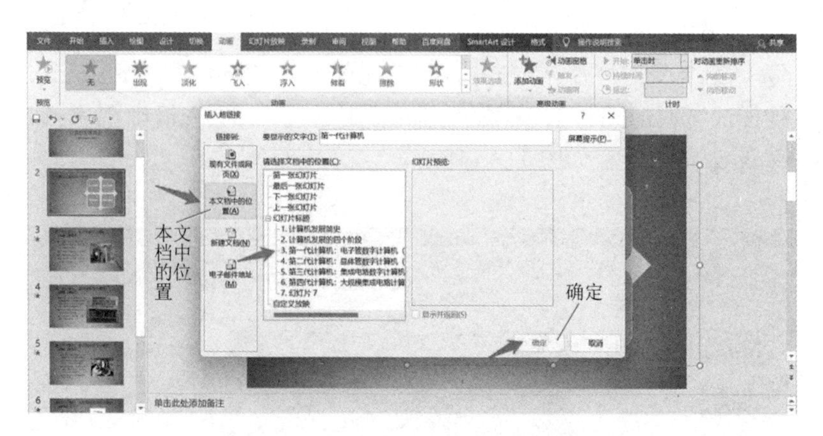

图 11-7　为文本框内容设置超链接的流程

用到全部”按钮。流程如图 11-8 所示。

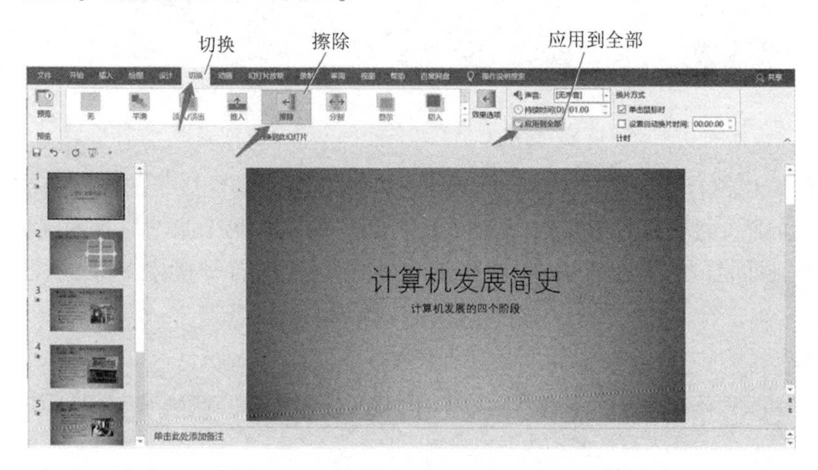

图 11-8　为幻灯片设置切换效果的流程

步骤 4：保存并关闭演示文稿。

11.2　制作中国梦演示文稿

11.2.1　任务描述

团委张老师正在准备有关“中国梦”学习实践活动的汇报演示文稿，相关资料存放在素材文件夹的 Word 文档“PPT 素材及设计要求.docx”中。按下列要求帮助张老师完成演示文稿的整合制作：

(1)在文件夹下创建一个名为“PPT.pptx”的新演示文稿，后续操作均基于此文件。该演示文稿的内容包含在 Word 文档“PPT 素材及设计要求.docx”中，Word 素材文档中的蓝色字不在幻灯片中出现，黑色字必须在幻灯片中出现，红色字在幻灯片的备注中出现。

(2)将默认的“Office 主题”幻灯片母版重命名为“中国梦母版 1”，并将图片“母版背景图片.jpg”作为其背景。为第1张幻灯片应用“中国梦母版1”的“空白”版式。

(3)在第1张幻灯片中插入素材文件夹下的“北京欢迎你.mp3”的音频,音频只保留前0.5 s,设置自动循环播放、直到停止,且放映时隐藏音频图标。

(4)插入一个新的幻灯片母版,重命名为“中国梦母版2”,其背景图片为素材文件“母版背景图片2.jpg”,将图片平铺为纹理。为从第2页开始的幻灯片应用该母版中适当的版式。

(5)第2张幻灯片为目录页,标题文字为“目录”且文字方向竖排,目录项内容为幻灯片3至幻灯片7的标题文字、并采用SmartArt图形中的垂直曲形列表显示,调整SmartArt图形大小、显示位置、颜色(强调文字颜色2的彩色填充)三维样式等。

(6)第3、4、5、6、7张幻灯片分别介绍第1~5项具体内容,要求按照文件“PPT素材及设计要求.docx”中的要求进行设计,调整文字、图片大小,并将第3~7张幻灯片中所有双引号中的文字更改字体、设为红色、加粗。

(7)更改第4张幻灯片中的项目符号、取消第5张幻灯片中的项目符号,并为第4、5张添加备注信息。

(8)第6张幻灯片用3行2列的表格来表示其中的内容,表格第1列内容分别为“强国”“富民”“世界梦”,第2列为对应的文字。为表格应用一个表格样式并设置单元格凹凸效果。

(9)用SmartArt图形中的向上箭头流程表示第7页幻灯片中的三部曲。

(10)为第2张幻灯片的SmartArt图形中的每项内容插入超链接,单击时可转到相应幻灯片。

(11)为每张幻灯片设计不同的切换效果;为第2~8张幻灯片设计动画,且出现先后顺序合理。

11.2.2 任务实施

(1)步骤1:在文件夹下,新建一个空白演示文稿,将文件重命名为“4.pptx”。

步骤2:打开新建的“4.pptx”文件,单击“开始”功能区下的“新建幻灯片”,参考素材文件夹中的“PPT素材及设计要求.docx”文件,新建8张幻灯片。

步骤3:按照题目的要求,将素材文件中的内容逐一复制到幻灯片的相对应的张面中。

注:第3张中包含1张图片,需要同时复制过来。

(2)步骤1:单击“视图”功能区下的“幻灯片母版”,选择左侧视图列表框中的第1个母版,单击鼠标右键,在显示的列表中选择“重命名母版”,在弹出的“重命名版式”窗口中输入“中国梦母版1”,单击“重命名”按钮。流程如图11-9所示。

步骤2:在该母版中单击鼠标右键,在显示的列表中单击“设置背景格式”,选择“填充”下的“图片或纹理填充”,单击下方的图片源“插入”,选择素材文件夹下的“母版背景图片1.jpg”文件,单击“插入”按钮,单击“关闭”,单击“关闭母版视图”,即可关闭母版视图。

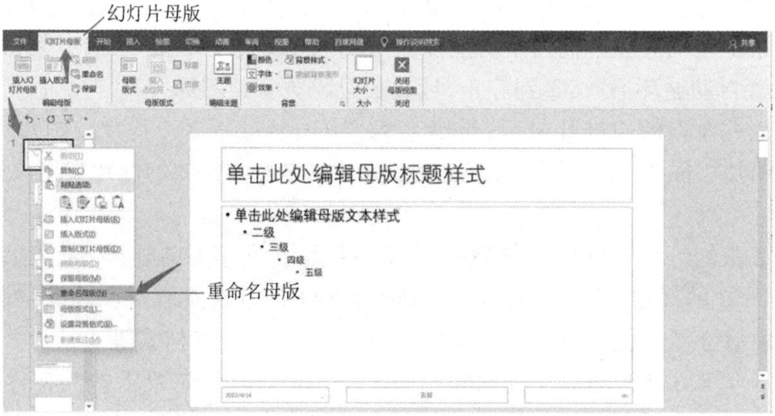

图 11-9 将默认的“Office 主题”幻灯片母版重命名为“中国梦母版 1”的流程

步骤 3：选择第 1 张幻灯片，单击“开始”功能区下的“版式”右侧下拉箭头，在显示的列表中选择“空白”。

(3) 步骤 1：选择第 1 张幻灯片，单击“插入”功能区下的“音频”下拉箭头，在显示的列表中选择“PC 上的音频”，选择文件夹下的“北京欢迎你.mp3”音频，单击“插入”。

步骤 2：单击“音频工具”功能区下的“播放”，单击“剪裁音频”，将“结束时间”调整为“00：00.500”，单击“播放”，单击“确定”。流程如图 11-10 所示。

图 11-10 设置音频只保留前 0.5 s 的流程

步骤 3：在“音频选项”组中将“开始”设置为“自动”，勾选“循环播放，直到停止”和“放映时隐藏”。流程如图 11-11 所示。

(4) 步骤 1：单击“视图”功能区下的“幻灯片母版”，单击“插入幻灯片母版”，选择左侧视图列表框中新母版的第 1 张幻灯片，单击鼠标右键，在显示的列表中选择“重命名母版”，在弹出的“重命名版式”窗口中输入“中国梦母版 2”，单击“重命名”按钮。流程如图 11-12 所示。

步骤 2：在该母版中单击鼠标右键，在显示的列表中单击“设置背景格式”，选择“填充”下的“图片或纹理填充”，单击下方的图片源“插入”，选择素材文件夹下的“母版背景图片 2.jpg”文件，单击“插入”按钮，单击“关闭”，单击“关闭母版视图”，即可关闭母版视图。

图 11-11 设置自动循环播放直到停止及放映时隐藏音频图标的流程

图 11-12 插入一个新的幻灯片母版并重命名为“中国梦母版 2”的流程

步骤 3:在幻灯片视图中,选择第 2 张幻灯片,单击“开始”功能区下的“版式”,设置合适的版式,同理设置其他幻灯片的版式。

(5)步骤 1:在第 2 张幻灯片中选择“目录”,单击“开始”功能区下的“文字方向”右侧下拉箭头,选择“竖排”并调整到合适位置。流程如图 11-13 所示。

步骤 2:将第 3~7 张幻灯片的标题文字复制到正文文本框中,选择该文本框,单击“开始”功能区下的“转换为 SmartArt 图形”,选择“垂直曲形列表”,单击“确定”。流程如图 11-14 所示。

步骤 3:选择该 SmartArt 图形对象,单击“SmartArt 设计”,在“SmartArt 样式”组中设置一种三维样式,单击“更改颜色”,选择“个性色 2”中的“彩色填充-个性色 2”。流程如图 11-15 所示。

(6)步骤 1:按题目要求调整第 3~7 张幻灯片中的文字和图片大小。

步骤 2:在第 3~7 张幻灯片中,将所有带引号的文字,修改字体,然后修改字体颜色为“红色”,设置加粗。流程如图 11-16 所示。

(7)步骤 1:选择第 4 张幻灯片中的内容文本,单击“开始”功能区下的“项目符号”右侧下拉箭头,在显示的列表中自主选择一种项目符号。流程如图 11-17 所示。

步骤 2：选择第 5 张幻灯片中的内容文本，单击“开始”功能区下的“项目符号”右侧下拉箭头，在显示的列表中选择“无”。

步骤 3：复制 Word 素材中的红色字体，分别粘贴到第 4、5 张幻灯片下面备注框中。

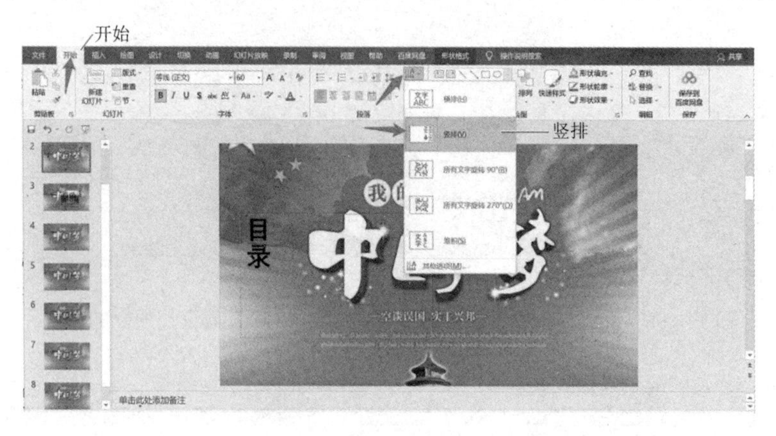

图 11-13　设置第 2 张幻灯片中标题文字为“目录”且文字方向竖排的流程

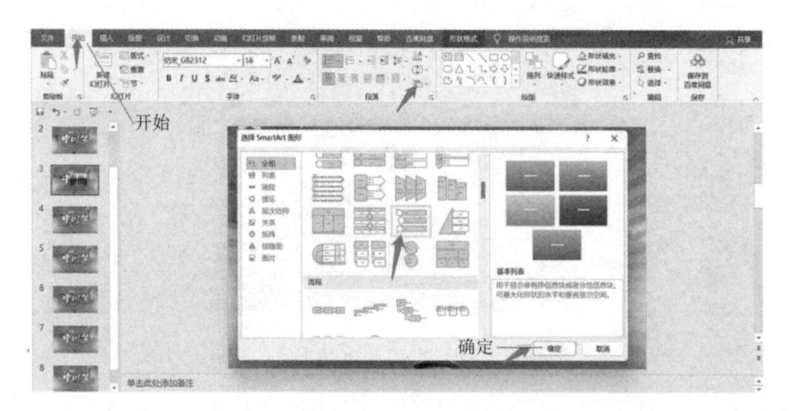

图 11-14　采用 SmartArt 图形中垂直曲形列表显示第 3~7 张幻灯片标题文字组成目录项的流程

图 11-15　调整 SmartArt 图形大小显示位置颜色三维样式的流程

图 11-16 设置第 3~7 张幻灯片中所有带引号文字格式的流程

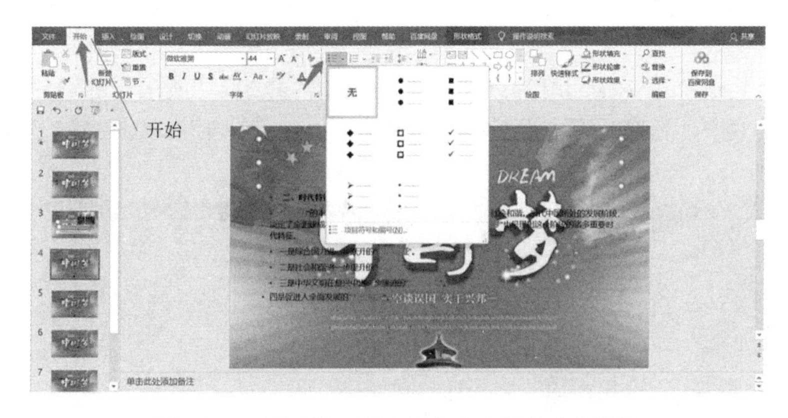

图 11-17 更改第 4 张幻灯片中项目符号的流程

(8)步骤 1:选择第 6 张幻灯片,单击“插入”功能区下的“表格”下拉箭头,在显示的列表中选择“插入表格”,在弹出的“插入表格”窗口中,输入列数为 2 行数为 3,单击“确定”,将文本框中的内容复制到表格相应的单元格中。流程如图 11-18 所示。

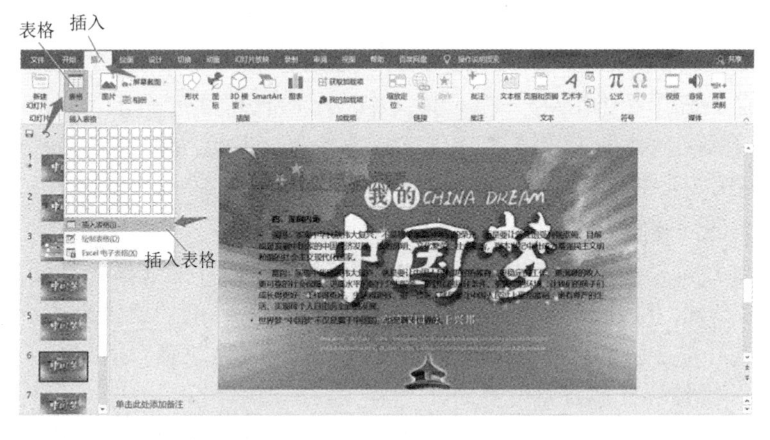

图 11-18 将第 6 张幻灯片用 3 行 2 列的表格来表示其内容的流程

步骤 2:选择整个表格对象,在“表格工具 表设计”功能区下,自主选择一种样式,单击右侧“效果”的右侧下拉箭头,在显示的列表中选择“单元格凹凸效果”,选择“棱台”圆形,删除原文本框。流程如图 11-19 所示。

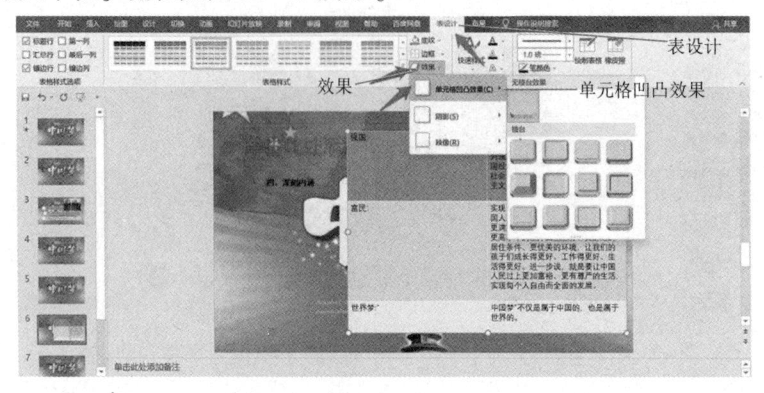

图 11-19 为表格应用一个表格样式并设置单元格凹凸效果的流程

(9)步骤 1:选择第 7 张幻灯片内容文本框,单击“开始”功能区下的“转换为 SmartArt 图形”,选择左侧的“流程”,在右侧的列表框中选择“向上箭头”,单击“确定”按钮。流程如图 11-20 所示。

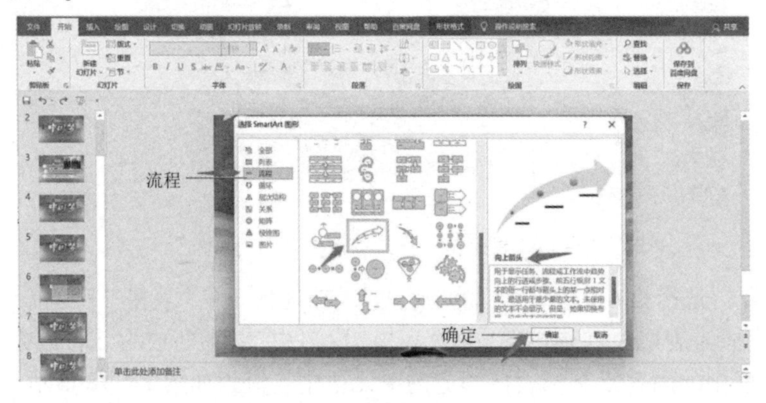

图 11-20 用 SmartArt 图形中向上箭头表示第 7 张幻灯片中三部曲的流程

步骤 2:适当调整 SmartArt 图形对象的样式及颜色。

(10)步骤 1:在第 2 张幻灯片中,选择文本“一、时代解读”,右击,在显示的列表中选中“超链接”,在弹出的“插入超链接”窗口中,选择窗口左侧“本文档中的位置”,在右侧列表框中选择第 3 张幻灯片,单击“确定”按钮。

步骤 2:按照同样的方法为其他目录项设置超链接。

(11)步骤 1:选择第 1 张幻灯片,单击“切换”功能区,自主选择一种切换方式,并按同样的方法为其他幻灯片设置切换效果。注:每一张幻灯片的切换效果均不相同。

步骤 2:选择第 2 张幻灯片,选择“目录”文本框,单击“动画”功能区,自主选择一种进入动画效果,继续为其他对象设置动画效果。

步骤 3:按照同样方法,为其余幻灯片中的对象设置动画效果,且出现的顺序应合理。

步骤 4:保存并关闭幻灯片。

11.3 制作数学课件演示文稿

11.3.1 任务描述

小李参加了某乡村中学的支教活动,现在要准备一份数学课的 PPT 课件。根据素材文件夹下提供的素材内容,参考样例文档"参考效果 PPT.docx"(见素材文件夹)帮助他完成演示文稿的制作,具体要求如下:

(1)新建演示文稿"PPT.pptx",后续操作均基于此文件。

(2)参照样例效果,设计幻灯片母版:①设置空白版式的背景样式为"样式 4";②在空白版式中插入圆角矩形,和幻灯片等宽,高度为 15 厘米,在幻灯片中水平居中对齐,到幻灯片上边缘的距离为 2.9 厘米,设置圆角矩形的填充颜色为"白色,文字 1,深色 15%",并取消边框;③输入样例效果图所示的文本和符号,其中文本"认识立体图形""初识圆锥""圆锥的组成要素""练习与总结"字体为黑体;④为文本框"初识圆锥""圆锥的组成要素"和"练习与总结"添加超链接,分别链接到幻灯片 3、幻灯片 5 和幻灯片 9;⑤适当调整每张幻灯片中的文字内容,使其位于圆角矩形背景形状之中。

(3)参照样例效果,修改幻灯片 1 中的文本字体和字号,并应用恰当的艺术字文本、轮廓和阴影效果。

(4)参照样例效果,将幻灯片 2 中的文本转换为"线型列表"布局的 SmartArt 图形。

(5)参照样例效果,在幻灯片 1 和 2 中,通过插入一个内置的形状形成圆锥。要求顶部的棱台效果为"角度",高度为 300 磅,宽度为 150 磅。

(6)在幻灯片 3 中,删除沙堆图片的白色背景。

(7)参照样例效果,在幻灯片 6 中,将文本转换为表格,文本在单元格中垂直和水平都居中对齐,表格无背景色且只有内部框线。

(8)在幻灯片 7 中,参照样例效果添加形状和输入文本,要求 4 个形状大小一样,且纵向等距分布,并为这些形状设置如下的动画触发效果:①单击形状"顶点"时,圆锥上方顶点对应的红色圆点出现;②单击形状"底面"时,包含文本"底面是圆形"的圆形出现;③单击形状"侧面"时,包含文本"侧面是扇形"的扇形出现;④单击形状"高"时,圆锥中的横竖两条直线同时出现。

(9)在幻灯片 8 中,完成下列操作:①参照样例效果,为幻灯片中的内容设置项目符号,符号的字符代码为"25B2";②在第二行文本开头插入公式 $h=\sqrt{l^2-r^2}$。

11.3.2 任务实施

(1)新建演示文稿"PPT.pptx"。

(2)步骤 1:单击"视图"功能区下的"幻灯片母版",选择"空白版式"幻灯片,单击"背景"组的"背景样式"右侧下拉箭头,在显示的列表中选择"样式 4"。流程如图 11-21 所示。

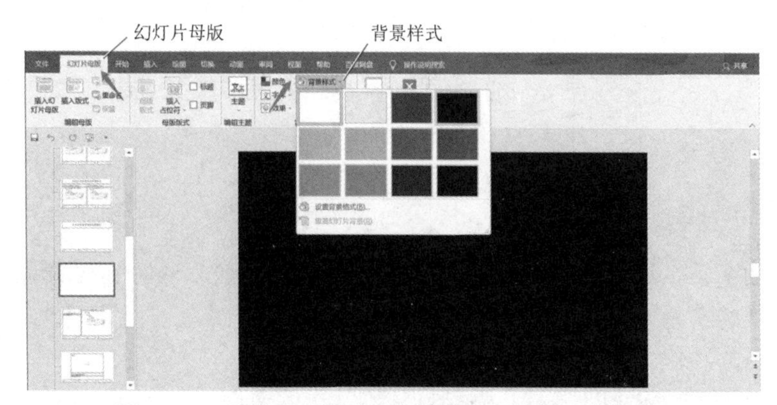

图 11-21　设置空白版式的背景样式为“样式 4”的流程

步骤 2:单击“幻灯片大小”→“自定义幻灯片大小”,复制“宽度”下的对话框内容,单击“插入”功能区下“形状”的下拉箭头,选择“矩形”中的“矩形:圆角”。流程如图 11-22 所示。

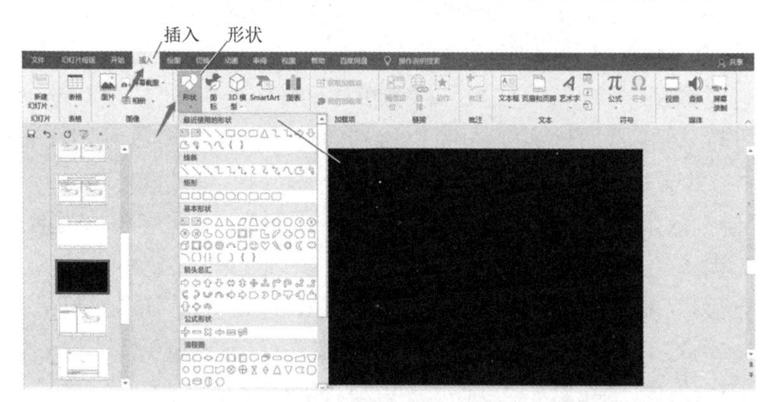

图 11-22　在空白版式中插入圆角矩形的流程

步骤 3:在页面上单击鼠标左键,出现一个圆角矩形。在“绘图工具”功能区下的“格式”中打开“大小”的下拉箭头,设置高度为“15 厘米”,粘贴刚刚复制的宽度大小,即 33.87 厘米,单击“位置”,设置“垂直位置”为 2.9 厘米。流程如图 11-23 所示。

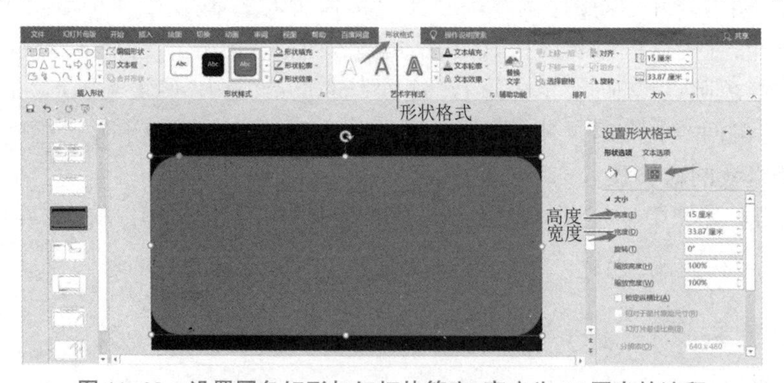

图 11-23　设置圆角矩形与幻灯片等宽、高度为 15 厘米的流程

步骤 3:单击“排列”中的“对齐”,选择“水平居中”。

步骤 4:选择圆角矩形框,鼠标单击左上角的黄色圆点,参考效果文件将黄色圆点往左拖动,单击“形状填充”,选择“主题颜色”下的“白色,文字 1,深色 15%”,单击“形状轮廓”,选择“无轮廓”。流程如图 11-24 所示。

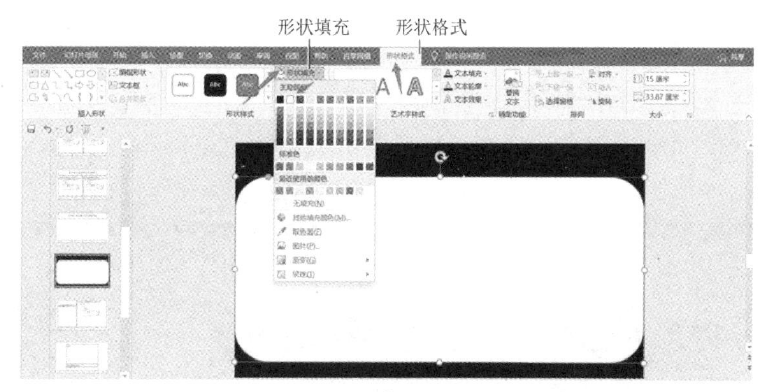

图 11-24 设置圆角矩形填充颜色及取消边框的流程

步骤 5:单击“插入”功能区下的“文本框”,在参考示例的地方绘制 1 个文本框,输入文字“认识立体图形”,将文本框内的文字设置为“黑体”,选择整个文本框,复制 3 个相同的文本框,分别将 3 个文本框的文字修改为“初识圆锥”“圆锥的组成要素”和“练习与总结”。

步骤 6:选择“初识圆锥”这个文本框,单击“插入”功能区下的“链接”,在弹出的窗口中,选择“本文档中的位置”,在“请选择文档中的位置”选择第 3 张“在日常生活中,你见过哪些圆锥行的物体?”,参考上一步骤设置另外 2 个文本框的超链接,单击“幻灯片母版”下的“关闭母版视图”。

步骤 7:选择第 2 张幻灯片,将文本框中白色的文字设置为“黑色,背景 1”。

步骤 8:选择第 3 张幻灯片,选择“在日常中…”,将字体设置为“黑色,背景 1”,拖动文字下方的 3 张图片使其按照参考效果排列,将第 4、5、6、8、9、10 张幻灯片中的白色文字设置为“黑色,背景 1”。

(3)步骤 1:来到第 1 张幻灯片,按照参考效果设置“有趣的圆锥”的颜色,字号,文本效果和文本艺术字样式,接近参考样式即可。例如,设置文字为“微软雅黑”,“有趣”字号设置为 60,“的”字号设置为 28,“圆锥”字号设置为 96,选择所有文字设置加粗效果,在“绘图工具”功能区下,设置“格式”中的“艺术字样式”为“填充:蓝色,主题色 1:阴影”,设置“文本轮廓”为“白色,文字 1”,设置“文本效果”为“阴影”中“外部”栏中的“偏移:下”。流程如图 11-25 所示。

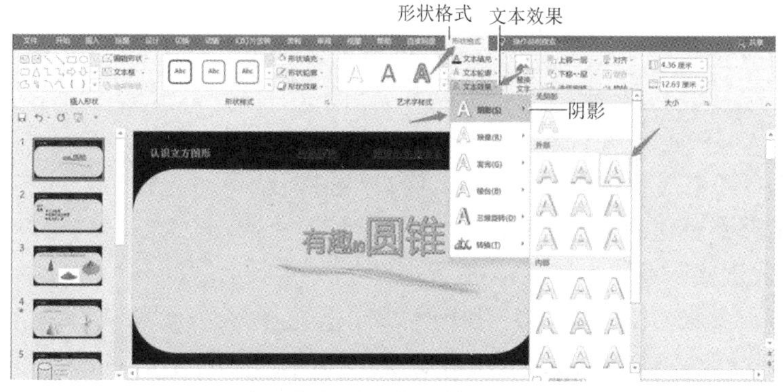

图 11-25 参照样例效果修改第 1 张幻灯片的流程

(4)选择第 2 张幻灯片中的文本框,单击“开始”功能区下的“转换为 SmartArt”,单击“其他 SmartArt 图形”,选择“列表”中的“线型列表”,将文本框中的文字设置为“微软雅黑,黑色,背景 1”。

(5)步骤 1:来到第 1 张幻灯片,单击“插入”功能区下的“形状”下拉箭头,选择圆,插入一个圆形,设置“形状效果”为“棱台”中的“角度”。流程如图 11-26 所示。

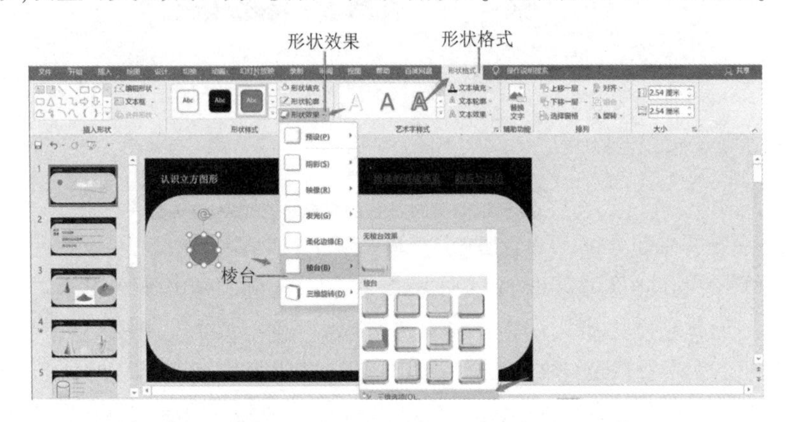

图 11-26 设置插入圆形效果为“棱台”中“角度”的流程

步骤 2:单击“形状效果”中“棱台”下的“三维选项”,设置“顶部棱台”中宽度为 150 磅,高度为 300 磅,打开“三维旋转”,单击“预设”右侧下拉箭头,选择“平行”中的“离轴 2:上”。流程如图 11-27 所示。

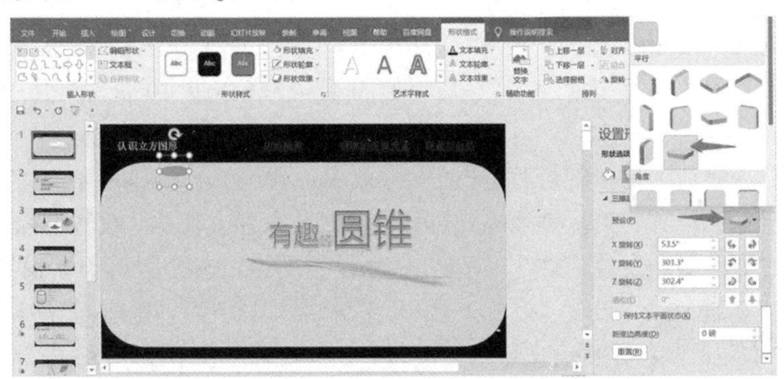

图 11-27 设置“顶部棱台”宽度及高度的流程

步骤 3:复制圆锥粘贴到第 2 张幻灯片的合适位置。

(6)选择第 3 张幻灯片中的“沙堆”图片,选择“图片格式”里的“删除背景”。流程如图 11-28 所示。

(7)步骤 1:在桌面新建一个 Word 文档,双击打开,将第 6 张幻灯片中的文字复制,仅保留文本粘贴到新建的 Word 文档中,选中全部文字,单击“插入”,“表格”下拉箭头中的“文本转换成表格”,单击“确定”。流程如图 11-29 所示。

步骤 2:复制整张表格,删除幻灯片中的文本框,选择“保留源格式”粘贴到 PPT,在“表格工具 布局”功能区“单元格大小”中设置合适高度,“对齐方式”选择“水平居中”和“垂直居中”,单击“表设计”功能区下底纹设置为“无填充”,先将表格设置为“无边框”,设置

"笔颜色"为"黑色,背景 1",再将表格设置为"内部边框"。流程如图 11-30 所示。

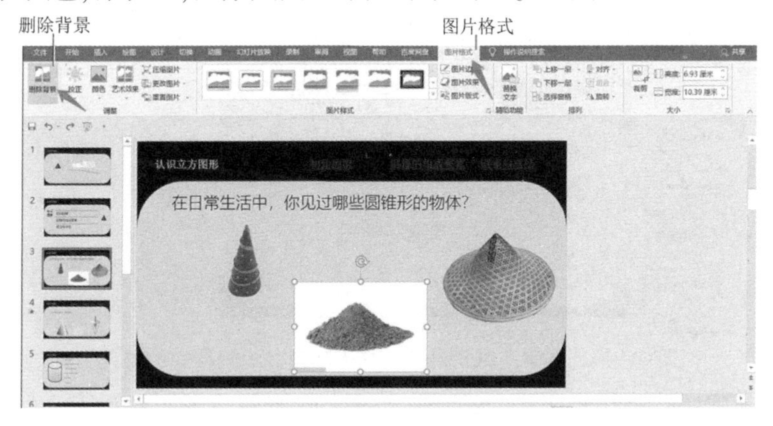

图 11-28 在第 3 张幻灯片中删除沙堆图片中白色背景的流程

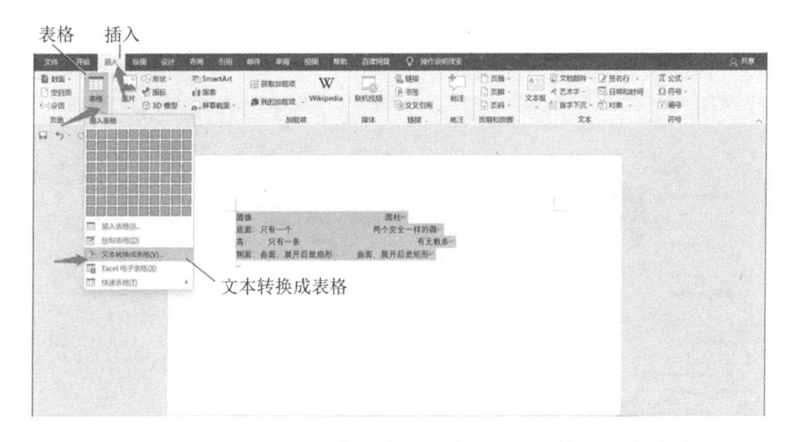

图 11-29 基于第 6 张幻灯片中的文字在 Word 文档建立表格的流程

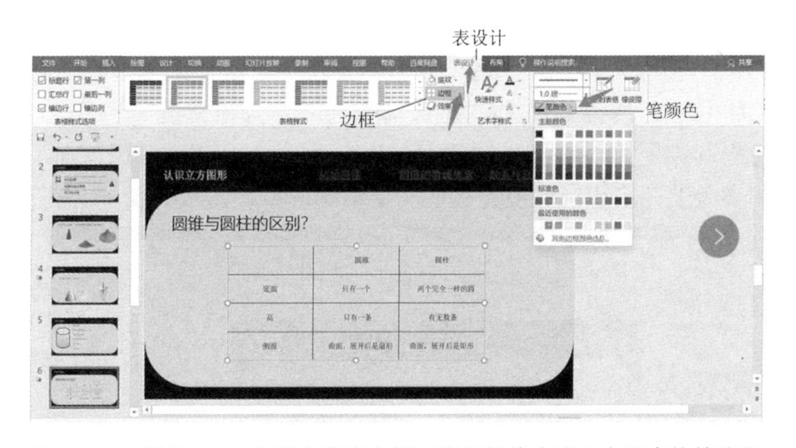

图 11-30 基于 Word 文档中表格在第 6 张幻灯片中建立合适表格的流程

(8)步骤 1:选择第 7 张幻灯片,单击"插入"功能区下"形状"中"基本形状"下的"矩形:棱台",设置形状填充为"无填充",形状轮廓为"黑色,背景 1",粗细为 1 磅。流程如图 11-31 所示。

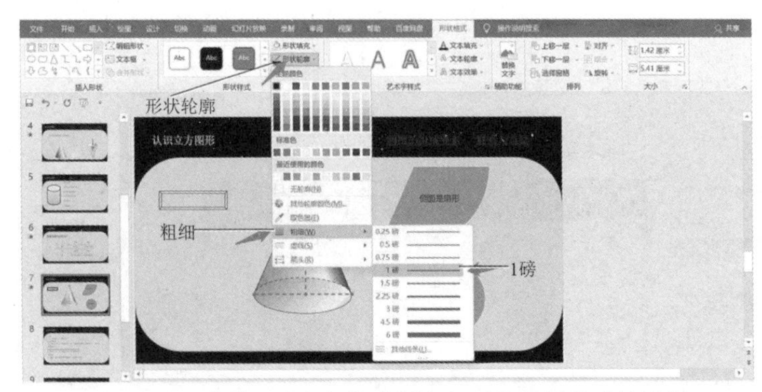

图 11-31　在第 7 张幻灯片中插入矩形并设置格式的流程

步骤 2:复制 3 个一样的矩形,依次在 4 个矩形中输入文字“顶点”“底面”“侧面”“高”,文字颜色设置为黑色。

步骤 3:选择 4 个矩形,单击“绘图工具”下“格式”中的“对齐”,选择“纵向分布”。流程如图 11-32 所示。

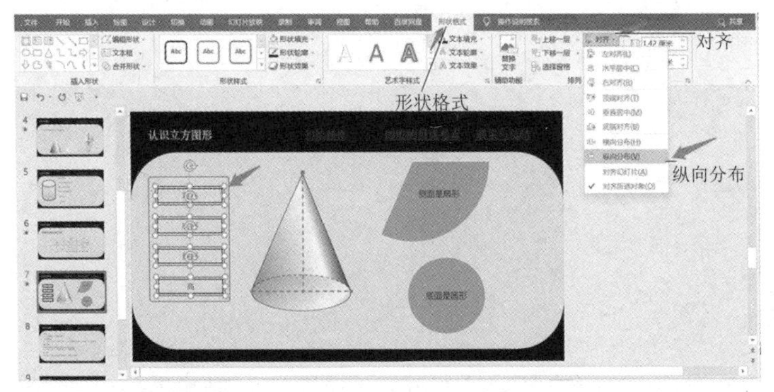

图 11-32　设置 4 个矩形纵向分布的流程

步骤 4:选择第 1 个形状,单击“开始”功能区下的“选择”中的“选择窗格”,将“矩形:棱台 4”改成“矩形:顶点”,将“矩形:棱台 9”改成“矩形:底面”,将“矩形:棱台 10”改成“矩形:侧面”,将“矩形:棱台 11”改成“矩形:高”,关闭“选择窗格”。

步骤 5:选中圆锥上的顶点,单击“动画”功能区下的“效果”,选择“通过单击”中的“矩形:顶点”,参考上一步骤依次设置其他 3 个动画效果。流程如图 11-33 所示。

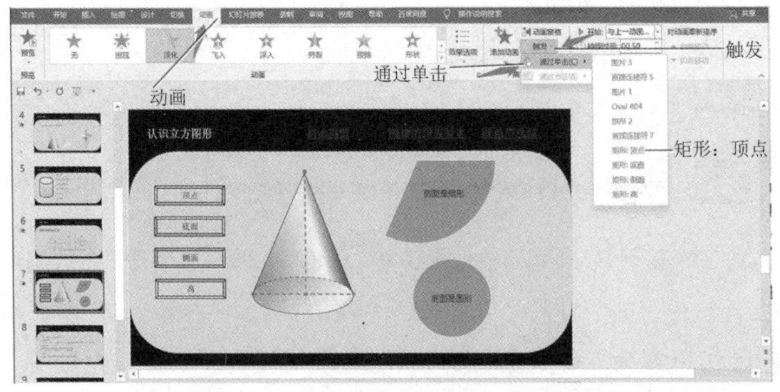

图 11-33　设置动画触发效果的流程

(9)步骤1:选择第8张幻灯片,按住Ctrl键不放选中“高,底面周长,表面积,体积”,单击“开始”功能区,选择“项目符号”中的“项目符号和编号”,在弹出的窗口中选择“自定义”,在“字符代码”后输入“25B2”,单击“确定”,返回到“项目符号和编号”窗口,单击“确定”按钮。流程如图11-34所示。

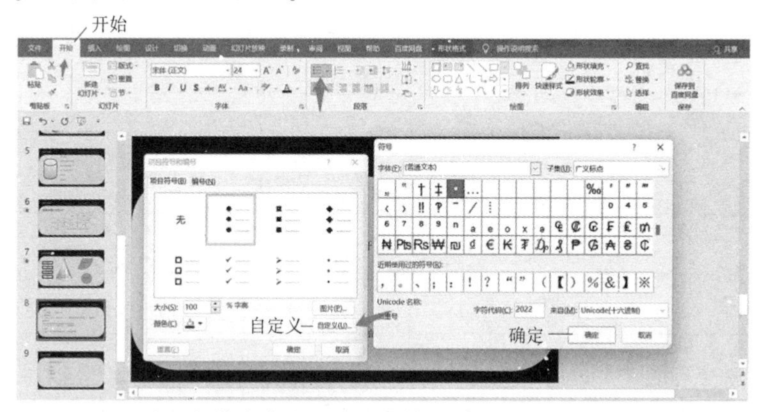

图11-34 为幻灯片中内容设置项目符号且字符代码为“25B2”的流程

步骤2:光标定位在第二行文本开头,单击“插入”功能区下的“公式”下拉箭头,依次输入公式。流程如图11-35所示。

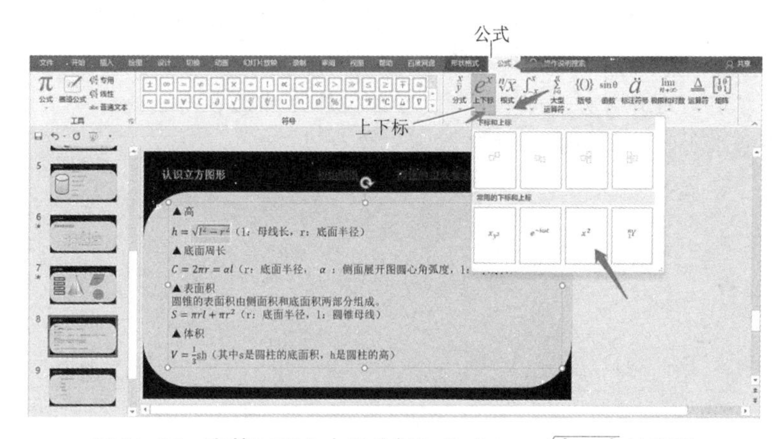

图11-35 在第二行文本开头插入公式 $h=\sqrt{l^2-r^2}$ 的流程

(10)保存并关闭演示文稿。

习题

公司计划在“创新产品展示及说明会”会议茶歇期间,在大屏幕投影上自动播放会议的日程和主题,因此需要市场部助理小王完善Powerpoint.pptx文件中的演示内容。请按照如下需求,在PowerPoint中完成制作工作并保存。

(1)将第7张幻灯片中的内容区域文字自动拆分为2张幻灯片进行展示。

(2)为了布局美观,将第6张幻灯片中的内容区域文字转换为“水平项目符号列表”

SmartArt 布局,并设置该 SmartArt 样式为“中等效果”。

(3)在第 5 张幻灯片中插入一个标准折线图,并按照如下数据信息调整 PowerPoint 中的图表内容。

	笔记本电脑	平板电脑	智能手机
2010 年	7.6	1.4	1.0
2011 年	6.1	1.7	2.2
2012 年	5.3	2.1	2.6
2013 年	4.5	2.5	3
2014 年	2.9	3.2	3.9

(4)为该折线图设置“擦除”进入动画效果,效果选项为“自左侧”,按照“系列”逐次单击显示“笔记本电脑”“平板电脑”和“智能手机”的使用趋势。最终,仅在该幻灯片中保留这 3 个系列的动画效果。

(5)为演示文档中的所有幻灯片设置不同的切换效果。

(6)为演示文档创建 3 个节,其中“议程”节中包含第 1 张和第 2 张幻灯片,“结束”节中包含最后 1 张幻灯片,其余幻灯片包含在“内容”节中。

(7)为了实现幻灯片可以自动放映,设置每张幻灯片的自动放映时间不少于 2 秒钟。

(8)删除演示文档中每张幻灯片的备注文字信息。

12 多媒体技术及应用

多媒体技术是20世纪末迅速崛起和发展起来的一门新兴技术。它基于传统计算机技术,结合现代电子信息技术,使计算机具有综合处理声音、文字、图形、图像、视频和动画等信息的能力。多媒体技术的应用已经渗透到社会生产、生活的方方面面,正极大地影响和改善着人们的生活,使人们的工作、生活、娱乐的方式和内容更加丰富多彩。多媒体技术已经成为现代计算机应用技术中的一个重要分支。

12.1 多媒体技术概述

12.1.1 什么是多媒体

我们正生活在一个信息社会中,每时每刻都在传播或接收纷繁多样的信息。而信息是依附于人能感知的方式进行传播的,即信息的传播必须有媒体,媒体就是信息的载体,是人们为表达思想或感情所使用的一种手段、方式或工具,在传播信息时涉及的一切事物都可以称之为媒体。

通常所说的媒体有两层含义:一是指承载信息所使用的符号系统,即信息的表现形式(逻辑媒体),如文本(text)、图形(graphic)、图像(image)、动画(animation)、音频(audio)、视频(video)等;二是指信息的物理载体(物理媒体),即呈现、存储和传递信息的实体,如书本、图片、录像带、计算机以及相关的媒体处理、播放设备等。

按照国际电信联盟(International Telecommunication Union,ITU)下属的国际电报电话咨询委员会(International Telephone and Telegraph Consultative Committee,CCITT)定义,将媒体分为五种类型。

(1)感知媒体(perception medium)。感知媒体是指直接作用于人的感觉器官,使人产生直觉的媒体,如引起听觉反应的声音,引起视觉反应的图像、文字等。

(2)表示媒体(representation medium)。表示媒体是指为了处理和传输感知媒体而人为地研究、构造出来的媒体,即用于数据交换的编码,其目的是更有效地处理和传输感知媒体。例如,图像编码(JPEG、MPEG 等)、文本编码(ASCII 码、GB2312 等)和声音编码(MP3)等,都是表示媒体。

(3)呈现媒体(presentation medium)。呈现媒体是指进行信息输入和输出的媒体,即用于将感知媒体进行计算机输入和输出的设备,它又分为输入呈现媒体和输出呈现媒体。键盘、鼠标、扫描仪、话筒、照相机、摄像机等为输入媒体,显示器、打印机、喇叭等为输出媒体。

(4)存储媒体(storage medium)。存储媒体是指用于存储表示媒体(存储感知媒体数字化以后的代码)的物理介质,如 U 盘、硬盘、光盘、MP3/MP4 存储、手机存储等。

(5)传输媒体(transmission medium)。传输媒体是指用于传输表示媒体的物理介质,如双绞线、同轴电缆、光纤以及其他通信信道,如无线通信、卫星通信等。

多媒体不仅是指信息从感知、表示到呈现、传输等媒体类型的多样化,更主要的是指以计算机为中心集成、处理多种媒体的一系列技术,包括信息数字化技术、计算机软硬件技术、网络通信技术等。

多媒体技术涉及领域很广,可以简明地定义为:把文本、图形、图像、声音、动画以及活动视频等多种媒体信息通过计算机进行数字化采集、获取、压缩/解压缩、编辑、存储等加工处理,再以单独或合成形式表现出来的一体化技术。

12.1.2 超文本与超媒体

12.1.2.1 文本与超文本

文本是人们早已熟知的信息表达方式,如一篇文章、一本书、一段计算机程序等,它通常以字符、字、句、段、节、章作为文本内容的逻辑组织单位。无论是一般书籍还是计算机中的文本文件,都是用线性方式加以组织的,读者在阅读时,通常以字、行、页循序渐进的方式进行阅读。

线性组织方式,在存储和检索信息时都是固定的顺序结构,对大型信息系统而言,存在着信息定位困难、检索效率低下等瓶颈问题。科学研究表明,人类记忆具有网状结构,是一种联想式记忆。既然是网状结构,就存在多种可能路径,不同的联想必然使用不同的检索路径。

超文本与传统文本有很大区别,它是一种以节点作为基本信息单位,具有非线性网状结构的电子文档。文本按其内部固有的独立性和相关性划分成不同的信息块,称为节点。一个节点可以是一个信息块,反之也可以将若干节点组成一个基本信息块。其中的文字包含可以链接到其他字段或者文档的超链接,允许从当前阅读位置直接切换到超链接所指向的内容。用户在阅读时不必顺序阅读,可以根据实际需要,利用超文本机制提供的联想式查询能力,跳跃式地找到自己感兴趣的内容和相关信息。

12.1.2.2 超媒体

随着多媒体技术的发展,计算机或网络中表达信息的媒体已不再局限于单纯的数字和文本,而是广泛采用图形、图像、音频、视频等媒体元素来表达思想。此时,人们改称超文本为超媒体。事实上,超媒体的英文 hypermedia 就是超文本 hypertext 和多媒体 multimedia 的组合词,因此超媒体是超文本与多媒体相互融合的产物。将多媒体信息(文本、图形、图像、音频、视频、动画)使用超链接机制进行组织和管理,就构成了超媒体。但超媒体更加着重强调对多媒体信息的组织、管理,并主要面向对这些信息的检索和浏览。

超媒体的结构可简明定义为:由信息节点间相关性的链构成的一个具有一定逻辑结

构的语义网络，它由节点(node)、链(link)和网(net)三要素组成。

(1)节点。节点是信息表达的最小单元，是描述某个特殊主题的数据集合。节点中可以定义链与其他节点相链接。

(2)链。链是用户由一个信息节点转移到另一个相关信息节点的方式或手段，是不同节点间的逻辑联系，主要用途是模拟人脑思维的自由联想方式。链形式上是从一个节点指向另一个节点的指针。链的一般结构分为链源、链宿及链属性。链的起始端称为链源，链源的外部表现形式很多，如热字、热区；链宿是链的目的，一般指节点；链属性决定链的类型。

(3)网。网是由节点和链构成的一个网络有向图，如图12-1所示。在这个网中，节点可以看作是对单一概念或思想的表达，而节点之间的链则表示概念之间的语境关联，所有节点和链组织成一个非线性的网。

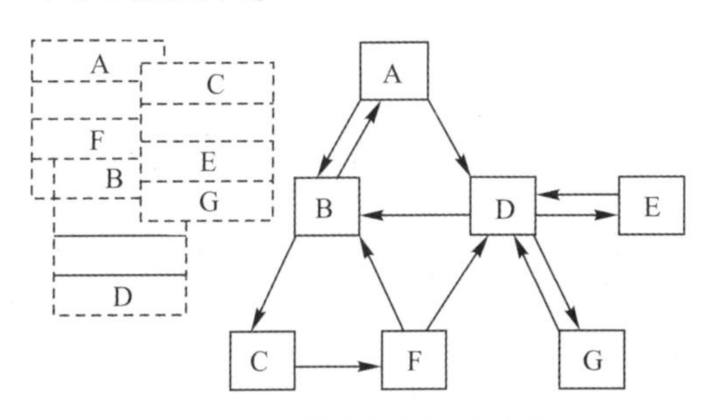

图12-1　超媒体的组织结构

超媒体技术应用领域非常广泛，如Windows操作系统中的"帮助"、电子百科全书、计算机辅助教学、旅游信息管理、游戏娱乐等。

12.1.3　多媒体关键技术

目前多媒体领域的研究热点，主要有数据压缩与编码、多媒体专用芯片、多媒体信息存储、多媒体网络与通信、多媒体输入/输出、多媒体系统软件等关键技术。

1.数据压缩与编码技术

多媒体计算机要能够实时地综合处理数据量非常大的声音、图像和视频等信息，并且还要求能够快速地传输处理这些视频、音频信号。将多媒体数据进行压缩，可以有效地减少多媒体信息存储容量，提高网络数据传输效率，因此视频、音频数字信号的编码和压缩算法研究成为非常重要的领域。数据压缩编码的方法很多，按照压缩过程中是否需要丢失一定信息，压缩方法大致可以分为无损压缩和有损压缩两种类型。目前常见的国际压缩编码标准主要有JPEG、MPEG、RAW等。

2.多媒体专用芯片技术

由于要实现音频、视频信号的快速编码、解码和播放处理，需要大量的高速计算；同时许多图像特效的生成、绘制以及音频信号的处理等，也需要很快的运算处理速度，很多情况下必须采用专用芯片才能满足系统需求。

3.多媒体信息存储技术

多媒体的音频、视频、图像等信息虽经过压缩处理，仍需要相当大的存储空间。由于存储在PC服务器上的数据量越来越大,为避免磁盘损坏而造成数据丢失,出现了专门的磁盘管理技术,比如磁盘阵列。1996年推出的DVD光盘标准,使得基于计算机的数字光盘从单个盘面上读取4.7 GB扩展至双面双层17 GB的数据量。

4.多媒体网络与通信技术

多媒体通信要求能够综合地传输、交换各种类型的媒体信息,而不同的信息类型又呈现出不同的特征,在不同的应用系统中需采用不同的带宽分配方式,多媒体通信技术也需提供必要的支持,比如高速的多媒体网络、综合的网络能力、信息同步等。多媒体通信具有交互性强、通信数据量大、持续时间长的特点。

5.多媒体输入/输出技术

多媒体输入/输出技术包括媒体变换技术、媒体识别技术、媒体理解技术和媒体综合技术。媒体变换技术是指改变媒体的表现形式,如常见的视频卡、音频卡都属于媒体变换技术的应用。媒体识别技术是对信息进行一对一的映像过程,如语音识别是将语音映像为一串字、词或句子;触摸屏可以根据触摸屏上的位置坐标识别用户操作,是一种新型的电子输入定位设备。媒体理解技术是对信息进行进一步分析处理并理解信息内容的技术,如自然语言理解、图像理解、模式识别等。媒体综合技术是把低维信息表示映像成高维模式空间的过程,如语音合成器就可以把语音的内部表示综合为声音输入。

6.多媒体系统软件技术

多媒体系统软件技术主要包括多媒体操作系统、多媒体编辑系统、多媒体数据库管理技术、多媒体信息混合与重叠技术、流媒体技术等。流媒体技术简称流技术,是一种可以让音频、视频及其他多媒体信息在网络上以实时的、无须下载等待的方式进行传输并播放的技术。"流"包含两种含义,狭义上的流是相对于传统的先下载再播放方式而言的一种媒体格式,可以从Internet上获取音频和视频等连续的多媒体流,经过一段时间的启动时延后,客户端可以边下载边播放;广义上的流是使音频和视频形成稳定和连续的传输流和播放流的一种技术、方法和协议的总称。流媒体具有观看启动速度快、网络带宽利用充分、缓存容量需求低、无须占用大量硬盘空间等优点。

12.1.4 多媒体应用领域

多媒体技术于20世纪80年代迅速崛起并飞速发展,有人把它称为是继印刷术、电报电话、广播电视、计算机之后,人类处理信息手段的又一次大的飞跃。多媒体技术的出现改变了人类社会的生活、生产和交互方式,促进了各个学科的发展和融合,多媒体技术的应用已经广泛地渗透到国民经济和人类生活的各个方面。

1.办公自动化与教育

多媒体技术为传统的办公环境增加了对信息的控制、处理能力。基于多媒体计算机和网络的现代教育技术可以集成更多的教学信息,使教学内容日益丰富;其教学方式多种多样,打破了几千年来的传统教学模式。同时,各种媒体与计算机结合可以使人类的感官与想象力相互配合,产生前所未有的思维空间与创作资源。实践证明,将多媒体技术应用于教育领域所产生的新的教与学模式,具有说服力强、学习效果好、综合效率高等特点。

2.多媒体电子出版物

电子出版物是指以数字代码方式,将图、文、声、像等信息存储在磁、光、电介质上,通过计算机或相关设备阅读使用,并可复制发行的大众传播媒体。电子出版物的内容可分为电子图书、辞典手册、文档资料、报纸杂志、娱乐游戏、宣传广告、信息咨询等,许多作品还是多种类型的混合。电子出版物具有集成性高和交互性强、信息的检索和使用方式灵活方便等特点,特别是在信息交互性方面,不仅能向读者提供信息,而且能接收读者的反馈意见。

3.多媒体网络通信

多媒体网络通信常见的应用有信息点播(information on demand)和计算机协同工作系统(Computer Supported Cooperative Work,CSCW)。信息点播可分为桌上多媒体通信系统和交互式电视 ITV 两类。通过桌上多媒体信息系统,人们可以远距离点播所需信息,而交互式电视和传统电视的不同之处在于用户在电视机前可对电视台节目库中的信息按需选取,即用户主动与电视进行交互以获取信息。计算机协同工作是指在计算机支持的环境中,一个群体协同工作以完成一项共同的任务,广泛应用于工业产品的协同设计制造、医疗系统的远程会诊、不同地域的学术交流、师生间的协同式学习等领域。例如,多媒体视频会议系统在高性能网络带宽和传输速率的支持下,实现处于不同地理位置上的人们超越空间进行“面对面”交流的功能。

4.多媒体家电与娱乐

家用电器是多媒体应用中的一个巨大领域。当前的个人计算机都已经具备看网络电视、浏览多媒体网站的功能,其他家电如电话、音响、传真机、摄像机、数字高清电视等也逐渐走向统一和融合。利用各种适配卡将多媒体计算机与电子琴、音响、数码相机等家用电器连接起来,可以制作电子相册或个人 MTV、作曲、电子游戏等,给人们的业余生活带来全新体验。

多媒体技术的应用还有许多领域,如银行、海关、考场等部门的多媒体监控及监测,以及不断出现的新技术和新产品,如可视电话、视频眼镜、车载 GPS(Global Positioning System,全球定位系统)、掌上电脑、智能手机等。

12.2 使用图像处理软件

12.2.1 相关知识

Photoshop 是 Adobe 公司推出的一款专业化图形图像处理软件。由于它具有功能强大、界面流畅、操作简单等突出特点,使其一直居于平面设计领域的主导地位。因此,它被广泛应用于美工创作、广告设计、彩色印刷、图像处理、网页设计、名片设计、图书封面和插页设计、贺卡设计、影视特技、产品标识、计算机辅助设计等许多领域。

Photoshop CS6 作为 Photoshop 较为重要的版本,功能强大,它能够对图像进行更加智能化的编辑。Photoshop CS6 对常用的图层面板进行了改进,使它可分别显示特定类型的图层,并增加了全新的裁剪透视工具、混合工具,丰富了模糊滤镜,使图像的编辑变得更加人性化。

1.Photoshop CS6 的主界面

启动 Photoshop CS6 软件后,即可进入 Photoshop CS6 的工作界面中,如图 12-2 所示。

Photoshop CS6 的工作界面与之前版本相比基本相同，也是由菜单栏、工具箱、工具选项栏、图像窗口、浮动面板、状态栏 6 大部分组成。

图 12-2　Photoshop CS6 主界面

工具箱将 Photoshop 的功能以图标的形式聚集在一起，从工具的形态和名称就可以清楚地了解各个工具的功能。默认情况下，工具箱在工作界面左侧以单列的形式显示，单击工具箱上方的双箭头，可让工具箱以双列的形式显示。

在工具箱中除了显示的各种工具外，还提供了许多的隐藏工具。在一些工具图标的右下角有一个小三角形图标，表示该工具有相应的隐藏工具，在工具图标的小三角形上右击，即可打开该工具组中相应的隐藏工具。

2.Photoshop CS6 文件操作

(1)新建文件。新建文件是使用 Photoshop 进行图像处理的基础，通过菜单命令可以在操作界面中创建一个空白文档，文档的大小、颜色等属性都可以由用户自己来定义。执行“文件”→“新建”命令，打开“新建”对话框，可在该对话框中设置文档大小、分辨率、背景颜色等。

(2)打开文件。应用 Photoshop CS6 处理图像之前，需要将原素材图像在软件中打开。执行“文件”→“打开”菜单命令，打开“打开”对话框，单击选择需要打开的图像，再单击底部的“打开”按钮，即可在 Photoshop 中打开选择的图像。

(3)置入文件。置入文件是将新的图像文件置入到已新建或打开的图像文件中。它和打开文件有所区别，置入文件只有在 Photoshop 工作界面中已经存在图像文件时才能激活该命令，被置入的图像可以通过拖动控制点将其放大或者缩小。执行“文件”→“置入”命令还可以将 Illustrator 的 AI 格式文件以及 EPS、PDF、PDP 文件置入到当前操作的图像文件中。

(4)存储文件。完成图像的修饰与编辑后，需要保存图像，系统默认的保存类型为 PSD 格式。执行“文件”→“存储”菜单命令，弹出“储存为”对话框，可以设置以下几个选项的内容：“作为副本”选项是指在一幅图像以不同的文件格式或不同的文件名保存的同时,将它的 PSD 文件保留,以方便以后修改;“注释”选项可以将图像中的注释信息保留下来;“Alpha 通道”和“专色”选项是在保存图像时,把 Alpha 通道或专色通道一并保存下来;“图层”则是将各个图层都保存下来。

12.2.2 应用示例

在 Photoshop 中新建文件或打开图像后,就可以对图像进行编辑了。

12.2.2.1 自动调整图像颜色

在“图像”菜单中,有“自动色调”“自动对比度”“自动颜色”三个自动调整图像颜色命令,使用它们可以对图像的色调、对比度等进行自动调整,使图像更加完美。

“自动色调”可以根据图像的色调来自动调整图像的明度、纯度和色相,并将整个图像的色调均匀化。“自动对比度”主要用于自动调整图像的对比度,通过调整使图像高光区域变得更亮,阴影区域变得更暗,即增强图像之间的对比。“自动对比度”命令适合于色调偏灰、明暗对比不强的图像调整。“自动颜色”允许指定阴影和高光修剪百分比,并为阴影、中间调和高光指定颜色值,适用于快速修正图像的自然色彩。

12.2.2.2 改变图像大小

执行“图像”→“图像大小”命令,将弹出“图像大小”对话框,如图 12-3 所示,可以调整图像的像素大小、打印尺寸和分辨率。勾选“约束比例”复选框可以在调整图像大小时维持图像的宽度、高度比例。“重定图像像素”复选框可设置在更改图像大小和分辨率时,是否维持原图像的整体容量。如果取消勾选,则图像的整体容量不变,自动调整图像的大小和分辨率。

12.2.2.3 裁剪图像

选择裁剪工具,移动鼠标指针到图像文件窗口拖动出一个矩形裁切区域,可将需要保留的图像部分框起来,如图 12-4 所示,拖动控制柄调整裁剪区域到所需大小和位置,然后在选区内双击或按 Enter 键确认,即可完成图像的裁剪操作。也可以在打开的图像中先创建一个选区,再执行“图像”→“裁剪”命令对图像进行裁剪。

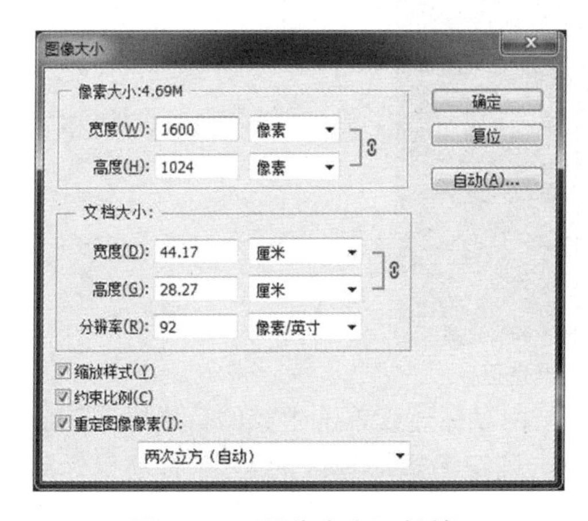

图 12-3 “图像大小”对话框

图 12-4 裁剪图像

12.2.2.4 图像旋转

对图像进行旋转操作即在旋转图像的同时旋转画布，使整个画面中的内容能全部显示出来。执行“图像”→“图像旋转”命令，在打开的子菜单中可以选择图像的旋转角度，包括“180 度(1)”“90 度(顺时针)(9)”“90 度(逆时针)(0)”“任意角度”“水平翻转画布(H)”“垂直翻转画布(V)”。

12.2.2.5 选区的创建和应用

选区用于指定 Photoshop 中各种功能和图像效果的编辑范围，因此准确地在图像中创建选区是非常有必要的。Photoshop 中提供了创建各种选区的工具，在创建选区后还可以利用菜单命令对选区进行编辑。

1.创建选区

(1)使用选框工具建立规则选区。选框工具组如图 12-5(a)所示，包括“矩形选框工具”“椭圆选框工具”“单行选框工具”“单列选框工具”，使用它们可以创建规则的选区。选择某个选框工具，然后在图像上按住鼠标左键拖动即可创建相应形状的选区。

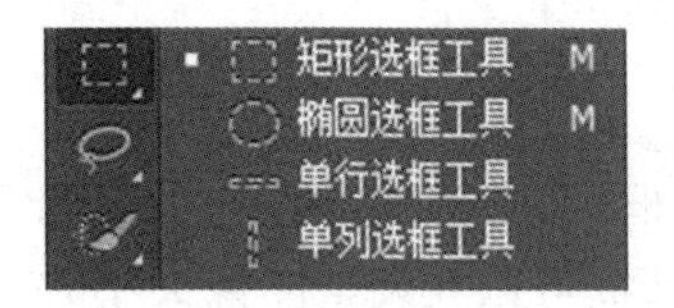

(a)选框工具组

(b)套索工具组

(c)智能选区工具组

图 12-5 创建选区

(2)使用套索工具建立不规则选区。套索工具组如图 12-5(b)所示，包括“套索工具”“多边形套索工具”“磁性套索工具”，使用它们可以创建不规则的选区。

选择“套索工具”，在图像中按住鼠标左键沿所需形状边缘拖动，拖动到起点后释放鼠标，就会形成一个封闭的选区。若未回到起点就释放鼠标，则起点和终点间会自动以直线相连。由于比较难以控制鼠标走向，一般套索工具适合于创建一些精确性要求不高的选区，如图 12-6 所示。

图 12-6 套索工具选区

“多边形套索工具”是使用折线作为选区边界，由鼠标连续单击生成的折线段连接起来形成一个多边形选区。使用时，先在图像上单击确定多边形选区的起点，移动鼠标时会有一条直线跟随着鼠标，沿着要选择形状的边缘到达合适的位置单击创建一个转折点，按照同样的方法沿着选区边缘移动并依次创建各个转折点，最终回到起点后单击完成选区的创建。若不回到起点,在任意位置双击也会自动在起点和终点间生成一条连线作为多边形选区的最后一条边。“多边形套索工具”相比“套索工具”来说能更好地控制鼠标走向,所以创建的选区更为精确,一般适合于绘制形状边缘为直线的选区。

“磁性套索工具”是根据颜色像素自动查找边缘来生成与选择对象最为接近的选区,一般适合于选择与背景反差较大且边缘复杂的对象。使用时,先单击确定一个起点,然后沿着对象边缘移动鼠标,此时系统会根据颜色范围自动绘制边界,最后移动到起点位置时再单击鼠标,完成图像的选取,如图 12-7 所示。若在选取过程中,局部对比度较低难以精确绘制时,也可以单击鼠标添加紧固点,按 Delete 键则可以删除当前紧固点。

图 12-7 磁性套索工具选区

(3)使用智能选区工具快速建立选区。智能选区工具组如图 12-5(c)所示,包括“快速选择工具”“魔棒工具”,使用它们在图像上单击就能快速选取与单击点相似的图像像素。“快速选择工具”以画笔的形式出现,可根据选择对象的范围来调整画笔的大小,从而更有利于准确地选取对象。“魔棒工具”可通过其属性栏设置选择方式和容差大小等选项来控制选取的范围。

(4)选区运算。使用上述 3 类工具创建选区时,在工具的属性栏中有“新选区”“添加到选区”“从选区减去”“与选区交叉”四个选项,含义如下。

“新选区”:忽略已有选区,重新创建一个新选区。

“添加到选区”:将创建的新选区与已有选区合并。

“从选区减去”:从已有选区中减去新选区。若两个选区不相交则没有任何效果,若两选区有相交部分则最后效果是从原选区中减去了两者相交的区域。

“与选区交叉”:保留两个选区的相交部分,若没有相交部分,则会出现警告框。

2.编辑选区

为了使创建的选区更加符合不同的使用需要,在图像中创建选区后还可以对选区进行多次修改或适当的编辑,这些编辑操作包括全选、取消选择、反选、修改、存储等。

创建选区后,若执行“选择”→“全部”,可以选取整幅图像,快捷键为 Ctrl+A;若执行“选择”→“取消选择”,可以取消选取,快捷键为 Ctrl+D;若执行“选择”→“反向”,可以反选选区,即选取原选区未选中的部分,快捷键为 Ctrl+Shift+I 或者 Shift+F7;若执行“选择”→“修改”,则可以调整选区边界、调整平滑度、扩展或收缩选区、羽化选区。

羽化选区是指对选区边缘进行渐趋透明的柔化处理,让选区边缘变得柔和,从而使选区内的图像与选区外的图像自然过渡。羽化半径越大,羽化的效果越明显,模糊边缘丢失选区边缘的细节也会越多。羽化选区也可以使用快捷键 Shift+F6,或者在选区上"右击"选择"羽化"命令。羽化选区后,使用 Ctrl+X 剪切选区内容,或者执行"编辑"→"填充"命令填充选区,即可看到羽化效果。

3.选区应用

创建选区后,执行"编辑"→"变换"命令可以对选区图像进行缩放、旋转、斜切、扭曲、透视、变形等操作,或者执行"编辑"→"自由变换"命令也可以对选区图像进行各种变换和调整操作,变换结束后按 Enter 键表示确认,按 Esc 键表示放弃变换。"自由变换"的快捷键为 Ctrl+T。

选区的一个简单应用是进行图像合成,其操作步骤如下:

①打开需要进行合成的两张图像素材,如图 12-8 和图 12-9 所示。

②在其中一张图像中选取所需内容,如图 12-10 所示,按 Shift+F6 并设置羽化半径为 10 像素,然后按 Ctrl+C 或者执行"编辑"→"拷贝"命令拷贝图像到剪贴板。

③切换到另一图像窗口中,按 Ctrl+V 或者执行"编辑"→"粘贴"命令粘贴图像。

④按 Ctrl+T 或者执行"编辑"→"自由变换"命令,适当调整图像的大小和位置按 Enter 键确认,结果如图 12-11 所示。

图 12-8 图像合成素材一

图 12-9 图像合成素材二

图 12-10 选取图像

图 12-11 图像合成

12.2.2.6 图像修复

修复工具用于校正图像中的瑕疵，不仅可以有效处理图像中的杂质，还可以通过自动调整项目让图像看起来更自然，图像修复工具组如图 12-12 所示。

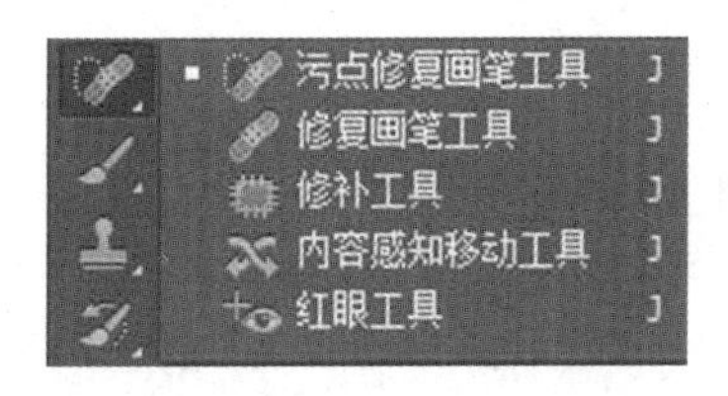

图 12-12　图像修复工具组

1.污点修复画笔工具

利用“污点修复画笔工具”可以自动从修复区域的周围像素取样，并将像素的纹理、光照、透明度和阴影与所修复的像素相匹配，从而快速地去除图像中的污点和杂点。选择“污点修复画笔工具”，在图像中需要修复的地方单击，即可自动去除污点。

2.修复画笔工具

利用“修复画笔工具”可以校正图像中的瑕疵，它主要通过图像或图案中的样本像素来绘图。首先选择“修复画笔工具”，在其属性栏中选择“取样”单选按钮，并在“画笔预设”选取器中设置画笔的角度、粗细等属性，然后在图像中需要修复的区域附近按住 Alt 键单击以定义用来修复图像的源点，最后将鼠标指针移到需要修复的地方单击或按下鼠标左键并拖动，即可完成图像的修复操作。图 12-13 和图 12-14 是使用修复画笔工具修复疤痕的前后对比效果。

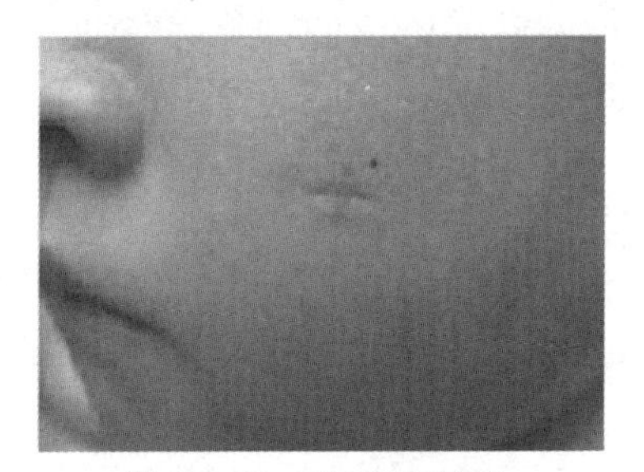

图 12-13　疤痕修复前

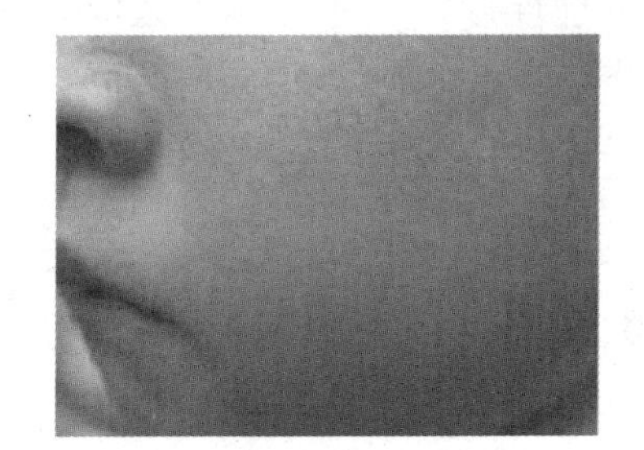

图 12-14　疤痕修复后

3.修补工具

修补工具的作用与修复画笔工具相似，不同的是，使用修补工具必须在图像中建立选区。修补工具包括“源”和“目标”两种修补方式，可以用其他区域或图案中的像素来修复选取的区域，也可以用选区中的图像修补其他区域。利用修补工具修补图像时，首先选择“修补工具”，在其属性栏中选择“源”或“目标”单选按钮，然后选取图像中需要修复的区域在选区内按下鼠标左键，将选区拖动到适当的位置（如与修补区相近的区域），释放鼠标后，即可完成图像的修复操作。

4.红眼工具

利用红眼工具可移去用闪光灯拍摄的人像或动物照片中的红眼，也可以移去用闪光灯拍摄的动物照片中的白色或绿色反光。选择“红眼工具”，在图像中的红眼上单击，即可自动校正红眼现象。在“红眼工具”的属性栏中,“瞳孔大小”用于设置瞳孔的大小,百分比值越大,修正的范围越广,反之则修正的范围越小。“变暗量”用于设置瞳孔变暗的程度,如果红眼现象严重,则数值可适当设置的大些,但过大的数值也会使瞳孔变得过暗,影响画面的真实感。

12.2.2.7 图像色调处理

图像色彩和色调的控制是图像编辑的关键,它直接关系到图像最后的效果,只有有效地控制图像的色彩和色调,才能制作出高品质的图像。Photoshop 提供了更为完善的色彩和色调的调整功能,这些功能主要存放在“图像”菜单的“调整”子菜单中,使用它们可以快捷方便地控制图像的颜色和色调。

1.亮度/对比度

“亮度/对比度”命令可以调整图像的亮度和对比度。该命令可以对图像进行整体调整,也可以针对图像中的选区或是单个通道进行调整,是快速、简单的色彩调整命令,在调整的过程中,会损失图像中的一些颜色细节。“色阶”可通过修改图像的阴影区、中间调和高光区的亮度水平来调整图像的色调范围和色彩平衡。“曲线”可以精确地调整图像的明暗度和色调,还可以对颜色通道进行编辑,更改画面整体色调效果。“曝光度”用于调整图像的曝光效果,在处理一些照片时,可看到照片常会因曝光不正确而出现画面过亮或过暗的情况,利用“曝光度”即可增强或减少曝光量,恢复画面正常曝光下的效果。

2.阴影/高光

“阴影/高光”命令特别适合于由于逆光摄影而形成剪影的照片,照片背景光线强烈,而主体及周围图像由于逆光而光线暗淡。执行“阴影/高光”命令可以分别对图像的阴影和高光区域进行调节,在加亮阴影区域时不会损失高光区域的细节,在调暗高光区域时也不会损失阴影区域的细节。

3.色相/饱和度

使用“色相/饱和度”命令对颜色进行适当的调整不仅能够进行色彩替换,还能使原来黯淡的图像明亮绚丽。打开素材图像,选取要替换颜色的区域,执行“图像”→“调整”→“色相/饱和度”命令,在打开的“色相/饱和度”对话框中进行相应的参数设置即可完成色彩替换。在“色相/饱和度”对话框中有一个“着色”复选框,“着色”是一种单色代替彩色的操作,将原图像中的色彩统一变为单一色,但会保留原图像的像素明暗度。

4.色彩平衡

在创作中,输入的图像经常会出现色偏,这时就需校正色彩,“色彩平衡”命令是Photoshop中进行色彩校正的一个重要工具,使用它可以改变图像中的颜色组成。使用“色彩平衡”命令可以更改图像的暗调、中间调和高光的总体颜色混合,它是靠调整某一个区域中互补色的多少来调整图像颜色,使图像的整体色彩趋向所需色调。

5.去色与黑白

“去色”和“黑白”命令都可以将彩色图像转换为黑白图像,但是这两个命令也有不同之处。“去色”命令只能将图像中的色彩去除,转换后的黑白图像保持了原图像的亮度,而“黑白”命令可以通过设置其对话框中的选项对黑白亮度进行调整,调出对比强烈的黑白图像。

12.3 使用音频编辑软件

12.3.1 相关知识

多媒体作品中使用的声音通常分为自然声音与合成声音两种类型。采集和编辑音频素材需要用到专门的音频编辑软件，如 Adobe Audition、GoldWave、Sound Forge、Wave Edit 等。使用它们可以对声音进行剪切、加混响、音量调节、降噪、动态控制、变调等高级处理。下面以 GoldWave 为例，介绍音频编辑软件的基本使用方法。

GoldWave 是一个功能强大的数字音乐编辑器，是一个拥有声音编辑、播放、录制和转换的音频工具，还可以对音频内容进行格式转换等处理。它体积小巧，功能强大，支持许多格式的音频文件，包括 WAV、OGG、VOC、IFF、AIFF、AIFC、AU、SND、MP3、MAT、DWD、SMP、VOX、SDS、AVI、MOV、APE 等音频格式，你也可从 CD、VCD、DVD 或其他视频文件中提取声音。GoldWave 内含丰富的音频处理特效，从一般特效如多普勒、回声、混响、降噪到高级的公式计算（利用公式在理论上可以产生任何你想要的声音），效果多多。

启动 GoldWave，执行“文件”→“打开”命令打开一个音频文件，此时 GoldWave 的主界面如图 12-15 所示，包括标题栏、菜单栏、常用工具栏、快捷工具栏、音频窗口、状态栏、控制器窗口几个部分。在音频窗口区域，声音信息以波形状态显示；如果是立体声文件，这个区域会被分为上、下两个部分，以绿色和红色显示，分别代表左、右声道。状态栏中显示的是音频选取和文件的相关属性，控制器窗口用于录放控制和电平指示。对声音的编辑操作主要集中在波形显示的声道区域内，可以对声道进行统一编辑，也可以分声道单独进行编辑。

图 12-15 GoldWave 主界面

12.3.2 应用示例

12.3.2.1 选择音频

对音频进行处理之前,常常需要先从音频中选择一部分。GoldWave 的选择方法很简单,在要编辑的起始位置上按下鼠标左键拖动到要结束的位置,就确定了选择部分,被选择的音频将以高亮显示。如果选择的位置有误或者需要更换选择区域,可以重新进行音频事件的选择。音频文件刚打开时,默认情况下整个音频文件都被选中。

选取了一段音频后,还可以拖动选区左右的边界线结合时间标尺进行细微的调整。此外,如果在选区之外(选区左侧或者选区右侧)单击鼠标,则可以扩大选取范围,如果在选区之内单击鼠标,则会将左侧的选区边界后移到鼠标单击的位置,如果要选取全部音频,可以使用快捷键 Ctrl+A。

除了使用鼠标拖动进行音频的选择外,也可以在要选择音频的起点右击鼠标,在弹出的快捷菜单中选择“设置开始标记”命令,在要选择音频的终点右击鼠标,在弹出的快捷菜单中选择“设置结束标记”命令,从而完成音频的选择。

12.3.2.2 选择声道

对于立体声而言,默认情况下,选取音频时左、右两个声道都被选中,如果只想选择一个声道进行编辑,可以使用“编辑”→“声道”命令,在弹出的子菜单中选择相应的命令,图 12-16(a)~(c)分别是选取左声道、右声道、双声道后的效果。

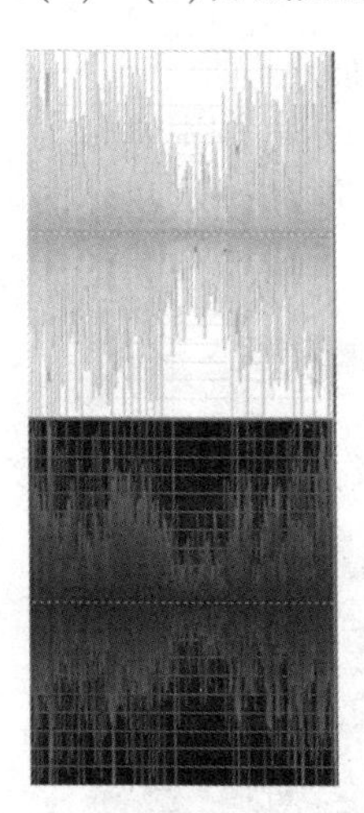

(a)选取左声道

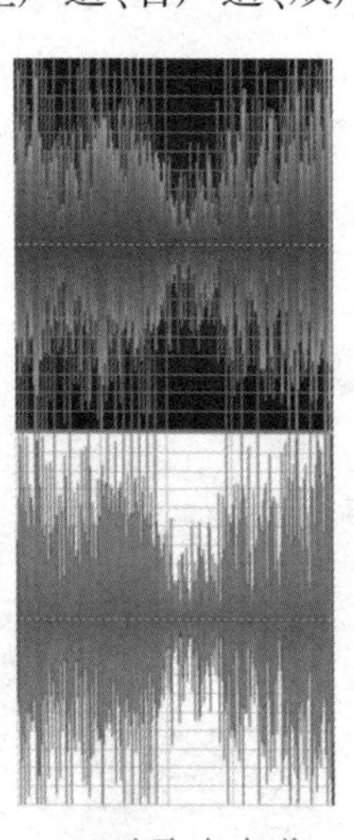

(b)选取右声道

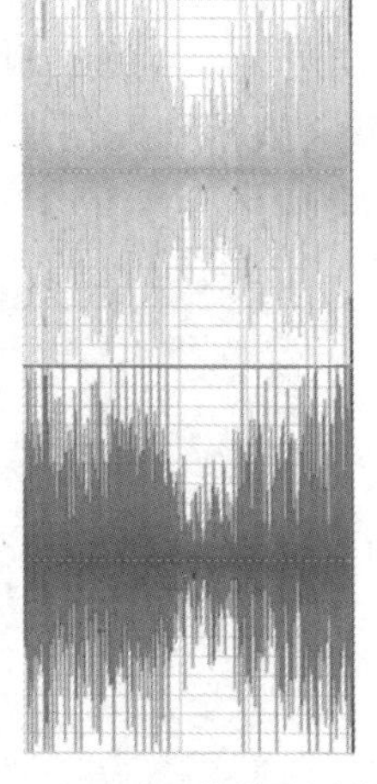

(c)选取双声道

图 12-16 选取声道

12.3.2.3 播放测试

选取了音频信息后,常常需要对选取的部分进行试听,以确认选取是否正确。在控制器窗口中,“黄色播放按钮”默认播放的是选中区域的内容,“绿色播放按钮”默认播放的是从播放光标到文件结尾的内容,播放过程中可以使用“暂停”按钮或者空格键暂停和继续播放。此外,若在时间标尺上任意地方单击,将从单击的地方开始播放,非常自由,可以很方便地定位播放光标。

12.3.2.4 时间标尺和缩放显示

在波形显示区域的下方有一个指示音频文件时间长度的标尺，以秒为单位，清晰地显示了任何位置的时间情况。

打开一个音频文件之后，立即会在标尺上显示出音频文件的格式以及其时间长短，根据这个时间长短来进行各种音频处理，往往会减少很多不必要的操作。

选取了音频信息后，如果想放大或缩小显示所选区域的波形信息，可以执行“查看”→“放大”或者“查看”→“缩小”命令，其快捷键为 Shift+Up 和 Shift+Down，也可以直接滚动鼠标中键来放大或缩小波形显示比例。

12.3.2.5 音频剪辑

音频剪辑与 Office 文本编辑相似，其操作中也大量使用剪切、复制、粘贴、删除等操作命令。执行“编辑”菜单下的命令就可以完成相应的操作，也可以使用常用工具栏中的快捷按钮，还可以使用快捷键操作。比如，要用快捷键进行一段音频事件的剪切和粘贴，首先要选择剪切的部分，然后按 Ctrl+X 快捷键，这段高亮度的选择音频消失，剩下其他未被选择的部分。用鼠标重新设定“开始标记”位置到要粘贴的地方，使用 Ctrl+V快捷键就能将刚才剪切的部分粘贴上来。同理，也可以用 Ctrl+C 快捷键进行复制，用 Delete 键进行删除。如果在删除或其他操作中出现了失误，还可以使用 Ctrl+Z 快捷键进行撤销。

12.3.2.6 混音

混音是将复制或剪切的波形与从“开始标记”位置起相同长度的波形混音，实现两个音频同时播放的效果，具体操作步骤如下：

(1)打开一个音频文件，选中需要混音的部分。

(2)按 Ctrl+C 复制音频，或者执行“编辑”→“复制”命令。

(3)打开另一个需要混音的音频文件，选中需要混音的部分。

(4)执行“编辑”→“混音”命令，弹出“混音”对话框，在对话框中调节混音的时间和音量，单击“确定”按钮。

(5)执行“文件”→“选定部分另存为”命令，保存混音结果。

12.3.2.7 音量调整

GoldWave 的“效果”→“音量”子菜单包含了自动增益、更改音量、淡入、淡出、匹配音量、最佳化音量、外形音量等命令，满足了各种音量变化的需求。

更改音量是直接以百分比的形式进行改变的，一般取值不宜过大，否则可能出现音量过载的情况。如果想在避免出现过载的前提下最大范围的提升音量，可以使用“最佳化音量”菜单项。这个菜单项非常的方便和实用，在歌曲刻录 CD 之前一般都要做一次音量最佳化的处理。

淡入、淡出效果是分别在起始和结束的位置设置音量按百分比渐大、渐小来实现的，以使声音的切入和消失显得更加自然。

12.3.2.8 改变音调

在 GoldWave 中可以合理地改变声音的音调。选取音频后，执行“效果”→“音调”菜单项，弹出“音调”对话框，如图 12-17 所示。“音阶”表示音高变化到现在的 50%~200%，这是一种倍数的设置方式。“半音”表示音调变化的半音数，12 个半音是一个八度，所以用-12~+12 来降低或升高一个八度。“微调”是半音的微调方式，100 个单位表示一个半音。一般变调后音频文件的播放时间也要相应变化，但在改变音调的同时，选中“保持速度”单选按钮，那么音频的持续时间将保持不变。

12.3.2.9 回声效果

回声，顾名思义是指声音发出后经过一定的时间再返回被人们听到的声音，这种音效在很多影视剪辑、配音中被广泛采用，使用回声还可以实现重唱的效果。选取欲制作回声的音频部分，执行“效果”→“回声”命令，弹出“回声”对话框，如图 12-18 所示。

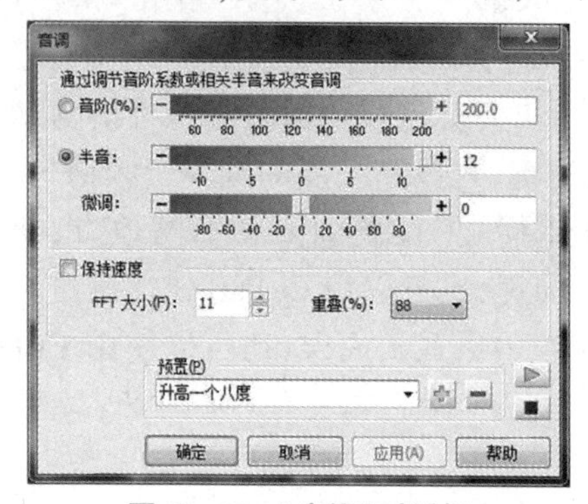

图 12-17 “音调”对话框

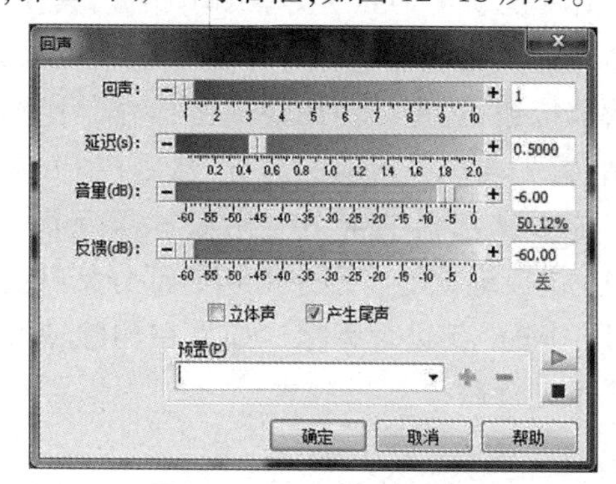

图 12-18 “回声”对话框

“回声”用来设置回音的次数；“延迟”用来设置回音与主音或两次回音之间的间隔，单位是 s；“音量”是指回音的衰减量，以 dB 为单位；“反馈”是指回音对主音的影响，-60 dB即为关闭，就是对主音没有影响；“立体声”设置双声道回音效果，“产生尾音”可让回音尾部延长。

12.3.2.10 降噪处理

噪声一般有环境噪声、设备噪声和电气噪声。环境噪声一般指在录音时外界环境中的声音。设备噪声指麦克风、声卡等硬件产生的噪声。电气噪声有直流电中包含的交流声、三极管和集成电路中的无规则电子运动产生的噪声，滤波不良产生的噪声等。

通常录制的声音都是有噪声的，完全去掉声音中的噪声是一件很困难的事，因为各种各样的波形混合在一起，要把某些波形去掉几乎是不可能的，而使用 GoldWave 却能将噪声大大减少。

选取音频后，执行“效果”→“滤波器”→“降噪”命令，将弹出“降噪”对话框，使用默认设置即可，也可以在“预置”下拉列表中选择合适的降噪方案，设置好后单击“确定”按钮。

12.3.2.11 声音录制

声音录制有两种形式：一种是内录，一种是外录。内录是在计算机内部数字格式之间的转换，外录是将麦克风采集的模拟信号转化为计算机中的数字格式。

内录和外录的设置方法是：执行“选项”→“控制器属性”命令，或按 F11 键打开“控制器属性”对话框，单击“音量”标签，在“音量设备”下拉列表中选择“扬声器”就是内录，选择“麦克风”就是外录。

使用麦克风录制音频的具体操作步骤如下：

(1)将准备好的麦克风插到计算机上红色 MIC 插孔中。

(2)启动 GoldWave，执行“文件”→“新建”命令新建一个空白文件。

(3)执行“选项”→“控制器属性”命令，在“控制器属性”对话框“音量”选项卡“音量设备”中选择“麦克风”。

(4)在 GoldWave 控制器窗口中，单击红色“录音”按钮开始录音。

(5)录音结束，使用绿色播放按钮试听录音结果，然后执行“文件”→“保存”命令保存。

12.3.2.12 格式转换

声音文件格式有很多种，有时需要在不同的声音格式之间进行转换。在 GoldWave 中，可以通过“文件”→“另存为”菜单项，实现不同文件格式的转换。具体操作为：打开需要进行格式转换的声音文件，然后单击“文件”→“另存为”菜单项，在弹出的“另存为”对话框中，设置文件的“保存类型”为需要转换的类型，最后单击“保存”按钮即可。

除了上面介绍的几种效果之外，GoldWave 还提供了混响、反向、倒转、偏移、回放速率等多种控制，它们的使用非常简单，分别使用一次就能实现需要的效果。

12.4 使用视频编辑软件

12.4.1 相关知识

Adobe Premiere 是一款基于非线性编辑设备的视音频编辑软件，可以在各种平台下和硬件配合使用，被广泛应用于电视台、网络视频、动画设计、广告制作、电影剪辑等领域，成为 PC 和 MAC 平台上应用最为广泛的视频编辑软件，为制作高效数字视频树立了新的标准。

Adobe Premiere 提供了采集、剪辑、调色、美化音频、字幕添加、输出、DVD 刻录的一整套流程，并和其他 Adobe 软件高效集成，使用户足以完成在编辑、制作工作流上遇到的所有挑战，提升用户的创作能力和创作自由度，满足用户创建高质量作品的要求。具体而言，使用 Adobe Premiere Pro CS6 可以实现以下功能：

(1)视频、音频剪辑：将原始素材中的片断重新组合，以产生新的视频音频文件。

(2)音频、视频组合：将原始素材中的音频、视频分离，与其他素材中的音频、视频重新组合。

(3)视频叠加：将一个视频片断放置在另一个视频片断的上方，通过不同的叠加方式，以产生各种特殊效果。

(4)音频合成：将多个声音通道以各种方式合成为单声道或双声道音频。如果系统支持多个声道，且配备了 DVD 刻录机，则无须第三方 DVD 刻录软件，可以轻松制作 DVD 影片。

(5)字幕叠加:制作静止字幕和滚动字幕,并将其叠加在任何视频素材上。

(6)视频转场:Premiere 中有 10 大类 70 余种视频切换效果,用于连接两个视频片段。

(7)运动特技:运动特技是指动态改变视频素材的大小、方向、位置等参数以产生特殊效果。

(8)滤镜效果:Premiere 中有上百种滤镜可应用于各种素材处理。

(9)广泛的格式支持:Premiere 支持几乎所有常见的媒体类型的导入和导出,包括 FLV、F4V、MPEG-2、Quick Time、Windows Media、AVI、BWF、AIFF、JPEG、PNG、PSD、TIFF 等,并可以直接编辑来自 DV、HDV、Sony XDCAM、XDCAM EX、Panasonic P2 和 AVCHD 等摄像机文件,不用转码或重新封装。工作时,编码过程在后台进行,大大提高了工作效率。

启动 Adobe Premiere Pro CS6 后,首先出现一个欢迎屏幕,如图 12-19 所示,在其中单击"新建项目"或"打开项目"按钮分别进行新建或打开项目,而在最近使用项目列表中会列出 5 个最近使用过的项目,单击项目名称可以将其打开。

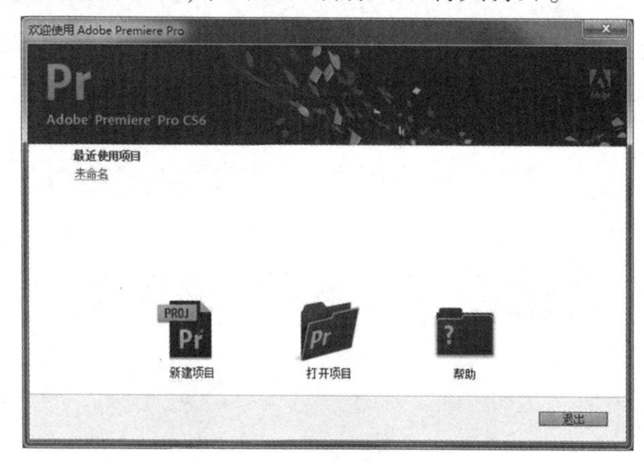

图 12-19 Adobe Premiere Pro CS6 欢迎界面

单击"新建项目"选项,打开"新建项目"对话框。在对话框中要求选择视频、音频编辑方法,一般情况下选择时间码方式和音频采样方式,视频捕获方式默认为 DV 方式,最后输入项目要保存的地址和项目名称,单击"确定"按钮进入"新建序列"对话框。

在"新建序列"对话框中需对项目序列的参数进行设置,根据视频素材的拍摄机器不同,选择不同的有效预设。DV 分类中有 DV-24p、DV-NTSC 和 DV-PAL 三种,不同的分类代表不同的制式。世界上主要使用的电视广播制式有 PAL、NTSC、SECAM 三种,德国、中国使用 PAL 制式,日本、韩国及东南亚地区与美国使用 NTSC 制式,俄罗斯则使用 SECAM 制式。标准和宽银幕分别对应 4:3和 16:9两种屏幕的屏幕比例,又称纵横比。16:9 主要用于电脑的液晶显示器和宽屏幕电视播出,4:3主要用于早期的显像管电视机播出。从视觉感受分析,16:9的比例更接近黄金分割比,也更利于提升视觉愉悦度。若素材是 4:3的比例,而剪辑时选择 16:9的预设,则画面上的物体会被拉宽,造成图像失真。32 kHz 和 48 kHz 是数字音频领域常用的两个采样频率。采样频率是描述声音文件的音质、音调,衡量声卡、声音文件的质量标准,采样频率越高,即采样的间隔时间越短,则在单位时间内计算机得到的声音样本数据就越多,对声音波形的表示也越精确。选择了预设后单击“确定”按钮,进入 Adobe Premiere Pro CS6 的主界面,如图 12-20 所示。

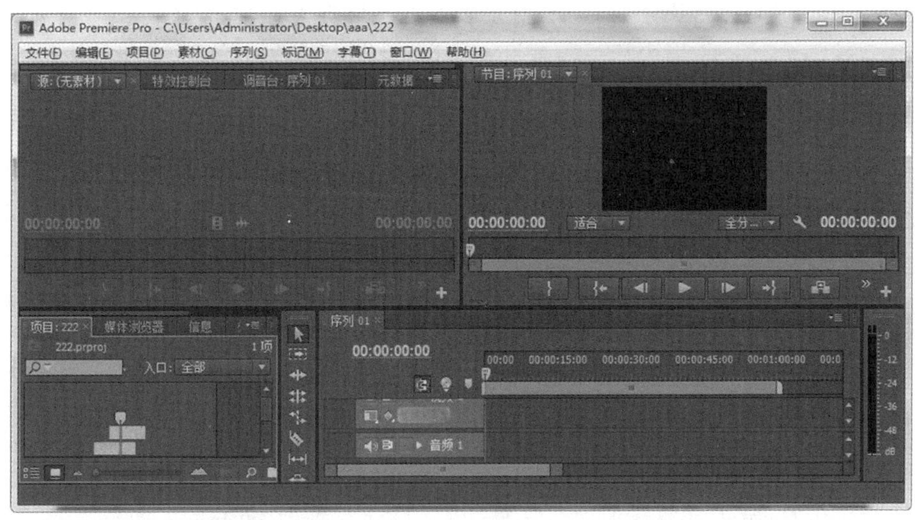

图 12-20 Adobe Premiere Pro CS6 主界面

“项目窗口”主要用于导入、存放和管理素材,编辑影片所用的全部素材应事先存放于项目窗口内,再进行编辑使用。项目窗口的素材可用列表和图标两种视图方式显示,包括素材的缩略图、名称、格式、出入点等信息,在素材较多时,也可为素材分类、重命名,使之更清晰。此外,单击其右下角的“新建分项”图标按钮,可以在素材区中快速新建“序列”“脱机文件”“字幕”“彩条”“黑场”“彩色蒙版”“通用倒计时片头”“透明视频”等素材。

“素材源”监视器,主要用于预览或剪裁项目窗口中选中的某一原始素材。

“节目”监视器,主要用于预览时间线窗口序列中已经编辑的素材(影片),也是最终输出视频效果的预览窗口。

“时间线”窗口是以轨道的方式实施视频音频组接、编辑的场所,用户的编辑工作都需要在时间线窗口中完成。素材片段按照播放时间的先后顺序及合成的先后顺序在时间线上从左至右、由上至下排列在各自的轨道上,可以使用各种编辑工具对这些素材进行编辑操作。时间线窗口分为上下两个区域,上方为时间显示区,下方为轨道区。

“工具箱”是视频与音频编辑工作的重要编辑工具,可以完成许多特殊编辑操作。除了默认的选择工具外,还有轨道选择工具、波纹编辑工具、滚动编辑工具、速率伸缩工具、剃刀工具、错落工具、滑动工具、钢笔工具、手形把握工具和缩放工具。选择工具,用来选中轨道里的片段,单击轨道里的某个片段,该片段即被选中了,按下 Shift 键的同时单击轨道里的多段视频片段可以实现多选。轨道选择工具,用它单击轨道里的片段,被单击的片段以及其后面的片段全部被选中。如果按下 Shift 键单击不同轨道里的片段,则多个轨道里自不同单击处开始的所有片段都会被选中。该功能在轨道上的视频片段较多,需总体移动时比较方便。速率伸缩工具,用它拖拉轨道里片段的首尾,可使该片段加快或减慢播放速度,从而缩短或增长时间长度。剃刀工具,用它单击轨道里的片段,单击处被剪断,原本的一段片段被剪为两段。

“效果”面板里存放了 Premiere 自带的各种音频、视频特效和视频切换效果,以及预置的效果。用户可以方便地为时间线窗口中的各种素材片段添加特效。如果用户安装了第三方特效插件,也会出现在该面板相应类别的文件夹下。

"特效控制台"面板,当为某一段素材添加音频、视频特效之后,还需要在该面板中进行相应的参数设置和添加关键帧,制作画面的运动或透明度效果也需要在这里进行设置。

"调音台"面板用于完成对音频素材的各种加工和处理工作,如混合音频轨道、调整各声道音量平衡或录音等。

"主音频计量器"面板,位于主界面右下角,用于显示混合声道输出音量大小。当音量超出了安全范围时,在柱状顶端会显示红色警告,用户可以及时调整音频的增益,以免损伤音频设备。

12.4.2 应用示例

用 Premiere 进行视频编辑,一般需要这样几个步骤:首先,进行素材采集,存入计算机;其次,在 Premiere 中创建一个项目文件,将素材导入到项目窗口中,通过剪辑并在时间线窗口中进行装配、组接素材,为素材添加特效,制作字幕,配好解说,添加音乐、音效;最后,把所有编辑好的素材合成影片,导出视频文件。

12.4.2.1 导入素材

执行"文件"→"导入"命令,在弹出的"导入"对话框中,选择创作所需的素材文件,单击"打开"按钮,就可以在 Premiere 项目窗口中看到导入的素材文件。此外,也可以通过双击项目窗口导入,或者在媒体浏览器中浏览后导入。

12.4.2.2 素材剪辑与组织

在时间线窗口组织素材是影视作品制作的关键步骤,包括素材的裁剪和素材的组织。一般情况下,在最终作品中出现的并不是原始素材的全部,而是原始素材的片断,如视频片断、静止图像、声音等。素材裁剪就是在原始素材中选择合适的片断,然后将这些片断按照合适的顺序排列,即组织素材。下面以视频素材的剪辑与组织为例进行说明。

(1)在素材源监视窗口中打开原始视频素材。选择项目窗口,双击项目窗口中的某个素材图标或单击素材并拖入素材源监视器窗口中,该素材第 1 帧图像将出现在素材源监视器窗口中,并有该素材的长度等信息。

(2)剪辑视频素材。单击素材源监视器中的"播放/停止"切换按钮 ▶,播放该素材,对影片需要用到的画面,单击"设置入点"按钮 {,给素材设置入点;再单击"播放/停止"切换按钮 ▶,继续播放素材,到影片需要用到的画面结束时,再单击"设置出点"按钮 },给素材设置出点。素材入点与出点之间的内容就是影片所需要的画面。如果要精确定位画面的入点、出点,可以通过单击素材源监视器窗口中的"逐帧进"按钮、"逐帧退"按钮和单击"设置入点"按钮、"设置出点"按钮,进一步修改素材的入点、出点。

(3)将剪辑好的素材添加至时间线窗口。在时间线窗口序列中,确定"视频 1"和"音频 1"轨道被选中,将时间编辑线拖至需要安排素材的起始位置(默认为 00:00:00:00),直接拖动素材源监视器窗口中预览画面到时间线窗口的"视频 1"轨道上即可,也可以单击素材源监视器窗口右下方的“覆盖”按钮，所选的入点、出点之间的素材片段就会自动添加到时间线窗口的轨道里，同时时间编辑线会自动停靠在这段素材的最后一帧的位置。按照上述步骤，重新选择好新的素材入点、出点，再单击素材源监视器窗口右下方的“覆盖”按钮，新选取的素材片段就会在时间线窗口中接在原先素材的后边，完成了两个镜头间的组接。按照此方法，可以在时间线窗口中组接更多的素材片段。此外，还可以调整素材的持续时间，将鼠标移动到素材的边缘，鼠标指针变成向左或向右箭头，按下鼠标左键拖动，素材的持续时间会随之变化。通过调整，可以保证视频和音频素材的同步播放。

(4)解除视频音频链接。如果要清除时间线窗口中视频素材的原始音频，首先右击视频素材，在弹出的属性菜单中选择“解除视音频链接”命令，即可取消视频与音频之间的链接。然后，单击时间线窗口空白处，取消音频、视频同时被选中的状态。再在要清除的音频上右击鼠标，在弹出的属性菜单中选“清除”命令即可清除所选音频。最后根据实际需要重新给视频进行音频配置。

12.4.2.3 视频特效设置

在 Premiere 中，可以使用视频特效、音频特效对素材片段进行特效处理，例如调整影片色调、进行抠像以及设置艺术化效果等。设置“镜头光晕”特效的操作如下：在“效果”面板中展开“视频特效”文件夹，再展开“生成”子文件夹，选择“镜头光晕”效果；按住鼠标左键，将其拖到时间线窗口中某段素材片段上释放；单击“特效控制台”面板，在“镜头光晕”栏设置“光晕中心”的位置和“光晕亮度”比例；在节目监视器窗口中预览效果。

12.4.2.4 视频转场特效设置

视频转场特效泛指影片镜头间的衔接方式，分为“硬切”和“软切”两种。“硬切”是指影片各片段之间首尾直接相接，“软切”是指在相邻片段间设置丰富多彩的过渡方式。“硬切”和“软切”的使用要根据实际的需要来决定，使用视频切换也必须在相邻的两个片段间进行。

视频切换有很多特技效果，在 Premiere 的“效果”面板“视频切换”文件夹中，存放了系统自带的多种视频切换效果。用户可以选择某个视频切换效果，将其拖放到时间线窗口中相邻的两个片段间释放，即可添加一个过渡效果。

12.4.2.5 添加字幕

给影片添加字幕需要事先在字幕窗口设计好字幕内容，然后在项目窗口将字幕素材拖入到时间线窗口需要添加字幕视频的轨道中。执行“文件”→“新建”→“字幕”命令，弹出“新建字幕”对话框，使用默认设置即可，单击“确定”按钮，打开“字幕”设计面板，如图 12-21 所示。默认“文字工具”图标按钮被选中，在字幕编辑区中单击，输入文字，然后用选择工具将文字拖到字幕编辑区的合适位置，在“字幕样式”区选择想要的某个文字样式风格方块，设置字幕的滚动或游动属性，单击“关闭”按钮退出字幕设计面板。字幕设计完成以后会自动添加到项目窗口中。最后，在项目窗口中把刚才制作的字幕文件拖到时间线窗口的“视频 2”轨道上。

图 12-21 字幕设计

12.4.2.6 影片输出

影片制作好后,可将视频整体合成输出,以视频文件格式保存在磁盘上。执行"文件"→"导出"→"媒体"命令,弹出"导出设置"对话框。在格式中选择所需的文件格式,并根据实际应用在预置中选择一种预置的编码规格,在输出名称中设置存储路径和文件名称。如需高清模式,可以在右下方勾选"使用最高渲染质量"。设置完毕后,单击"导出"按钮。

习 题

课程思政

1.什么是多媒体和多媒体技术?

2.什么是超文本和超媒体?它的主要技术特点及其意义是什么?

3.谈谈你对多媒体数据压缩技术的认识。常见的压缩标准有哪些?

4.探讨多媒体技术的研究热点以及未来的发展方向。

5.使用 Photoshop 调整图像大小、裁剪图像、更改图像文件格式。

6.使用 Photoshop 进行图像的合成。

7.使用 Photoshop 修复受损图像、调整图像色调。

8.音频处理软件 GoldWave 具有什么优点?

9.使用 GoldWave 进行音频合成、混音、制作回声。

10.使用 GoldWave 录制声音并进行降噪处理。

11.视频编辑软件 Premiere 具有什么突出特点?

12.使用 Premiere 进行视频的剪辑、配音、添加字幕等。

13.使用 Premiere 给视频片段或音频片段添加特效。

参考文献

[1]宁爱军,曹鉴华.信息与智能科学导论[M].北京:人民邮电出版社,2019.
[2]王玉龙,方英兰,王虹芸.计算机导论[M].4 版.北京:电子工业出版社,2017.
[3]郝兴伟.大学计算机[M].3 版.北京:高等教育出版社,2014.
[4]段新昱,陈卫军,刘凌霞.计算机基础与应用[M].2 版.北京:科学出版社,2013.
[5]唐朔飞.计算机组成原理[M].2 版.北京:高等教育出版社,2008.
[6]谢希仁.计算机网络[M].7 版.北京:电子工业出版社,2017.
[7]杨月江,王晓菊,于咏霞,等.计算机导论[M].2 版.北京:清华大学出版社,2017.
[8]何钦铭,颜晖.C 语言程序设计[M].4 版.北京:高等教育出版社,2020.
[9]PRATA S.C Primer Plus:第 6 版[M].姜佑,译.中文版.北京:人民邮电出版社,2016.
[10]谭浩强.C 程序设计[M].北京:清华大学出版社,2017.
[11]陈越,何钦铭,许镜春,等.数据结构[M].2 版.北京:高等教育出版社,2016.
[12]程杰.大话数据结构[M].北京:清华大学出版社,2020.
[13]王争.数据结构与算法之美[M].北京:人民邮电出版社,2021.
[14]王珊,萨师煊.数据库系统概论[M].5 版.北京:高等教育出版社,2014.
[15]郑人杰,马素霞,殷人昆.软件工程概论[M].3 版.北京:机械工业出版社,2022.
[16] PRESSMAN R.软件工程:实践者的研究方法:原书第 7 版[M].郑人杰,马素霞,译.北京:机械工业出版社,2011.
[17] SOMMERVILLE L.软件工程:第 7 版[M].影印版.北京:机械工业出版社,2005.
[18] SCHACH S R.面向对象与传统软件工程:统一过程的理论和实践:原书第 6 版[M].韩松,邓迎春,译.北京:机械工业出版社,2006.
[19] PFLEEGER S L.软件工程:理论与实践:原书第 2 版[M].吴丹,史争印,唐忆,等译.北京:清华大学出版社,2003.
[20]吕云翔,钟巧灵,张璐,等.云计算与大数据技术[M].北京:清华大学出版社,2022.
[21]林伟伟,彭绍亮.云计算与大数据技术理论及应用[M].北京:清华大学出版社,2019.
[22]蔡自兴,刘丽珏,蔡竞峰,等.人工智能及其应用[M].6 版.北京:清华大学出版社,2020.
[23]王万良.人工智能及其应用[M].5 版.北京:高等教育出版社,2020.
[24]王万森.人工智能原理及其应用[M].4 版.北京:电子工业出版社,2018.
[25]蔡自兴.人工智能及其在决策系统中的应用[M].长沙:国防科技大学出版社,2017.
[26] NILSSON N J. Artificial Intelligence: A New Synthesis [M].北京:机械工业出版社,2019.
[27]韩力群,施彦.人工神经网络理论及应用[M].北京:高等教育出版社,2017.
[28]刘云浩.物联网导论[M].3 版.北京:科学出版社,2017.

[29]崔艳荣,周贤善,陈勇,等.物联网概论[M].2 版.北京:清华大学出版社,2018.
[30]喻晓和.虚拟现实技术基础教程[M].3 版.北京:清华大学出版社,2021.
[31]李建,王芳.虚拟现实技术基础与应用[M].2 版.北京:机械工业出版社,2022.
[32]霍英杰.计算机应用基础教程[M].北京:航空工业出版社,2019.
[33]段新昱,苏静.多媒体技术与应用[M].北京:科学出版社,2013.
[34]李凤霞,陈宇峰,史树敏.大学计算机[M].北京:高等教育出版社,2014.
[35]聂永萍,冯潇,张林.计算机科学概论[M].北京:人民邮电出版社,2014.